高等学校冶金工程专业"十二五"规划教材

现代合金钢冶炼

陈 津 主编

林万明 赵 晶 副主编

化学工业出版社

·北京·

本书作为高等学校冶金工程系列教材之一，根据教学大纲要求，结合实际生产及其新工艺、新技术，全面介绍了合金钢的发展及生产理论，针对低合金钢、不锈钢、合金结构钢、高速钢、轴承钢、硅钢、高锰钢、高温合金钢等不同合金钢的特点，详细介绍了各种合金钢的冶炼方法及典型生产工艺。本书紧密结合合金钢的实际生产，注重理论联系实践，内容全面，工艺特点突出。

本书作为高等学校冶金工程专业本科生的教材，也可作为冶金工程专业技术人员和研究生的参考书。

图书在版编目（CIP）数据

现代合金钢冶炼/陈津主编．—北京：化学工业出版社，2015.7
高等学校冶金工程专业"十二五"规划教材
ISBN 978-7-122-24161-0

Ⅰ.①现… Ⅱ.①陈… Ⅲ.①合金钢-炼钢-高等学校-教材 Ⅳ.①TF762

中国版本图书馆 CIP 数据核字（2015）第 118426 号

责任编辑：陶艳玲　　　　　　　　　　文字编辑：向　东
责任校对：边　涛　　　　　　　　　　装帧设计：张　辉

出版发行：化学工业出版社（北京市东城区青年湖南街 13 号　邮政编码 100011）
印　　装：大厂聚鑫印刷有限责任公司
787mm×1092mm　1/16　印张 18½　字数 459 千字　2015 年 9 月北京第 1 版第 1 次印刷

购书咨询：010-64518888（传真：010-64519686）　售后服务：010-64518899
网　　址：http://www.cip.com.cn
凡购买本书，如有缺损质量问题，本社销售中心负责调换。

定　　价：49.00 元

前　　言

  钢铁是社会和经济发展所需要的重要材料，是衡量一个国家综合国力和工业水平的重要指标。中国钢铁无论在产值、产品结构，还是工业技术水平方面都取得了前所未有的提升。根据国际钢铁协会最新统计数据显示，2014 年全球粗钢产量达到 16.62 亿吨，中国粗钢产量达到了 8.227 亿吨，占全球总产量的 49.5%。但是，随着经济的发展、市场供求关系的变化，中国钢铁企业面临着传统产品过剩、高附加值产品供不应求以及钢铁产品竞争力不足的问题。

  中国钢铁业积极推动着钢铁产品的升级，不断进行着钢铁产品的结构调整，在合金钢的技术领域已取得了一系列的研究成果，并已成功应用于实际生产中。用性能较好的高强度低合金钢代替普碳钢，能够大大节约钢消耗量，也能减轻资源、能源和环境方面的压力。不断提高合金钢的性能、增加合金钢的品种、推广合金钢的应用是实现中国钢铁工业的可持续发展的重要途径。

  本书作为高等学校冶金工程系列教材之一，根据教学大纲要求，结合实际生产及其新工艺、新技术，系统阐述了不同合金钢的冶炼方法及生产工艺。本书共分 9 章，主要内容包括：合金钢的发展及生产理论；低合金钢、不锈钢、合金结构钢、高速钢、轴承钢、硅钢、高锰钢、高温合金钢的特点及冶炼工艺。

  本书由太原理工大学陈津主编，林万明、赵晶副主编。其中，第 1 章由陈津编写，第 2、3 章由张猛编写，第 4、5、6 章由赵晶编写，第 7、8、9 章由林万明编写。全书由陈津统稿，林万明校对。

  本书在编写过程中得到了太原理工大学冶金工程系老师们的大力帮助，在此对他们表示感谢。

  本书作为高等学校冶金工程专业本科生的教材，也可作为工程技术人员和研究生的参考书。

  由于时间紧张，加之作者水平有限，书中难免存在不足之处，恳请广大读者予以批评指正。

编者

2015.3

目　录

9 高温合金钢 257

1

绪论

1.1　合金钢的产生和发展

工业用钢按化学成分分为碳素钢（简称碳钢）和合金钢两大类。碳钢是含碳量小于 2.11％的铁碳合金。钢中除铁、碳之外，还含有少量的锰、硅、硫、磷等杂质。由于碳钢价格低廉、便于获得、容易加工、具有较好的力学性能，因此得到了极广泛的应用。但是，随着现代工业和科学技术的发展，人们对钢的力学性能和物理、化学性能提出了更高的要求。碳钢即使经过热处理也不能满足一些使用要求，从而就发展了合金钢。所谓合金钢就是为了改善和提高碳钢的性能或使之获得某些特殊性能，在碳钢中特意加入某些合金元素而得到的以铁为基的多元合金。由于合金钢具有比碳钢更为优良的特性，因而用量比率逐年增大。

合金钢已有一百多年的发展历史了。19 世纪后期工业上已开始大量使用合金钢材。由于当时钢的生产量和使用量不断增大，机械制造业需要解决钢的加工切削问题，1868 年英国人马希特（R. F. Mushet）发明了成分为 2.5％Mn-7％W 的自硬钢，将切削速度提高到 5m/min。随着商业和运输业的发展，1870 年人们在美国用铬钢（1.5％～2.0％Cr）在密西西比河上建造了跨度为 158.5m 的大桥。但由于加工构件时发生困难，改用镍钢（3.5％Ni）建造大跨度的桥梁。与此同时，镍钢还用于修造军舰。随着工程技术的发展，工业上要求加快机械的转动速度，1901 年在西欧出现了高碳铬滚动轴承钢。1910 年又发展了 18W-4Cr-1V 型的高速工具钢，进一步把切削速度提高到 30m/min。可见合金钢的问世和发展，适应了社会生产力发展的要求，特别是和机械制造、交通运输及军事工业的需要分不开的。

20 世纪 20 年代以后，电弧炉炼钢法被推广使用，为合金钢的大量生产创造了有利条件。随着化学工业和动力工业的发展，不锈钢和耐热钢的问世又促进了合金钢品种的扩大。1920 年德国人毛雷尔（E. Maurer）发明了 18-8 型不锈耐酸钢，1929 年在美国出现了 Fe-Cr-Al 电阻丝，1939 年德国在动力工业上开始使用奥氏体耐热钢。第二次世界大战以后至 60 年代，主要是发展高强度钢和超高强度钢的时代，由于航空工业和火箭技术发展的需要，出现了许多高强度钢和超高强度钢新钢种，沉淀硬化型高强度不锈钢和各种低合金高强度钢等就是其代表性的钢种。60 年代以后，许多冶金新技术，特别是炉外精炼技术被普遍采用，合金钢开始向高纯度、高精度和超低碳的方向发展，又出现了马氏体时效钢、超纯铁素体不锈钢等新钢种。国际上使用的有上千个合金钢钢号，数万个规格，合金钢的产量约占钢总产量的 10％，是国民经济建设和国防建设大量使用的重要金属材料。

1.2　合金元素在钢中的作用

钢中加入合金元素改善了钢的组织结构，可提高钢的力学性能、热处理性能和获得一些特殊的物理、化学性能。

（1）对力学性能的影响

① 固溶强化　合金元素可以溶入 α-Fe，形成含有合金元素的铁素体，溶入 γ-Fe 可形成含有合金元素的奥氏体，均能起到固溶强化的作用。

图 1-1 为合金元素对铁素体性能的影响。图 1-1(a) 为合金元素含量对铁素体硬度的影响，图 1-1(b) 为合金元素含量对铁素体冲击韧性的影响。Si、Mn、Ni 等与 α-Fe 晶格不同，溶入铁素体后引起的晶格畸变大，强化作用显著。Cr、W、Mo 等与 α-Fe 晶格相同，溶入铁素体后引起的晶格畸变小，强化作用相对较弱。合金元素含量越多，引起铁素体晶格畸变越严重，其强度、硬度越高，塑性、韧性有所降低。但 Cr、Ni、Mn、Si 等含量不多时，能使铁素体的韧性提高，而 Mo、W 等则不管含量多少，均使铁素体的韧性降低。所以在合金钢中，对合金元素的含量要有一定的限制。

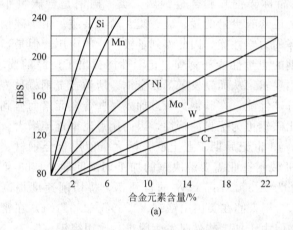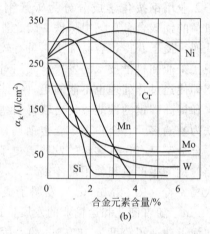

图 1-1　合金元素对铁素体性能的影响

② 弥散强化　某些强碳化物形成元素如 V、Ti、Nb 等，能在钢中形成极细小的碳化物及氮化物，起到弥散强化的作用。例如，在 16Mn 的基础上加入 0.015%～0.050% 的 Nb，可使屈服强度 σ_s 从 345MPa 增加到 390MPa。

③ 晶界强化　当合金元素形成难熔化合物，如 NbC、TiC、Al_2O_3、AlN 等时，这些化合物存在于奥氏体晶界，能机械地阻止晶粒长大，使晶粒细化。当合金元素溶入奥氏体后，降低了铁原子的扩散能力，既减慢了晶粒的成长速度，也使晶粒细化，起到晶界强化的作用。

（2）对热处理性能的影响

① 增加淬透性　淬透性是指钢接受淬火的能力。淬透性的大小以一定条件下淬火时所得到的淬硬层深度来衡量。淬硬层深度为工件表面到半马氏体区的距离。淬硬层越深，则淬透性越好。除 Co 外，所有溶入奥氏体的合金元素都能降低原子的扩散能力，使钢的淬透性增加。因此，合金钢在比较缓和的冷却剂中冷却，就能淬硬，从而大大减小了工件的淬火应力、变形和裂纹。对大截面的工件，则可以在整个截面上获得较均匀的组织和性能。

② 提高回火稳定性　回火稳定性是指淬火钢在回火过程中抵抗硬度降低的能力。由于合金元素阻碍原子扩散，使回火的硬度降低得比较缓慢，从而提高回火稳定性。例如，欲达到硬度为 HRC40～45，40 钢的回火温度为 360℃ 左右，40Cr 钢的回火温度为 420℃，这样

就使 40Cr 钢比 40 钢具有更高的塑性和韧性。

③ 产生回火脆性 某些合金元素如 Cr、Ni、Mn、Si 等，会引起淬火钢在 500～650℃ 回火后，出现脆性的现象。为防止回火脆性，可采用回火后快速冷却（油冷或水冷），或在 合金钢中加入防止回火脆性的合金元素如 Mo、W 等。

（3）对物理、化学性能的影响

Al、Cr、Si 等元素在钢的表面形成 Al_2O_3、Cr_2O_3、SiO_2 等致密氧化膜，提高钢的耐 热性。钢中加入 Cr、Ni 等元素能获得单一的均匀固溶体组织，提高钢的耐蚀性。当钢中 Mn>13％，在有巨大压力或冲击条件下，表现出很高的抗磨性。

合金元素在钢中的作用很复杂，特别是多种合金元素在钢中的综合作用就更为复杂。下 面简单介绍一些合金元素在钢中的主要作用。

Al：强烈的抗氧化元素，提高耐热性；形成稳定的 AlN 硬质点，起弥散强化作用；少 量添加可阻止晶粒的长大。

B：微量硼可显著提高淬透性；在耐热钢中提高高温强度。

Cr：提高强度、硬度；增加淬透性、抗氧化及耐蚀性。

Cu：提高强度；提高钢对大气的耐蚀性。

Mn：具有较强的固溶强化作用；良好的脱氧剂和脱硫剂；增加淬透性；Mn>13％时， 提高耐磨性；产生回火脆性。

Mo：提高热硬性和高温强度；增加淬透性；提高耐蚀性；防止回火脆性。

Nb：细化晶粒，提高韧性，并降低脆性转变温度；弥散强化；增加回火稳定性；提高 耐热性和耐蚀性。

Ni：改善韧性，特别是低温冲击韧性；增加淬透性、提高耐蚀性。

RE：脱气、脱硫和消除其他有害杂质；在铸钢中增加流动性，改善铸态组织；提高耐 热性和耐蚀性。

Si：具有强烈的固溶强化作用；增加淬透性和回火稳定性；提高磁导率。

Ti：细化晶粒；在低淬透性钢中作为变质剂；防止不锈钢晶间腐蚀；在耐热合金中形成 强化相。

V：提高强度、硬度，特别是钢的热硬性；细化晶粒；增加淬透性；提高耐热性和耐 蚀性。

W：提高回火稳定性，并产生二次硬化作用，使高速钢具有高的热硬性；提高耐热钢的 高温强度。

Zr：强碳化形成元素，其在钢中的作用与 Nb、Ti、V 相似。少量的 Zr 有脱气、净化和 细化晶粒的作用，提高钢的低温性能。锆是贵重元素，常用于超高强度钢和镍基高温合 金中。

1.3 合金钢生产理论

1.3.1 合金钢的冶炼方法

根据合金钢钢种及质量要求的不同，不同合金钢钢种的冶炼方法如表 1-1 所示。合金钢 典型的冶炼工艺如图 1-2 所示。

表 1-1 不同合金钢钢种的冶炼方法

钢类	质量特点及要求	冶炼方法
碳结钢	保证常规力学性能	转炉(电炉)+吹氩 电炉+LF
碳工钢	气体敏感性强,钢锭易出现针状气孔中心裂纹,要保证硬度、耐腐蚀性及均匀性	电炉(转炉)+吹氩
合金结构钢	提高淬透性,降低气体及夹杂物含量,具有良好的力学性能	转炉、电炉+钢包吹氩 电炉+LF
轴承钢	夹杂物含量低,碳化物偏析严重	电炉+LF+VD+MC/CC 电炉+VOD/VAD 电炉+ASEA-SKF 转炉+LF+VD
不锈钢	降碳保铬,良好的焊接性、耐腐蚀性、延展性、耐高温及表面质量	电炉返回吹氧法 电炉/转炉+AOD/VOD 转炉+RH-OB 电炉+转炉(AOD)+VOD
高速钢	高硬度、热硬性、耐磨性	电炉白渣工艺 电炉+ESR/VAR
合金工具钢	高强度、耐磨性和一定的韧性	感应炉+ESR 电炉+LF
模具钢	较高的耐磨性、洁净度,组织和成分均匀	电炉+LF(VD) 电炉+ESR
电工硅钢	碳、硫、气体及夹杂物含量低,电磁性能好	转炉+RH 电炉+真空处理
超级合金	要精确控制成分、组织、高纯度、高均匀性	VIM+VAR VIM+ESR 等离子精炼

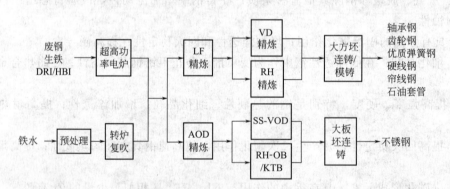

图 1-2 合金钢典型的冶炼工艺流程

1.3.2 钢液合金化

为了冶炼出具有所需性能的成品合金钢,在冶炼过程中加入各种合金,使钢液的化学成分符合钢种规格要求的工艺操作叫做钢液合金化。出钢前及出钢过程中的合金化操作,常称为调整成分。

钢液的合金化是炼钢生产的主要任务之一,合金化操作的好坏将直接关系到生产成本和钢的质量,甚至成品钢是否合格。因此,操作者必须了解钢液合金化的具体任务、基本原则,合金元素在钢中的作用,以及对合金剂的一般要求等内容。

1.3.2.1 钢液合金化的任务及原则

简单地讲，钢液合金化的任务是，依据钢种的要求精确计算合金的加入量，根据合金元素的性质选择适当的加入时机和合适的加入方法，使加入的合金尽量少烧损并均匀地熔入钢液之中，以获得较高且稳定的收得率，节省合金，降低成本，并准确控制钢液的成分。

钢的合金化过程是一个十分复杂的物理化学过程，包括升温与熔化、氧化与溶解等环节。钢液成分控制的准确与否，取决于合金的加入量和合金元素的收得率；而合金元素的收得率的高低又与钢液的脱氧程度、温度的高低、合金的加入方法以及合金元素本身的性质等因素有关。因此，钢液合金化的基本原则有：

① 在不影响钢材性能的前提下，按中、下限控制钢的成分以减少合金的用量；

② 合金的收得率要高；

③ 熔于钢中的合金元素要均匀分布；

④ 不能因为合金的加入使熔池温度产生大的波动。

钢的合金化过程又称为成分控制，由于各合金元素的性质存在较大的差异，成分控制贯穿于从配料到出钢的各个冶炼阶段。但是大多数合金元素的精确控制，主要是在还原精炼阶段进行的。

1.3.2.2 对合金剂的一般要求

为了保证钢的质量，入炉的合金材料应满足以下要求：

① 合金元素含量高，有害元素含量低。合金元素含量高时，可以减少合金的加入量而不使熔池降温过多，这对于高合金钢冶炼尤为重要；硫、磷等有害元素的含量低，可以减轻冶炼中去除硫、磷的任务。

② 成分明确稳定。明确可靠的化学成分是准确计算合金用量的重要依据，成分稳定则是准确控制钢液成分的必要前提。

③ 块度适当。块度的大小由合金种类、熔点、密度、加入方法和炉容量等因素综合而定，一般说来，熔点高、密度大、用量多和炉子容量小时，合金的块度应小些，但除了作为扩散脱氧剂或喷吹材料外，块度过小或呈粉末状的合金不宜加入，否则合金元素的收得率不易控制。

④ 充分烘烤。加入炉内，尤其是在还原期使用的铁合金必须进行烘烤，以去除其中的水分和气体，同时，又使合金易于熔化，吸收的热量少，从而缩短冶炼时间，减少电能的消耗。

烘烤的温度和时间，应根据合金的熔点、化学性质、用量以及气体含量等具体因素而定，大致可分为退火处理、高温烘烤和低温烘烤三种情况：

a. 含氢量较高的合金如电解镍、电解锰等，应进行退火处理；

b. 对于熔点较高又不易氧化的合金如钨铁、钼铁、铬铁、硅铁等，必须在800℃以上的高温下烘烤2h以上；

c. 熔点较低或易氧化的合金如铝块、钒铁、硼铁、钛铁、稀土等，则应在200℃左右的低温下烘烤，但时间应延长到4h以上。

1.3.3 合金的加入

（1）合金的氧化性

加入钢中的各种合金或多或少要氧化掉一部分，这将会影响到合金元素的收得率。各种合金元素与氧反应能力的大小，可依据其氧化物的标准生成自由能 ΔG 的大小来判断。通常 ΔG 的负绝对值越大，元素氧化后生成的氧化物越稳定，该元素和氧的亲和力就越大。在 1600℃ 的炼钢温度下，元素在钢中的含量为 0.1% 时，钢液中一些元素与氧的亲和力由强到弱的顺序为：

RE＞Zr＞Ca＞Al＞Ti＞B＞Si＞C＞P＞Nb＞V＞Mn＞Cr＞W、Fe、Mo＞Co＞Ni＞Cu

由此可以得知：

① 在炼钢温度范围内，铜、镍、钴、钼与氧的亲和力小于铁和氧的亲和力，所以这些元素在炼钢过程中基本不被氧化，称为不氧化元素。

② 钨和氧的亲和力与铁和氧的亲和力差不多，所以当钢中含钨高或渣中氧化铁含量高时，可能发生钨的氧化反应。

③ 铬和锰与氧的亲和力略大于铁，在炼钢过程中是弱氧化元素。钒、铌、硅是强氧化元素，而硼、钛、铝、钙、稀土等与氧亲和力极大，是易氧化元素。

④ 氧化反应都是放热反应，钢液温度降低，有利于氧化反应进行。

（2）合金的加入时间与加入方法

确定合金元素的加入时间，首先，要考虑合金元素的化学稳定性，即元素与氧亲和力的大小。其次，还要考虑合金的熔点、密度、加入量等因素。通常，与氧亲和力小、熔点高或加入量多的合金，应在熔炼前期加入；与氧亲和力较大的合金元素，一般在还原期加入，加入的早晚视加入量及合金的熔点而定；而易氧化元素，则需在钢液脱氧良好条件下加入或出钢时加入钢包内。

转炉冶炼低合金钢种大多在钢包内完成脱氧合金化。这种方法简便，大大缩短冶炼周期，而且能提高合金元素的吸收率。合金加入时间，一般在钢水流出总量的 1/4 时开始加入，流出 3/4 时加完。为保证合金熔化和搅拌均匀，合金应加在钢流冲击的部位或同时吹氩搅拌。

电弧炉冶炼合金钢时，由于合金元素种类多、含量大，根据合金化的原则在冶炼的不同阶段添加。

镍和氧的亲和力比铁小，也就是说铁比镍易氧化。因此，镍可以在装料时或氧化期加入，不会造成镍氧化而损失掉。但镍在电弧下会挥发造成损失，所以装料时要装在炉坡上，不要装在电弧正下方。另外，电解镍板中含有大量的氢气，在装料或氧化期加入，经过沸腾，可以由钢液中排出，不影响钢的质量。

钼和镍一样，实际上是不氧化的，不会造成损失，因此可以在氧化期或熔化期加入。钼铁是一个难熔的合金，一定要在精炼初期以前加入，这样可以保证熔化完全，成分均匀。如果在后期加入，离出钢时间较短，钼铁来不及完全熔化，可能造成其在钢液中分布不均匀。

钨铁特点是密度大，熔点高。含 75% 钨的钨铁，熔点高于 2000℃，密度约为 16.5t/m³，加入后沉入炉底，很不容易熔化，因此加入的钨铁块度要小，而且必须烤红，以利于熔化。要在精炼初期加入，不能在熔化期或精炼后期加入，因为钨与镍、钼相比，与氧的亲和力较大，如在熔化期加入，钨会氧化，以钨酸钙（$CaWO_4$）的形式存在于渣中，造成钨的损失，使钨的收得率降低。又因钨铁难熔化，精炼后期大量加入会影响冶炼时间，同时在钢水中分布也不均匀。因此，大部分钨铁应在精炼初期加入，只留少量的在精炼后期作调整。

在冶炼硅钢如弹簧钢（60Si2Mn）或耐热钢（4Cr9Si2）时，需加入大量硅铁进行合金化，所加入的硅铁必须长时间烘烤。其主要原因是，硅铁中有较多的氢气，烤红后可去除。但去气要有时间，所以要长时间烘烤，以保证钢的质量。另外，预热硅铁也可加速熔化。又因为硅铁较轻，大量加入炉内时，必然有一部分硅与炉渣起脱氧作用，生成酸性产物 SiO_2，降低了局部炉渣的碱度，这样对钢的质量是不利的。为了防止这种情况的发生，在加硅铁的前后要加入适量的石灰，以保持炉渣碱度，并用大电压烧几分钟，使炉渣熔化和反应良好，成为均匀的白渣。

铬与氧的亲和力比铁与氧的亲和力大，也就是铬比铁容易氧化。如果在熔化期、氧化期加入，铬会被氧化，不仅造成合金元素的损失，而且使炉渣变稠影响去磷和冶炼操作，所以铬铁要在精炼期加入。加入后如渣子变成绿色，说明渣子脱氧不良，必须加强还原，把渣中的氧化铬还原。还原良好后，渣子仍变成白色。

钒和氧的亲和力很大，很易氧化，故不能在氧化期加入，只能在还原期炉渣和钢液脱氧良好后加入。又因钒铁加入使钢水极易吸收空气中的氮气，影响钢的质量，所以不能过早加入，只能在出钢前加入。但是钒铁熔化需要一定时间，所以应在出钢前 $10 \sim 20min$ 加入。如加入量多，时间就应再长一些（$15 \sim 30min$）。

钛与氧、氮的亲和力很大，极易氧化和氮化而成为钢中夹杂物，因此，一般在加入并完全熔化之后就出钢，即通常加入后 15min 以内就要出钢（一般在 $5 \sim 10min$），不宜在炉内停留过长时间。另外，由于钛铁密度较小，加入炉内就浮在渣钢面上，再逐渐熔化进入钢水，因此回收率波动较大，影响因素也较复杂。

铝极易氧化，故一般都在临出钢前加入。对于不同含铝量的钢种，其加入方法也略有不同：

① 含铝量低的钢种（例如0.2%以下），一般可采用不扒渣，在出钢前 $2 \sim 3min$ 把铝插入炉内的方法。此时，插铝方法极为重要，必须严格防止铝在炉渣中氧化燃烧。

② 含铝量较高的钢种，例如 38CrMoAlA 等，为了防止大量加铝后炉渣回硅，使成品硅高脱格就采用全部除渣方法，再加入铝块，这时必须把炉渣彻底扒净，否则就会影响铝的回收（这时仍有回硅约0.10%）。另外，铝块加入后，必须有足够时间，让它充分熔化，再加入料重2%～3%的小块石灰和精选萤石，采用第二级电压，化渣均匀后再摇炉出钢（一般从加铝到出钢约为 $5 \sim 12min$），这样铝的回收率约在70%～85%。

硼极易与钢中的氧、氮化合，通常都在临出钢时加入，加硼前还必须向钢中配加适量的铝和钛（例如0.05%～0.2%），以稳定氮、氧。

硼的加入方法：

① 在出钢过程中把硼加入盛钢桶，这时炉前挡渣还必须良好，必须让钢水先流入盛钢桶，待盛钢桶有1/3左右钢水时加入硼铁（投入或插入），然后再让炉渣流出。

② 加铝或加钛后，在炉前插入硼铁，再进行搅拌后，随即出钢。这时硼铁应扎牢在铁条上，外面用铝皮或马粪纸包好，插入钢水时应尽量迅速，避免硼在渣中氧化损失。以上两个方法的回收率差不多，一般为50%～70%，也有近100%的。从钢中硼的均匀性和钢的内在质量来看，后一种加入方法较好。

稀土元素是指镧、铈系的一些元素，共有 17 个，由于它们性质很相似，极不易分离，所以生产中常用其混合物，即用混合稀土金属或混合稀土氧化物。

稀土的作用主要有：

① 良好的去氢、氧、氮作用，降低合金结构钢的白点敏感性；

② 细化铸态组织、对锋钢来讲有利于碳化物的均匀分布；

③ 改善钢的热加工性；

④ 改善钢的力学性能，提高合金结构钢的冲击韧性。

稀土金属极易氧化，一般在出钢前插入钢水中，也可在出钢中途加入钢水中，稀土氧化物须与硝酸钠和硅钙粉等混拌均匀后，装入铁管，在出钢前插入钢水中。

1.3.4　合金元素在铁液中的溶解

1.3.4.1　元素在铁液中的溶解度

铁液能溶解大量的金属元素和少量的非金属元素，炼钢温度下各元素在铁液中的溶解情况见表1-2。

表 1-2　元素在铁液中的溶解情况

完全溶于铁液中的合金元素	部分溶解的金属元素	实际不溶解的金属元素	部分溶解的非金属元素	炼钢温度下汽化的金属元素
Al、Cu、Si	Mo	Bi	As、Se	Cu、Zn
Sb、Au、Sn	W	Pb	B、O	Ca
Be、Mn、Ti		Ag	C、S	Li
Ce、Ni、V			H	Mg
Cr、Pb、Zr			N	Hg
Co、Pt			P	Na

由表1-2可见，各元素在铁液中的溶解度差别很大，有的能完全溶解，有的则只能部分溶解甚至是微量溶解。元素在铁液中的溶解度的大小与其原子半径、晶格类型以及与铁原子的相互作用力有关。通常，晶格类型与铁的晶格越相似、原子半径与铁原子半径越相近、性质与铁原子越相似的元素，它们与铁原子的作用力同铁原子之间的作用力越相近，溶解时就越容易。

1.3.4.2　溶解元素与铁形成的溶液

根据溶入后与铁形成溶液的类型不同，钢中常见元素大致可以分为如下五类。

（1）与铁形成近似理想溶液的元素

锰、镍、钴、铬、钒、钼、钨和铌等金属元素能与铁形成近似理想溶液。其中锰、钴、镍在1600℃时能完全溶解，而铬、钼、钒、铌、钨在该温度下只能部分溶解，因为它们的熔点高于1600℃，在更高的温度下能够完全溶解。

上述这些元素在周期表中的位置距铁较近，它们的性质与铁相似，原子半径与铁原子相近（锰的原子半径为0.127nm，钴为0.125nm，铬为0.130nm，钒为0.136nm，而铁为0.136nm），晶格类型也相似。习惯上认为这些元素与铁形成的溶液近似于理想溶液，可以应用理想溶液定律。

（2）与铁形成近似规则溶液的元素

铜和铝也是金属元素，在1600℃时能完全溶解于铁液。但由于它们在周期表中的位置距铁较远，其性质和原子半径也和铁原子有一定的差别，Fe-Cu系熔体对拉乌尔定律有较大的正偏差，Fe-Al系熔体有较大的负偏差，所以它们与熔铁形成的溶液不是理想溶液，而近似于规则溶液。因此，可以用规则溶液的诸公式来计算它们形成溶液时的热力学函数的变化。

（3）与铁形成稀溶液的元素

氢和氮在元素周期表中的位置离铁更远，它们是非金属元素，性质和铁相差很大，原子半径比铁小得多（氢为 0.053nm，氮为 0.056nm），它们在熔铁中的溶解度非常小，所形成的溶液可以看成稀溶液。

（4）与铁形成实际溶液的元素

碳、氧、硫、磷等非金属元素，它们在元素周期表中的位置离铁很远，其性质和原子半径（碳为 0.067nm，硫为 0.078nm，磷为 0.088nm，氧为 0.044nm，硼为 0.088nm）与铁原子都有很大差别，在熔铁中的溶解度受到一定的限制；同时，与铁形成实际溶液。另外，非金属元素硅及钛、锆等金属元素与熔铁形成的溶液也是实际溶液。

（5）在铁中不溶解的元素

银、铅、铋、锌、钙、镁等元素不溶于铁液，其中钙、镁等在达炼钢温度前早已气化，它们挥发后进入炉气成为氧化物，活泼性大，易侵蚀炉衬；铅、银、铋均不溶于铁液，且因密度较大，故易于沉积于炉底，并借毛细管作用渗入耐火材料缝隙，破坏炉衬。

1.3.4.3 元素在铁液中溶解时的自由能变化

元素在铁液中溶解时，由于它们的状态发生了变化，必然伴随有自由能的变化。钢中常见元素在铁液中的溶解反应及溶解时自由能的变化值列于表 1-3 中。

表 1-3 一些常见元素在铁液中的溶解反应及溶解时自由能的变化值

反应	$\Delta G_{m}^{\ominus}/(\text{J/mol})$	反应	$\Delta G_{m}^{\ominus}/(\text{J/mol})$
$Al_{(液)}=[Al]$	$-10300-7.71T$	$\frac{1}{2}O_{2(气)}=[O]$	$-28000-0.69T$
$C_{(石墨)}=[C]$	$5100-10.00T$	$FeO_{(液)}=Fe_{(液)}+[O]$	$-28900-12.51T$
$Cr_{(固)}=[Cr]$	$5000-11.31T$	$\frac{1}{2}P_{2(气)}=[P]$	$-29200-4.60T$
$Co_{(液)}=[Co]$	$-9.31T$	$Si_{(液)}=[Si]$	$-28500-6.09T$
$Cu_{(液)}=[Cu]$	$8000-9.40T$	$\frac{1}{2}S_{2(气)}=[S]$	$-31520+5.27T$
$\frac{1}{2}H_{2(气)}=[H]$	$7640-1062T$	$Ti_{(固)}=[Ti]$	$-13100-10.07T$
$Mn_{(液)}=[Mn]$	$-9.11T$	$W_{(固)}=[W]$	$8000-13.04T$
$Mn_{(固)}=[Mn]$	$5800-13.30T$	$V_{(固)}=[V]$	$-3700-10.90T$
$Ni_{(液)}=[Ni]$	$-5000-7.42T$	$Zr_{(固)}=[Zr]$	$-12800-12.00T$
$\frac{1}{2}N_{2(气)}=[N]$	$860+5.71T$		

由表 1-3 可见，各元素的标准溶解自由能变化与温度有关。将温度值代入表中的公式，求出 $\Delta G_{m}^{\ominus}$ 的值，便可以判断某元素的溶解过程能否自发进行及进行的限度。

1.3.4.4 合金元素的收得率

合金元素收得率是指进入钢中合金元素的质量占合金元素加入总量的百分比。所炼钢种、合金加入种类、数量和顺序、终点碳以及操作因素等，均影响合金元素收得率。

$$收得率=\frac{合金元素进入钢中质量}{合金元素加入总量}\times100\%$$

不同合金元素收得率不同；同一种合金元素，钢种不同，收得率也有差异。影响合金元素收得率的因素主要有：

① 钢水的氧化性。钢水氧化性越强，收得率越低，反之则高。钢水氧化性主要取决于终点钢水含碳量，所以，终点含碳量的高低是影响元素收得率的主要因素。

② 终渣 FeO 含量。终渣的 FeO 含量高，钢中氧含量也高，收得率低，反之则高。

③ 炉渣黏度。有些铁合金的密度比铁小，加入炉内后浮在渣-钢界面上，如炉渣过于黏稠或渣量过大，则不利于合金元素进入钢液，降低合金元素的回收率。

④ 炉渣的碱度。Al、Ti、B、稀土元素等与氧亲和力特别大的元素合金化时，炉渣的碱度会影响它们的收得率。这些元素可以还原渣中的 SiO_2 等氧化物，使得这些元素被消耗一部分，而导致合金回收率降低，高碱度渣中被还原的 SiO_2 少，低碱度渣中 SiO_2 易被还原，故碱度高则 Al、Ti、B、稀土元素的回收率高，碱度低则它们的回收率低。

⑤ 钢液的温度。钢液的温度高则合金烧损大，回收率低。

⑥ 终点钢水的余锰含量。钢水余锰含量高，会降低钢水氧含量，收得率提高。

⑦ 脱氧元素脱氧能力。脱氧能力强的合金收得率低，脱氧能力弱的合金收得率高。

⑧ 合金加入量。在钢水氧化性相同的条件下，加入某种元素合金的总量越多，则该元素的收得率也越高。

⑨ 合金加入的顺序。钢水加入多种合金时，加入次序不同，收得率也不同。对于同样的钢种，先加的合金元素收得率低，后加的则高。倘若先加入部分金属铝预脱氧，后加入其他合金元素，收得率就高。

⑩ 出钢情况。出钢钢流细小且发散，会增加钢水的二次氧化，或者是出钢时下渣过多，这些都会降低合金元素的收得率。

⑪ 合金的状态。合金块度应合适，否则收得率不稳定。块度过大，虽能沉入钢水中，但不易熔化，会导致成分不均匀。块度过小，甚至粉末过多，加入钢包后，易被裹入渣中，合金损失较多，收得率降低。

1.3.5 合金元素在钢中存在的形式

在合金的相结构中有合金固溶体和金属化合物两大类型。因此，合金元素与钢中铁、碳两个基本组元作用，就会产生以下两种存在形式。

(1) 形成合金渗碳体

几乎所有的合金都能或多或少地溶入铁素体中，形成合金铁素体，其中原子半径很小的元素（如氮、硼）与铁形成间隙式固溶体；原子半径大的元素（如锰、镍）与铁形成置换式固溶体。合金元素的溶入，因原子半径的差异而引起铁素体晶体畸变，产生固溶强化，使铁素体的强度、硬度升高，塑性、韧性降低。

(2) 形成合金碳化物

在钢中形成碳化物的元素有铁、锰、铬、钼、钨、钒、锆、铌等。根据合金元素与碳亲和力的大小和元素在钢中含量的多少，钢中合金碳化物可分为合金渗碳体和特殊碳化物两种类型。

锰为弱碳化物形成元素，铬、钼、钨为中强碳化物形成元素，它们在钢中含量不多时，一般都倾向于形成合金渗碳体，如 $(Fe, Mn)_3C$、$(Fe, Cr)_3C$、$(Fe, W)_3C$ 等，即铁原子被部分合金元素取代。合金渗碳体的硬度和稳定性都略高于渗碳体，是一般低合金钢中的碳化物的主要存在形式。

钒、铌、钛等是强碳化物形成元素，它们与碳会形成与渗碳体完全相同的特殊碳化物，如 VC、NbC、TiC 等；而中强碳化物形成元素含量足够高时（＞5％）也能形成特殊碳化物，如 WC、MoC、$Cr_{23}C_6$、Fe_3W_3C 等。这些特殊碳化物具有更高的熔点、硬度和耐磨性，并且更为稳定。合金碳化物是钢中的强化相，其种类、性能和在钢中的析出形式、颗粒大小及分布状态，会直接影响到钢的性能及热处理时的相变。

铁在加热和冷却过程中产生如下多型性转变：

$$\alpha\text{-Fe} \underset{A_3}{\overset{910℃}{\rightleftharpoons}} \gamma\text{-Fe} \underset{A_4}{\overset{1390℃}{\rightleftharpoons}} \delta\text{-Fe}$$

钢中合金元素对 α-Fe、γ-Fe 和 δ-Fe 的相对稳定性及多型性转变温度 A_3 和 A_4 均有极大的影响。在 γ-Fe 中有较大溶解度并能稳定 γ-Fe 的合金元素称为奥氏体形成元素。在 α-Fe 中有较大的溶解度，使 γ-Fe 不稳定的合金元素称为铁素体形成元素。合金元素对铁的多型转变影响的特点如下。

① 使 A_3 温度降低，A_4 温度升高。这类是扩大 γ 相区的奥氏体形成元素，它包括以下两种情况。

开启 γ 相区：如锰、钴和镍与 γ-Fe 可以无限固溶，使 γ 相区存在的温度范围变宽，与 γ-Fe 无限溶解，使 δ 和 α 相区缩小。这些奥氏体形成元素如镍，本身就具有面心立方点阵，而锰和钴的多型性转变中，在一定范围内存在着面心立方点阵。这种类型的相图如图 1-3 所示。

扩大 γ 相区：如碳、氮、铜等元素，它们使 γ 相区扩大，但与 γ-Fe 是有限互溶，碳和氮与铁形成间隙固溶体，铜形成置换固溶体。这些元素也是属于奥氏体形成元素，这种类型的相图如图 1-4 所示。

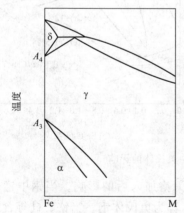 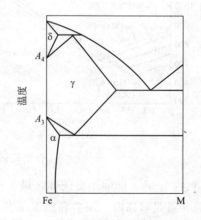

图 1-3　开启 γ 相区类型 Fe-M 相图　　　　图 1-4　扩大 γ 相区类型 Fe-M 相图

② 使 A_3 温度升高，A_4 温度降低。这类是缩小 γ 相区的铁素体形成元素，它也包括两种情况。

封闭相区：这类元素使 A_3 点温度升高，A_4 点温度下降，在一定浓度处汇合，γ 相区为 α 相所封闭，在相图上形成 γ 圈，如图 1-5 所示，属于这类元素的有钒、铬、钛、钼、钨、铝、磷、锡、锑、砷等。其中钒和铬与 α-Fe 无限固溶，其余都与 α-Fe 有限互溶。

缩小 γ 相区：由于受到固溶度的限制，这类合金元素不能使 γ 相区完全封闭，故称为缩小 γ 相区元素（如图 1-6 所示），硼、铌、锆是缩小 γ 相区的典型元素。

合金元素的加入会使 Fe-Fe_3C 相图发生变化。镍、钴、锰等元素的加入会使 A_3 下降，使奥氏体区扩大。例如，图 1-7(a) 为锰加入后的影响。铬、钨、钼、钒、钛、铝、硅等元

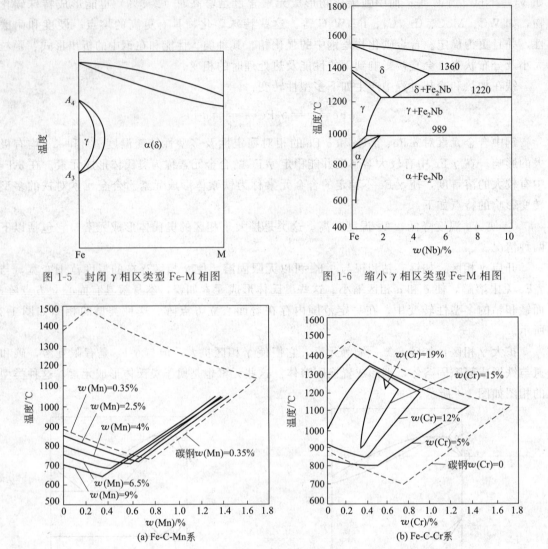

图 1-5 封闭 γ 相区类型 Fe-M 相图　　　图 1-6 缩小 γ 相区类型 Fe-M 相图

图 1-7 合金元素对 Fe-Fe₃C 相图中奥氏体的影响

素，使 A_3 上升，即缩小奥氏体区域。例如图 1-7(b) 为铬加入后的影响。当钢中锰、镍等元素的含量足够高时，便会在室温下获得单相奥氏体，称为奥氏体钢。当铬、硅等含量足够高时，便会使奥氏体区完全消失，在室温时获得单相的平衡组织铁素体，称为铁素体钢。

1.4　合金钢的分类及编号简介

1.4.1　合金钢的分类

合金钢种类很多，通常，按合金元素含量多少分为低合金钢、中合金钢和高合金钢；按质量分为优质合金钢和特质合金钢；按特性和用途又分为合金结构钢、不锈钢、耐酸钢、耐磨钢、耐热钢、合金工具钢、滚动轴承钢、合金弹簧钢和特殊性能钢（如软磁钢、永磁钢、无磁钢）等。

合金钢的分类方法很多，常用的有以下几种。

(1) 按用途分类

按用途可把合金钢分为结构钢、工具钢和特殊性能钢。

结构钢又可分为工程用钢（如建筑工程用钢、桥梁工程用钢、船舶工程用钢、车辆工程用钢）和机器用钢（如调质钢、渗碳钢、弹簧钢、轴承钢、耐磨钢）。

工具钢可分为刃具钢、模具钢和量具钢。

特殊性能钢可分为不锈钢、耐热钢和耐磨钢等。

(2) 按合金含量分类

合金钢按合金元素总含量分为低合金钢（含量<5%）、中合金钢（含量5%~10%）和高合金钢（含量>10%）。另外，根据钢中所含主要合金元素种类不同，也可分为锰钢、铬钢、铬钼钢、铬锰钛钢等。

(3) 按质量分类

主要按钢中的有害杂质磷、硫含量来分类。可分为普通钢（$w_p \leqslant 0.045\%$，$w_s \leqslant 0.05\%$）、优质钢（w_p，w_s 均<0.035%）和高级优质钢（w_p，w_s 均<0.025%）。

(4) 按冶炼方法分类

可按炉别分为平炉钢、转炉钢和电炉钢。按脱氧程度可分为沸腾钢、镇静钢和半镇静钢。

(5) 按金相组织分类

钢的金相组织随处理方法不同而异。按退火组织分为亚共析钢、共析钢和过共析钢。按正火组织分为珠光体钢、贝氏体钢、马氏体钢及奥氏体钢。

1.4.2 合金钢的编号

世界各国钢号的表示方法可分为三大类：

① 用化学元素符号或本国字母表示钢的化学成分，并用阿拉伯数字表示主要元素的平均含量，例如中国、德国、波兰等。

② 用固定位数的阿拉伯数字（或在中间或前面加一个字母）表示钢类、系列和钢号，例如捷克、瑞典、美国等。

③ 用拉丁字母表示产品用途或种类，用阿拉伯数字或罗马数字表示序号，例如日本。

我国钢材的编号是按碳含量、合金元素的种类和数量以及质量级别来编号的。依据国家标准规定采用国际化学符号和汉语拼音字母并用的原则。即钢号中的化学元素采用国际化学元素符号表示，如Si、Mn、Cr等。仅稀土元素例外，用"RE"表示其总含量。

(1) 普通碳素结构钢

该类钢牌号表示方法是由代表屈服点的字母（Q）、屈服点数值、质量等级符号（A、B、C）及脱氧方法符号（F-沸腾钢，b-半镇静钢，Z-镇静钢，TZ-特殊镇静钢）等四部分按顺序组成。如Q235-AF，表示屈服点数值为235MPa的A级沸腾钢。质量等级符号反映碳素结构钢中磷、硫含量的多少，A、B、C、D质量依次增高。

(2) 优质碳素结构钢

该类钢的钢号用钢中平均含碳量的两位数字表示，单位为万分之一。如钢号45，表示平均含碳量为0.45%的钢。

对于含锰量较高的钢，须将锰元素标出。即指含碳量大于0.6%含锰量在0.9%~1.2%

者及含碳量小于 0.6％含锰量在 0.7％～1.0％者，数字后面附加汉字"锰"或化学元素符号"Mn"。如钢号 25Mn，表示平均含碳量为 0.25％，含锰量为 0.7％～1.0％的钢。

沸腾钢、半镇静钢以及特殊用途的优质碳素结构钢，应在钢号后特别标出。

① 沸腾钢和半镇静钢，在牌号尾部分别加符号"F"和"b"。例如：平均含碳量为 0.08％的沸腾钢，其牌号表示为"08F"；平均含碳量为 0.10％的半镇静钢，其牌号表示为"10b"。

② 镇静钢（S、P 含量分别≤0.035％）一般不标符号。例如：平均含碳量为 0.45％的镇静钢，其牌号表示为"45"。

③ 较高含锰量的优质碳素结构钢，在表示平均含碳量的阿拉伯数字后加锰元素符号。例如：平均含碳量为 0.50％，含锰量为 0.70％～1.00％的钢，其牌号表示为"50Mn"。

④ 高级优质碳素结构钢（S、P 含量分别≤0.030％），在牌号后加符号"A"。例如：平均含碳量为 0.45％的高级优质碳素结构钢，其牌号表示为"45A"。

⑤ 特级优质碳素结构钢（S 含量≤0.020％、P 含量≤0.025％），在牌号后加符号"E"。例如：平均含碳量为 0.45％的特级优质碳素结构钢，其牌号表示为"45E"。

（3）碳素工具钢

碳素工具钢是在钢号前加"碳"或"T"表示，其后跟以表示钢中平均含碳量的千分之几的数字。如平均含碳量为 0.8％的该类钢，记为"碳 8"或"T8"。含锰量较高者须标注。高级优质碳素钢则在钢号末端加"高"或"A"，如"碳 10 高"或"T10A"。

（4）合金结构钢

该类钢的钢号由"数字＋元素＋数字"三部分组成。前两位数字表示平均含碳量的万分之几，合金元素以汉字或化学元素符号表示，合金元素后面的数字表示该元素的近似含量，单位是百分之几。如果合金元素平均含量低于 1.5％时，则不标明其含量。当平均含量大于或等于 1.5％～2.0％时，则在元素后面标"2"依次类推。如为高级优质钢，在钢号后面应加"高"或"A"。如 36Mn2Si 表示含碳量为 0.36％，含锰量为 1.5％～1.8％，含硅量为 0.4％～0.7％的钢。

（5）合金工具钢

该类钢编号前用一位数字表示平均含碳量的千分之几。当平均含碳量大于或等于 1.0％时，不标出含碳量。如"9Mn2V"钢的平均含碳量为 0.85％～0.95％，而"CrMn"钢中的平均含碳量为 1.3％～1.5％。高速钢的钢号，一般不标出含碳量，仅标出合金元素含量平均值的百分之几。如"W6M05Cr4V2"。

（6）滚动轴承钢

该类钢在钢号前冠以"滚"或"G"，其后用铬（Cr）＋数字来表示，数字表示铬含量平均值的千分之几。如"滚铬 15"（GCr15），即是铬的平均含量为 1.5％的滚动轴承钢。

（7）不锈钢及耐热钢

这两类钢钢号前面的数字表示含碳量的千分之几，如"9Cr18"表示该钢平均含碳量为 0.9％。但含碳量≤0.03％及 0.08％者，在钢号前分别冠以"00"及"0"。如"00Cr18Ni10"。

一般用一位阿拉伯数字表示平均含碳量（以千分之几计）。当平均含碳量≥1.00％时，用两位阿拉伯数字表示；当含碳量上限<0.10％且>0.03％时，以"0"表示含碳量；当含碳量上限≤0.03％且>0.01％时（超低碳），以"03"表示含碳量；当含碳量上限（≤

0.01％时极低碳），以"01"表示含碳量。含碳量没有规定下限时，采用阿拉伯数字表示含碳量的上限数字。

合金元素含量表示方法同合金结构钢。例如：平均含碳量为 0.20％，含铬量为 13％的不锈钢，其牌号表示为"2Cr13"；含碳量上限为 0.08％，平均含铬量为 18％，含镍量为 9％的铬镍不锈钢，其牌号表示为"0Cr18Ni9"；含碳量上限为 0.12％，平均含铬量为 17％的加硫易切削铬不锈钢，其牌号表示为"Y1Cr17"；平均含碳量为 1.10％，含铬量为 17％的高碳铬不锈钢，其牌号表示为"11Cr7"；含碳量上限为 0.03％，平均含铬量为 19％，含镍量为 10％的超低碳不锈钢，其牌号表示为"03Cr19Ni10"；含碳量上限为 0.01％，平均含铬量为 19％，含镍量为 11％的极低碳不锈钢，其牌号表示为"01Cr19Ni11。

（8）铸钢

铸钢的牌号前面是"ZG"二字，后面第一组数字表示屈服点，第二组数字表示抗拉强度。如"ZG200-400"表示其屈服强度为 200MPa，抗拉强度为 400MPa。

参考文献

[1] 陈全明．金属材料及强化技术．上海：同济大学出版社，1992.

[2] 冯捷，张红文．炼钢基础知识．北京：冶金工业出版社，2005.

[3] 向亚云．钢铁冶炼技术工艺常见疑难问题解答及处理方法．北京：中国科技文化出版社，2005.

[4] 赵沛．合金钢冶炼．北京：冶金工业出版社，1992.

[5] 姜周华，董艳伍，李花兵等．特殊钢特种冶金技术的新发展．中国冶金，2011，21(12)：1-10.

[6] 刘浏，兰德年，萧忠敏．中国炼钢技术的发展、创新与展望．炼钢，2007，23(2)：1-6.

[7] 周建男．钢铁制造流程技术进步与钢铁企业可持续发展．山东冶金，2008，30(6)：7-11.

[8] 周建男．特殊钢生产工艺技术概述．山东冶金，2008，30(2)：1-7.

[9] 徐匡迪．中国钢铁工业的发展和技术创新．钢铁，2008，43(2)：1-13.

[10] 董翰．合金钢的现状与发展趋势．特殊钢，2000，21(5)：1-10.

2 低合金钢

低合金钢与碳素钢之间、低合金钢与合金钢之间无明确划分。在国外，20世纪50年代曾给低合金钢下过定义，总的意思是：凡是合金元素总量在3%以下，屈服强度在275MPa以上，具有良好的可加工性和耐腐蚀性，以型、带、板、管等钢材形状，在热轧状态直接使用的软钢的替代品称为低合金钢。当然，在技术发展进程中，低合金钢不论在合金含量、性能水平和交货状态，已经有了很大的变化。

在中国，低合金钢是一个更加笼统的钢类，钢材品种不仅含有低合金焊接高强度钢，还包括了低合金冲压钢、低合金耐腐蚀钢、低合金耐磨损钢、低合金低温钢，甚至还纳入了低、中碳含量的低合金建筑钢和中、高碳含量的低合金铁道轨钢。低合金钢的种类具有中国特色，但带来的一个问题是缺乏与国外统计数据的可比性。国外的低合金钢，实际上是我们所熟悉的低合金高强度钢，属于特殊钢范畴，在美国叫做高强度低合金钢（High Strength Low Alloy Steel，HSLA-Steel，如航母用钢 HSLA-100），俄罗斯及东欧各国称为低合金建筑钢，日本命名为高张力钢。而在国内，首先是把低合金钢划入了普钢范围，概念上的区别导致在产品质量上的差异；其次在名称上也几经变化，如低合金建筑钢、普通低合金钢、低合金结构钢，至1994年叫做低合金高强度结构钢（GB/T 1591—1994）。到目前为止，从发表的资料文献来看，低合金钢的名称仍然随着国家、企业和作者而异。

本书低合金钢的划分遵循 GB/T 13304.1—2008《钢分类》中关于低合金钢的界定：低合金钢是指表2-1中所列任一元素，按表2-1确定的每个元素规定含量（质量分数），处于本表所列的低合金钢相应元素的界限值范围内时，称此钢种为低合金钢。

在钢中加入少量合金元素（符合表2-1界限值）后，基于合金元素的强化作用，低合金结构钢的屈服点比普通碳素钢高25%～150%。大多低碳具有良好的塑性韧性和焊接性能，有的还具有耐腐蚀、耐低温等特性。因此，低合金钢是一类很有发展前途的钢，在钢的生产中所占比例越来越大。

2.1 低合金钢的分类

根据国家标准 GB/T 13304.2—2008《钢分类》第二部分"钢按主要质量等级和主要性能及使用特性分类"，低合金钢分类如下：

低合金钢按主要质量等级分为：①普通质量低合金钢；②优质低合金钢；③特殊质量低合金钢等三类。

2.1.1 普通质量低合金钢

普通质量低合金钢是指对生产过程中需要特别控制的质量要求不作规定的供作一般用途

的低合金钢。普通质量低合金钢应同时满足下列条件：

① 合金含量较低（符合对低合金钢的合金元素规定含量界限值的规定）；②不规定热处理（退火、正火、消除应力及软化处理不作为热处理对待）；③如产品标准或技术条件中有规定，其特性值应符合下列条件：硫或磷含量最高值≥0.040%；抗拉强度最低值≤690MPa；屈服点或屈服强度最低值≤360MPa；断后伸长率最低值≤26%；弯心直径最低值≥2×试样厚度；冲击功最低值（20℃，V形纵向标准试样）≤27J；④未规定的其他质量要求。

表 2-1　非合金钢、低合金钢和合金钢合金元素规定含量界限值

合金元素	合金元素规定含量界限值/%		
	非合金钢	低合金钢	合金钢
Al	<0.10	—	≥0.10
B	<0.0005	—	≥0.0005
Bi	<0.10	—	≥0.10
Cr	<0.30	0.30～0.50	≥0.50
Co	<0.10	—	≥0.10
Cu	<0.10	0.10～0.50	≥0.50
Mn	<1.00	1.00～1.40	≥1.40
Mo	<0.05	0.05～0.10	≥0.10
Ni	<0.30	0.30～0.50	≥0.50
Nb	<0.02	0.02～0.06	≥0.06
Pb	<0.40	—	≥0.40
Se	<0.10	—	≥0.10
Si	<0.50	0.50～0.90	≥0.90
Te	<0.10	—	≥0.10
Ti	<0.05	0.05～0.13	≥0.13
W	<0.10	—	≥0.10
V	<0.04	0.04～0.12	≥0.12
Zr	<0.05	0.05～0.12	≥0.12
La系（每一种元素）	<0.02	0.02～0.05	≥0.05
其他规定元素（S、P、C、N除外）	<0.05	—	≥0.05

普通质量低合金钢主要包括：

① 一般用途低合金结构钢，规定的屈服强度不大于 360MPa，如 GB/T 1591 规定的 Q295A、Q345A；

② 一般低合金钢筋钢，如 GB 1499.2 规定的所有牌号，如 20MnSi、20MnTi、20MnSiV、25MnSi、20MnNbb；

③ 低合金轻轨钢，如 GB/T 11264 规定的低合金轻轨钢 45SiMnP、50SiMnP；

④ 矿用低合金钢，如 GB/T 3414 规定的 M510、M540、M565 热轧钢，GB/T 4697 中所有的牌号。

2.1.2　优质低合金钢

优质低合金钢是指在生产过程中需要特别控制质量（例如降低硫、磷含量，控制晶粒

度，改善表面质量，增加工艺控制等），以达到比普通质量低合金钢特殊的质量要求（例如良好的抗脆断性能、良好的冷成型性等），但这种钢的生产控制和质量要求，不如特殊质量低合金钢严格。

优质低合金钢主要包括：

① 可焊接合金高强度结构钢　包含一般用途低合金结构钢、锅炉和压力容器用低合金钢、造船用低合金钢、汽车用低合金钢、桥梁用低合金钢、输送管线用低合金钢、锚链用低合金钢和钢板桩等。上述钢种多有专门的国标加以规范。

② 低合金耐候钢　指 GB/T 4171 中规定的所有牌号，如：SPA-H。

③ 铁道用低合金钢　包含低合金重轨钢，即 GB 2585 中的除 U74 以外的牌号；起重机用低合金钢轨钢，即 YB/T 5055 中的 U71Mn 钢；铁路用异型钢，即 YB/T 5181 中的 09CuPRe 和 YB/T 5182 中的 09V 钢。

④ 矿用低合金钢　矿用低合金钢指 GB/T 3414 中的 M540、M565 热处理钢。

⑤ 其他低合金钢　包含易切削结构钢（如 GB/T 8731 中的 Y08MnS、Y45MnSPb）、焊条用钢（如 GB/T 3429 中的 H08MnSi、H10MnSi）等。

2.1.3　特殊质量低合金钢

特殊质量低合金钢是指在生产过程中需要特别严格控制质量和性能，特别是严格控制硫、磷等杂质含量和纯洁度的低合金钢。应至少符合下列一种条件：

① 规定限制非金属夹杂物含量和（或）内部材质均匀性，如钢板抗层状撕裂性能。

② 规定严格限制磷含量和（或）硫含量最高值，并符合下列规定：熔炼分析值≤0.020%；成品分析值≤0.025%。

③ 规定限制残余元素含量，并应同时符合下列规定：铜熔炼分析最高值≤0.10%；钴熔炼分析最高值≤0.05%；钒熔炼分析最高值≤0.05%。

④ 规定低温（低于−40℃）冲击性能。

⑤ 可焊接的高强度钢，规定的屈服强度最低值不小于 420MPa（厚度 3～16mm 钢材取纵向或横向试样测定的性能）。

特殊质量低合金钢主要包括：

① 低合金高强度钢，如 GB/T 1591—2008 规定的 Q420A、Q420B、Q420C、Q420D、Q420E、Q460C、Q460D、Q460E；

② 保证厚度方向性能的低合金钢，如 GB/T 5313 规定的所有低合金钢牌号；

③ 铁道用低合金钢，如 GB 8601 规定的 CL45MnSiV；

④ 低温压力容器用低合金钢，如 GB 3531 规定的 16MnDR、09MnNiDR、15MnNiDR；

⑤ 舰船、兵器用低合金钢；

⑥ 刮脸刀片用低合金钢，如 YB/T 5060 规定的 Cr03。

2.2　低合金钢的发展历程

低合金钢从其出现至今，已经过了将近 150 年的历史。早在 1870 年，美国密西西比河上的拱形大桥就已经采用含 Cr 的低合金结构钢作桁架，建造了跨度 158.5m 的拱形桥梁。这种钢的抗拉强度为 685MPa、弹性极限 410MPa。但是使用性能不十分理想，需要轧后热处理，难以机械加工，耐蚀性又不良。随后的 1 个多世纪的时间里，世界各国持续不断进行低合金钢研发。

从低合金钢的发展历程来看，大体上可以划分为三个不同特征的发展阶段，即 20 世纪 20 年代以前；20～60 年代；60 年代以后。前两个阶段合称为传统的低合金钢发展阶段，后一阶段可以称为现代低合金钢（或微合金钢 Microalloyed Steel）发展阶段。

低合金钢发展的三个阶段，从合金设计角度看，分别有着显著的特征。

20 世纪 20 年代以前的低合金钢，结构制造主要采用铆接，设计规范主要采用抗拉强度。钢的强化主要靠碳以及加入单一合金元素，如 Cr、Ni、Si 等。碳含量达到 0.3% 以上，合金元素加入量相对较高，达到 2%～3%，甚至更高一些。最初的低合金高强度钢可以说是由机械制造用合金结构钢移植过来的。

20 世纪 20～60 年代，结构制造中日益广泛地采用了焊接技术，焊接对于钢中含碳量有严格要求。为减小焊接热影响区硬化和开裂、焊接接头延性恶化，把低合金钢的碳含量由 0.6% 降到 0.4%，随后又降至 0.2%，至 60 年代末再降至 0.18%，提出了焊接碳当量（C_{eq}）的可焊性判据。另一方面，经过 30 多年的生产和应用经验的积累，发现多元合金化的低合金钢综合性能更佳，经济上更划算。由此，进入了低合金钢发展的第二阶段，这一极端的显著特点是降低碳含量、提高合金元素种类，碳含量一般降到 0.2% 以下而合金元素从单一增加到了 2～3 个甚至更多。这个时期陆续开发了二元合金化的 Ni-Cr、Cr-Mn、Mn-V 低合金钢，和三元复合合金化的 Cr-Mn-V、Cr-Mn-Si、Mn-Cu-P 等低合金钢。用途上也扩大到了锅炉、容器、建筑和铁塔等方面。

第三阶段自 20 世纪 60 年代至今，钢中含碳量进一步降低到 0.1% 以下，有的钢中甚至进入超低碳（如 IF 钢）范围。Ti、V、Nb 等微合金元素逐步添加进合金钢中，Cu 的析出强化已用于开发舰艇、工程机械高强度钢和高强度深冲钢。目前正由单一元素微合金化向多种元素复合合金化方向发展。

据不完全统计，全世界成熟的低合金钢钢种牌号有 2000 余个，形成了 4 大合金成分系列：

① 以德国 St52 钢为代表的 C-Mn 钢系列，日本的 SM400、我国的 16Mn 属于这类钢；

② 以美国 Vanity 钢为代表的 Mn-V-Ti 钢系列，构成了现代微合金化的先驱；

③ 美国的含 P-Cu 钢系列，代表钢种有 Corten 和 Mariner 钢，具有良好的耐大气和海水腐蚀性；

④ Ni-Cr-Mo-V 钢系列，如美国开发的淬火回火状态 T-1 钢板成功用于压力容器的建造。

我国低合金高强度钢的研究开发工作起步于 20 世纪 50 年代末、60 年代初，正好处于国际上低合金高强度钢新的发展阶段。1958 年，我国制定了第一个低合金高强度钢标准（YB 13—58），1963 年更名为《低合金结构钢》（YB 13—63），1969 年改为《普通低合金钢》（YB 13—69），"普通"二字表明低合金钢的生产手段如普通碳素钢一般，无需特别对待，其带来的负面影响不容忽视：此后长达 20 年的时间里，我国忽视了低合金钢生产的高技术含量。直到 1988 年，GB 1591—88 的颁布，即宣布低合金钢回归其低合金结构钢的名称，又同时升级为国标。1994 年标准更名为《低合金高强度结构钢》（GB/T 1591—1994），2009 年又实行了新的低合金高强度结构钢国家标准《低合金高强度结构钢》（GB/T 1591—2008）。

　　我国会更好地利用新阶段国际上开发的微合金化技术和现代生产工艺技术的一切有用成果来发展新品种和改造老品种，使我国的低合金高强度钢品种提高档次，质量上新台阶，实物质量赶超世界先进水平。

2.3　现代低合金钢的研究进展

　　现代的低合金高强度钢是合金化、微合金化与先进工艺技术相结合的产物。合金元素，特别是微合金元素的作用，只有采用一定的生产工艺技术才能充分发挥。利用微合金化和现代生产工艺技术生产的低合金高强度结构钢的屈服强度与韧脆转折温度 T_k 有关系。用不同合金设计及制造工艺组合可以生产最低屈服强度，相应韧脆转折温度 T_k 达到$-100℃$的各种结构钢种，足以满足各种工程结构日益增长的需求。

　　自 20 世纪 70 年代以来，世界范围内低合金高强度钢的发展进入了一个全新时期，以控制轧制技术和微合金化的冶金学为基础，形成了现代低合金高强度钢（HSLA，High strength low alloy structural steel）即微合金钢（Microalloy Steel）的新概念。进入 80 年代，在钢的"化学成分—工艺—组织—性能"四位一体的关系中，第一次突出了钢组织和微观精细结构的主导地位，也表明低合金钢的基础研究已趋于成熟，以前所未有的新的概念进行合金设计。

　　低合金高强度钢目前在合金设计上最主要的特点是钢中碳含量及碳当量（C_{eq}）的进一步降低以及微合金化技术的开发应用。

　　碳当量：评价碳钢及焊接高强度钢的焊接性的基本方法，通常采用焊接碳当量 C_{eq}（carbon equivalent）或焊接裂纹敏感性指数 P_{cm} 来表示。C_{eq} 经验公式：

$$C_{eq}=[C+Mn/6+(Cr+Mo+V)/5+(Ni+Cu)/15]×100\%$$

式中，C、Mn、Cr、Mo、V、Ni、Cu 为钢中该元素含量。

　　为了评价钢材的焊接性能和焊接冷裂纹倾向，可以简单地用碳当量来衡量。碳当量越大，其焊接性能越差，淬硬倾向和冷裂纹倾向越大。

　　当 $C_{eq}≤0.35\%$，钢材焊接性能优秀。

　　当 $C_{eq}=0.36\%～0.40\%$，钢材焊接性能良好。

　　当 $C_{eq}=0.41\%～0.45\%$，钢材焊接性能尚可。

　　当 $C_{eq}=0.46\%～0.50\%$，钢材焊接性能较差，冷裂纹的敏感性将增大，焊前需适当预热以及采用低氢型焊接材料。

　　当 $C_{eq}≥0.5\%$，焊接性能很差，属于难焊接的材料，需采用较高的预热温度和严格的焊接工艺方法。

　　P_{cm} 是日本伊藤等人试验研究出的焊缝的化学成分裂纹敏感率系数，其公式为

$$P_{cm}=(C+Si/30+Mn/20+Cu/20+Ni/60+Cr/20+Mo/15+V/10+5B)×100\%$$

日本新日铁公司近年来为适应工程需要提出的新的碳当量公式：

$$C_{eq}=C+A(C)\{Si/24+Mn/16+Cu/15+Ni/20+(Cr+Mo+V+Nb)/5+5B\}×100\%$$

该式适用于 $w(C)$ 为 $0.034\%～0.254\%$ 的钢种，是目前应用较广、精度较高的碳当量公式。式中，$A(C)$ 为碳的适用系数。

$$A(C)=0.75+0.25tgh[20(C-0.12)]$$

　　低合金高强度钢（HSLA）的现代进展主要表现有：

（1）微合金化钢基础研究的新成就

其一，对微合金化元素，尤其是 Nb、V、Ti、及 Al 的溶解-析出行为的研究取得显著的成果。这些元素的碳化物和氮化物的形成及其数量、尺寸、分布取决于冷却过程的形变温度和形变量，而加热过程中，碳、氮化物的存在及其特性表现在回火的二次硬化、正火的晶粒重结晶细化、焊接热循环作用下晶粒尺寸的控制 3 个主要方面。

其二，重视含 Nb 微合金化钢、Nb-V 和 Nb-Ti 复合微合金钢的开发。据统计这两种钢几乎占了近 20 年来新开发微合金化钢全部牌号的 75% 和微合金化钢总产量的 60%。近几年注意到了微量 Ti（≤0.015%）的作用，Ti 的微处理不仅改变钢中硫化物的形态，而且 TiO_2 或 Ti_2O_3 成为奥氏体晶内铁素体晶粒生核的质点，Nb-Ti 复合微合金化构成超深冲汽车板 IF 钢的冶金基础，还显著改善了 Nb 钢连铸的裂纹敏感性。

其三，人们对低碳钢强化的 Hall-Petch 关系式进行了系统总结，对加速冷却原理作了更深入的研究。采用分阶段加速冷却工艺，前期加速冷却用于抑制铁素体转变，后期加速冷却目的在于控制中、低温产物的晶粒尺寸和精细结构的组成，从而达到在较宽范围内调整钢的强度和强度-韧性匹配。

350MPa 级高强度钢：微合金化＋热机械处理，机制为晶粒细化＋析出强度。

500MPa 级高强度钢：铁素铁＋贝氏体、马氏体，强化机制为晶粒细化、晶界强化和位错强化。

700MPa 级高强度钢：淬火回火组织，机制为相变强化＋析出强化。

（2）工艺技术的进步

顶底复吹转炉冶炼，钢的碳含量可控制在 0.02%～0.03%，精炼的应用可生产出碳含量在 0.002%～0.003%，杂质含量为 <0.001%S、<0.003%P、<0.003%N，(2～3)×10^{-6} [O] 和 <1×10^{-6}[H] 的洁净钢。

连铸的成功经验是低的过热度、缓流浇注和适宜的二次冷却，采用低频率、高质量的电磁搅拌，可以得到均匀的等轴的凝固区。

在再结晶控轧的基础上，应变诱导相变和析出的非再结晶控轧，以及（γ＋α）两相区形变，已成为目前控轧厚钢板生产主要方向。薄板坯连铸连轧流程和薄带连铸工艺的实用化，使低合金钢生产进入了又一个新境界。

（3）低合金钢合金设计新观点

首先，是钢的低碳化和超低碳趋势，例如 20 世纪 60 年代 X60 级管线钢含碳量为0.19%，70 年代为 0.10%，80 年代 X70 和 X80 级管线钢含碳量降至 0.03% 以下。

其次，是根据微合金化元素在钢中的基本作用和次生作用，提出了"奥氏体调节"的概念，有意识地控制加入微合金化元素的量，使钢适用于一定的热机械处理工艺，以发展新的性能更好的钢种。

传统控制轧制的合金设计：微合金化的重要目的是提高再结晶停止温度，利用非再结晶区的形变诱导相变和析出，Nb 是最理想的微合金化元素。

再结晶控制轧制的合金设计：它的目的是尽量降低再结晶停止温度，并形成阻碍晶粒粗化的系统。其中一种办法是以 TiN 为晶粒粗化阻止剂，以 V(CN) 作为铁素体强化。另一种方案是 Nb-Mo 的微合金化，具有较宽阔的可以加工的窗口。这种工艺特别适合于不能进行低温轧制的低功率的老旧轧机生产

基于我国钢铁行业的情况，我国 HSLA 钢发展应该抓住以下一些关键：从钢铁生产的

全流程角度出发，大力发展包括洁净钢冶炼、短流程生产、在线控制轧制和控制冷却等先进工艺技术。在低成本条件下实现高性能是 HSLA 钢发展的关键。根据目前的现状和发展水平，今后的发展方向包括以下几点：

① 装备技术方面，中国在连铸坯中心偏析控制、中厚板和型钢的在线热处理、高强度钢板的板形控制等方面水平相对落后，不能满足高性能品种的生产要求，需要逐步完善。

② 微合金化技术是提高钢材强度水平的经济有效途径。目前，中国铌、钒的吨钢消耗强度仅 30g 左右，世界平均水平约 50～60g，而美国、欧洲、日本等发达国家吨钢消耗强度水平达到 80～90g。从中国目前铌、钒的吨钢消耗强度可以看出，中国微合金钢的发展还存在明显差距，有巨大发展空间和前景。

③ 利用细晶或超细晶技术，使碳素钢和微合金钢的强度翻番，能极大地减少资源的消耗，这是发展低成本高强度钢的有效途径。目前细晶或超细晶技术已经在中国钢铁企业得到广泛应用，今后应加大推广应用的力度。

2.4　低合金高强度钢中合金元素的作用

目前，新型的低合金高强度钢以低碳（≤0.1%）和低硫（≤0.015%）为主要特征。常用的合金元素按其在钢的强化机制中的作用可分为固溶强化元素（Mn、Si、Al、Cr、Ni、Mo、Cu 等）；细化晶粒元素（Al、Nb、V、Ti、N 等）；沉淀硬化元素（Nb、V、Ti 等）以及相变强化元素（Mn、Si、Mo 等）。各种合金元素在钢中的应用起始年见图 2-1。

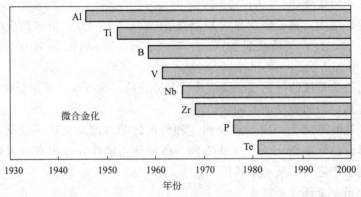

图 2-1　各种合金元素在钢中的应用起始年

① C　在钢中形成珠光体或弥散析出的合金碳化物，使钢得到强化。在微合金钢中为形成一定量的碳-氮化物，碳的含量只需要 0.01%～0.02%；所以降碳是这类钢发展的必然趋势，从而可大大改善钢的韧性和焊接性能。

② Mn　高的 Mn/C 比对提高钢的屈服强度和冲击韧性有好处。锰能降低 $\gamma \rightarrow \alpha$ 转变温度；有利于针状铁素体的形核；在加热过程中可增大碳-氮化物形成元素在 γ-Fe 中的溶解度，从而增加了铁素体中碳化物的弥散析出量。此外，高锰导致钢的应力/应变特性的变化，可以抵消鲍欣格效应的强度损失。

③ Si　多数低合金高强度钢不用硅合金化，但在热轧铁素体-马氏体多相钢中，硅是不可缺少的添加元素。

④ Mo　含钼钢（约为 0.15%Mo）有较高的强度，比传统的铁素体-珠光体钢又有较高的韧性。钼对钢在冷却过程中对珠光体转变有抑制作用。在针状铁素体钢和超低碳贝氏体钢

中的钼含量一般在 0.2%～0.4%。

⑤ Nb、V、Ti 在低碳的锰钢或低碳的锰-钼钢中添加含量为 0.05%～0.15% 的 Nb（或 V、Ti），有明显的晶粒细化和沉淀硬化作用。钛在钢中形成硫化物，改善冲击吸收功的各向异性和冷成型性。

⑥ 稀土元素（RE） 微量（含量约为 0.001%）稀土金属，不影响钢的强度。其主要作用是脱硫，它又是最有效的硫化物形态控制元素，减小韧性的各向异性，防止钢的层状撕裂。

⑦ 其他元素 如 Ni、Cr、Cu 等，在微合金钢中固溶硬化并不十分有效，在非调质钢中一般控制在较低的含量范围内。

2.5 IF 钢

2.5.1 IF 钢简介

2.5.1.1 汽车用低合金钢

进入 21 世纪以来，我国汽车工业高速发展，相应地对钢铁材料提出了更高的要求。汽车钢板也是近年来低合金钢和微合金钢研究开发最活跃的领域之一。

热轧高强度低合金钢板在载货汽车上用量很大，约占载重车用热轧钢板总量的 60%～70%。经过 30 多年的开发和应用研究，我国已形成锰钢或锰稀土钢系列、硅-钒钢系列、含钛钢系列和含铌钢系列。其中，TRIP（Transformation Induced Plasticity）钢是含有残余奥氏体的低碳、低合金高强度钢，主要化学成分为 C-Si-Mn 元素，强度级别为 500～700MPa，强度和塑性配合非常良好，用于生产汽车的零部件。浦项钢铁公司现在正开发 1000MPa 级 TRIP 钢并已经商业化。宝钢汽车用热轧低合金钢主要有：热轧 QSTE 系列汽车结构用钢、热轧汽车大梁用钢、热轧汽车传动轴用钢。

冷轧汽车用高强度低合金钢板，主要用于车体内外板，一般对冲压成形性、表面质量、板形及尺寸公差等均有较高的要求。汽车用薄板的发展是围绕提高钢的深冲性能和强度而展开的。由此开发出了第三代深冲钢，即 IF 钢。

其他汽车用低合金钢还包括：汽车用弹簧钢（如 55SiMnVB）、汽车用渗碳钢（如 20CrMnTi）、汽车用易切削钢（如 45MnS25）等。

随着我国汽车工业的迅速发展，对汽车用钢的质量、性能要求必然与资源、能源、环保和可持续发展密切联系起来。因此，汽车用钢的高强度化、高寿命以及降低生产成本将是总趋势，而低合金尤其是添加 Nb、V、Ti、稀土或复合添加的微合金钢加之钢质洁净化与先进轧制冷却控制工艺的有机结合必然是汽车用钢研发的重点。

2.5.1.2 IF 钢

IF 钢（Interstitial-Free Steel）又称无间隙原子钢，有时也称超低碳钢。

用普通冷轧板冲制形状特别复杂、应变量大的特大变形零件，废品率常在 3%～8%，有时高达 30%。由此开发出了第三代深冲钢，即 IF 钢。IF 钢是 20 世纪 80 年代一种借助于高新的冶炼技术和加工工艺而生产出来的新型深冲薄板钢。由于在铁素体中几乎没有固溶的自由碳、氮之类的间隙原子存在，因而具有极为优良的冲压成型性能，故称为 IF 超深冲薄板钢。

在 IF 钢中，由于 C、N 含量低，在加入一定量的 Ti、Nb 使钢中的 C、N 原子被固定成为碳化物、氮化物或者碳氮化合物，从而使钢中没有间隙原子的存在，故称为无间隙原子钢，即 IF 钢。IF 钢具有高的塑性应变比（r 值高）和应变硬化指数（n 值高），故其成形性好，无时效，无屈服平台，是近期新开发的具有极优深冲性能的第三代冲压用钢，特别适用于形状复杂、表面质量要求特别严格的冲压件。IF 钢具有极优异的深冲性能，现在伸长率（δ）和塑性应变比（r）可达 50% 和 2.0 以上，在汽车工业上得到了广泛应用。IF 钢目前主要用于汽车的深冲级和超深冲级冲压件的生产。

IF 钢的主要特性：

① 与一般的深冲钢相比，IF 钢的含碳量极低，使钢中难以出现渗碳体，保证了 IF 钢的基体为单一的铁素体。铁素体有很好的塑性，从而保证了 IF 钢具有优良的深冲性能。

② 一般深冲钢的时效期为 3 个月，主要是这种钢中存在着碳、氮等间隙固溶原子，而 IF 钢的组织中存在着微量碳氮化合物，避免了间隙固溶原子的存在，因此 IF 钢没有时效性。

③ IF 钢组织中的碳氮化合物是由加入微量的钛或同时加入微量的钛和铌而形成的，所以从分类上说，IF 是微合金化超深冲钢。

IF 钢的发展与冶金装备和工艺的进步密不可分，其发展经历了几个时期：

1949 年，Comstock 等人提出了 IF 钢的概念，其基本原理是在钢中加入一定比例的 Ti，使钢中固溶 C 和 N 的含量降到 0.01% 以下，使铁素体得到深层次的净化，从而得到良好的深冲性能。问题是当时低碳钢中一般含 C 0.05%、N 0.003%，那么按 Ti>4(C+N) 计算，固定 C、N 所需的 Ti 量约为 0.25%～0.35%。Ti 是一种价格非常昂贵的稀有合金元素，在当时更是如此，因而阻碍了其当时的商业化进程。

20 世纪 60 年代后期，真空脱气技术应用于冶金工业，钢中的碳含量降至 0.01% 以下，大大减少了需要添加的 Ti 合金元素含量（含量大约为 0.15%），使生产商品 IF 钢成为可能。几乎在同时，人们也发现了 Nb 具有和 Ti 几乎相同的作用，但还是受到价格因素的制约，其应用也只限于少量特殊的零件。但当时采用的是罩式退火工艺，IF 与铝镇静钢相比，虽然性能好，但成本仍然很高，所以仅用于少量特殊难冲压件（即无法用铝镇静钢生产的零件）。

20 世纪 70 年代，世界上出现了连续退火机组，用铝镇静钢在连续退火线上是无法生产出与罩式退火相媲美的深冲板，需要开发与连续退火相适应的钢种（即 IF 钢）。70 年代末，IF 钢成分大致为 $C \leqslant 0.005\% \sim 0.01\%$C、0.003%N、0.15%Ti 或 Nb。

到 20 世纪 80 年代，冶炼技术进一步发展，采用底吹转炉和改进的 RH 处理可经济地生产 $C \leqslant 0.002\%$ 的超低碳钢，RH 处理时间也缩短到 10～20min。连铸保护浇铸可以有效控制增碳、增氮，防止二次氧化。现代 IF 钢的成分大致为 $C \leqslant 0.005\%$、$N \leqslant 0.003\%$、Ti 或 Nb 一般含量约 0.05%。到 1994 年，全世界 IF 钢的产量超过了 1000 万吨，1997 年，仅日本的 IF 钢产量就已达到 1000 万吨。归根到底，IF 钢的迅速发展的关键在于两大突破：成本降低、市场需求急剧增加。

IF 钢应用范围从最初仅限于难冲压件几乎扩展到汽车上所有深冲件。目前，IF 钢的品种也已系列化，可以满足汽车用钢所提出的各种性能要求：如深冲性、高强度、耐蚀性、BH 性，超低碳钢的生产已成为一个国家汽车用钢板生产水平的标志，超低碳钢已成为继沸腾钢的铝镇静钢之后的新一代（第三代）冲压用钢，它代表了当今冲压用钢板发展的最高水平，是今后冲压用钢的发展方向。

据文献报道，全世界 IF 钢的年产量已达 1500 万吨，生产厂家主要分布在日本（约 800 万吨）、北美和欧洲。汽车工业的飞速发展带动了 IF 钢的生产。世界许多先进钢铁厂都非常重视 IF 钢的生产，安赛乐米塔尔、新日铁、JFE、蒂森克虏伯、美钢联、浦项等先进钢厂的 IF 钢年产量均在 200 万吨以上。

2.5.2 IF 钢的分类及化学成分

（1）IF 钢的分类

在 IF 钢中，根据添加的微量合金元素的不同，可将 IF 钢分为 Ti-IF 钢、Nb-IF 钢和 (Ti+Nb)-IF 钢三大类。由于 IF 钢具有非时效性和深冲性，所以以 IF 钢为基础，已开发出众多超低碳钢系列产品。如含 P、Cu、Mn 高强超深冲钢板和 BH 钢板。超低碳钢系列几乎可以满足汽车用钢所提出的各种性能要求，如深冲性、高强度、防腐蚀性等。它的生产已成为一个国家汽车用钢生产水平的标志。

IF 钢的成分特点是：①为了获得良好的深冲性能，钢中的 [C]、[N]、[Si] 很低；②为 Al 脱氧钢，除了脱氧作用以外，Al 对冷轧钢板的织构控制有重要作用；③对 [S] 和 [P] 控制要求相对宽松；④为了保证良好的表面质量，对钢中的非金属夹杂物要求严格。日本企业提出 IF 钢冷轧板中非金属夹杂物的尺寸必须小于 $100\mu m$。

（2）IF 钢中元素的作用

为保证 IF 钢的性能，必须对钢的化学成分及夹杂物含量严格控制。从 IF 钢的性质可知，钢中最有害的元素是 C、N 间隙原子，为保证钢的深冲性能、表面质量、镀锌性能以及生产顺利，对钢中其他元素和夹杂物也有一定要求。根据对钢的有害程度，对钢中有害杂质排序如下：

夹杂物　P　S　Si　N　C

有害程度　弱　·　强

C：作为固溶于钢中的间隙原子，随着其含量的增加，钢的屈服极限也升高，加大了变形抗力，影响成形性能，因此，用于制造轿车面板的 IF 钢含碳量越低越好。每 1×10^{-6} 的 [C] 影响屈服强度 1.5MPa。在碳含量处于高水平时，降低 C 的含量可使性能得到明显改善。IF 钢中的碳严重影响钢的深冲性能，必须尽可能去除。对于钢中残余的 C，采用加 Ti、Nb 的方式加以固定，加入 Ti、Nb 后，钢中 C、N 的存在形式如表 2-2 所示。

N：对钢的有害作用与 C 类似，但因炼钢一般能将 N 控制在 40×10^{-6} 以下，而脱氧残留的 Al 能与 N 生成稳定的 AlN，能将 N 完全固定，因此，N 对 IF 钢的有害作用基本上得到控制。

表 2-2 IF 钢中碳化物、氮化物、硫化物的存在形式

钢种	C	N	S
Ti-IF	TiC	TiN	$TiS/Ti_4C_2S_2$
Nb-IF	NbC	AlN	MnS
Ti,Nb-IF	NbC	TiN	MnS

夹杂物：对钢的表面质量和深冲性能有一定影响，应使钢中夹杂物尽可能少，尺寸尽可能小。

Si：硅是铁素体形成元素，有较强的固溶强化效果，一方面增加钢的强度，减少钢的延性，对钢的深冲性能有害；另一方面影响钢的镀锌性能。应尽可能减少钢中的 Si 含量。

S：在一定程度上（含量约为 0.005％～0.006％）有利于 C 的析出，对提高钢的深冲性能有利。但是 S 含量过高则对钢有害。

P：对 IF 钢的延性、低温塑性有很大影响，要求 IF 钢中磷含量越低越好。在某些高强 IF 钢中作为强化元素提高钢的强度。

Mn：锰能强化铁素体，有固溶强化作用，使"C"曲线右移，故而也能提高钢的淬透性。锰促进有害元素在晶界上的偏聚，所以可提高钢的回火脆性。锰对扩大 γ 区的作用较大。

Ti、Nb：是最强的碳（氮）化合物形成元素，其作用相当于钒。如固溶于奥氏体提高淬透性作用很强，提高钢的回火稳定性，并有二次硬化的作用，能有效地细化晶粒。Ti、Nb 使 IF 钢中的间隙原子（C、N）得以消除，得到纯净的铁素体基体，从而消除间隙原子的不利影响，使钢具有高的塑性应变比（r）值。

综上所述，IF 钢必须具有超低碳（≤0.003％）、超低氮（≤0.003％）、微量的钛或铌合金化、夹杂物含量低等特点，国内外部分先进钢铁厂 IF 钢的化学成分见表 2-3。从表中可看出，目前 IF 钢中的碳含量已经可以控制到 0.0010％。

表 2-3   国内外部分先进钢铁厂 IF 钢的化学成分   单位：％

厂名	C	Si	Mn	S	P	N	Ti	Nb
阿姆柯	0.002～0.005	0.007～0.025	0.20～0.50	0.008～0.020	0.001～0.010	0.004～0.005	0.080～0.310	0.060～0.250
新日铁	0.001～0.006	0.009～0.020	0.10～0.20	0.002～0.013	0.003～0.015	0.001～0.006	0.004～0.060	0.004～0.039
神户	0.002～0.006	0.010～0.020	0.10～0.20	0.005～0.015	0.005～0.015	0.001～0.004	0.010～0.060	0.005～0.015
浦项	0.002～0.006	0.010～0.020	0.10～0.20	0.005～0.015	0.005～0.015	0.001～0.004	0.010～0.060	0.005～0.015
宝钢	0.002～0.005	0.010～0.030	0.10～0.20	0.007～0.010	0.005～0.015		0.020～0.035	0.004～0.010
川崎	0.0028	0.015	0.12	0.008	0.012	Cr0.020	0.029	0.009

（3）IF 钢的发展方向
① 以减重节能为目标的高强度钢板系列；
② 以提高成形性能为目标的深冲钢板系列；
③ 以提高防腐能力为目标的镀层钢板系列。

2.5.3 IF 钢的冶炼

近年来，为适应汽车减重、降低材料消耗和节约燃油的需要，对汽车用钢板强度的要求越来越高。超低碳 IF 钢是高端产品，新日铁、JFE、蒂森克虏伯等钢厂在钢的化学成分、夹杂物含量以及每道工序的控制等方面均有成熟的经验。

IF 钢对钢水纯净度有着较为苛刻的要求，生产工艺流程的选取直接影响到 IF 钢的品质和生产的顺利进行。当前 IF 钢的生产有三种典型的工艺流程，必须根据企业现有的装备条件来选择合适的流程。

工艺路线 A：

高炉→铁水脱硫→顶底复吹转炉→氩气搅拌→RH 真空处理→连铸

工艺路线 B：

高炉→铁水脱硫→转炉冶炼→氩气搅拌→RH 真空处理→LF 精炼→连铸

工艺路线 C：

高炉→铁水脱硫→转炉冶炼→氩气搅拌→LF 精炼→RH 真空处理→连铸

工艺 A 是目前国内外生产 IF 钢最常用的方法，适用于传统厚板坯连铸机，由于其不需要经过 LF 精炼处理，生产成本最低，工艺设备基本上能满足 IF 钢的生产需要。工艺 B 和工艺 C 由于采用了 LF 精炼，能使大包渣得到很好改性，有利于渣吸收夹杂物，净化钢液。目前马钢、本钢采用 LF-RH 双联法在薄板坯连铸机上成功实现 IF 钢的批量生产，但是这两种工艺路线相对复杂，成本相对较高。工艺路线 A 采用铁水预处理→BOF→RH→CC 工艺路线在生产效率、消耗指标和生产成本上具有明显的优势。

IF 钢生产流程的每一道工序都会影响最终产品的深冲性能，上述三种流程中的每个工艺环节中应重点控制的内容简述如下。

(1) 铁水预处理

生产优质 IF 钢必须进行铁水脱硫预处理，其工艺目的是：

① 减少转炉冶炼过程中的渣量，从而减少出钢过程中的下渣量；

② 降低转炉终点钢液和炉渣的氧化性；

③ 提高转炉终点炉渣的碱度和 MgO 含量。

铁水预处理采用喷吹金属镁和活性石灰或使用复合脱硫剂，可将入炉铁水硫含量脱至 0.003% 以下。而通过喷吹含镁和 CaC_2 脱硫剂，可使入炉铁水中的硫含量降至 0.010% 以下。

(2) 转炉冶炼

综合国内外研究成果，可以将转炉冶炼 IF 钢工艺特点归纳为以下几点：

① 采用顶底复吹转炉进行冶炼，降低转炉冶炼终点钢液氧含量；

② 实现转炉冶炼动态模型控制，提高转炉冶炼终点钢液碳含量和温度的双命中率；

③ 转炉冶炼 IF 钢采用高铁水比，入炉铁水的硫含量低于 0.003%；

④ 采用高纯度氧气，炉内保持正压；

⑤ 提高矿石投入量；

⑥ 转炉冶炼后期，增大底部惰性气体流量，加强熔池搅拌，采用低枪位操作；

⑦ 保持吹炼终点钢液中合适的氧含量；

⑧ 将转炉冶炼终点钢液的碳含量由 0.02%～0.03% 提高至 0.03%～0.04%；

⑨ 提高吹炼终点钢液碳含量和温度的双命中率；

⑩ 采用出钢挡渣技术；

⑪ 出钢过程中不脱氧，只进行锰合金化处理；

⑫ 多数钢厂使用钢包顶渣改质，降低钢包顶渣氧化性；

⑬ 降氮主要在转炉炼钢工序，真空处理工序不降氮（密封效果不好反而会增氮）。

(3) RH 真空精炼工序

RH 真空精炼是生产超低碳 IF 钢的关键工序，该工序的任务是降碳、提高钢水的洁净度、控制夹杂物的形态以及微合金化和成分微调。

综合国内外研究成果，可以将 RH 真空精炼 IF 钢工艺特点归纳为以下几点：

① 严格控制真空精炼之前钢液中的碳含量、氧含量和温度，根据碳含量、氧含量确定采用强制脱碳还是自然脱碳；

② 增大 RH 真空脱碳后期的驱动气体流量，增加反应界面；

③ 减少真空槽冷钢；

④ 采用海绵钛替代钛铁合金；

⑤ 精炼过程建立、采用动态控制模型；

⑥ 进行炉气在线分析；

⑦ 采用钙处理。

（4）连铸

综合国内外研究成果，可以将 IF 钢连铸工序工艺特点归纳为以下几点：

① IF 钢连铸生产工序应保证钢包滑动水口自动开启，钢包下渣自动检测；

② 保证钢包与长水口之间密封良好，采用浸入式长水口；

③ 连铸中间包使用前用氩气清扫；

④ 优化中间包钢液流场，采用结构合理、大容量中间包，保证连铸中间包内钢水液面相对稳定，且在临界高度之上；

⑤ 中间包采用低碳碱性包衬和覆盖剂，结晶器使用低碳、高黏度保护渣；

⑥ 结晶器液面自动控制，确保液面波动小于 ±3mm。

（5）IF 钢生产过程中 C 含量的控制

IF 钢生产中碳的控制是十分关键的内容，因为碳含量决定了钛铁的加入量和冷轧成品的性能，从而决定了生产成本。IF 钢中碳含量的控制技术主要包括以下三个方面。

① 转炉冶炼终点碳的控制　在 IF 钢生产时，日本川崎制钢公司、美国 Inland 钢铁公司和宝钢将转炉炼终点钢液中的碳含量控制为 $0.03\% \sim 0.04\%$，氧含量控制为 $0.05\% \sim 0.065\%$；德国 Thyssen 钢铁公司认为转炉冶炼终点钢液的最佳碳含量为 0.03%，最佳氧含量为 0.06%。

② RH 真空脱碳的控制　RH 真空精炼是生产超低碳 IF 钢的关键技术，通过吹氧强制脱碳和后序工艺防止增碳来实现对碳的控制。

美国 Inland 钢铁公司采用 RH-OB 进行深脱碳处理。RH-OB 的真空脱碳过程主要分为以下两个阶段。

a. 强制脱碳阶段：从开始到第 8min，RH-OB 采取吹氧强制真空脱碳方法，真空度为 $4 \sim 8kPa$。在此阶段，钢液中的碳含量可从 $0.03\% \sim 0.04\%$ 降低至 80×10^{-6} 左右。

b. 自然脱碳阶段：从第 8min 至第 12min，RH-OB 停止吹氧，进行自然真空脱碳方法，真空度小于 266Pa。在此阶段，钢液中的碳含量可从 80×10^{-6} 降低至 20×10^{-6} 以下。

宝钢为了满足钢种和多炉连浇的要求，采取提高脱碳速度的方法：

a. 在 RH 脱碳初期采用硬脱碳方式，真空室压力快速下降，加速脱碳；b. 在 RH 脱碳后期通过 OB 喷嘴的环缝吹入较大量的氩气，增加反应界面。

武钢针对 RH 真空设备存在的抽气能力过小的问题，开发出如下的 RH 真空脱碳技术：

a. 提高浸渍管的寿命，尤其是延长大直径的使用时段；b. 加大驱动氩气流量，并实现石英浸渍管内径扩大的动态调整；c. 真空室快速减压。

采用以上技术后，在 RH 真空脱碳过程中，可在 15~20min 内将 IF 钢中碳含量降低到 0.0015% 左右。

③ 防止 RH 后钢液增碳　在 RH 真空处理后，必须严格控制 IF 钢的增碳，可能导致 IF 钢增碳的因素有：RH 真空室内的合金及冷钢增碳；钢包覆盖剂增碳；包衬、长水口、滑板

等钢包耐火材料增碳；连铸中间包覆盖剂增碳；包衬、塞棒、浸入式水口、滑板等中间包耐火材料增碳；连铸结晶器保护渣增碳。

日本新日铁在生产 IF 钢时，采用超低碳多孔镁质钢包覆盖剂。超低碳中间包覆盖剂和低碳空心结晶器保护渣、低碳长水口和浸入式水口、结晶器液面控制仪等措施，IF 增碳量可稳定控制在 $(8 \sim 9) \times 10^{-6}$，甚至达到 2.6×10^{-6}。

宝钢在 IF 钢生产中，采用低碳高碱度中间包覆盖剂和低碳、高黏度结晶器保护渣，同时减少 RH 真空槽冷钢，控制从 RH 真空脱碳后的钢液增碳，增碳量可稳定控制在 7×10^{-6}。

攀钢的研究表明：减少保护渣中游离碳含量、适当地提高保护渣的黏度能有效地减少保护渣增碳量。

（6）IF 钢中氮含量的控制

IF 钢的降氮问题主要在转炉内解决，当 IF 钢中氮含量小于 20×10^{-6} 时，RH 真空精炼过程中降氮非常困难，有时若密封不好还导致增氮。因此在 IF 钢生产过程中，减少转炉冶炼终点的氮含量和避免钢液增氮是获得超低氮 IF 钢的主要途径。

宝钢采用的主要技术措施有：

① 高铁水比，控制矿石投入量；

② 提高氧气纯度，控制炉内为正压；

③ 转炉冶炼后期采用低枪位操作；

④ 提高转炉冶炼终点控制的命中率和精度，不允许再吹；

⑤ 钢包水口和长水口连接处采用氩气和纤维体密封。

采用以上措施后，RH 精炼终点氮含量控制在 20×10^{-6} 以下，平均为 13×10^{-6}。

台湾中钢公司采用以下技术控制钢中含氮量：

① 转炉冶炼过程增加铁水比和熔剂量，形成较后的渣层，增加 CO 在渣层中停留时间，隔离大气；

② 转炉冶炼结束前，向炉内加白云石，产生大量的 CO 气体形成正压层，阻止钢液从大气中吸氮；

③ RH 精炼过程中，采用海绵钛代替钛铁合金，减少铁合金增氮；

④ 连铸过程采用长水口、氩气密封和纤维体密封等技术进行保护浇注。

采用以上技术后，IF 钢中氮含量可以控制在 30×10^{-6} 以下。

（7）IF 钢中氧含量的控制

IF 钢中氧含量的控制技术涉及转炉冶炼、RH 真空精炼和连铸等工艺环节。

武钢采用了以下技术来控制 IF 钢冶炼过程中钢中氧含量：

① 用顶底复吹转炉进行冶炼，降低转炉冶炼终点钢液氧含量；

② 实现转炉冶炼动态模型控制，提高转炉冶炼终点钢液碳含量和温度的双命中率；

③ 采用挡渣出钢；

④ 进行钢包渣改质；

⑤ 采用钢包下渣自动检测技术；

⑥ 采用大容量连铸中间包，并进行钢液流场优化；

⑦ 采用碱性连铸中间加包衬和覆盖剂；

⑧ 采用连铸结晶器液面自动控制技术，确保液面波动小于 $\pm 3mm$。

采用以上技术后，IF钢连铸坯中的全氧含量可控制在 $10\times10^{-6}\sim24\times10^{-6}$、平均为 18×10^{-6} 的先进水平。

日本川崎制钢公司在控制IF钢转炉冶炼终点氧含量方面主要采取以下措施：

① 采用顶底复吹转炉进行冶炼；

② 增大转炉冶炼后期底部惰性气体流量，加强熔池搅拌；

③ 将IF钢转炉冶炼终点碳含量由 $0.02\%\sim0.03\%$ 提高至 $0.03\%\sim0.04\%$；

④ 提高转炉冶炼终点控制的成功率，减少补吹率。

日本川崎制钢公司在控制IF钢转炉冶炼终点炉渣的全铁含量一般为 $15\%\sim25\%$，采用出钢挡渣技术，钢包内炉渣的厚度应控制在50mm以下，防止出钢过程中下渣量过大会造成钢液二次氧化严重。出钢后立即向钢包内加入炉渣改质剂，炉渣改质剂由 $CaCO_3$ 和金属铝组成，可将渣中的全铁含量降低到4%左右，甚至2%以下。

(8) IF钢中夹杂物的控制

IF钢中非金属夹杂物虽然数量不多，但对钢的力学性能和使用性能的影响作用却不可忽视。钢中非金属夹杂物的危害性在于它破坏了钢基体的均匀性，造成应力集中，促进了裂纹的产生，并在一定条件下加速裂纹的扩展，从而对钢的塑性、韧性和疲劳性能等产生不同程度的危害作用。

在IF钢生产过程中，钢中夹杂物的类型、组成、尺寸和分布等都在不断地发生变化，其变化规律受钢液成分、转炉冶炼、脱氧方式、出钢挡渣、钢包渣改质、RH精炼、连铸机类型、中间包冶金、结晶器冶金、保护浇注及耐火材料等诸多因素的影响，必须从整个炼钢工艺流程进行控制。

武钢在IF钢生产过程中采用了钙处理技术，利用钙的脱氧产物在钢液凝固过程中为 MnS的析出提供晶核，进而将低熔点的 MnS 夹杂物改性为高熔点的球状夹杂物 CaS，以改善Ⅳ钢的抗裂纹敏感性能。

宝钢在IF钢连铸生产过程中采用了如下4个中间包冶金技术：

① 中间包三重堰结构，以增加钢液的平均停留时间，增大钢液的流动轨迹，促进钢液中夹杂物上浮；

② 挡墙上方使用碱性过滤器，可以吸附钢液中的夹杂物，同时使流经过滤器的钢液流动平稳；

③ 中间包内衬为碱性涂料，既不氧化钢液，又能吸附夹杂物；

④ 采用具有良好 Al_2O_3 夹杂吸附能力的低碳中间包覆盖剂。

采用以上措施后，从钢包至中间包过程中IF钢的夹杂物含量可降低 $20\%\sim30\%$。

2.5.4　国内外部分钢厂IF钢冶炼工艺简介

(1) 日本新日铁

新日铁的IF钢生产水平世界领先，为了适应安全和轻量化的要求，开发了抗拉强度级别 $340\sim1270$MPa 的各类冷轧及镀锌高强度汽车板，新日铁君津制铁所用KR法脱硫（S≤0.002%），LD-ORP法冶炼IF钢。脱磷转炉弱供氧、大渣量冶炼工艺，炉渣碱度控制在 $2.5\sim3.0$，温度为 $1320\sim1350℃$，纯脱磷时间约为 $9\sim10$min，冶炼周期约20min，废钢比通常为9%，将脱磷后钢水（P≤0.020%）兑入脱碳转炉，总收得率＞92%。脱碳转炉强供氧、少渣量工艺，冶炼周期为 $28\sim30$min，脱碳转炉不加废钢。新日铁对IF钢的每道工序都有预定目标，并采取相应的控制措施。具体工艺及措施见表2-4。

表 2-4 新日铁 IF 钢的炼钢生产工艺及其控制措施

工序		预定目标	控制措施
铁水预处理	脱磷	减少转炉渣量和终点渣氧化性	采用铁水包内喷粉脱磷
转炉冶炼	吹炼	减少钢液中 Al_2O_3 夹杂物生成量	转炉冶炼终点含碳量控制
	出钢	减少转炉的下渣量	挡渣出钢
RH 真空精炼	RH	减少钢液中 Al_2O_3 夹杂物生成量	脱氧前钢液中氧含量的控制
		减少钢液中 Al_2O_3 夹杂物上浮	钢包内钢液循环时间控制
	钢包	减少钢包渣的氧化	采用等离子装置
		防止耐火材料污染	采用非氧化性耐火材料
连铸	钢包	减少钢包的下渣量	采用钢包下渣检测
		减少钢包渣的卷入	采用浸入式长水口
	中间包	防止钢液二次氧化	采用中间包密封
		防止中间包覆盖剂污染钢液	采用低碳的中间包覆盖剂
		防止中间包覆盖剂的卷入	优化中间包形状与结构
		促进钢液中夹杂物上浮	采用 H 型中间包
		稳定钢液温度	采用 Zr-CaO 质材料
	浸入式水口	防止夹杂物的卷入	采用高黏度结晶器保护渣
		防止水口堵塞	控制结晶器内液面波动
	结晶器	防止结晶器保护渣卷入	控制结晶器振动
		防止连铸坯表层夹杂物富集	采用电磁搅拌
		防止连铸坯上 1/4 处夹杂物富集	采用立弯式连铸机

（2）日本 JFE

JFE 生产超深冲 IF 钢，铁水 100％三脱（脱 Si、S、P）预处理，采用复吹转炉炼钢，增大吹炼后期底吹气体流量，加强熔池搅拌，将终点碳含量控制在 0.03％～0.04％，提高终点命中率，减少补吹率。出钢后，立即向钢包内加入由 $CaCO_3$ 和金属铝组成的炉渣改性剂，其中金属铝比率为 30％～50％；将渣中 TFe 降低到 2％～4％。

（3）德国蒂森克虏伯

德国蒂森克虏伯公司 IF 钢冶炼流程是：铁水脱硫→转炉炼钢→吹氩→RH 精炼→连铸。先在复吹转炉中将碳脱至 0.03％，然后在 RH 中脱至 0.02％；转炉工序控制氮含量；RH 工序加入铝和钛。

（4）美国内陆

安赛乐米塔尔旗下的美国内陆公司采用复吹转炉冶炼 IF 钢，RH-OB 工艺脱碳，先吹氧强制脱碳不到 8min，将含碳量降到 0.008％，然后自然脱碳 4min，将含碳量降到 0.002％。RH-OB 工艺采用了工艺控制模型，炉气在线分析，动态控制。

（5）宝钢

宝钢 IF 钢生产工艺流程是：铁水预处理→转炉双联法炼钢→RH 真空脱气→连铸（中间包冶金，保护浇铸）→热轧→冷轧→退火→平整。

宝钢主要通过铁水预处理工序降低铁水中的磷、硫含量，为转炉冶炼创造良好的前提条件。三脱处理后，铁水中的硅、磷、硫含量分别可以达到 0.5％、0.025％和 0.003％以下。宝钢开发了低磷、低氮转炉冶炼技术，通过采用三脱铁水、提高转炉吹炼的入炉铁水比、实现大渣量操作、复合吹炼等技术，对磷、氮的控制取得了较大的进步，IF 钢中氮的平均含量达 0.0019％以下，磷可以控制在 0.010％以下。钢包渣改质处理后，提高了渣的碱度，降低了渣的氧化性，为钢中全氧的合理控制创造条件。

（6）鞍钢

鞍钢 IF 钢炼钢流程是：铁水预处理→复吹转炉→RH-TB→板坯连铸。

铁水预处理采用复合脱硫剂，降低铁水中含硫量。采用 180t 复吹转炉炼 IF 钢时，全程底吹氩气，吹炼后期加大供氧强度，进一步降碳。冶炼过程顶吹氧枪枪位采取高-低-低模式操作，出钢过程采取"留氧"操作，含氧量为 0.04％～0.06％，出钢钢水的碳含量≤0.05％。

精炼采用 RH-TB 装置。如果转炉出钢后钢水中碳含量为 0.04％，氧含量为 0.05％时，该工序深脱碳分为 3 个阶段：第一阶段碳含量由 0.04％降至 0.02％；第二阶段碳含量由 0.02％降至 0.003％；第三阶段碳含量由 0.003％降至 0.001％以下。如果转炉出钢后钢水中碳含量为 0.05％以上，第一阶段则采取"强制脱碳"模式。如果转炉出钢后钢水中碳含量为 0.02％左右，可直接进入第二阶段。

连铸 IF 钢采用立弯式板坯连铸机，采取了一系列防止增碳的措施，如及时清理真空室壁上的残留物，控制钢包、中间包、水口等处耐火材料和结晶器保护渣的碳含量等。还采用降低 RH 脱碳后钢水中的残余氧等措施，使 IF 钢因夹杂物引起的废品比例下降了 0.05％。

（7）国内某厂

国内某厂 IF 生产线配备 KR 脱硫站、150t 转炉 3 座、LF 精炼炉 3 座、RH 真空精炼炉 2 台、板坯连铸机 3 台（其中 ASP 中薄板坯铸机 2 台）。IF 钢的生产工艺流程为 KR→BOF→LF→RH→ASP。

KR 法铁水预处理深脱硫扒渣，入炉铁水的硫质量分数控制在 0.003％以下。转炉采用高纯度氧气，挡渣出钢。LF 炉主要进行升温造渣操作，控制好出站温度。RH 真空精炼的任务是深脱碳、微合金化及去除钢液中夹杂物。通过快速降低真空室的压力，并及时吹氧使钢中碳含量迅速下降。ASP 连铸机保护浇铸，中间包采用低碳碱性包衬和覆盖剂，结晶器使用低碳、高黏度保护渣。

超低碳 IF 钢是钢铁材料的高端产品，为保证其性能，应严格控制以下几点：一是钢的化学成分；二是把关每一道工序；三是钢中夹杂物的数量、类型、形态及其分布。

2.5.5 我国 IF 钢研发生产情况

2.5.5.1 研发情况

近年来，我国 IF 钢生产的总体水平有了长足的进步，但与国外先进企业比，产品数量、产品档次以及生产成本仍然存在一定的差距。应积极开展 IF 钢成分及夹杂物的过程控制技术研究，借鉴国内外先进钢铁厂的研究成果和生产经验，这对我国 IF 钢的发展具有重要意义。

多年来，我国各生产企业及科研单位对 IF 钢的研究主要围绕织构形成机理，析出物的形态，强化机理以及化学成分设计、冶金工艺、轧制工艺和退火制度对深冲性能、力学性能等方面影响而展开的，归纳起来主要有以下几点：

① 对 IF 钢冷轧板的表面缺陷进行了研究，其缺陷是由夹杂物引起的。这些夹杂物是冶炼过程中间包覆盖渣与浸入式水口内堵塞物的结合物质，为了消除这些夹杂物，对 IF 钢的钢水进行二次精炼必不可少。

② 通过热力学分析和对析出物 TEM 分析，得出由于碳氮析出物的存在，硫在固定碳原子方面起着良好的作用，因此保持钢中适量的 S/C 比，可以充分发挥硫的作用，以形成有利于固定碳的产物，结论是 IF 钢中的碳、氮含量和微合金元素对钢的性能有重要的影响。

③ 在实施热轧工艺时，通过在 α 区轧制和 γ 区轧制的多次对比试验，发现经同样后续工艺的冷轧和退火后，在 α 区轧制过的钢板比在 γ 区轧制过的 r 值高出 1.5，并且在钢板中部形成了更有利于深冲性能的结晶织构，为制定合理的轧制制度找到了实施依据。

④ 通过对卷取温度控制的研究，认为卷取温度的变化对 TiC 粒子的影响大，高温卷取有利于 TiC 粒子的析出和长大，有利于铁素体晶粒的长大，卷取温度越高越有利于第二相质点的析出和晶粒粗化，越有利于提高 IF 钢的深冲性能；通过一次冷轧如何合理控制压下率的研究，认为冷轧的压下率增大，r 值也就增加，冷轧压下率在 75%～80% 时，r 则到了最大值，如果压下率继续增大，r 值则反而下降；通过对第二相粒子（碳、氮化合物）析出机理和控制工艺的研究，采用合理的技术工艺后，有效地控制了产品的时效效应，改善了产品的塑性。

⑤ 通过研究，发明了 W-C 法，即预先形成织构，然后再经过冷轧和退火，发展有利结构，可使 r 值提高并能改善深冲性能。通过研究，还得出 IF 钢退火过程中形核和长大的机制为定向形核-选择长大，从而建立了 IF 钢退火过程中再结晶织构演变的模型。

⑥ 通过对退火工艺的研究，得出退火工艺参数的不稳定和退火不充分是造成成品性能不好的重要原因，IF 钢的性能随退火加热温度和保温时间的增加而改善。

2.5.5.2 我国 IF 钢生产情况

（1）宝钢

宝钢是目前国内生产汽车板数量最大、品种最多的企业，也是汽车用钢中 IF 钢产量最高、品种最多的企业。宝钢 1991 年开始正式生产 IF 钢，填补了当时我国 IF 钢生产的空白，2002 年产量突破 100 万吨，2003 年达 145 万吨，2005 年达 195 万吨。

通过多年的努力，宝钢已形成从铁水预处理→转炉吹炼→炉外精炼→连铸等工序的具有自主知识产权的冶炼成套核心技术，具备了生产中能将五大杂质元素的总量控制在小于 80×10^{-6} 的国际先进水平。目前能够批量生产从 CQ 到 SEDDQ 所有级别的 IF 钢板。2004 年，宝钢又开发了 BH340 烘烤硬化板、ST16 高成形板和具有高级精整表面的钢板。目前宝钢已具备了开发含 Cu 的 IF 钢的条件。

（2）鞍钢

鞍钢是我国最早生产汽车用深冲板（08Al）的企业，目前鞍钢的两条 ASP 生产线和冷轧生产线都在生产 IF 钢，其中包括 Ti-IF 钢和 TI＋Nb-IF 钢。由于采用钛铌复合合金设计，使 IF 钢既具有高的强度又具有良好的成形性，特别是采用铁素体区润滑轧制技术后，使高强度 IF 钢具有较高的 r 值。

鞍钢开发的高强度烘烤硬化 IF 钢（BH340、BH370）具有很高的抗凹陷性，可使钢板减薄 10%～15%；开发加磷高强度 IF 钢时，由于在热轧工序中采用了先进的工艺技术，因而成形性也较好。

目前，鞍钢的 IF 钢年产量在 40 万吨左右。

（3）武钢

武钢自 20 世纪 80 年代初就开始汽车钢板生产，随后成功生产出 08Al 钢板，含磷高强度冷轧钢板，含钛高强度热轧钢板等。自从对 70 年代末期引进的 1700mm 机组进行系统的技术改造后，生产汽车钢板的能力大有提高，成功开发了 320～540MPa 的热轧专用汽车板。

在 IF 钢方面，目前武钢基本上能生产从 CQ-SEDDQ 所有级别的 IF 钢，只是由于合同量较少，所以 IF 钢的产量也不高。武钢采用低碳型铝镇静烘烤硬化基板成功开发的耐候低碳烘烤硬化钢板，提高了钢板在高寒地区耐盐、雾、大气腐蚀的性能。随着武钢二冷轧线的正式投产，IF 钢的生产将会跃上一个新的台阶。

此外，本钢、攀钢等企业也都具有生产较高级别 IF 钢的能力。我国的多条薄板坯连铸连轧生产线也具有 IF 钢的生产能力，只是目前大都停留在 CQ、DQ 的级别上，以生产冷轧的原板为主。

2.5.5.3　我国 IF 钢生产存在的不足

近年来，我国 IF 钢生产的总体水平有了长足的进步，但与国外先进企业比，产品数量、产品档次以及生产成本仍然存在一定的差距。

目前，国内钢厂 IF 钢冶炼过程存在问题主要有：

① 生产过程的稳定性尚待提高。与日本新日铁、德国蒂森、欧洲阿赛洛等世界著名的汽车板生产企业相比，我国 IF 钢汽车钢板无论在实物的表面质量和内在质量上仍然存在一定的差距，尤其是性能指标的稳定性上表现较突出，所以质量异议时有发生。

② 冶炼过程中氧、碳、氮的控制水平不高。

③ 连铸坯的纯净度水平需要提高。

④ RH 的高效化应用问题。

⑤ 非稳定态生产的质量控制问题。

⑥ 铸坯质量判断系统问题。

2.6　管线钢

2.6.1　管线钢简介

管线钢（pipe line steel）是用于制作油气输送管道及其他流体输送管道的工程结构钢。采用美国石油协会（American Petroleum Institute，API）标准，以字母 X 开头表示管线钢，其后的数字代表屈服强度（单位为 kpsi，pounds per square inch，1psi 约等于 0.0068MPa）。

早期的管道管径小、压力低以及受冶金技术的限制，直至 20 世纪 40 年代末，管道用钢一直采用 C、Mn、Si 型的普通碳素钢。其屈服强度一般分别为 173MPa、206MPa、235MPa，化学成分 0.10%～0.25%C，0.40%～0.7%Mn，0.10%～0.50%Si，在冶金上侧重于性能，对化学成分没有严格的规定。

随着输油、气管道输送压力和管径的增大，管道工程对管线钢要求也随之提高。输油、输气管材广泛采用低合金高强度钢（HSLA），其中包括 1947 年 API5L 标准中的 X42、X46 和 X52 三种钢（屈服强度分别为 289MPa、317MPa 和 359MPa），这类钢的化学成分：

C 含量≤0.2%，合金元素含量介于 3%～5%。

到 20 世纪 60 年代末 70 年代初，美国石油组织在 API 5LX 和 API 5LS 标准中提出了微合金控轧钢 X56、X60、X65 三种钢。这些钢突破了传统的 C-Mn 合金化加正火的生产过程，碳含量为 0.1%～0.14%，并且在钢中加入微量（不大于 0.20%）Nb、V、Ti 等合金元素，通过控制轧制工艺，使钢的综合力学性能得到明显改善。这种钢也称为微合金化高强度低合金钢（Microalloyed High Strength Low Alloy Steel），简称为合金化钢（Microalloy Steel）。从此，管线钢进入了微合金化和控轧生产的崭新阶段。这种建立在微合金化原理与控制轧制和控制冷却技术原理基础上的新型管线钢的研究高潮出现在 70 年代末至 80 年代初。

到 1973 年和 1985 年，API 标准又相继增加了 X70 和 X80 钢，20 世纪 90 年代是高性能 X100 管线钢研究的活跃时期，其实碳含量降到 0.01%～0.04%，碳当量相应地降到 0.35 以下，真正出现了现代意义上的多元微合金化控轧控冷钢。X100 管线钢在 21 世纪初开始进入工程试用。其中包括加拿大 Trans Canada 公司和日本 JFE 公司共同推动的几项标志性工程，如 2002 年在 Westpath 进行的长 1km、管径 1219mm 的 X100 管道试验段的敷设；2004 年在 Gordin Lake 进行的长 2km、管径 914mm 的 X100 管道试验段的敷设；2006 年在 Stittsville 进行的长 7km、管径 1066mm 的 X100 管道试验段的敷设。

经过多年的发展，超高强度管线钢 X90、X100 和 X120 已逐步成熟，于 2008 年列入 API 5L。X120 是当今强度级别最高的管线钢。

美国 ExxonMobil 公司于 1993 年着手 X120 的研制，1996 年分别与日本的 NSC 公司和 SMI 公司签订了共同开发 X120 管线钢的协议，2001 年完成了 X120 的研制。2004 年 TransCanada 与 ExxonMobil 合作在加拿大 Wabasca 完成了第一条长度 2.6km 的 X120 管道试验段敷设。

我国管线钢研究起步较晚，一直到 1985 年前还没有真正的管线钢生产，当时我国管道的代用钢材主要为国产 A3、16Mn 和从日本进口的 TS52K。之后才相继开发出 X65 以下级别的管线钢，均为铁素体＋珠光体型，近年来我国高强度级别管线钢的研究发展迅速，特别是针状铁素体管线钢已能够批量生产，继 1989 年完成了 A、B、X42 至 X56 系列管线钢的研究和应用后，西气东输一线和西气东输二线管道等重大管道工程的推动，又先后完成了 X60、X70、X80 管线钢的生产和应用。鞍钢、武钢、宝钢、济钢、本钢等厂家在管线钢研究方面进步很快。我国已经能稳定生产 X60～X70 级管线钢，并在国际市场上占有一定的地位。目前已投入生产的 X80 级管线钢质量也达到了国际先进水平，X100 级管线钢已经研制出来，X120 的研究获得一定成果。

2.6.2　管线钢的分类及化学成分

2.6.2.1　管线钢钢号及分类

我国管线钢执行 GB/T 9711—2011《石油天然气工业管线输送用钢管》的规定，根据技术水平不同简称为 PSL1 和 PSL2。由用于识别钢管强度水平的字母或字母与数字混排而成，数字表示最小屈服强度，单位 MPa，且钢名与钢的化学成分有关。例如：L415 属于 PSL1，相当于 X60；L415N（N-形变正火）相当于 X60N，L690M（M-形变热处理）属于 PSL2，相当于 X100M。部分管线钢化学成分及性能见表 2-5、表 2-6。

管线钢可分为高寒地区、高硫地区和海底铺设三类。从油气输送管的发展趋势、管线铺设条件、主要失效形式和失效原因综合评价看，不仅要求管线钢有良好的力学性能（厚壁、高强度、高韧性、耐磨性），还应具有大口径、可焊接性、耐严寒低温性、耐腐蚀性（CO_2）、抗海水、抗氢致开裂（HIC）和抗硫化物应力腐蚀开裂（SSCC）性能等。这些工作环境恶劣的管线，线路长，又不易维护，对质量要求都很严格。

表 2-5　$t \leqslant 25.0mm$　PSL2 钢管化学成分（部分）

钢级（钢名）	质量分数/%（最大）							碳当量	
	C	Si	Mn	P	S	V+Nb+Ti	其他	C_{eq}	CE_{Pcm}
L415Q/X60Q	0.18	0.45	1.70	0.025	0.015	≤0.015	①	0.43	0.25
L485Q/X70Q	0.18	0.45	1.80	0.025	0.015	≤0.015	①	0.43	0.25
L555Q/X80Q	0.18	0.45	1.90	0.025	0.015	≤0.015	①	0.43	0.25
L690M/X100M	0.10	0.55	2.10	0.020	0.010	①		—	0.25

① 除另有协议外，最大铜含量为 0.50%，Ni 0.30%，Cr 0.30%，Mo 0.15%。

表 2-6　部分 PSL2 钢管拉伸试验要求

钢管等级	屈服强度/MPa		抗拉强度/MPa		屈强比
	最小	最大	最小	最大	最大
L415Q/X60Q	415	565	520	760	0.93
L555Q/X80Q	555	705	625	825	0.93
L690M/X100M	690	840	760	990	0.97

管线钢按组织状态可以分为以下三种类型：

① 铁素体＋珠光体钢　基本成分是 C、Mn。这是 20 世纪 60 年代以前管线钢所具有的基本组织形态。X52 级以下的管线钢基本是铁素体＋珠光体钢；X50、X60 一般是铁素体＋少量珠光体钢。通过 Nb、V、Ti 等微合金元素的控制，已生产出 X70 级的少珠光体钢。

② 针状铁素体和超低碳贝氏体钢：针状铁素体（Acicular Ferrite）钢通过微合金化和控制轧制，综合利用晶粒细化，微合金化元素的析出相与位错亚结构的强化效应，强度级别提高很多。目前，国内各钢厂生产的 X70 和 X80 管线钢的金相组织主要为针状铁素体型组织。同时针状铁素体型管线钢也是西气东输工程选用的管线钢种。

③ 低碳索氏体钢　从长远观点看，未来的管线钢将向着更高的强韧化方向发展，如果控制轧制技术满足不了这种要求，可以采用淬火＋回火的热处理工艺，通过形成低碳索氏体组织来达到性能要求。

2.6.2.2　对管线钢的性能要求

现代管线钢属于低碳或超低碳的微合金化钢，是高技术含量和高附加值的产品，管线钢生产几乎应用了冶金领域近 20 多年来的一切工艺技术新成就。目前管线工程的发展趋势是大管径、高压输送、高冷和腐蚀的服役环境、海底管线的厚壁化，因此目前对管线钢的性能要求主要有以下几方面。

① 高强度。管线钢的强度指标主要有抗拉强度和屈服强度；在要求高强度的同时，对管线钢的屈强比（屈服强度与抗拉强度）也提出了要求，一般要求在 0.85～0.93 的范围内。

加大管道直径，增加管道工作压力是提高管道运输效率的有力措施，也是油气管道发展的基本方向。管径增大和输送压力提高均要求管材有较高的强度。目前管线钢的强度已由最初的 295～360MPa（相当于 API 标准的 X42～X52 级管线钢）提高到 526～703MPa（相当于 X80～X100 级管线钢），而现在 X130 级管线钢也在开发之中。随着钢等级的提高，屈强比增高，如 Alliance 管线的 X70 钢要求 $\sigma_s/\sigma_b \leqslant 0.93$，实际测定为 0.91，我国的"西气东输"用管线钢要求 $\sigma_s/\sigma_b \leqslant 0.90$。高屈强比表明钢的应变硬化能力降低，使管线抗侧向弯曲能力降低。应变硬化能力对于在土质不稳定区、不连续区及地震带铺设的管线钢是很重要的。

②　高冲击韧性。韧性是管线钢的重要性能之一，它包括冲击韧性和断裂韧性等。随着高寒地带油气田的开发，对输送管的低温韧性要求日益增高。由于韧性的提高受到强度的制约，因此管线钢生产常常采用晶粒细化的强韧化手段，既可以提高强度又能提高韧性。另外，钢中杂质元素和夹杂物对管线钢的韧性具有严重的危害性，因此，降低钢中有害元素含量并进行夹杂物变性处理是提高韧性的有效手段。

③　低的韧脆转变温度。严酷地域、气候条件要求管线钢应具有足够低的韧脆转变温度。DWTT（落锤撕裂试验）的剪切面积已经成为防止管道脆性破坏的主要控制指标，一般规范要求在最低运行温度下试样断口剪切面积≥85%。

④　优良的抗氢致开裂（HIC）和抗硫化物应力腐蚀开裂（SSC）性能。

氢致裂纹（Hydrogen Induced Cracking，HIC）是由于腐蚀生成的氢原子进入钢中，富集在夹杂物周围，并沿着碳、锰和磷偏析的异常组织扩展或沿着带状组织相界扩展。当氢原子一旦结合成氢分子，便可产生较大压力，于是形成平行于轧制面、沿轧制方向的裂纹。

早在 20 世纪 40 年代末，美国和法国在开发含 H_2S 酸性油气田时，发生了大量的硫化物应力腐蚀（Sulfide Stress Corrosion Cracking，SSCC 或 SSC）事故。

SSC 是在 H_2S 和腐蚀介质及酸性离子等作用下，腐蚀生成的氢原子经钢材表面进入钢材内部，并逐步富集于应力集中区域，使钢材脆化并沿垂直于拉伸力方向扩展而开裂。硫化物应力腐蚀断裂易造成突发性灾难事故。因此要求管线钢具有较强的抵制氢原子进入，防止氢致裂纹产生和扩散的能力。一般来说，HIC、SSC 的产生及其严重程度主要取决于输送气体介质中 H_2S 分压的大小。为达到抗 SSC 和 HIC 的要求，钢材应具有高的纯净度和较为均匀的基体组织。另外，对钢材的硬度也提出了限制，以防止硫化氢应力腐蚀开裂。

⑤　良好的焊接性能。长输管道是一项大规模的焊接成型和长距离的焊接安装工程，钢材良好的可焊性对保证管道的整体性和野外焊接质量也至关重要。对评价可焊性的指标"碳当量"，各个国家有不同的计算公式和要求。近年来，美国 Amoco 公司针对一些管道焊缝撕裂事故，提出了更为严格的控制指标，即碳当量（C_{eq}）与裂纹敏感系数（Pcm）两个指标的合格界限是：$C_{eq} \leqslant 0.35\%$（C≥0.12%）；$P_{cm} \leqslant 0.20\%$（C＜0.12%）。钢的化学成分对高强度钢的焊接性有直接的重大影响，提高焊接性能的有效措施是降低 C、P、S 含量和选择适当的合金元素；其次，适当控制 Ti、Al 等的氮化物和 Ti 的氧化物对降低淬硬性和防止冷裂纹及提高韧性也有好处，加 Ca、RE 等对防止裂纹和层状撕裂及提高韧性也有效。

2.6.2.3　管线钢的合金设计

（1）管线钢中合金元素的选择

管线钢中合金元素从作用看可以分为两大类，一类是固溶元素，另一类是微合金化元素。

固溶元素主要有 Si、Mn、Mo、Cu、Ni、Cr、C 和 N。这些固溶元素在高强度低合金钢中主要起固溶强化作用，尽管它们的强化机制不同（见图 2-2），但几乎所有的固溶元素

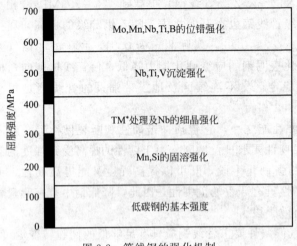

图 2-2 管线钢的强化机制

（除 Ni 外）对钢的韧性都不利，尤以元素 C、N 为甚。微合金化元素主要有 Nb、V、Ti、Al 和 B。这些元素主要起细晶强化和析出强化的作用。目前在钢中加入 Nb、Ti、V 等微合金化元素已得到广泛应用，加入量均在 0.1% 以下。管线钢是充分运用微合金化元素综合作用的典型代表，其中铌是取得良好的控轧效果最有效的微合金化元素之一。其含量的最佳配比是管线钢研究的关键。

（2）合金元素的含量控制

① 碳的控制   碳是强化结构钢最有效的元素，而且也是最经济的元素，然而碳对韧性、塑性、焊接性等有不利的影响，降低碳含量可以改善转变温度和钢的焊接性。对于微合金化钢，低的碳含量可以提高抗 HIC 的能力和热塑性，如图 2-3 所示。

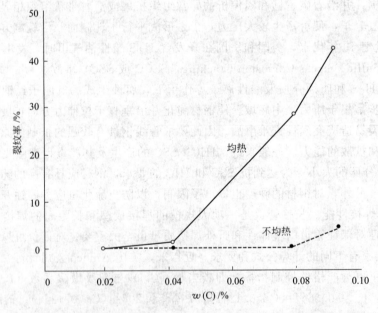

图 2-3 热轧钢板氢致裂纹（HIC）敏感性与碳含量的关系

按照 API 标准规定，管线钢中的 $w(C)$ 通常为 0.025%～0.12%，并趋向于向低碳方向或超低碳方向发展，尤其是高钢级管线钢，如武钢三炼钢厂 X80 管线钢的 $w(C)$ 仅为 0.02%～0.05%。在综合考虑管线钢抗 HIC 性能、野外可焊性和晶界脆化时，最佳 $w(C)$ 应控制在 0.01%～0.05% 之间。采用炉外精炼是实现精确控制碳含量的有效手段。日本钢管京滨厂的 50t 高功率电炉与 VAD 和 VOD 精炼炉相配，处理前 $w(C)$ 为 0.40%～0.60%，处理后 $w(C)$ 可达 0.03%～0.05%。一些钢厂在 RH 上采用增大氩气流量、增大浸渍管直径和吹氧方式进行真空脱碳，保证了管线钢精确控制碳含量的要求。

然而对管线钢而言，碳含量并不是越低越好。Tadaaki Taira 等人研究了不同含碳量的管线钢热影响区韧性变化的情况，他们发现当钢的含碳量小于 0.01% 时，由于间隙碳原子的减少和热循环后 Nb（CN）的沉淀析出而弱化了晶界，使热影响区晶界相对脆化。从综合性能出发，他们认为管线钢理想的碳含量范围应为 0.01%～0.05%。

② 硫的危害　硫是危害管线钢质量的主要元素之一，它严重恶化管线钢的抗 HIC 和 SSC 性能。法国 Schaw-WinholdD 等人研究表明：随着钢中硫含量的增加，裂纹敏感率显著增加；只有当 $w(S)<0.0012\%$ 时，HIC 明显降低，甚至可以将其忽略。硫还影响管线钢的冲击韧性，硫含量升高，冲击韧性值急剧下降。另外，硫还导致管线钢各向异性，在横向和厚度方向上韧性恶化。高钢级管线钢对硫含量的要求很苛刻，某些管线钢要求 $w(S)<20\times10^{-6}$ 甚至 10×10^{-6}。

在整个工艺的操作过程中，对硫含量的控制和研究已经十分广泛。要生产出低硫钢（S≤0.01%）和超低硫钢（S≤0.005%），冶金工作者不得不考虑在钢铁生产的各个环节去寻找更合适的脱硫方法。

在进行工艺选择时，虽然铁水脱硫具有显著优越性，但是要使最终钢中硫含量达到规格范围，仅用铁水预处理环节脱硫是无法满足超低硫钢的生产需求的，在冶炼过程中还应控制转炉的回硫，以及要在炉外精炼进一步脱硫才能达到超低硫的要求。

管线钢对硫的控制要综合考虑铁水预处理、转炉冶炼、炉外精炼等各个环节上的诸多因素，尤其是采用合适的炉外精炼手段。如新日铁大分厂代用喷粉法精炼钢液后，钢中 $w(S)$ 可稳定在 0.0005% 左右。

③ 磷的控制　磷在钢中是一种易偏析元素，偏析区的淬硬性约是碳的 2 倍。由碳当量与 2 倍磷含量（$C_{eq}+2P$）对管线钢硬度的影响可知：随着 $C_{eq}+2P$ 的增加，碳质量分数为 0.12%～0.22% 的管线钢的硬度呈线性增加；而碳质量分数为 0.02%～0.03%C 的管线钢，当 $C_{eq}+2P$ 大于 0.6% 时，管线钢硬度的增加趋势明显减缓。除此之外磷还会恶化管线钢的焊接性能，显著降低钢的低温冲击韧性，提高钢的脆性转变温度，使钢管发生冷脆。对于高质量的管线钢，应严格控制钢中的磷含量。

脱磷可以在炼钢的全过程中进行，如铁水预脱磷、转炉出钢深脱磷和二次精炼，最近出现的在 H 型炉内进行铁水预处理脱磷，反应容积大，并能充分发挥顶渣的作用。在出钢过程中对炉渣进行改性还可以进一步深脱磷。鹿岛制铁所采用 LF 分段工艺进行精炼，脱磷终了时 $w(P)<10\times10^{-6}$。

④ 氧的控制　钢中的含氧量增加导致氧化物夹杂增多，严重影响管线钢的洁净度。而钢中氧化物夹杂是管线钢产生 HIC 和 SSC 的根源之一，危害钢的各种性能，为减少氧化物夹杂的数量，一般把铸坯中 $w(O)$ 控制在 $(10\sim20)\times10^{-6}$，目前世界上最具竞争力的管线钢的 $w(O)$ 可以达到 0.001% 以下。在转炉炼钢工艺方面，减少补吹、降低钢包渣中 FeO+MnO 含量、严格挡渣出钢和钢包除渣等方法都能降低终点氧含量。钢液中加稀土脱氧效果很好，通常加稀土脱氧后，钢的 $w(O)$ 可降低到 8×10^{-6} 以下。

⑤ 锰的控制　锰（Mn）主要起固溶强化的作用。在碳含量相同的情况下，随着锰含量的增加，钢的强度增加，同时使脆性转变温度下降。锰还可以推迟铁素体→珠光体的转变，并降低贝氏体的转变温度，有助于晶粒细化，所以锰是不可缺少的元素。但锰含量过高，会使韧性降低，造成钢板带状组织严重，增强各向异性，降低抗氢致裂纹（HIC）性能。在对管线钢的焊接性能造成不利影响的同时，有可能导致在管线钢铸坯内发生锰的偏析，且随着碳含量的增加，这种缺陷会更显著。

⑥ 氢的控制　氢是导致白点和发裂的主要原因，管线钢中氢的质量分数越高，产生HIC的概率越大，腐蚀率越高，平均裂纹长度增加越显著。钢中的氢主要在炼钢初期通过CO剧烈沸腾去除，自从真空技术出现后，钢中 $w(H)$ 已可稳定控制在 2×10^{-6} 的水平。除此之外，要杜绝在后续工序中加入的造渣剂、变性剂、合金剂、保护渣、覆盖剂等受潮现象，避免碳氢化合物、空气与钢水接触，这样有助于降低钢中的氢含量。

⑦ 钼、铌、钛、钒、铜、镍等元素的控制　钼（Mo）是促进针状组织的元素，加入钼有利于针状组织的发展，抑制多边形铁素体的形成，因而能在极低的碳含量下得到高的强度。钼的含量通常被限制在 0.13% 以下，具体应根据轧制钢板的厚度和冷却装置的冷却能力确定。田中智夫等指出，针状铁素体组织占的百分数取决于奥氏体的晶粒大小，而奥氏体晶粒大小又受板坯的加热温度、轧制和冷却条件等因素的影响。由于强度较高和形成上贝氏体，所以吸收能减少，为了避免吸收能的减少，需要降低含碳量，但会增加炼钢成本。鞍钢实验认为，添加 0.2% 以上钼则可以满足 X100 的强度。低温韧性随着 $w(Mo)$ 的增加而降低，但即使 Mo 含量提升至 0.3% 也具有良好的强度值。

晶粒细化是目前唯一能在提高材料强度同时提高韧性的重要强韧化机制。铌作为一种重要的微合金化元素，是唯一既能提高钢的韧性又能提高钢的强度的元素，铌是管线钢中唯一不可缺少的微合金元素。铌可以产生非常显著的晶粒细化及中等程度的沉淀强化作用，并可改善低温韧性。铌可形成细小的碳化物和氮化物，抑制奥氏体晶粒的长大；铌在轧制过程中可提高再结晶温度，抑制奥氏体的再结晶，保持变形效果，从而细化铁素体晶粒；铌在铁素体中沉淀析出，可以提高钢的强度以及在焊接过程中阻止热影响区晶粒的粗化。为有效发挥铌对抑制奥氏体再结晶的作用，应尽可能采用低的碳和氮含量。

钛可以产生中等程度的晶粒细化及强烈的沉淀强化作用。钛的化学活性很强，易与钢中的 C、N 等形成化合物，为了降低钢中固溶氮含量，通常采用微钛处理使钢中的氮被钛固定，同时，TiN 可有效阻止奥氏体晶粒在加热过程中的长大，起直接强化作用。

钒的溶解度较低，对奥氏体晶粒及阻止再结晶的作用较弱，主要是通过铁素体中 C、N 化合物的析出对强化起作用。

铜能够降低氢在钢中的渗透速率，有利于提高抗氢脆应力腐蚀和沟状腐蚀性能。同时，镍还能够改善铜在钢中引起的热脆性。因此对要求抗酸性腐蚀的管线钢，都加入一定量的铜和镍。

目前，生产高钢级 X80、X100 管线钢，各国均采用低 C、高 Mn 的纯净钢，结合微合金化，在炼钢和轧钢的过程中通过 Nb、V、Ti、Mo 和 Ni 等合金元素的固溶强化、沉淀强化、细晶强化，得到高强度和高韧性以及良好的焊接性能。有的厂家为了提高管线钢的抗蚀性能，在钢中添加了部分的铜。

⑧ 管线钢中夹杂物的作用与控制　在大多数情况下，HIC（氢诱裂纹）都起源于夹杂物，钢中的塑性夹杂物和脆性夹杂物是产生 HIC 的主要根源。分析表明，HIC 端口表面有延伸的 MnS 和 Al_2O_3 点链状夹杂，而 SSCC（硫化物应力腐蚀开裂）的形成与 HIC 的形成密切相关。因此，为了提高抗 HIC 和抗 SSCC 能力，必须尽量减少钢中的夹杂物、精确控制夹杂物形态。

钙处理可以很好地控制钢中夹杂物的形态，从而改善管线钢的抗 HIC 和 SSCC 能力。当钢中含硫量达 0.002%～0.005% 时，随着 Ca/S 的增加，钢的 HIC 敏感性下降。但是，当Ca/S达到一定值时，形成CaS夹杂物，HIC会显著增加。因此，对于低硫钢来说，Ca/S应控制在一个极其狭窄的范围内，否则，钢的抗HIC能力明显减弱。

管线钢的合金设计正向超低碳、超洁净、多元微合金化的方向发展。实践中应致力于进行最佳的Nb、Ti、V和B等微合金化元素的成分设计，最大限度地降低S、P、O、N和H的含量，从而满足高强韧性管线钢在性能上多方面的要求。

2.6.3 管线钢的冶炼

管线钢的发展趋势是高纯净、高强度、高韧性、可焊性强及高抗腐蚀性，这就决定在生产中进行工艺选择时，仅考虑炉外精炼功能和控制技术是不够的，还应考虑到各个生产环节上的诸多因素，进行复合冶炼。实践证明，合金成分调整、冶金技术发展和TMCP工艺之间的最佳配合是高级管线钢开发中的关键。

2.6.3.1 传统典型管线钢生产流程介绍

为了生产高级别管线钢，各厂家已经成功地开发了一系列的冶金技术。其中关键技术就是使钢纯净化，以使钢的硫、磷、夹杂物及气体含量降到最低。目前生产管线钢普遍采用的工艺路线有两种：流程A为铁水预处理→复吹转炉→LF炉及钙处理→RH（或VD炉）→连铸，如图2-4所示；流程B为铁水预处理→转炉→RH→LF及钙处理→浇铸。两种流程的显著区别在于RH与LF的先后顺序。

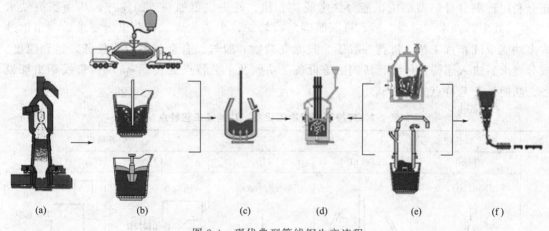

(a)　　　(b)　　　(c)　　　(d)　　　(e)　　　(f)

图2-4　现代典型管线钢生产流程

图2-4中设备：（a）为现代炼铁高炉，（b）为铁水车（鱼雷罐）或铁水罐，工艺目的是进行铁水脱硫预处理，要求 $[S] \leqslant 50 \times 10^{-6}$，并且扒净脱硫渣；（c）为顶底复吹转炉，此处可配置双渣法脱磷或转炉脱磷、脱碳双联，要求注意抑制钢水回硫，挡渣出钢；（d）为LF精炼炉，主要进行强脱氧升温，注意配制好炉渣，一般渣中，CaO含量为60%、Al_2O_3含量为30%、SiO_2含量为8%、（TFe）含量$\leqslant 0.5$%；（e）是VD或RH炉，要求脱氢至 $[H] \leqslant 1.5 \times 10^{-6}$ 并进行钙处理；（f）为CC连铸，多采用严格保护浇铸及轻压下技术，生产时应当注意防止铸坯角横裂纹。

在流程A中，RH只起到钢液净化的作用，没有脱碳功能，转炉出钢后，各个工序也没有脱碳能力，转炉出钢到连铸过程钢水始终处于一个增碳的过程，因此，要求在转炉出钢时管线钢中的碳成分按目标成分下限控制。要保证成品钢中C<0.08%（质量分数），主要采取了以下几个措施：①转炉出钢时，钢水中碳含量控制在0.03%～0.04%；②钢包采用

无碳耐材；③LF 采用长弧埋弧加热，减少电极增碳；④合金用低碳合金；⑤使用低碳中间包覆盖剂和低碳结晶器保护。

流程 B 中，RH 在转炉后使用，可以采用 RH 轻处理，这里 RH 通过真空下碳氧反应进行脱气，起到净化钢液的作用，同时也可以对钢中的碳含量进行相应的控制。这时转炉终点碳含量的控制自由度相对较大，同时转炉出钢也允许保留一定的溶解氧。LF 进行深脱硫、补偿 RH 轻处理所带来的温度损失，钙处理在 LF 后进行。针对脱磷、脱硫热力学条件相互矛盾而管线钢要求 [S]、[P] 同时低的特点，RH-L 工艺流程采用转炉重点脱磷，RH 和 LF 重点脱硫的生产工艺。控制钢中磷含量的措施有：在转炉冶炼时采用早期加入大量石灰，以达到石灰饱和；加入硅石或硅铁，加大渣量；增加渣中 FeO 含量；低温出钢。控制钢中硫含量的主要措施有：铁水进行预脱硫，在转炉出钢时控制转炉下渣量，对钢包内的顶渣进行改质处理，在 LF 炉进行还原脱硫，控制合适的碱度、精炼渣的氧化性、流动性，增大精炼渣的硫容量。

传统管线钢生产工艺流程的特点是：采用了多种二次精炼工位进行钢水炉外精炼，工艺流程复杂，生产周期长，消耗高。

2.6.3.2 现代管线钢生产新工艺流程

针对传统管线钢流程复杂的问题，特别是生产过程中不停置换冶炼容器，国际上新开发的管线钢流程把原来分散于 2～3 个工位的铁水预处理全部置于转炉中。铁水预处理转炉，充分利用转炉自身炉型结构，能为铁水脱磷、硫、硅提供更加高效的搅拌，从而提高铁水"三脱"效率。铁水"三脱"后，进入脱碳复吹转炉，少渣吹炼。符合出钢要求后，出钢进入多功能 RH 精炼工位，进行深脱碳、脱除夹杂物、脱气、合金化等冶炼任务，达到温度、成分要求后进入连铸。传统管线钢冶炼设备、功能及工艺特点见表 2-7，现代管线钢冶炼设备、功能及工艺特点见表 2-8。

表 2-7 传统管线钢冶炼设备、功能及工艺特点

工艺	铁水预处理	转炉吹炼		炉外精炼	
	(TDS)	(LD-OB)	(IP)	(LF)	(RH)
设备	熔剂+N₂		熔剂+Ar	熔剂	合金 真空
精炼功能	铁水脱硫	脱碳	钢水脱硫	上浮夹杂物	脱气
		脱磷		脱磷 脱硫 加热	调整成分
工艺特点	高效脱硫	通过底部强力搅拌,实现高效脱碳		多工位最佳精炼工艺	

和传统管线钢生产流程相比，新流程在同样保证钢水洁净度的条件下，精炼周期缩短 50%，生产能力大幅度提高，生产成本降低 60%。

表 2-8 现代管线钢冶炼设备、功能及工艺特点

工艺	铁水"三脱"预处理	顶底复吹转炉吹炼	多功能 RH 精炼
设备	(LD-ORP) 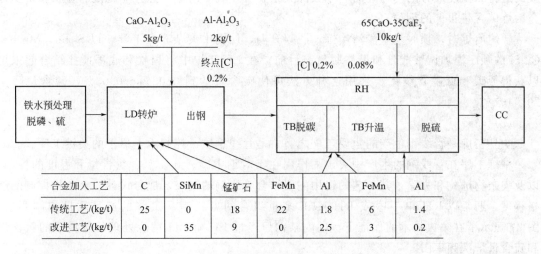	(LD-OB)	(RH-IJ)
精炼功能	铁水脱硅 铁水脱硫 铁水脱磷	脱碳 脱磷	钢水脱硫 夹杂物上浮去除 调整成分 脱气
工艺特点	复吹转炉强搅拌,高效脱硫、脱磷	通过底部强力搅拌,实现高效脱碳	多功能 RH 精炼和喷粉工艺

2.6.3.3 管线钢冶炼过程

管线钢在炼钢工序的生产工艺设计和控制要求也不尽相同,主要流程:铁水预处理(混铁车、铁水包)→转炉顶底复吹→组合精炼(RH+LF)→连铸。实际生产中,可以进行工序内部调整或参数调整,以满足钢种的质量控制需求。图 2-5 显示了日本某厂管线钢冶炼过程中的参数控制。

图 2-5 日本某厂管线钢冶炼工艺控制参数

（1）铁水预处理

随着用户质量要求的不断提高,以及服役环境的不断苛刻,钢中硫和磷的控制越来越严格。作为脱硫或脱磷的重要工序之一,铁水预处理在管线钢的生产过程中起着不可或缺的作用。

国外在管线钢生产过程中均采用预处理铁水,国内生产厂家的冶金技术水平也在不断进步,随着铁水预处理设备的投入,钢中硫含量也在不断降低。国内某厂引进了混铁车脱硫装置,该工艺可以将铁水硫从 0.025% 脱到 0.005% 左右,极限能力可以达到 0.002%。之后

该厂持续引进铁水包脱硫装置、喷吹镁粉和石灰的方式进行深脱硫，大大提高了脱硫效率，钢中硫的含量得到进一步降低，入炉硫含量可以稳定控制在 0.001％左右。国内某厂该工序的铁水处理比达到 95％以上，低硫钢的处理比例达到 50％，体现了该工序对冶炼品种钢的重要性和较强的处理能力。

铁水实施三脱可使铁水成分 $[P]\leqslant 20\times 10^{-6}$，$[S]\leqslant 10\times 10^{-6}$，$[Si]\leqslant 0.3\%$，从而为转炉炼钢提供优质原料。

典型铁水预处理方法有 KR 法、SARP 法、TDS、ORP、NRP、OKP 等。

KR：Kambara Reactor 法是日本新日铁广畑制铁所开发的搅拌脱硫方法；

SARP：即日本住友公司鹿岛厂开发的铁水预脱磷工艺 Soda Ash Refining Process 的简称，又可称为"住友碱精炼法"或苏打精炼法；

TDS：新日铁于 1971 年开发成功的混铁车顶喷粉脱硫法（desulphurization by top injection process）；

ORP：最优化精炼工艺（optimizing the refining process），典型 ORP 法是新日铁君津厂的工艺，其突出特点是采用 CaO 系脱磷剂，全部使用固态氧化剂和适用于所有钢种的处理；

NRP：new refining process，是日本住友公司鹿岛厂新开发的精炼工艺，该法用铁水罐喷苏打粉进行脱磷。

（2）复吹转炉

与传统顶吹转炉相比，复吹转炉进一步强化了冶炼过程中熔池的搅拌，促进各种冶金反应的进行和温度成分的均匀，有利于去除夹杂物，使转炉冶炼终点控制稳定。复吹转炉更适合冶炼碳含量很低的钢种。

转炉冶炼时，顶底复吹少渣冶炼，脱碳升温，使钢中夹杂充分上浮，以 Si-Fe、Mn-Fe、Ca-Si 的顺序添加调整成分和最终脱氧。目前，在 LD 转炉中将顶吹和底部搅拌结合起来可以获得低碳和低磷管线钢。采用这种方法可使碳含量达到 0.02％～0.03％，磷含量降至 70×10^{-6}。

（3）精炼

炉外精炼是管线钢生产的重要工序之一，是管线钢质量控制承上启下的关键工序。

精炼工序在管线钢的生产中突出的作用在于对钢中碳、硫、氧、氢含量和温度的控制，以及夹杂物球化和去除。其工艺的运用主要结合管线钢的钢级、成分设计、夹杂物控制的严格程度，通常以 RH 单工序或 RH＋LF 多重组合的方式满足最终的产品质量控制要求。图 2-6 显示了在集成技术的保证下，国内某钢厂经过 LF 和 RH 精炼处理的管线钢的氧含量和硫含量炉次频率图。

钢包精炼过程主要涉及氩或电磁搅拌、真空处理和喷吹处理。钢包精炼除了通过 RH 真空装置和 TN 法进行合金成分微调外，还进行杂质元素、气体含量以及氧化物、硫化物形态的精确控制。LF 炉精炼使钢水脱硫，控制钢水中磷、硫的含量达到规定的目标；也可以 LF＋RH 精炼，控制钢水中磷、硫的含量，同时降低氮、氧含量。脱氧和脱硫是互相关联的，因为只有低的氧含量才能将硫脱到低的水平。精炼的应用可生产出碳含量在 0.002％～0.003％，杂质含量达到＜0.001％S、＜0.003％P、＜0.003％N、$(2\sim 3)\times 10^{-6}$ [O] 和＜1×10^{-6} [H] 的洁净钢。

管线钢属于超低硫钢。管线钢的生产，应根据不同的成分规范和钢材品种，选用合适的

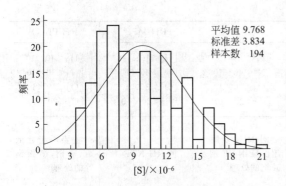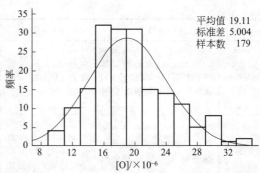

图 2-6 某钢厂冶炼管线钢成品 S、O 含量分布频率图

精炼条件的组合，尤要防止钢水二次氧化和连铸过程产生各种缺陷。既可以采用 LF＋VD 的方法来处理，也可以采用 RH 的各种真空精炼的方法。

① LF 钢包炉精炼法　经过 LF 炉处理的钢水，可以精确控制钢水成分及温度，能够做到 C、Si、Mn、Cr、Mo、V 等元素含量控制在 0.03％以内，温度在 5℃以内，$[S] \leqslant 10 \times 10^{-6}$，从而把钢的性能波动降低到最低。另外通过造白渣能够进一步去除钢中夹杂物，提高钢水的纯净度。

钢包炉（LF）处理装置与相应容量的转炉相应，主要完成钢水的加热升温、脱氧、脱硫、促使夹杂物上浮去除、合金成分调整等任务，在冶炼和连铸间起缓冲作用。LF 与其他精炼的区别在于 LF 具有很强的渣精炼功能，渣精炼可以实现扩散脱氧、脱硫以及吸附钢水中的夹杂物。由于底吹氩的搅拌作用及电弧的加热形成局部高温，使 LF 的渣金反应具有很好的动力学条件。LF 通常采用埋弧加热，可以保护钢包内衬、减少耐火材料消耗、减少电极消耗和电耗。LF 的造渣制度（精炼基础渣和精炼埋弧渣）是完成 LF 冶金功能的关键技术，合理的造渣制度既能很好地完成脱氧、脱硫等冶金功能，又能实现 LF 的全程埋弧操作。

目前，宝钢经过 LF 处理的钢水，脱硫效率可以达到 60％～80％甚至更高，超低硫钢中硫含量可以达到 10×10^{-6} 以下，钢水的全氧含量可以达到 $15 \times 10^{-6} \sim 25 \times 10^{-6}$。

钢包炉处理过程会造成钢水增碳、增氮、增氢等，宝钢的 LF 处理过程的增氮量在 10×10^{-6} 左右，甚至 15×10^{-6} 或更高。故冶炼质量要求高的钢种时，在 LF 处理结束时，要对钢水进行真空处理，通常采取 LF＋VD 处理的工艺路线。

② RH 真空循环脱气精炼设备　采用 RH 真空处理设备主要实现对钢水的脱氢、脱氮、脱硫、合金微调、促使夹杂物聚集上浮等功能（如表 2-9 所示）。RH（或 VD）脱气炉：经过 RH（或 VD）脱气处理的钢水，可以使钢中气体含量达到很低的水平，$[O] \leqslant 20 \times 10^{-6}$，$[N] \leqslant 30 \times 10^{-6}$。气体含量的降低能够大大改善钢的力学性能等指标。

表 2-9　RH 精炼工艺及其冶金功能

型号	RH	RH-OB	RH-KTB	RH-MFB	RH-PB(1)
代号意义	真空循环脱气法	吹氧升温的真空脱气法	顶吹氧真空脱气	多功能喷嘴	喷粉
主要功能	真空脱[H]，减少杂质，均匀温度、成分	同 RH 功能，并能加热钢水	同 RH 功能，并加速脱碳的补偿热损失	同 KTB 功能	可喷粉脱硫、脱磷

续表

型号	RH	RH-OB	RH-KTB	RH-MFB	RH-PB(1)
处理效果	[H]$<2\times10^{-6}$，去氢率50%～80%；去氮率15%～25%；[O]$<(20\sim40)\times10^{-6}$，减少夹杂物65%以上	同RH，且可使终点[C]$\leqslant35\times10^{-6}$	[H]$<2\times10^{-6}$ [N]$<40\times10^{-6}$ [O]$<30\times10^{-6}$ [C]$<20\times10^{-6}$	[H]$<1.5\times10^{-6}$ [N]$<40\times10^{-6}$ [O]$<30\times10^{-6}$ [C]$<20\times10^{-6}$	[H]$<40\times10^{-6}$ [N]$<30\times10^{-6}$ [O]$<10\times10^{-6}$ [C]$<20\times10^{-6}$
适用钢种	适用特别对含氢量要求严格的钢种。主要是低C深冲钢及轴承钢和重轨钢等	同RH，还可以生产不锈钢，多用于超低碳钢的处理	同RH，多用于超低碳钢、IF钢及硅钢的处理	同RH-KTB	主要用于超低硫、磷钢，薄板钢等的处理
备注	原为钢水脱氢开发短时间可使[H]降到远低于白点敏感极限以下	为钢水升温而开发	快速脱碳达超低碳范围，二次燃烧可补偿处理过程中的热损失	同RH-KTB，并能通过燃气燃烧补偿热损失	可同时脱硫、磷，PB是从OB管喷入，(1)表示插入钢桶

　　由于转炉受原材料等条件的影响，要保证管线钢出钢终点十分低的硫含量（S≤0.003%）非常困难，因此有必要再次对钢水进行脱硫。RH真空处理时具备了喷粉脱硫的条件，经过广大冶金工作者研究，相继开发出一些真空喷粉脱硫工艺并广泛应用于生产。

　　RH真空喷粉，由于使用的是粉剂，所以脱硫效率较真空投入法高。RH真空喷粉设备一般由以下几部分组成：喷枪、喷吹罐、储料罐、输送管道及相应的电气控制系统。RH真空喷粉有两种形式，即顶枪吹入法和真空室底部侧吹入法。

　　a. 顶枪吹入法：不用增设喷枪的费用，而是直接利用顶吹氧枪喷吹粉剂；钢液、粉料反应时间短；耐火材料损伤小；能够利用顶枪调整钢液温度。

　　b. 真空室底部侧吹入法：脱硫反应率高；吹入部位耐火材料易损坏。

　　③ VD真空吹氩脱气精炼设备　VD真空处理设备与LF装置相匹配，主要完成对钢水的脱氢、脱氮（由C-O反应去除）、脱硫、合金微调、促使夹杂物聚集上浮等功能。与传统的RH法相比，VD法有充分的渣-金反应，可以对钢水进行深脱硫，经VD处理后钢水的脱硫效率可以达到40%左右。

　　④ 夹杂物变性处理　高级别管线钢在强度、韧性、抗氢致裂纹、抗腐蚀和焊接性能等方面有较高要求，因此对夹杂物的控制要求非常严格，不仅要求夹杂物数量少、尺寸小，而且要求在生产中进行钙处理，对钢中夹杂进行变性处理。变性处理的方法主要有钙处理或稀土处理。变性处理控制了夹杂物的形态，对提高横向韧性和抗氢诱裂纹腐蚀（HIC）起决定性的作用。

　　钙处理：以喷射冶金方法或喂线法将钙合金加入钢液深部，达到脱氧、脱硫、使非金属夹杂变性及去除有害微量元素等冶金效果的炉外精炼技术。

　　钙处理工艺主要有两种，一种是把含钙粉剂喷射到钢液内的喷粉法；另一种是把含钙粉剂外包低碳钢铁皮制成芯线，用喂线机喂入钢液深部的喂线法。由于采用粉料（粉粒直径小于1mm），使钙合金与钢液的接触界面大为增加。这两种工艺各有其优缺点：喷粉法可以大量脱硫，可用廉价的以CaO为基的渣料，但处理时钢液温降多，吸氮、吸氢较多；喂线法钢液温降少，处理设备简单，投资小，占地面积小，但不能大量脱硫。喷粉法较适用于铁水预处理脱硫、脱磷、脱硅；而喂线法适用于合金成分微调，如加Ti、B、Al及稀土等元素和控制非金属夹杂物形态等。

（4）连铸

连铸是目前管线钢生产广泛采用的一项新技术。连铸可提高热轧成材率10%，降低成本8%，而且生产率高，易于进行生产连续化和自动化的控制。连铸的成功经验是低的过热度、全程保护浇注和二次冷却，采用电磁搅拌，可以得到均匀的、等轴的凝固区。长结晶器及电磁搅拌、轻压下等现代连铸技术的应用，能够提高铸坯的综合质量，使得铸坯质量优良，能够满足进一步加工的要求。

在管线钢连铸生产中，如何防止大颗粒夹杂物、成分偏析、表面和内部裂纹，是目前提高材质的首要环节。防止钢水从钢包到中间包以及中间包到结晶器的二次氧化非常重要，一般采用氩气保护、中间包净化技术。此外，连铸坯在1300℃以上时，应避免快速喷水冷却，以免产生表面裂纹。同时，连铸过程中采用电磁搅拌、轻压下技术以及防止液相穴内富集溶质母液的流动等技术对降低合金元素偏析有很大作用。

改善连铸坯的成分偏析，提高管线钢的止裂性能和抗硫化氢腐蚀性能。近年来，我国在高强度管线钢生产中采取了低碳（≤0.06%）、超低硫（≤0.002%）、钙处理以及低的卷板卷取温度等工艺精炼、强有力的控制冷却手段来调整铁素体晶粒尺寸、贝氏体类型及其比例、碳氮化物析出相的数量和粒度分布。

降低由连铸带来的中心部位偏析是生产管线钢的关键技术。炼出纯净钢只是第一步，对连铸凝固区的有效控制才能达到最终降低偏析的目的。钢的低硫含量能够增加高强钢的裂纹扩展吸收能力，通过同时降低碳和硫的含量及微合金化技术可以在X80及X100以上的高强度钢中获得高韧性。

（5）轧钢

控制轧制和控制冷却技术（thermo-mechanical controlled process，TMCP）是20世纪60～70年代发展起来的热机械处理或形变热处理技术。TMCP控轧工艺及紧随其后的快速冷却工艺在内的改进工艺方法于80年代崭露头角。采用这一工艺，只要进一步降低碳含量，并添加适当的合金成分，就能生产X80以上的高强度的材料。

控轧控冷是一种定量的按预定程序控制热轧钢形变温度压下量（形变量）、形变道次、形变间歇停留时间、终轧温度以及终轧后的冷却速率、终冷温度卷取温度等参数的轧制工艺。TMCP以取得最佳细化晶粒和组织状态，通过多种强韧化机制改善钢的性能为根本目标。

控制轧制与普通轧制不同，其主要差别在控轧不仅通过热加工使钢材达到所规定的形状和尺寸，而且通过钢的形变强化充分细化钢材的晶粒和改善组织。控轧实际上是高温形变热处理的一种派生形式。控制轧制的主要目的在于在相变过程中，通过控制热轧条件而在奥氏体基体中引入高密度的铁素体形核点，包括奥氏体晶粒边界、由热变形而激发的孪晶界和变形带，从而细化相变后钢的组织。

目前，管线钢的控制轧制和控制冷却已发展到一个新的阶段。热轧过程的计算机控制与热加工物理冶金学相结合，已有可能对轧制过程中温度的变化、显微组织的类型、晶粒的尺寸、奥氏体未再结晶区的积累应变、显微组织的类型、晶粒的尺寸、奥氏体未再结晶区的积累应变、α相中的残余应变以及微合金元素的沉淀动力学等进行有效的控制和准确的预测，为开发具有更佳力学性能的管线钢开辟了新的途径。

2.6.4 国内外部分钢厂管线钢生产工艺简介

日本新日铁、JFE和住友金属公司是生产高强度管线钢的主要企业，其生产的管线钢向高强度、大壁厚、抗大变形性能和抗 HIC 方向发展，具有优良抗大变形性能的管线钢最高强度级达 X120，并进行了管线试验段建设。1972 年至今，日本三大钢铁公司通过将微合金化技术和控制轧制与控制冷却工艺（TMCP）相结合，生产出了综合性能优良的高强度管线钢。

实际上，日本三大钢铁公司所开发的管线钢有各自的工艺路线，具体见表 2-10。

表 2-10　日本三大钢铁公司高强度管线钢的生产工艺

公司	核心技术	管线钢显微组织	其他技术
新日铁	（1）KIP 技术(向钢包内钢水喷粉来生产低硫钢的高效二次精炼技术，通过调整钢包内渣的成分获得超低 S 含量) （2）板坯轻压下技术 （3）控制轧制技术（NIC）+ 连续在线控制冷却技术（CLC-μ）	X100：上贝氏体 + MA X120：下贝氏体 + 弥散碳化物（含硼钢）	HTUFE 技术、FEA 精密成型技术、高精度制管技术
JFE	（1）采用低 Si 铁，在铁水预处理炉中采用无渣炼钢法提高钢的纯净度 （2）控制轧制技术 + 超级在线加速冷却技术（Super-OLAC），并与在线热处理工艺（HOP）相结合	X100：贝氏体中分散有硬质 M/A X120：铁素体 + 贝氏体双相组织（无硼钢）	EWEL 技术，提高了大线能量焊接的 HAZ 韧性
住友金属	（1）采用高纯净钢技术，降低 P、S 和 N 等杂质 （2）住友控轧技术（SSC）+ 动态加速冷却技术（DAC），水冷停止温度低于 400℃	X100：贝氏体 + 马氏体 X120：下贝氏体 + 弥散碳化物（含硼钢）	SHT 技术、焊接部位超声波探伤技术

注：HTUFF—新日铁开发的提高厚板 HAZ 韧性技术；EWEL—JFE 开发的提高厚板 HAZ 韧性技术；SHT—住友金属公司开发的高韧性技术。

君津厂：ORP→LD-OB→V-KIP→CC。

和歌山厂：STB→RH→CC。

鹿岛厂：SARR→STB→扒渣 RH 顶渣吹氩→喷粉→吹氩。

名古屋厂：TDS→BOF→出钢→除渣→RH-OB-FD 顶渣精炼→脱气、合金化→Ca 处理。

水岛厂：转炉→双包出钢→RH 顶渣。

名古屋厂：KR 脱硫→LD→扒渣→NK-AP 钢包精炼→RH-GI-CC。

日本钢管京滨厂：高功率电弧炉→VAD + VOD 双联精炼炉。

新日铁大分厂：OKP→LD-OB→V-KIP→CC。

SteloLakeErieWorks：高炉→鱼雷罐车→转炉→RH 或 RH-PB。

安钢：铁水预处理→转炉炼钢→LF-VD→连铸。

宝钢：铁水预处理（混铁车、铁水包）→转炉顶底复吹→组合精炼（RH+LF）→连铸。转炉是宝钢冶炼管线钢的优势手段，一炼钢有 3 座容量为 300t 的转炉，并配备副枪动态测定和 CPU 自动冶炼控制模型。结合转炉前后工序的装备能力以及特有的冶金热力学和动力学特点，采取铁水脱硫分步处理、BRP 工艺、少渣冶炼、控氧出钢、控制出钢下渣、控制铁水比、调整合金化顺序等手段，成功开发了低硫、低磷、低氮管线钢冶炼工艺技术，实现了抗硫化氢管线钢的批量生产，成品磷可以控制到 $50×10^{-6}$ 左右或更低，与常规冶炼比较，磷的降幅高达 50% 左右。除此之外，成品氮可以稳定控制在 $45×10^{-6}$ 以下，平均达到 $32×10^{-6}$ 左右。在硫的控制方面，充分发挥铁水预处理、转炉和精炼工序各自的特点，综合平衡脱硫能力、成本、处理周期等因素，进行工序间节点目标控制，实现低成本大生产连浇。

太钢 X70 管线钢：铁水预处理脱 S→顶底复合吹炼转炉冶炼→LF 精炼→RH 真空脱气→板坯连铸。

武钢：高炉铁水→铁水脱硫→转炉顶底复合吹炼→吹 Ar→RH 真空处理→LF 钢包炉精炼（调温、深脱硫和夹杂物变性处理）→连铸。

2.6.5 我国管线钢的发展及展望

随着我国冶金技术的进步，经过 10 多年的开发和生产，管线钢的产量逐年上升，并逐渐形成包括高止裂针状铁素体的 X70 和 X80、抗 HIC 的 X65、高强度高韧性（铁素体＋珠光体组织）的 X60 和 X65 等不同等级的微合金化管线钢成分设计、冶炼和 TMCP 技术和生产质量控制技术。产品先后应用于我国西气东输工程、X80 管线钢应用工程、忠武输气管线工程、番禺-惠州海底输气管线工程以及海外的印度输油管线、土耳其输气管线等一系列国内外重大长距离油气输送管线工程。

随着我国能源结构调整和环保需求，对天然气的需求不断增加，目前正以平均 7％ 的增长速度增加，预计到 2020 年，中国还将新建 50000km 天然气管线。同时，加大海上石油天然气的开采，并不断向深海发展。因此，应该借鉴世界上高等级管线钢已有的经验，进行超高强度管线钢、抗大应变管线钢、深海管线用钢、高等级厚壁抗 HIC 管线钢和新型 HTP 管线钢的开发，以满足未来国内外天然气管线建设的需要。

2009～2015 年，国家新建干线管道长度 2.4 万千米，管道总里程达到 4.8 万千米，比 2008 年翻一番。为满足工程需求，在未来的 10～15 年内，中国需要约 1000 万吨的高性能管线钢，其中 70％ 用于天然气管线。

规划中的天然气管线包括：西三线（霍尔果斯-韶关）、西四线（吐鲁番-中卫）、中缅、中卫-贵阳管道、陕京四线等多项天然气管道项目。与此同时，为确保天然气销售，天然气支线及联络线建设也在积极推进，2009～2015 年，国家在东南、长三角、环渤海、中南地区四个重点目标市场新建支线管道约 8000 千米。

目前，西二线（西段）于 2009 年 12 月 31 日建成投产，西二线（东段）干线建设正在加紧向前推进，已完成管道焊接 2080km。全线焊管用量 432.6 万吨，其中，主干线 4775km 采用 X80 焊管，约合 271.5 万吨。

中缅油气管道在缅甸米坦格河畔正式破土动工。按照规划，这条管道起点在缅甸西部港口城市皎漂市，终点在中国云南省会昆明，全长约 2380km。其中中缅天然气管道缅甸境内段长 793km，中缅原油管道缅甸境内段长 771km，并在缅甸西海岸皎漂配套建设原油码头，油管的年设计输送能力为 2000 万吨，预计管线总投资约为 20 亿美元。

西三线路线图已经初步确定，西三线干线管道西起新疆霍尔果斯首站，东达广东省韶关末站。从霍尔果斯-西安段沿西气东输二线路由东行，途经新疆、甘肃、宁夏、陕西、河南、湖北、湖南、广东共 8 个省、自治区，设计输气能力 $300 \times 10^8 \mathrm{m^3/a}$。中卫-重庆-贵阳输气管道工程项目已获批复，该项目起自宁夏中卫，经甘肃、陕西、四川、重庆，止于贵州贵阳，线路全长 1636km，全线设计输气能力为 $150 \times 10^8 \mathrm{m^3/a}$。

相较于国外高级管线钢的二十几年的研发应用历史，我国的研究起步较晚，但近几年发展迅速，随着西气东输二线等重大工程的开展，我国已跃居 X80 钢管道总长度第一位，生产与应用均达到了国际领先水平。2004 年埃克森美孚公司与 TransCanada 公司合作，在加拿大－30℃ 冻土地带建成了全球唯——条 X120 级输气管道试验段。我国目前已开发出来 X100 与 X120 管线钢，性能已达到国外实物产品同等水平。据相关文献报道，尚处于设计阶段的西气东输三线主干线拟建设 X100/X120 级管线钢的试验段，如能实现，必将大大推动国内高钢级管线钢的发展。

2.7 低合金钢轨钢

2.7.1 钢轨钢简介

钢轨是铁路轨道的主要部件，是冶金产品中一个专用钢材品种。钢轨承受列车的重量和动载，受力复杂，轨面磨耗，轨头受冲击，还要受较大的弯曲应力，主要的损伤形式有：磨损，主要是上股侧磨和下股压溃，屈服强度不足引起的波浪磨耗以及韧塑性低导致的脆断、剥落、掉块、轨头劈裂、焊缝裂纹等。所以对钢轨钢的基本要求包括：耐磨性、抗压溃性、抗脆断性、抗疲劳和良好的焊接性。

2.7.2 钢轨钢的分类

（1）按化学成分分类

碳素钢轨钢，钢中锰含量＜1.30％，无其他合金元素加入，又称普通轨钢；

微合金钢轨钢，钢中加入微量合金元素如 V、Nb、Ti 等；

低合金钢轨钢，如钢中加入含量为 0.8％～1.2％ 的 Cr 的 EN320Cr。

（2）按交货状态分类

按交货状态可分为热轧钢轨和热处理钢轨。不论钢轨强度多少，凡是以热轧状态交货，均称为热轧钢轨。热处理钢轨依其工艺条件又可分为离线热处理钢轨（钢轨轧制冷却后再重新加热）及在线热处理钢轨（利用轧制余热对其进行热处理，不再二次加热）。按热处理钢轨中化学成分的不同，又可分为碳素热处理钢轨、微合金热处理钢轨和低合金热处理钢轨。

（3）按金相组织分类

铁素体加珠光体钢轨钢（包括亚共析钢轨钢和亚共析合金钢轨钢）、索氏体钢轨钢、贝氏体钢轨钢、奥氏体钢轨钢。

（4）按每米的轨重分类

按轨型可分为重轨和轻轨，依据每 1m 钢轨的重量来分，我国铁路钢轨类型主要有 18kg/m、43kg/m、50kg/m、60kg/m、75kg/m。30kg/m 及以上钢轨均称之为重轨。

重轨还按抗拉强度（从轨头部位取样）的不同分为 5 个等级

780MPa，如欧洲 EN220、中国 U74 等；

880MPa，如 EN260、中国 U71Mn 等；

980MPa，如美国 AREA 普通钢轨、中国 NnbRE 等；

1080MPa，如 EN320Cr 合金钢轨、日本 HN370 在线热处理钢轨、中国 PD2 淬火钢轨等；

1200～1300MPa，微合金或低合金热处理钢轨，如中国 PD3 淬火钢轨等。一般来说，强度为 1080MPa 及以上的钢轨被称为耐磨轨或高强轨。

现代铁路运输正向高速、重载、大运量方向发展，这对运输线路的质量提出了更高的要求，特别是对于线路的重要组成部件钢轨使用性能的要求则更为突出。很显然，普通钢轨强度级别低、耐磨性能差、使用寿命短，已经不能适应铁路运输发展的需要，开发升级换代的高强钢轨势在必行。

钢轨强韧化有两种技术路线：一种是采用碳锰钢通过热处理来提高强度，在碳素钢或 C-Mn 钢轨基础上采用在线余热淬火，离线的淬火回火处理或欠速淬火工艺；另一种是采用合金化或微合金化，在 [C] 为 0.7％～0.75％钢中添加 Cr、Mn、Mo、Nb 等合金元素，获得 980～1250MPa 抗拉强度，如 Cr-Mo 钢轨和 Mn-Cr-V 钢轨等。目前的发展趋势是微合金化钢轨钢，在微合金化的基础上，经热处理进一步强化，同时塑韧性不降低或有一定改善，即钢轨的合金化和热处理可以得到统一。在国外，日本、法国将微合金和低合金钢轨用于生产在线热处理钢轨，在我国，攀钢也将含钒微合金化钢轨用于生产热处理钢轨。

2.7.3 合金轨道钢及化学成分

在钢中加入合金元素 Si、Mn、Cr、Mo、V 等以固溶强化基体，并可使 CCT 曲线（过冷奥氏体连续冷却转变曲线，是分析连续冷却过程中奥氏体转变过成及产物组织和性能的依据）向右移动，这意味着在相同冷速下可获得片间距更加细小的珠光体组织，提高强度，这就是所谓的合金化强化。

欧洲对合金轨的研究比较活跃，尤其对铬轨、铬钼轨的研究比较成熟，这些钢种不仅具有高强度，而且还保持较好的塑性，在很多国家特别是西欧得到广泛应用。由于抗拉强度等级为 1180MPa 的珠光体型合金钢轨断裂韧性低，综合性能并不好，故现在该等级的合金轨已基本上不再生产。目前，1080MPa 等级的合金轨仍在许多国家使用。

铁路运输在我国国民经济中占有重要的地位，"十二五"期间将进一步加大铁路建设。"十二五"前三年，全国铁路完成固定资产投资 1.92 万亿元，新线投产 1.24 万千米。西部大开发将进一步推动铁路建设的加速发展，中西部地区国家铁路建设投资完成 1.15 万亿元、投产新线 7000km。

目前国内铁路用热轧钢轨执行 GB 2585—2007 标准，高速铁路用钢轨执行 TB/T 3276—2011 标准。主要的钢种牌号有 C-Mn 钢的 U71Mn 轨钢和微合金化的 PD3 轨钢和 NbRE 轨钢，表 2-11 根据两个标准列出常用钢轨钢的牌号及化学成分。

表 2-11 常用钢轨钢的牌号及化学成分

牌号	化学成分(质量分数)/%							
	C	Si	Mn	S	P	V	Nb	RE
U71Mn	0.65～0.76	0.15～0.35	1.10～1.40	≤0.030	≤0.030	≤0.030	≤0.010	—
U70MnSi	0.66～0.74	0.85～1.15	0.85～1.15	≤0.030	≤0.030	≤0.030	≤0.010	
U75V	0.71～0.80	0.50～0.80	0.70～1.15	≤0.030	≤0.030	0.04～0.12	≤0.010	
U76NbRE	0.72～0.80	0.60～0.90	1.00～1.30	≤0.030	≤0.030	≤0.030	0.02～0.05	0.02～0.05
PD3	0.70～0.80	0.50～0.70	0.70～1.05	≤0.030	≤0.030	0.04～0.08		

注：除 U75V 牌号中的 V，U76NbRE 中的 Nb 为加入元素外，其他牌号中的 Nb、V 为残留元素。

2.7.4 高铁钢轨钢生产工艺

高速铁路要求钢轨安全使用性能好、几何尺寸精度高、平直度好，这就要求钢轨钢质洁净、韧塑性高、焊接性能优良、表面基本无原始缺陷。国外高速铁路较为发达的国家均采用炉外精炼、真空脱气、大方坯连铸等先进技术进行冶炼和浇铸，保证轨钢的纯净性。

鞍钢、包钢、攀钢、武钢四家钢厂的高速铁路轨道钢生产设备及生产工艺已处于世界领先水平。均采用生产工艺：电炉或转炉→LF 炉→VD 炉→连铸→缓冷→加热→高压水除鳞→一次开坯→二次开坯→万能粗轧→万能中轧→二次高压水除鳞→万能精轧→打印机→冷却→矫直—→检测中心（表面检查、平直度测量、超声波探伤）→补矫→锯头钻孔→质量检查→发货。

需要指出的是，在炉外精炼设备的使用上，鞍钢、包钢采用 LF 炉精炼＋真空脱气（VD），攀钢、武钢采用 LF 炉精炼＋真空脱气（RH）。

采用炉外精炼和真空脱气工艺，目的是确保钢坯的内在质量，控制钢中的残余元素和气体含量，保证钢质的纯净度；采用连铸大方（矩）坯，这主要是为了改善钢坯的低倍组织；采用步进式加热炉加热钢坯，可以控制加热炉内气氛，有效防止钢坯的脱碳和加热温度不均；采用高压水除鳞，能最大限度地减少因氧化铁皮造成的轧痕等；采用万能轧机万能法孔型设计，计算机在线调整，具有导卫装置设计简单、易于安装、轧辊孔型设计简单、生产率高、表面质量好等特点；采用长尺轧制、长尺冷却、长尺矫直工艺，能大大提高生产效率；采用在线的质量检查中心，对钢轨通过超声波、涡流和激光检查其内部质量、表面质量和几何尺寸，有利于减少由于人工判断所带来的误差。

国内重轨钢的生产流程一般为铁水预处理→复吹转炉脱碳→吹氩→LF 精炼→RH 真空脱气→CC；或者铁水预处理脱硫→顶底复吹转炉冶→LF 精炼→VD 真空处理→连铸。

某厂 350km/h 高铁轨道钢的生产工艺路线：铁水预处理→转炉低拉碳→出钢无铝脱氧、增碳→炉后吹氩→LF 炉精炼→RH 真空脱气→喂线→大方坯连铸。其工艺流程图如图 2-7 所示。

国内北方某厂 350km/h 高铁轨道钢的生产工艺路线：铁水预处理→顶底复吹氧气转炉冶炼→挡渣出钢→无铝终脱氧→LF 钢包炉精炼→VD 深真空脱气→VD 后弱搅拌→自动开浇注→保护浇注→结晶器液位自动控制→电磁搅拌→气雾冷却→火焰切割→自动打号。

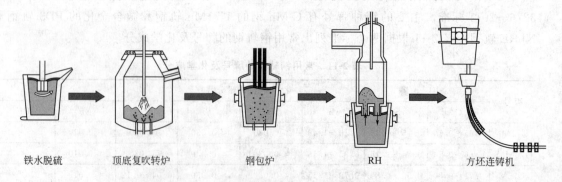

铁水脱硫　　顶底复吹转炉　　　钢包炉　　　　　RH　　　方坯连铸机

图 2-7　某厂轨道钢生产工艺流程图

该厂铁水预处理工艺是：高炉铁水→罐内喷吹镁石灰复合脱氧剂→入混铁炉→转炉。经铁水预处理后，[S]≤0.005%；转炉冶炼主要优化两个问题：一是采用钙系无铝脱氧工艺，该厂采用硅钡钙合金进行终脱氧；二是提高转炉效率。LF 钢包炉精炼工位主要是注重参数优化，以促进夹杂物上浮，避免或减少钢包渣、空气对钢液的二次污染。为提高钢轨钢连铸坯内部质量，使用了结晶器电磁搅拌、钢轨钢连铸二冷动态控制、凝固末端动态轻压下等技术。其冶炼过程中工艺控制相关因素见表 2-12。

表 2-12　时速 350km/h 高速铁路钢轨钢冶炼生产工艺控制

工艺环节	高洁净度	高均质	高效化
铁水预处理	稳定处理后硫含量		缓解 LF 处理脱硫压力
转炉吹炼	终点钢水氧化性控制及控制磷含量		缩短冶炼周期
LF 精炼	脱氧、去夹杂物、准确控制硫含量	合适的 LF 离位温度	合适的 LF 离位温度
VD 处理	控制氢含量、降低夹杂物含量	稳定成分、温度	提高效率，保证钢水产量
连铸	保护浇注，降低夹杂物含量	电磁搅拌	

某厂采用铁水预处理脱硫→顶底复吹转炉冶炼→LF 精炼→VD 真空处理→连铸工艺生产轨道钢。其铁水预处理采用 KR 法，脱硫剂选用活性石灰，140t 铁水消耗脱硫剂 6～8kg，进站铁水硫含量为 0.03%～0.05%，出站铁水硫含量为 0.002%～0.010%；转炉供氧强度为 $3.5m^3/(t \cdot min)$，采用恒压变枪位操作，单渣法冶炼，冶炼周期小于 35min。终点钢水成分控制目标为 [C]≥0.0100%、[P]≤0.015%，温度控制大于 1620℃。终脱氧剂采用硅钙钡合金。LF 精炼采用的造渣材料有石灰、萤石、电石，脱氧剂采用硅钙钡合金。从 LF 精炼开始到 VD 处理结束，对钢水进一步脱氧，钢中氧的活度可以从 0.0025% 降低到 0.0012%。全程保护浇注，通过长水口吹入氩气。

2.7.5　轨道钢的发展

由于列车速度和重量的同时提高，使用部门对钢轨综合性能提出了越来越高的要求，要求钢轨向重型化、强韧性、纯净化和高精度化发展。

(1) 重型化

钢轨重型化增加了钢轨的刚度，列车作用于钢轨上的压力可分散在较多的轨枕上，从而减少了轨枕、道床及路基的应力。采用重型钢轨可以提高轨道结构承载能力，延长线路大修周期，具有明显的技术经济效益。重轨每提高一级可提高运量 50% 或以上，轨重增加，不仅可以提高货运密度、延长重轨使用寿命，而且可以节约钢材。如用 60kg/m 重轨代替 50kg/m 重轨可以节约钢材 28%，用 75kg/m 重轨代替 50kg/m 重轨铺设严重超负荷线路，可以节约钢材 35.71%。

(2) 强韧化和纯净化

从钢轨服役情况看，伤损情况较为严重，表现在轨头侧向和垂直磨耗速度过快，剥离、压溃、波磨，甚至发生早期断裂。在全国范围内，曲线上股钢轨波磨范围逐年增大，已成为影响钢轨寿命和行车安全的重要因素。上述钢轨存在的问题，从钢轨材质方面分析，主要是强度低、韧性差、夹杂物多，易形成疲劳裂纹源，导致钢轨早期失效。因此，今后钢轨应从强韧化和纯净化作为主要努力方向，其中钢质的纯净化是钢轨重型化、强韧化的基础。

我国钢轨生产厂经过技术改造，已具备了控制杂质总量的条件。国际上，现已实现大批量生产钢中杂质总量的质量分数 $w(T[O]+S+P+N+H) \leqslant 100 \times 10^{-6}$ 的超纯净钢，单项能做到 $[O] \leqslant 5 \times 10^{-6}$、$[H] \leqslant 1 \times 10^{-6}$、$[N] \leqslant 10 \times 10^{-6}$、$[S] \leqslant 5 \times 10^{-6}$、$[P] \leqslant 10 \times 10^{-6}$。

在钢轨中提高冶金纯净度的重点应放在［O］和［H］上。

（3）钢轨金相组织

选择钢轨最佳金相组织越来越被世界钢轨界重视，现阶段，金相组织的研究集中在以下几个方向。

① 过共析珠光体轨钢　在开发高强轨时，目标之一是获得细珠光体组织，作为提高耐磨性能的最佳组织。钢轨的硬度一般都会随着珠光体片间距的减小而增加，通常，通过添加Cr、Mo等合金元素和热处理可达到上述目的。

② 马氏体轨钢　由于珠光体型钢轨已经接近研发极限，许多制造商正在试验其他高强度钢轨。近来英钢联研究开发了轨头硬度达445HB的低碳马氏体钢轨钢，并申请了专利，尽管该钢种其耐磨性能与珠光体型热处理钢轨相似，但却韧性更高。

③ 贝氏体轨钢　目前世界上新的高强钢轨的研发重点主要集中在贝氏体钢轨上。目前主要从三个角度去研究贝氏体钢轨：从进一步提高钢轨耐磨性能的角度出发，德国研制的贝氏体钢轨在挪威北部运矿线路300m半径的曲线上使用，结果表明其耐磨寿命为传统热轧钢轨的8倍，比热处理钢轨提高25％左右。从提高快速铁路的抗接触疲劳性能的角度研制的贝氏体钢轨在法国、日本已经上道试铺，结果表明，效果良好。从提高道岔寿命的角度出发，英国研制的贝氏体辙叉已上道使用1000多组，情况良好。

2.8　低合金耐腐蚀钢

2.8.1　低合金耐腐蚀钢分类

全世界每年因腐蚀而报废的金属设备及材料，大约占金属年产量的20％～40％，因腐蚀而损耗的金属达1亿吨以上。据一些发达工业国家的统计，每年由于金属腐蚀造成的经济损失约占国民生产总值的1％～4％。

根据低合金耐蚀钢的适用环境不同可分为两大类：低合金耐大气腐蚀钢和低合金耐海水腐蚀钢。

（1）低合金耐大气腐蚀钢

大气的主要成分为氮、氧、氩、水汽和二氧化碳，还含有二氧化硫、硫化氢、二氧化氮、氨及盐雾，对材料腐蚀影响最大的是氧和水汽，空气中的盐雾加速材料的腐蚀。在干燥的大气中，属于常温化学腐蚀，氧化速度较低；在潮湿的大气里，属电化学腐蚀，大气中的湿度越大、材料表面吸附的水膜越厚，腐蚀速度越高。

（2）低合金耐海水腐蚀钢

人类社会的发展与海洋的开发是分不开的，海洋开发用材料的主体还是钢铁材料，采用数量最大的是低合金钢。

世界上第一块耐海水腐蚀低合金钢出现在20世纪40年代的美国，称为"Mariner"。

海洋结构物的腐蚀包括海洋大气、飞溅、全浸、潮差和海底土壤5个不同腐蚀特点的部位，除海洋大气外，统称为海水腐蚀。

我国从1965年起对16个耐海水腐蚀钢在东海、南海和北海3个海域进行为期10年的试验评估，在海水中，Cr-Mo-Al钢和Cr-Mo-Al-RE钢具有良好的全浸耐蚀性。

国内生产的低合金耐海水腐蚀钢基本上是引进了国外成熟的钢种牌号，有：

美国 Mariner   Cu-P-Ni
日本 Mariloy   Cr-Cu-Mo
法国 APS   Cr-Al

2.8.2 耐候钢简介

耐大气腐蚀钢，又称耐候钢，是通过在普通钢中添加一定量的合金元素制成的一种低合金钢，主要合金成分为 Cu、P、Cr、Ni 等元素。

（1）耐候钢研发历程

耐候钢的发展历程见表 2-13。

表 2-13　耐候钢的发展历程

年份	发 展 历 程
1900	美国开始了含铜钢——早期耐候钢的研究和开发
1933	美国 U. S. Steel 公司推出 Corten 2A 型低合金耐候钢
1955	日本开发耐候钢
1959	美国开始使用裸耐候钢
1961	中国开始试制 16MnCu 钢
1965	中国试制出 09CuPTi 薄钢板 日本建成第一座耐候钢大桥（涂漆）
1967	中国首次用于试验车辆 日本建成第一座裸耐候钢桥（知多 2 号桥）
1968	日本制定 JIS63114"焊接构造用耐候性热轧钢材"，即 SMA 钢材标准化
1969	德国开始使用裸耐候钢
1972	英国开始使用裸耐候钢
1980	日本建成第三大川桥（最初用于桥梁的桁架）
1983	日本制定出将 Smaoop 作为涂装用耐候钢 Smaoow 作为不涂装用耐候钢的 ITS 标准用于志染川桥（Ⅱ型钢架）
1984	中国制定高耐候性结构钢国家标准
1988	中国初步试制出 NH235q 桥用耐候钢
1990	中国建成国内第一座裸耐候钢桥
1999	中国试制出 JT 系列塔桅高耐候性结构钢

耐候钢的研制起源于欧美。早在 1900 年，欧美的科学家就发现 Cu 可以改善钢在大气中的耐蚀性能。1916 年，美国实验和材料学会（american society for testing and materials，ASTM）开始了大气腐蚀的研究。20 世纪 30 年代的美国钢铁公司（U. S. Steel）首先研制成功了著名的耐腐蚀高抗拉强度的含 Cu 低合金钢——Corten 钢。其化学成分含 C 0.1%、Cr 0.75%、Cu 0.4%、P 0.15%、Mn 0.25%、Si 0.75%，有时还含有 Ni 0.6%。这种钢由于 Cr、Cu、P 等元素的综合作用，在钢的表面形成了致密而且有良好保护作用的铁锈，从而避免了钢材在大气中的进一步腐蚀。

Corten 钢应用最普遍的是高 P、Cu 加 Cr、Ni 的 Corten A 系列和以 Cr、Mn、Cu 合金化为主的 Corten B 系列。这种耐候钢在欧洲、日本也得到了广泛的应用。

我国的耐大气腐蚀钢研制从 20 世纪 60 年代开始，自 1965 年至 1979 年有 19 种含 Cu 及 P、RE、Ti 的低合金钢在风沙干燥、工业大气、潮湿都市、农村等 10 个不同的环境下进行长达 15 年的大气暴露试验，取得了宝贵的第一手数据。由此发展了一些自己的耐候钢：如鞍钢集团的 08CuPVRE 系列，武钢集团的 09CuPTi 系列，济钢集团的 09MnNb 等。

工业上常用金属材料的耐腐蚀性分为 6 类共 10 级，低合金高强度钢属于耐腐蚀性评价标准的耐蚀性分类的 V 类的 8~10 级。而我们称为低合金耐腐蚀钢的低合金钢，耐腐蚀性优于普通碳素钢，划为耐蚀性分类的 III~IV 类 4~7 级，包括耐大气腐蚀钢和耐海水腐蚀钢。

（2）耐候钢耐大气腐蚀机理

钢铁材料在自然界或在工作条件下，无时无刻不同程度地受着周围环境中的某些物质的侵害，这种侵害可能是化学的，电化学的，也可能由物理作用引起。但主要是电化学腐蚀的形式。

什么是电化学腐蚀？从宏观上看，由两种不同电位的材料，构成腐蚀的阳极和阴极对时，在周围电解质的作用下，电位高的阳极成为牺牲者，而电位相对较低的阴极得到了保护。从微观上看，两种不同组织之间，基本相与钢中夹杂物、沉淀相之间，也构成了这样阳极-阴极的"微电池"。一方被溶解，另一方受保护，甚至材料表面上存在的划痕等各种缺陷所构成的不均匀，也会造成腐蚀。这是最简单的材料腐蚀的道理。

众所周知，耐候钢相对于碳钢来说具有良好的耐大气腐蚀性能，主要原因是在大气环境下，其表面形成具有稳定致密的保护性锈层，阻碍了腐蚀介质的进入，而在碳钢表面形成的锈层疏松，且有微裂纹存在，故对基体不能起到保护作用。耐候钢的耐腐蚀性能与其锈层的结构、成分以及电化学行为密切相关。

Yamashita 等人研究认为耐候钢表面锈层产生了分层现象，内锈层由 α-FeOOH 组成，外锈层主要由，γ-FeOOH 组成；其中内锈层组织致密，由纳米级的锈层颗粒组成，可以阻碍腐蚀介质侵入，保护了基体免受进一步腐蚀。

可认为耐候钢锈层的保护性能是以下几个因素共同作用的结果。

① 物理阻挡作用　填充裂纹处，使得锈层致密，连续性好，提高锈层对钢的附着力；细化锈层颗粒，生成纳米网状结构，增强了钢与水和空气的隔绝作用，抑制氧气和水的供给；改变钢中夹杂物存在的状态，降低有害的夹杂数量，减少腐蚀源点。

② 离子选择性　从微观原子结构方面，合金元素（如 Cr、Cu、P、Ni 等）通过取代铁锈化合物中 Fe 的位置并在锈层富集，使得锈层具有阳离子选择性，抑制了 Cl^- 和 SO_4^{2-} 的侵入，从而提高耐候钢的耐蚀性。

③ 电化学方面　提高锈层电阻，提高基体的腐蚀电位，促使钢阳极钝化。

2.8.3　合金元素在耐候钢中的作用

耐候钢较普碳钢有较好的抗大气腐蚀能力，其中合金元素起到了决定性作用。这些作用体现在：①降低锈层的导电性能，自身沉淀并覆盖钢表面；②影响锈层中物相结构和种类，阻碍锈层的生长；③推迟锈的结晶；④加速钢均匀溶解；⑤加速 Fe^{2+} 向 Fe^{3+} 的转化，并能阻碍腐蚀产物的快速生长；⑥合金元素及其化合物阻塞裂纹和缺陷。进一步研究结果表明，不同的合金元素，其对于耐候钢的耐大气腐蚀性能的影响是不同的。

C：是强化钢的有效元素，随着 C 含量的增加，钢的强度、硬度提高，但钢的塑性、韧性、耐候性随之降低。焊接时，若碳含量超过 0.08% 就会出现局部包晶反应，磷或硫则很容易偏析到奥氏体晶界，钢的焊接性能变坏。含碳量高还会降低钢的耐大气腐蚀能力，在露天料场的高碳钢就易锈蚀。因此，对于含磷较高的耐候钢来说，降低碳含量能有效地改善钢的韧性和焊接性。一般耐候钢限定 C 含量为 0.08%～0.11%。

Cu：是耐候钢中对提高耐大气腐蚀性能最主要的、最普遍使用的合金元素，Cu 与其他元素（如 P、Cr）复合使用时耐大气腐蚀性能更好。含铜钢之所以具有耐蚀性，是因为在侵蚀过程中不同元素的选择侵蚀，使含铜钢表面形成铜的富集，在腐蚀层和富铜层中间形成一薄层质密坚固的氧化铜中间层，从而使钢具有良好的耐腐蚀性。钢中加入少量铜，可以提高钢的耐大气腐蚀性，尤其是和磷配合使用，效果尤为显著。据大量资料分析显示，Cu 含量为 0.20% 时已能使钢具有良好的耐候性能，当铜含量超过 0.25% 时，耐蚀性能提高得极慢，继续增加铜效果不大。同时含 Cu 钢有热加工敏感性问题，易产生网状裂纹，因此，为提高耐大气腐蚀性能，同时又防止钢材产生裂纹，Cu 含量设计为 0.25%～0.35%。

P：是合金元素中提高耐大气腐蚀性能最有效的元素，一般不单独使用，和 Cu、Cr 等复合使用效果会更好，当 P 含量由 0.01% 提高到 0.08% 时，钢板耐大气腐蚀性能大大提高，而 P 含量超过 0.08% 后，耐大气腐蚀性能提高不明显，同时过量加入会降低钢的韧塑性。因此，P 的含量设计为 0.07%～0.09%。

Ni：是比较稳定的元素，钢中 Ni 含量越高，耐大气腐蚀性能越强。含 Cu 钢在加热和轧制过程中易产生铜脆现象，使钢材表面形成龟裂。通过加 Ni 可以防止龟裂的产生，为了减少 Cu 的热脆现象，使 Ni、Cu 成分含量比约为 1∶3～1∶2，此比例下的钢表面 Cu 富集变为熔点超过 1200℃ 的铜镍富集层，能有效降低含铜钢的裂纹敏感性。因此设计 Ni 含量为 0.15%～0.25%。

Cr：是调节钢的组织、性能的一种元素，Cr 和 Cu 复合使用时可以提高钢的防腐蚀性能。为降低成本，Cr 含量设定为 0.40%～0.50%。

Si：与其他元素如 Cu、Cr、P、Ca 配合使用可改善钢的耐候性。Sei J. Oh 等人经过 16 年的大气暴露试验认为，较高的 Si 含量有利于细化晶粒，从而降低钢整体的腐蚀速率，其作用机理目前尚在研究中。

Ca：近年研究表明，微量 Ca 加入耐候钢中不仅可以显著改善钢的整体耐大气腐蚀性能，而且可以有效避免耐候钢使用时出现的锈液流挂现象。在耐候钢中加入微量 Ca，可以形成 CaO 和 CaS 溶解于钢表面薄电解液膜中，使腐蚀界面的碱性增大，降低其侵蚀性，促进锈层转化为致密、保护性好的 α-FeOOH。

Mn：锰提高钢的淬性，改善钢的热加工性能。但锰对耐蚀性的影响还没有一致认识，较多学者认为 Mn 能提高钢对海洋大气的耐蚀性，但对在工业大气中的耐蚀性没有什么影响。耐候钢中 Mn 含量一般为 0.5%～2%。

Mo：当钢中含钼量为 0.4%～0.5% 时，在大气腐蚀环境下（尤其是工业大气），钢的腐蚀速率可能降低 1/2 以上。

Co：近期一些研究认为，Co 同 Ni 的作用一样。稳定锈层中富集 Co 能有效抑制 Cl^- 侵入，提高钢在海洋大气下的耐蚀性。

稀土元素（RE）：RE 元素是不含 Cr、Ni 耐候钢的添加元素之一。通常 RE 的加入量小于或等于 0.2%。RE 元素是极其活泼的元素，是很强的脱氧剂和脱硫剂，主要对钢起净化作用。RE 元素的加入可细化晶粒，改变钢中夹杂物存在的状态，减少有害的夹杂的数量，降低腐蚀源点，从而提高钢的抗大气腐蚀性能。

S：硫对耐候性起不良作用甚至是有极大的危害，因此要求钢中 S 含量越低越好，作为残余元素，其含量被控制在 0.04％以下。

耐大气腐蚀钢中，耐蚀合金元素的作用特点是经长期使用后才显示出明显的耐蚀效果。研究还表明，可以提高钢的抗大气腐蚀性能的合金元素应满足以下条件：①在铁中的溶解度大于锈层中的溶解度；②可以和铁形成固溶体；③可以提高钢的电位。

2.8.4 典型耐候钢 SPA-H 的冶炼工艺

SPA-H 是高耐候性热轧钢材，主要用于集装箱制造。从 1993 年至今，我国集装箱出口量已经连续 20 年蝉联全球第一，快速发展的集装箱产业拉动了钢材的需求。据国家统计局统计数据显示，我国金属集装箱产量从 2004 年的 87346698.60m³ 增长至 2013 年的 102724996.28m³。2013 年，我国金属集装箱行业产量呈现增长态势，比 2012 年（94965259.65m³）同比增长 8.17％，消费集装箱用钢板约为 700 万吨。

SPA-H 是日本钢号，其化学成分、力学性能及厚度、宽度的偏差要求执行日本标准 JIS G 3125—2004《高耐候性轧制钢材》，其典型成分如表 2-14 所示。

表 2-14　典型耐候钢成分　　　　　　　　　　　　单位：％

牌号	C	Si	Mn	P	S	Cu	Cr	Ni
SPA-H SPA-C	≤0.12	0.20～0.75	≤0.60	0.070～ 0.150	≤0.035	0.25～0.55	0.30～1.25	≤0.65

注：SPA-H 为 16mm 以下热轧钢板、钢带机型钢；SPA-C 为 0.6～2.3mm 冷轧钢板及钢带。

目前国内各厂的生产工艺不尽相同，主要有：

① 铁水预处理→复吹转炉冶炼→LF 精炼→连铸→热轧连轧→卷取→检验→入库；

② 铁水预处理→转炉冶炼→AHF 精炼→连铸→热连轧→卷取→检验→入库；

③ 铁水预处理→复吹转炉冶炼→钢包脱氧合金化→底吹 Ar（LF 精炼）连铸（板坯）→热连轧→层流冷却→卷取→检验→入库。

下面针对国内某厂 SPA-H 钢工艺流程详细说明。

（1）工艺路线

高炉铁水→转炉冶炼→钢包脱氧合金化→钢包喂 Al 线、吹氩→LF 炉精炼→板坯连铸机连铸→板坯加热→高压水除鳞→粗轧→精轧→冷却→卷取→打捆→成品。

（2）冶炼工艺

原料要求：铁水深脱硫，要求入炉铁水 S≤0.005％，As≤0.030％。

转炉冶炼：冶炼一般钢种造渣的主要目的是去除钢中的 P 和 S。而 SPA-H 钢则要求 P 含量较高，S 含量较低。因此生产中采取了如下措施：

① 适当减少石灰加入量，降低炉渣碱度。将石灰加入量由常规的 45～55kg/t 降低到 25～35kg/t，轻烧白云石的加入量不变，使炉渣碱度控制在 2.0～2.5 内，保证冶炼效果。

② 转炉枪位控制。要求按常规枪位开吹，炉渣一旦化开，就要及时降枪。当炉渣基本化好，枪位降至比常规低 100～200mm 的位置吹炼，以降低渣中氧化铁，来抑制脱 P。

LF 钢包精炼：LF 精炼炉要求尽可能地去除钢中的 S，同时一定要进行钙处理（喂入硅钙线）使不能去除的夹杂物变性，防止水口结瘤。

转炉由于要保 P，炉渣碱度较低，因此下渣量相对较大，同时脱氧采用的是 Si 和 Al 复合脱氧，因此转炉出钢后钢包渣碱度较低，一般在 1.0 左右。

当钢水到达 LF 炉时，再根据炉渣情况加入石灰、萤石、铝粒、硅钙粉、碳粉进行脱氧；过程中根据炉渣情况，分 1～2 批，再加入适当的硅钙粉和碳粉，保持良好的还原气氛。表 2-15 是某厂 LF 炉终渣成分。

表 2-15　某厂冶炼 SPA-H 钢 LF 炉终渣成分　　　　　　　　　　　　单位：%

序号	SiO₂	Al₂O₃	CaO	MgO	FeO	MnO
1	21.28	14.40	48.40	5.04	1.12	0.40
2	18.06	13.76	52.43	5.28	1.55	0.45
3	17.84	16.57	51.65	3.99	0.86	0.30

由上表可看出 LF 炉渣碱度较高，渣中（FeO＋MnO）含量很低，且该渣流动性较好，能很好地吸附钢中的氧化物夹杂。同时在生产中强化吹氩搅拌，为夹杂物的上浮提供足够的动力，能很好地去除钢中的夹杂。

（3）连铸工艺

拉速的确定：由于耐候钢中含有较高含量的 Cu、P、Ni 等元素，这些元素在结晶过程中易使钢的晶界脆化，使得钢的高温塑性非常低，容易引起漏钢事故，因此连铸拉速不能太快。综合考虑炼钢厂的装备情况，将拉速设定为 0.9～1.1m/min。

冷却制度的研究：耐候钢的碳处于亚包晶范围内，容易引起裂纹产生。同时耐候钢中还含有较高的 Cu、P、Ni 等元素，这些元素在结晶过程中易使钢的晶界脆化，导致该钢种在冷却过程中的热应力和组织应力较大。如果在连铸过程中采用强冷，容易使裂纹发生扩展，而冷却太弱，由于容易引起 P 偏析，导致铸坯产生内裂。因此该钢种在连铸时宜采用中等强度的冷却方式。

因此，在生产耐候钢时，结晶器热流不能高，根据宝钢生产耐候钢的研究，在结晶器宽面热流为 1.4～1.6MW/m² 时，耐候钢不易产生纵裂纹。

保护渣的选择：耐候钢凝固坯壳收缩大，易产生纵裂，因此应选用碱度和凝固温度较高的保护渣，使渣膜热阻增加，实现铸坯的缓冷；但凝固温度较高，使得液态渣膜的厚度减少，增加拉坯摩擦力，从而导致铸坯润滑不良而黏结漏钢。因此 SPA-H 保护渣选择原则在充分保证保护渣消耗量的基础上，使得结晶器内均匀且缓慢冷却。表 2-16 为某厂保护渣的成分及物理性能，该保护渣适宜拉速为 0.8～1.3m/min。

表 2-16　SPA-H 专用保护渣成分和物理性能　　　　　　　　　　　　单位：%

成分	SiO₂/%	Al₂O₃/%	CaO/%	Fe₂O₃/%	K₂O/%	Na₂O/%	R	熔速	半球温度	黏度
物理性能	31.8	5.56	31.02	0.98	0.49	6.1	0.97	41s	1128℃	0.34Pa·s

在使用过程中，该渣吸附 Al₂O₃ 能力较强，很少结渣圈，渣耗量约 0.56kg/t，液渣层厚度在 9～10mm 之间，铸坯表面质量好，没有发生黏结漏钢，能较好地满足耐候钢的生产需要。

为了降低 SPA-H 耐候钢冶炼成本，郭宏海等人进行了无 LF 工艺冶炼的工艺实验，结果表明，采用铁水预处理→60t 转炉→钢包喂丝（Al）＋吹氩生产的耐候钢，相较于传统的 60t 转炉→LF 精炼来说，力学性能和夹杂物级别能达到要求，并且无 LF 精炼的工艺其生产率高、物料消耗低。

2.8.5 耐候钢发展展望

目前耐候钢在国外已趋于成熟和完善，从钢种开发到应用及设计施工等方面都有较详细的规定。与国外相比，我国耐候钢的研制起步较晚，但随着国民经济的迅速发展，耐候钢已引起国内有关部门的关注。根据铁道部预计，今后新造车辆将一律使用耐候钢。每年新造货车将达 2 万辆，新造客车约 1500 辆，因此迫切需要开发新型高寿命、低成本、高耐候性结构钢。

目前我国耐候钢的研究在以下几个方面展开。

（1）成分、结构和组织研究

成分、结构和组织是改变材料性能的内因。除持续研究改善耐候钢成分外，结构和组织的最佳选择乃是挖掘材料潜力的根本途径。为了进一步提高耐候钢的综合性能，扩大其应用范围，应开展结构及组织方面的研究。

（2）开展耐候钢多样化方向研究

不同耐候性元素对不同环境下的腐蚀作用不一样，例如钼对降低工业大气腐蚀速率有效，但对海洋性大气的抗腐蚀作用不明显，因此根据腐蚀环境的不同，耐候钢向专用性、特殊用途化发展。如耐海水腐蚀钢、耐海洋性气候腐蚀钢、耐酸性气候腐蚀钢和耐热带气候腐蚀钢等专用钢种是这一类钢种的代表。因此耐候钢也应该向多样化方向发展。

（3）表面处理技术

表面处理技术也可以提高耐候钢的性能。开发与耐候钢基体相匹配的涂层材料，其耐腐蚀效果将成倍提高。例如，日本开发的将含有百分之几碳酸铬的聚乙烯醇缩丁醛树脂涂于耐候钢表面，人工加快稳定锈层产生，防止或减少了初期流动铁锈的生成，减少了环境污染，提高了耐腐蚀性能。

参考文献

[1] GB/T 1591—2008 低合金高强度结构钢.

[2] 陈瑛. 低合金钢品种与用途. 技术世界, 1998（3）：3-4.

[3] 谢建新, 唐荻, 毛卫民等. 低合金钢的现状和发展趋势. 特殊钢, 1998, 19（5）：1-4.

[4] 东涛, 孟繁茂, 付俊岩. 微合金化钢知识讲座.

[5] 孟繁茂, 付俊岩. 微合金非调质钢的现代进展［A］. 2002 年全国低合金钢非调质钢学术年会论文集, 2002：261-266.

[6] Kong Junhua, Zhen Linb, Guo Bin, et al. Influence of Mo content on microstructure and mechanicalproperties of high strength pipelinesteel. Materials and Desin, 2004（25）：723-728.

[7] 王莹, 完卫民, 吴结才. 钒氮微合金化技术的应用. 安徽冶金, 2004（4）：23-26.

[8] 王祖滨. 低合金钢和微合金钢的发展. 中国冶金, 1999（3）：19-23.

[9] 曹同友, 马勤学, 郑万. 低合金钢和微合金钢的发展. 炼钢, 2000, 16（4）：1-5.

[10] 邵军. 显微组织对低合金钢耐蚀性的影响. 物理测试, 2013, 31（3）：14-17.

[11] 蔡廷书. 我国转炉冶炼低合金钢技术工艺的进步. 四川冶金, 1997（3）：34-39.

[12] 曾建华, 陈天明, 陈永等. 提高低合金钢钢水质量的研究. 钢铁钒钛, 2008, 29（4）：67-71.

[13] 张凤泉, 陈贵江, 康永林. 汽车用低合金钢的现状与发展. 特殊钢, 2003, 24（4）：1-4.

[14] 袁晓峰, 岳峰, 包燕平等. BOF-LF-RH-ASP 流程冶炼 IF 钢的工艺研究. 钢铁, 2011, 46（3）：38-41.

[15] 沈昶, 宋超, 舒宏富等. CSP 批量生产超低碳钢的 RH-LF 双联工艺研究钢. 钢铁, 2008, 43（5）：27.

[16] 肖玖伦, 姚同路, 邱丹. IF 钢的 RH-KTB 工艺优化. 钢铁, 2010, 45（12）：34-36.

[17] 卿家胜, 袁宏伟, 杨森祥等. IF 钢碳含量的过程控制. 炼钢, 2011, 27（3）：15-18.

[18] 潘秀兰，王艳红，梁慧智等. 国内外超低碳 IF 钢炼钢工艺分析. 鞍钢技术，2009 (1)：10-13.

[19] 袁方明，王新华，刘秀梅等. IF 钢试生产实践. 炼钢，2004，20 (6)：15-19.

[20] 李翔，包燕平，林路. 降低 IF 钢转炉终点成本研究. 炼钢，2013，29 (5)：70-73.

[21] GB/T 9711—2011 石油天然气工业管线输送用钢管.

[22] 李太全，包燕平，刘建华. RH 生产 X70 管线钢的不同工艺研究. 北京科技大学学报，2007，29 (1)：32-35.

[23] 赵英利，时捷，包耀宗等. X120 级超高强度管线钢生产工艺研究现状，特殊钢，2009，30 (5)：25-29.

[24] 胡会军，田正宏，王洪兵等. 宝钢管线钢炼钢生产技术进步，宝钢技术，2009 (1)：65-68.

[25] 黄开文，王颖，庄传晶. 从 2006 年国际管道会议看高钢级管道建设，焊管，2007，30 (3)：11-17.

[26] 郑磊，傅俊岩. 高等级管线钢的发展现状. 钢铁，2006，41 (10)：1-10.

[27] 王立涛，李正邦，张乔英. 高钢级管线钢的性能要求与元素控制. 钢铁研究，2004 (4)：13-17.

[28] 战东平，姜周华，王文忠等. 高洁净度管线钢中元素的作用与控制，钢铁，2001，36 (6)：67-70.

[29] 张伟卫，熊庆人，吉玲康等. 国内管线钢生产应用现状及发展前景，焊管，2011，34 (1)：5-8.

[30] 张斌，钱成文，王玉梅等. 国内外高钢级管线钢的发展及应用，石油工程建设，2012，38 (1)：1-4.

[31] 陈妍，毛艳丽. 日本高强度管线钢生产概述，焊管，2009，32 (3)：64-68.

[32] 曾建华，陈永，李桂军等. 350km/h 高速铁路用钢轨钢关键冶金技术研究 [A]，第十六届全国炼钢学术会议论文集，2010：539-547.

[33] GB 2585—2007 铁路用热轧钢轨.

[34] 李晓非，金纪勇，李文权. Si-Cr-Nb 高强钢轨钢的研制，钢铁，2001，36 (12)：46-59.

[35] 李春龙，智建国，陈建军等. 包钢高速铁路重轨钢生产工艺及质量水平 [A]. 2008 年全国炼钢-连铸生产技术会议，2008：123-134.

[36] 熊卫东，周清跃. 钢轨钢的纯净性与高纯净钢轨的发展. 中国铁道科学，2000，21 (4)：78-83.

[37] 张永智，郑颖. 转炉冶炼重轨钢技术操作控制及效果. 包钢科技，2004，30 (4) 34-37.

[38] 任安超，吉玉，周桂峰等. 高速铁路用钢轨的产品标准及生产工艺评述. 武汉工程职业技术学院学报，2010，22 (2)：11-14.

[39] 周清跃，张银花，陈朝阳等. 国内外钢轨钢研究及进展. 中国铁道科学，2002，23 (6)：120-126.

[40] 周一平，严学模，战东平等. 我国钢轨钢的质量现状及发展趋势. 材料与冶金学报，2004，3 (3)：161-167.

[41] 周一平，严学模，战东平等. 我国重轨钢冶炼技术的发展. 材料与冶金学报，2004，3 (2)：83-90.

[42] 于千. 耐候钢发展现状及展望. 钢铁研究学报，2007，19 (11)：1-4.

[43] 张全成，吴建生. 耐候钢的研究与发展现状. 材料导报，2000，14 (7)：12-13.

[44] 刘丽宏，齐慧滨，卢燕平等. 耐大气腐蚀钢的研究概况. 腐蚀科学与防护技术，2003，15 (2)：86-89.

[45] 赵国光，左康林，邹俊苏. 梅钢转炉低成本冶炼耐候钢 SPA-H，宝钢技术，2006 (2)：8-10.

[46] 郭宏海，宋波，刘西峰等. 转炉-LF 和铁水预处理-转炉-钢包吹氩对耐候钢冶金质量的影响. 特殊钢，2010，31 (1)：33-35.

3

不锈钢

不锈钢是不锈钢和耐酸钢的简称。在冶金学和材料科学领域中，依据钢的主要性能特征，将含铬量大于 10.5%，且以耐蚀性和不锈性为主要使用性能的一系列铁基合金称作不锈钢。

GB/T 20878—2007 关于不锈钢的描述：不锈钢（stainless steel），以不锈、耐蚀性为主要特征，且铬含量至少为 10.5%，碳含量最大不超过 1.2%。

通常对在大气、水蒸气和淡水等腐蚀性较弱的介质中不锈和耐腐蚀的钢种称为不锈钢；对在酸、碱、盐等腐蚀性强烈的环境中具有耐蚀性的钢种称为耐酸钢。两个钢类因成分上的差异而导致了它们具有不同的耐蚀性，前者合金化程度低，一般不耐酸；后者合金化程度高，既具有耐酸性又具有不锈性。

3.1 不锈钢发展简史

不锈钢的诞生和大多数科研成果一样，并非个别人的研究结果，而是许多冶金工作者长期努力、互相借鉴、不断研究的结果。经过长期探索，最后于 20 世纪初，在社会已具有一定的物质生产条件（主要是低碳铬铁的制成）以及理论研究已取得进展（主要是铁铬合金中碳耐腐蚀性的影响），而产业部门又急需的情况下，几乎在同时好几个国家都研制成功了不锈钢。从开始研究不锈钢到初步研制成功经历了整整一个世纪（1797~1910 年）。

1913 年，H. Brearley 在研制舰载炮炮筒用钢时发明了可硬化的不锈钢，并发表了题为《耐蚀性取决于热处理和合金成分范围》的论文。从此可硬化的铁-铬-碳合金作为实用性的不锈钢而诞生了。这就是具有淬硬性的那一系列被称为"马氏体类不锈钢"的不锈钢。他们的研究结果表明，这种钢的成分范围是：C<0.70%、Cr 9%~16%，其中 0.35%C、13%Cr 的钢主要用于制作刀具，即现在的 3Cr13（AISI420）钢。

1911 年，C. Dantsizen 在从事电阻丝研究时研制了一种铬含量同 Brearley 钢相同。但碳含量较低并具有极低硬度的材料。1914 年，他提出钢的成分范围应为 0.07%~0.15%C、14%~46% Cr，这是一种低碳铁素体 Cr13 系不锈钢，其成分与目前的 1Cr13 相似。

1924 年，F. M. Beeket 研制了一种含铬量更高（含 Cr 25%~27%）的不锈钢，相当于目前的铁素体不锈耐酸钢（AISI446）。在此同时，与铬-铁系不锈钢组织完全不同的铁-铬-镍系不锈钢也得到了发展。

1909~1912 年，E. Maurez 和 B. Stauss 在研究热电偶保护套管用钢时，对高铬钢及铬-镍钢进行了对比分析，结果在 1912 年将耐蚀性很高的铬-镍不锈钢商品化。他们将高铬的马氏体系不锈钢命名为"V1M"，而将奥氏体系的命名为"V2A"。后者就是今天的 18-8 型不锈钢的雏形，当时它的成分范围是：0.25%C、20% Cr 和 7% Ni。后来通过对 V2A 钢的耐蚀性、加工性和力学性能不断进行研究，使之发展成为现在的 1Cr18Ni9、1Cr18Ni9Ti 钢（AISI302、304）。

1910～1914 年，作为现代不锈钢基础的 1Cr13～4Cr13、Cr17～Cr28、18-8 等马氏体、铁素体和奥氏体不锈钢都先后问世。经历了 100 多年的研究，人类终于找到了具有工业实用性的不锈钢雏形。从此以后，不锈钢的研究只是在腐蚀理论方面不断深入，并按日益增多的使用要求，对成分作了适当调整，从而又发展了不少新的钢种，因此可以认为，不锈钢诞生于 1910～1914 年，而这以后的 100 年，只是在此基础上不断发展完善。

1910～1914 年诞生的组织分别为马氏体、铁素体和奥氏体的不锈钢，从化学成分来看，主要属 Fe-Cr 和 Fe-Cr-Ni 两大体系。从第一次世界大战结束到第二次世界大战结束的近 30 年中（即 1919～1945 年）。随着各种工业的发展，不锈钢为适应工作条件而发生了分化，即在原来两大体系三种组织状态的基础上，通过增减碳含量和添加多种其他的合金元素而衍生出了许多新型的不锈钢。从第二次世界大战结束直至目前为止的 60 多年中，主要为适应抗海水或盐类腐蚀，吸收 γ 射线及中子、获得超高强度、节约镍等需要而发展了抗点蚀不锈钢、原子能工业用不锈钢、沉淀硬化不锈钢和锰氮代镍不锈钢。近年来，为了解决奥氏体不锈钢的晶间腐蚀和应力腐蚀问题，又分别发展了超低碳不锈钢和超纯铁素体不锈钢。目前，已投入市场的不锈钢的品种已达到 230 种以上，经常使用的也有近 50 种，其中约有 80% 是奥氏体不锈钢（18Cr-8Ni）的衍生物，而其余 20% 则是由 13 铬钢演变而成的。关于不锈钢钢种的最主要的研究和发展是集中在两个方面：

第一个方面是改善钢的耐腐蚀性，其中对 18-8 钢晶间腐蚀问题的研究，不仅发展了钢种，提出了解决这个问题的工艺方法。还促进了有关不锈钢的钝化和腐蚀机理的研究。

第二个方面是发展高强度不锈钢（即沉淀硬化不锈钢），这种钢是第二次世界大战后随着航空、航天和火箭技术的进展而发展起来的。其中半奥氏体沉淀硬化不锈钢具有优异的工艺性能（17-7PH 类），固溶处理后极易加工成形，且随后的强化热处理（时效处理）温度不高、变形很小，在美国这种钢多用于航空结构，并已大量生产，各国也都有类似钢种投入使用。

从工业生产角度看，世界不锈钢产业的发展历史大体可以分为三个阶段（如图 3-1 所示）。

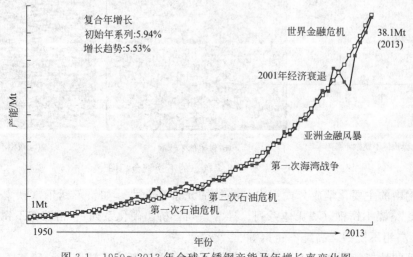

图 3-1　1950～2013 年全球不锈钢产能及年增长率变化图

第一阶段，从 20 世纪初到 50 年代初，以英国、美国、德国等国，逐步开展了对不锈钢的理论研究、产品研制和小规模生产。到 1950 年，全世界不锈钢总产量仅达到 100 万吨。这一时期，不锈钢的应用主要在一些特殊要求抗腐蚀、耐高温的领域。

第二阶段，从 20 世纪 50 年代到 80 年代中期，以炉外精炼为代表的不锈钢冶炼技术、连铸技术和多辊冷轧机技术相继开发成功，促进了世界不锈钢的规模发展。到 1990 年，全世界不锈钢产量已达到 1200 多万吨。这一时期，不锈钢的应用逐步民用化，开始进入寻常百姓家庭。

第三阶段，从 20 世纪 80 年代中期至今，不锈钢的消费快速发展，特别是中国和其他亚太地区国家的经济快速发展，以及不锈钢大量进入民用领域，带动了世界不锈钢产量的快速增长。2013 年，全球不锈钢产量已经达到 3813 万吨，其中，中国不锈钢产量达 1898 万吨，占全球总产量的 49.7%（数据来源：ISSF，国际不锈钢论坛）。

3.2 不锈钢的分类及化学成分

3.2.1 不锈钢的分类及用途

3.2.1.1 不锈钢的分类

不锈钢从诞生至今已经超过 100 年了，其分类方法也在随着时代的进步而发生变化。随着各种工业的发展，不锈钢为适应工作条件而发生了分化，即在原来两大体系（Cr、Cr-Ni）、三种组织状态（M、F、A）的基础上，通过增减碳含量和添加多种其他的合金元素而衍生出了许多新型的不锈钢。

常见的分类方法可以按金相组织、化学成分、用途及功能特点来大体分类。

① 按在正火状态下钢的金相组织分类，划分为马氏体（M）不锈钢、铁素体（F）不锈钢、奥氏体（A）不锈钢和双相（奥氏体 A-铁素体 F）不锈钢。图 3-2 给出了不同组织状态的不锈钢金相图。

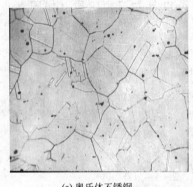 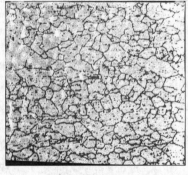 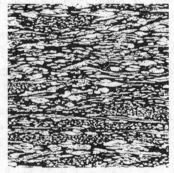

(a) 奥氏体不锈钢　　　　　　　(b) 铁素体不锈钢　　　　　　　(c) 双相不锈钢

图 3-2　不同组织状态的不锈钢金相图

② 按钢中的主要化学成分或钢中一些特征元素来分类，如铬不锈钢（铁素体系列、马氏体系列）、铬镍不锈钢（奥氏体系列、异常系列、析出硬化系列）、铬镍钼不锈钢以及超低碳不锈钢、高钼不锈钢、高纯不锈钢等。

③ 按钢的性能特点和用途来分类，如耐硝酸（硝酸级）不锈钢、耐硫酸不锈钢、耐点

蚀不锈钢、耐应力腐蚀不锈钢、耐晶间腐蚀不锈钢、高强度不锈钢等。

④ 按钢的功能特点分类，如低温不锈钢、无磁不锈钢、易切削不锈钢、超塑性不锈钢等。

目前最常用的分类方法是按钢的组织结构特点和按钢的化学成分特点以及两者相结合的方法来分类。例如，把目前的不锈钢分为：马氏体钢［包括马氏体 Cr 不锈钢和马氏体 Cr-Ni 不锈钢）、铁素体钢、奥氏体钢［包括 Cr-Ni 和 Cr-Mn-Ni(-N) 奥氏体不锈钢］、双相钢（α＋γ 双相）和沉淀硬化型钢五大类，或分为铬不锈钢和铬镍不锈钢两大类。按照不同的分类方法将不锈钢分类后，稍显繁杂，图 3-3 将不同类别不锈钢整合在一起，以方便读者理解。

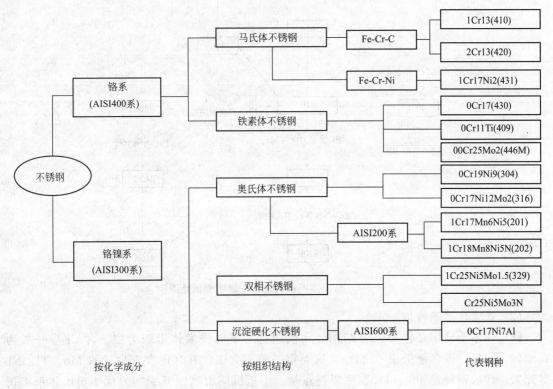

图 3-3 不锈钢分类图

目前，已投入市场的不锈钢的品种已达到 230 种以上，经常使用的也有近 50 种，其中，约有 80％是奥氏体不锈钢（18Cr-8Ni）的衍生物，而其余 20％则是由 13 铬钢演变而成的。2013 年，不锈钢产品中，CrMn（200 系列）占比 21.0％，CrNi（300 系列）占比 53.7％，Cr（400 系列）占比大约为 25.3％。

3.2.1.2 各类不锈钢简介

(1) 马氏体不锈钢

马氏体系不锈钢常温下具有马氏体组织。主要特点是：①马氏体系不锈钢常温下具有强磁性，一般来讲其耐蚀性不突出，但强度高，使用于高强度结构用钢；②马氏体不锈钢含有多于 10.5％的铬，在高温下具有奥氏体组织，在合适的冷却速度下，冷却到室温可以转变成马氏体；③经热处理后可以硬化，有磁性，在温和的环境下抗腐蚀，具有相当好的弹性。

典型的马氏体不锈钢钢号有 410、420（1Cr13～4Cr13）和 440（9Cr18）等。根据化学成分的差异，马氏体不锈钢可分为马氏体铬钢和马氏体铬镍钢两类。根据组织和强化机理的不同，还可分为马氏体不锈钢、马氏体和半奥氏体（或半马氏体）沉淀硬化不锈钢以及马氏体时效不锈钢等。

马氏体不锈钢钢种发展演变见图3-4。410钢加工工艺性能良好。可不经预热进行深冲、弯曲、卷边及焊接。420冷变形前不要求预热，但焊接前需预热，410、420J1主要用来制作耐蚀结构件如汽轮机叶片等，而420J2主要用来制作医疗器械外科手术刀及耐磨零件；440可做耐蚀轴承及刀具。

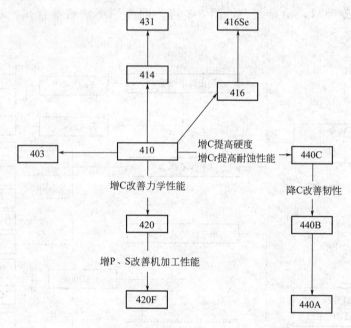

图 3-4　马氏体不锈钢钢种发展演变示意图

（2）铁素体系不锈钢

铁素体系不锈钢是体心立方结构，在使用状态下以铁素体组织为主。含 Cr 量一般为 10.5%～30%，碳含量低于 0.25%，这类钢一般不含镍，有时还含有少量的 Mo、Ti、Nb 等元素，代表钢种是 409、430。主要特点是：①抵抗应力腐蚀开裂能力优于奥氏体系不锈钢；②常温下带强磁性；③金相组织主要是铁素体，加热及冷却过程中没有 $\alpha \leftrightarrow \gamma$ 转变，不能用热处理进行强化，但具有优秀的冷加工性，经冷加工后有一些硬化；④抗氧化性强，加入合金元素可在有机酸及含 Cl^- 的介质中有较强的抗蚀能力。

铁素体不锈钢存在塑性差、焊后塑性和耐蚀性明显降低等缺点，因而限制了它的应用。炉外精炼技术（AOD 或 VOD）的应用可使碳、氮等间隙元素含量大大降低，因此使这类钢获得广泛应用。主要用来制作要求有较高的耐蚀性而强度要求较低的构件，广泛用于制造生产硝酸、氮肥等设备和化工使用的管道等。

典型的铁素体不锈钢有 Cr17 型、Cr25 型和 Cr28 型。铁素体不锈钢的钢种发展演变见图 3-5。

（3）奥氏体系不锈钢

奥氏体不锈钢是克服马氏体不锈钢耐蚀性不足和铁素体不锈钢脆性过大而发展起来的在常温下具有奥氏体组织的不锈钢。钢中基本成分为 18%Cr、8%Ni，简称 18-8 钢，当 C 约

0.1%时，具有稳定的奥氏体组织。奥氏体铬镍不锈钢包括著名的18Cr-8Ni钢和在此基础上增加 Cr、Ni 含量并加入 Mo、Cu、Si、Nb、Ti 等元素发展起来的高 Cr-Ni 系列钢。图 3-6 表明了奥氏体不锈钢的发展、演变过程。

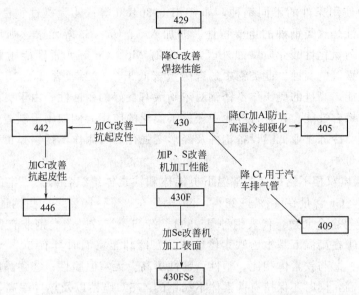

图 3-5　铁素体不锈钢的钢种发展、演变示意图

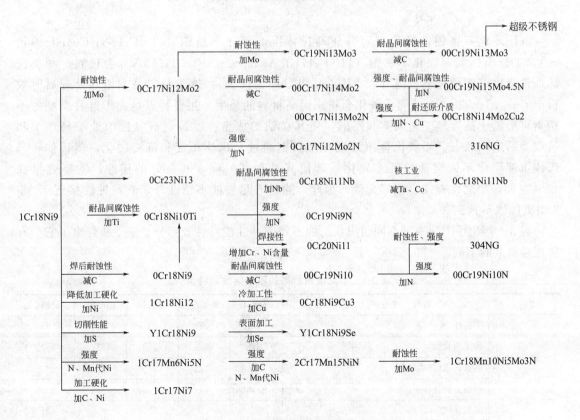

图 3-6　奥氏体不锈钢的发展、演变过程

奥氏体系不锈钢是面心立方结构，代表钢种是 304、321、316。主要特点是：①在正常

热处理条件下，钢的基体组织为奥氏体，在不恰当热处理或不同受热状态下，在奥氏体基体中有可能存在少量的碳化物及铁素体组织；②奥氏体不锈钢不能通过热处理方法改变它的力学性能，只能采用冷变形的方式进行强化；③可以通过加入钼、铜、硅等合金化元素的方法得到适用于各种使用条件的不同钢种，如 316L、304Cu 等；④无磁性、良好的低温性能、易成型性和可焊性是这类钢种的重要特性。如加入 S、Ca、Se 等元素，则具有良好的易切削性。此类钢除耐氧化性酸介质腐蚀外，如果含有 Mo、Cu 等元素还能耐硫酸、磷酸以及甲酸、醋酸、尿素等的腐蚀。此类钢中的含碳量若低于 0.03% 或含 Ti、Ni，就可显著提高其耐晶间腐蚀性能。高硅的奥氏体不锈钢对浓硝酸有良好的耐蚀性。由于奥氏体不锈钢具有全面的和良好的综合性能，在各行各业中获得了广泛的应用。例如用于制造生产硝酸、硫酸等化工设备构件、冷冻工业低温设备构件及经形变强化后可用作不锈钢弹簧和钟表发条等。

（4）双相不锈钢

奥氏体-铁素体双相不锈钢是在常温下奥氏体和铁素体组织各约占一半的不锈钢。在含 C 较低的情况下，Cr 含量在 18%～28%，Ni 含量在 3%～10%。有些钢还含有 Mo、Cu、Si、Nb、Ti、N 等合金元素，代表钢种是 2304、2205、2507。该类钢兼有奥氏体和铁素体不锈钢的特点：①在高温下基本为铁素体组织，在冷却至室温时具有 30%～50% 铁素体＋奥氏体双相组织；②与铁素体相比，塑性、韧性更高，无室温脆性；③耐晶间腐蚀性能和焊接性能均显著提高，同时还保持有铁素体不锈钢的 475℃ 脆性以及热导率高，具有超塑性等特点。

（5）沉淀硬化系不锈钢

沉淀硬化不锈钢按其组织可分成马氏体沉淀硬化不锈钢（以 0Cr17Ni4Cu4Nb 为代表），半奥氏体沉淀硬化不锈钢（以 0Cr17Ni7Al 和 0Cr15Ni25Ti2MoVB 为代表）和奥氏体加铁素体沉淀硬化不锈钢（以 PH55A、B、C 为代表）。这类材料是利用热处理后时效析出 Cu、Al、Ti、Nb 等的金属化合物来提高材料的强度。主要特点是：①这种类型的不锈钢可借助于热处理工艺调整其性能，使其在钢的成型、设备制造过程中处于易加工和易成型的组织状态。半奥氏体沉淀硬化不锈钢通过马氏体相变和沉淀硬化，奥氏体、马氏体沉淀硬化不锈钢通过沉淀硬化处理使其具有高的强度和良好的韧性。②铬含量在17% 左右，加之含有镍、钼等元素，因此，除具有足够的不锈性外，其耐蚀性接近于 18-8 型奥氏体不锈钢。

表 3-1 列出了上述 5 种不同组织状态的不锈钢其性能特性及差异，表 3-2 列出了它们在物理性能上的不同。

表 3-1　不同组织状态的不锈钢性能特点

	特性	马氏体	铁素体	奥氏体	双相	沉淀硬化
耐蚀性	不锈性	△×	◎	◎	◎	◎
	耐全面腐蚀	□△	◎△	◎□	◎	□△
	耐点蚀、缝隙腐蚀性	△×	◎△	◎□	◎□	△×
	耐应力腐蚀性	△×	◎	×□	◎	△×
耐热性	高温强度	◎	△	◎	△	◎□
	抗氧化性、抗硫化性	△	◎△	□×	□	□△
	热疲劳性	□	□	□	□	□

续表

特性		马氏体	铁素体	奥氏体	双相	沉淀硬化
焊接性 冷加工	焊接性	△×	□△	◎	◎	△
	深冲性能	△×	◎	◎	△	△×
	深拉性能	△×	□	◎	△	△×
	易切削性		□	△□	□	△
强度 塑性 韧性	室温强度	◎	□	□	◎	◎
	室温塑性、韧性	□×	□	◎	◎	□×
	低温韧性、塑性	□×	□×	◎	□	△×□
其他	磁性	有	有	无	有	有无
	导热性	□	◎	×	□	□×
	线膨胀系数	小	小	大	中	中×

注：◎优；□良；△中；×差。

表 3-2 不同组织状态的不锈钢物理性能

钢种	密度/(g/cm³)	热膨胀系数 (20～200℃)/℃⁻¹	热导率(20℃下) /[W/(m·K)]	比热容(20℃下) /[J/(kg·℃)]	电阻系数(20℃下) /Ω·cm
马氏体	7.7	10.5×10^{-6}	30	460	0.55
铁素体	7.7	10×10^{-6}	25	460	0.60
奥氏体	7.93	16×10^{-6}	15	500	0.73
双相钢	7.8	13×10^{-6}	15	500	0.80
碳钢	7.85	11×10^{-6}	50	502	0.17

工业中应用的不锈钢的组织除了上面讲的几种基本类型以外，还有马氏体-铁素体，奥氏体-马氏体等过渡型的复相不锈钢。

3.2.2 不锈钢的牌号、化学成分

3.2.2.1 不锈钢的牌号及成分

我国不锈钢标准最初以引进学习前苏联不锈钢标准为主，钢种的命名和成分有前苏联标准的烙印。GB 4237 热轧不锈钢板标准与 ASTM A240、EN10088、ISO/TS 15510、JISG4304 等标准在钢种方面相比，钢种牌号数量和对应性方面还有一定差距。例如，目前国标 GB 4237 中还没有与 304 成分对应的牌号。0Cr18Ni9 钢的成分为 302 低碳不锈钢，成分中铬的含量比 304 钢低 1%，与 EN10088-2 标准中的 X5CrNi18-10 牌号相似。该牌号在使用和生产加工方面各有利弊，有利的方面是可以节约铬资源，对钢种的热加工性能有一定的好处；但是较低的铬含量不利于钢的耐蚀性能，并且不能作为 304 钢销售。ISO/TS 15510标准中 X7CrNi18-9 牌号与 304 牌号铬镍成分相同。

在 GB 4237 中还有另一个钢种与 321 含钛钢存在着混淆。1Cr18Ni9Ti 是由前苏联引进的钢种，其镍含量比 321 钢低 2%，但在使用中常常将两个钢种混为一谈。1Cr18Ni9Ti 在国内广泛使用，至今，国内市场需求还占相当比例，远高于国外同类钢种使用水平。国外含钛奥氏体不锈钢仅占总需求的 1% 左右。

国家质量技术监督检验检疫局和国家标准委员会于 2007 年 3 月 9 日发布了新的国家标准并于 2007 年 10 月 1 日实施。新的不锈钢国家标准包括：GB/T 20878—2007《不锈钢和耐热钢 牌号及化学成分》、GB/T 1220—2007《不锈钢棒》、GB/T 1221—2007《耐热钢棒》、GB/T 3280—2007《不锈钢冷轧钢板和钢带》、GB/T 4237—2007《不锈钢热轧钢板和钢带》、GB/T 4238—2007《耐热钢板和钢带》六个标准。2007 版标准参照了世界上最先进

的标准,从格式到技术指标都有了很大的变化,满足了世界经济一体化的要求,为不锈钢进入国际市场消除了技术壁垒。新标准是在参照了所有先进国家标准和国际标准,在 4500 多个不同牌号中归纳出了 143 个牌号。

新标准规定数字代码:S1—铁素体,18 个牌号;S2—双相,11 个牌号;S3—奥氏体,66 个牌号;S4—马氏体,38 个牌号;S5—沉淀硬化,10 个牌号。牌号表示方法:①在含碳量≥0.04%时,推荐两位数字(以万分之几计);②当平均碳含量≤0.030%时,用三位数字表示(以十万分之几计);③其余元素表示方法仍执行 GB/T 221—2000 的规定。如 0Cr18Ni9 变为 06Cr19Ni9(C 含量≤0.08%)。

为方便读者阅读,表 3-3 列出了我国新旧牌号及与国际现今国家牌号之间的对比。国际标准之间在同类钢种成分方面,也存在着细微差别,也应该引起我们的注意。表 3-4 列出了我国部分新版不锈钢牌号的成分。

表 3-3 新旧不锈钢牌号对照表

No	统一数字代号	中国 GB/T 20878—2007		日本	美国		含碳量/%
		旧牌号	新牌号	JIS	ASTM	UNS	
奥氏体不锈钢							
1	S35350	1Cr17Mn6Ni5N	12Cr17Mn6Ni5N	SUS201	201	S20100	0.15
9	S30110	1Cr17Ni7	12Cr17Ni7	SUS301	301	S30100	0.15
17	S30408	0Cr18Ni9	06Cr19Ni10	SUS304	304	S30400	0.08
18	S30403	00Cr19Ni10	022Cr19Ni10	SUS304L	304L	S30403	0.030
25	S30453	00Cr18Ni10N	022Cr19Ni10N	SUS304LN	304LN	S30453	0.030
26	S30510	1Cr18Ni12	10Cr18Ni12	SUS305	305	S30500	0.12
38	S31608	0Cr17Ni12Mo2	06Cr17Ni12Mo2	SUS316	316	S31600	0.08
39	S31603	00Cr17Ni14Mo2	022Cr17Ni12Mo2	SUS316L	316L	S31603	0.030
41	S31668	0Cr18Ni12Mo3Ti	06Cr17Ni12Mo2Ti	SUS316Ti	316Ti	S31635	0.08
46	S31683	00Cr18Ni14Mo2Cu2	022Cr18Ni14Mo2Cu2	SUS316J1L	—	S31683	0.030
55	S32168	0Cr18Ni10Ti	06Cr18Ni11Ti	SUS321	321	S32100	0.08
奥氏体-铁素体型不锈钢(双相不锈钢)							
67	S21860	1Cr18Ni11Si4AlTi	14Cr18Ni11Si4AlTi	—	—	—	—
68	S21953	00Cr18Ni5Mo3Si2	022Cr19Ni5Mo3Si2N	SUS329J3L	—	S31803	0.030
72	S23043		022Cr23Ni4MoCuN	—	S32304		0.030
铁素体型不锈钢							
78	S11348	0Cr13Al	06Cr13Al	SUS405	405	S40500	0.08
79	S11163	—	022Cr11Ti	SUH409	409	S40900	—
83	S11203	00Cr12	022Cr12	SUS410L	—	—	0.03
85	S11710	1Cr17	10Cr17	SUS430	430	S43000	0.12
88	S11790	1Cr17Mo	10Cr17Mo	SUS434	434	S43400	0.12
91	S11873		022Cr18NbTi		—	S43940	0.030
92	S11972	00Cr18Mo2	019Cr19Mo2NbTi	SUS444	444	S44400	0.025
马氏体型不锈钢							
96	S40310	1Cr12	12Cr12	SUS403	403	S40300	0.15
98	S41010	1Cr13	12Cr13	SUS410	410	S41000	0.15
101	S42020	2Cr13	20Cr13	SUS420J1	420	S42000	0.16~0.25
35	S42030	3Cr13	30Cr13	SUS420J2	—	—	0.26~0.35
108	S41070	7Cr17	68Cr17	SUS440A	440A	S44002	0.60~0.75
126	S47410	1Cr12Ni2WMoVNb	14Cr12Ni2WMoVNb	—	—	—	0.11~0.17
143	S51525	0Cr15Ni25Ti2MoAlVB	06Cr15Ni25Ti2MoAlVB	SUH660	660	S66286	0.08

表 3-4　部分不锈钢牌号及成分

单位：%

牌号	C	Si	Mn	P	S	Ni	Cr	Mo	Cu	N	其他
12Cr17Mn6Ni5N	≤0.15	≤1.00	5.50~7.50	≤0.050	≤0.030	3.50~5.50	16.00~18.00	—	—	0.05~0.25	—
06Cr19Ni9NbN	≤0.08	≤1.00	≤2.0	≤0.045	≤0.030	8.50~10.50	17.00~19.00	—	—	0.10~0.16	—
06Cr19Ni10	≤0.08	≤1.00	≤2.00	≤0.045	≤0.030	8.00~11.00	18.00~20.00	—	—	—	—
022Cr19Ni10	≤0.030	≤1.00	≤2.00	≤0.045	≤0.030	8.00~12.00	18.00~20.00	—	—	—	—
06Cr19Ni9NbN	≤0.08	≤1.00	≤2.00	≤0.045	≤0.030	7.50~10.50	18.00~20.00	—	—	0.15~0.30	Nb≤0.15
022Cr19Ni10N	≤0.030	≤1.00	≤2.00	≤0.045	≤0.030	8.00~11.00	18.00~20.00	—	—	0.10~0.16	—
06Cr25Ni20	≤0.08	≤1.50	≤2.00	≤0.045	≤0.030	19.00~22.00	24.00~26.00	—	—	—	—
06Cr17Ni12Mo2	≤0.08	≤1.00	≤2.00	≤0.045	≤0.030	10.00~14.00	16.00~18.50	2.00~3.00	—	—	—
06Cr17Ni12Mo2N	≤0.08	≤1.00	≤2.00	≤0.045	≤0.030	10.00~13.00	16.00~18.00	2.00~3.00	—	0.10~0.15	—
022Cr17Ni13Mo2N	≤0.030	≤1.00	≤2.00	≤0.045	≤0.030	10.00~13.00	16.00~18.00	2.00~3.00	—	0.10~0.16	—
06Cr18Ni12Mo2Cu2	≤0.08	≤1.00	≤2.00	≤0.045	≤0.030	10.00~14.00	17.00~19.00	1.20~2.75	1.00~2.50	—	—
03Cr18Ni16Mo5	≤0.04	≤1.00	≤2.50	≤0.045	≤0.030	15.00~17.00	16.00~19.00	4.00~6.00	—	—	—
06Cr18Ni11Ti	≤0.08	≤1.00	≤2.00	≤0.045	≤0.030	9.00~12.00	17.00~19.00	—	—	—	Ti 5C~0.70
022Cr22Ni5Mo3N	≤0.030	≤1.00	≤2.00	≤0.030	≤0.020	4.50~6.50	21.00~23.00	—	—	—	Ti 5(C~0.02)~0.80
10Cr17	≤0.12	≤1.00	≤1.00	≤0.040	≤0.030	(0.60)	16.00~18.00	—	—	—	—
10Cr17Mo	≤0.12	≤1.00	≤1.00	≤0.040	≤0.030	(0.60)	16.00~18.00	0.75~1.25	—	—	—
008Cr30Mo2	≤0.010	≤0.40	≤0.40	≤0.030	≤0.020	—	28.50~32.00	1.50~2.50	—	≤0.015	—
13Cr13Mo	0.08~0.18	≤0.60	≤1.00	≤0.045	≤0.030	(0.60)	11.50~14.00	0.30~0.60	—	—	—
102Cr17Mo	0.95~1.10	≤0.80	≤0.80	≤0.040	≤0.030	(0.60)	16.00~18.00	0.40~0.70	(0.30)	—	—
90Cr18MoV	0.85~0.95	≤0.80	≤0.80	≤0.040	≤0.030	(0.60)	17.00~19.00	1.00~1.30	—	—	V含量 0.07~0.12
07Cr15Ni7Mo2Al	≤0.09	≤1.00	≤1.50	≤0.040	≤0.030	6.50~7.75	14.00~16.00	2.00~3.00	—	—	Al含量 0.75~1.50

3.2.2.2 合金元素在不锈钢中的作用

目前已知的化学元素有 100 多种，在工业中常用的钢铁材料中可以遇到的化学元素约 20 多种。就人们在与腐蚀现象作长期斗争的实践而形成的不锈钢这一特殊钢系列来说，最常用的元素有十几种，除了组成钢的基本元素铁以外，对不锈钢的性能与组织影响最大的元素是：碳、铬、镍、锰、硅、钼、钛、铌、钒、铝、氮、铜、钴等。这些元素中，除碳、硅、氮以外，别的都是化学元素周期表中位于过渡族的元素。

实际上，工业上应用的不锈钢都是同时存在几种以至十几种元素的，当几种元素共存于不锈钢这一个统一体中时，它们的影响要比单独存在时复杂得多，因为在这种情况下不仅要考虑各元素自身的作用，而且要注意它们互相之间的影响，因此不锈钢的组织决定于各种元素影响的总和。

（1）铬当量、镍当量

不锈钢均含有一定数量的铬。铬是铁素体形成元素，是不锈钢获得耐腐蚀性能的最基本的合金元素。铬钢在氧化介质中能很快在其表面形成一层（厚度约为 10^{-4} mm）致密的铬的氧化膜，该氧化膜能防止金属基体的继续破坏。钢的耐腐蚀性能是随铬含量增高呈突变式提升的，当铬含量达到 11.7%（质量分数）时，亦即 12.5%（1/8）原子比时，耐腐蚀性能发生第一个突变式提高，到 25%（2/8）原子比时发生第二个突变式提高。这样，当铬含量每达到 1/8、2/8、…、n/8，亦即 12.5%、25%、37.5%…原子比时，就使耐腐蚀性能发生一次突变式提高，这个变化规律称为"n/8 定律"，因而不锈钢中铬含量均在 12% 以上。当 Cr 含量达到 11%～14%，金属在大气环境下的腐蚀就可以忽略不计，这就是不锈钢名字的来历。

事实上，对固溶体而言，将电极电位较高溶质加入到电极电位较低的溶剂金属，若原子百分比达到 n/8（n＝1，2，…），固溶体的电极电位会急剧变化，耐腐蚀性能会发生一次突变式提高，这就是塔曼定理。

当不锈钢中铬含量达到 10.5% 以上时钢的耐腐蚀性能突变，从易生锈到不锈，从不耐蚀到耐腐蚀，见图 3-7 和图 3-8。而且含铬量从 10.5% 以后随着铬含量的不断提高，其耐锈性和耐蚀性也不断得到改善。一般不锈钢的最高铬含量为 26%，更高的铬含量已没有必要。

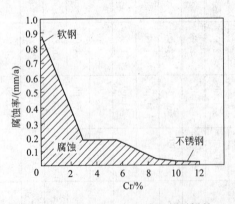

图 3-7 不锈钢在大气环境下的耐锈性

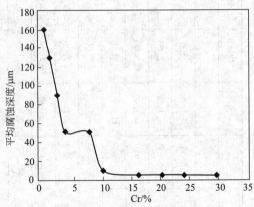

图 3-8 钢中铬含量对耐蚀性的影响

在非氧化性介质中（如 H_2SO_4、HCl 等），不锈钢的耐腐蚀性能单靠铬是不行的，这时则必须加入在非氧化性介质中能使钢钝化的 Ni、Mo、Cu 等元素。

镍是奥氏体形成元素，不锈钢通常用镍来形成并稳定奥氏体组织，但镍很少单独作为不锈钢的合金元素。镍和铬配合使用有利于获得奥氏体组织。与铁素体比较，奥氏体在高温时的晶粒长大倾向较小，高温强度较高，焊接性能和冷加工性能较好。锰和氮也是促使形成奥氏体的元素。

总之，不锈钢中的合金元素对钢组织的影响基本可分为两大类：一类是形成或稳定奥氏体的元素，如 C、Ni、Mn、N 和 Cu 等；另一类是缩小（或封闭）γ 区的元素，如 Cr、Si、Mo、Ti、Nb 和 Al 等。这两类元素共存于不锈钢中时，不锈钢的组织就取决于它们相互影响的结果。如果稳定奥氏体的元素的作用居主要地位的话，则不锈钢的组织就以奥氏体为主，很少以致没有铁素体，如果它们的作用程度不能使钢的奥氏体保持至室温的话，则奥氏体冷却时即发生马氏体转变，钢的组织则为马氏体；如果铁素体形成元素的作用居主要地位的话，钢的组织则以铁素体为主。

为判断不锈钢的凝固组织，一般把以镍为主的扩大奥氏体相的元素简化为 Ni 当量，表示钢中的奥氏体相形成倾向。把以铬为主的扩大铁素体相的元素简化为 Cr 当量，表示钢种的铁素体相形成倾向。

Cr 当量：是将每一种铁素体化元素按其铁素体化的强烈程度折合成相当的 Cr 元素的含量，并叠加后的总和。铁素体形成元素有：Cr、Mo、Si、Nb、Al、V 等。

Cr 当量的关系式：$Cr_{eq} = w(Cr) + w(Mo) + 1.5w(Si) + 0.5w(Nb) + 3w(Al) + 5w(V)$

或

$$Cr_{eq} = Cr + Mo + 1.5 \times Si + 0.5 \times Nb + 4 \times Ti + 3.5 \times Al$$

Ni 当量：是将每一种奥氏体化元素按其奥氏体化的强烈程度折合成相当的 Ni 元素的含量，并叠加后的总和。奥氏体形成元素有：Ni、C、Mn、N、Cu 等。

Ni 当量关系式：$Ni_{eq} = w(Ni) + 30w(C) + 0.87w(Mn) + K[w(N) - 0.045] + 0.33w(Cu)$

或

$$Ni_{eq} = Ni + 30(C + N) + 0.5Mn$$

根据 Ni_{eq}/Cr_{eq} 之比判断该钢种的平衡相结构。

目前对元素的当量系数值，文献上还存在不同的经验数值，如 N 有的为 20，Al 有的为 5，Nb 有的为 2 等。

为了表征不锈钢焊缝金属之化学组成（不计氮元素）与相组织的定量关系，1949 年 Schaeffler 根据不锈钢手工电弧焊的焊缝组织实测统计绘成组织图称为舍夫勒组织图，如图 3-9所示。

Schaeffler 组织图中，纵坐标用 Ni_{eq}（镍当量）表示，其量值是按奥氏体元素的奥氏体化作用的强烈程度折算成相当于若干个镍之总和；横坐标用 Cr_{eq}（铬当量）来表示，其量值是按铁素体化元素的铁素体化作用的强烈程度，折算成相当于若干个铬之总和。图中标有：A（奥氏体），F（铁素体），M（马氏体）等组织的区域范围。

Schaeffler 图在很广泛的范围内把组织进行了分类，从 Schaeffler 图可以查到各不锈钢组织，甚至中合金钢也能参照此图了解组织，因此，它也得到了最普遍的的使用。但是，由于它未计入氮元素，当不锈钢中氮含量较多时，铁素体的显示值比实际值要大。Delong（德隆）图把氮作为奥氏体形成元素而计入镍当量，从而对 Schaeffler 图进行了改良。Delong 图（见图 3-10）把铁素体含量分得很细，在计算不锈钢中铁素体含量时，比 Schaeffler 图更方便，但因能使用的成分范围有限，所以只能用来计算铁素体含量。

考虑到其他奥氏体形成元素及铁素体形成元素对不锈钢平衡组织状态的影响，整合

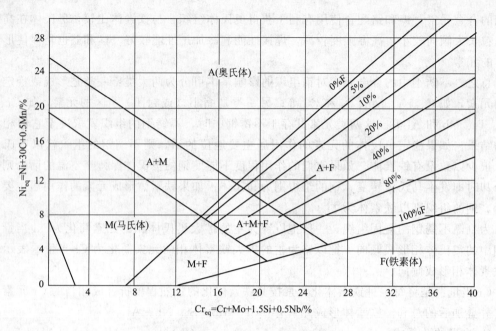

图 3-9　Schaeffler 组织图

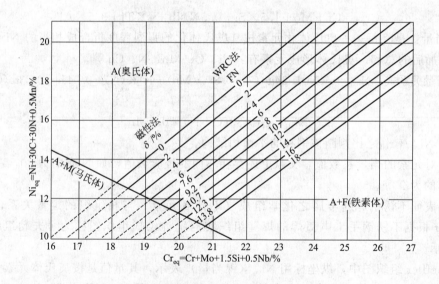

图 3-10　Delong 组织图

Schaeffler 图和 Delong 图，形成了 Schaeffler-Delong 图，可以更加方便地通过计算预测和判断不锈钢的金相组织。整合后的 Schaeffler-Delong 图见图 3-11。

例如：计算某厂 2Cr13（420J1）的铬当量、镍当量。

采用公式 $Cr_{eq}=Cr+2Si+1.5Mo+5V+5.5Al+1.75Nb+1.5Ti+0.75W$；

$Cr_{eq}=Cr+2Si=13.91$；$Ni_{eq}=Ni+25C+30N+0.5Mn=5.98$ 可知，其组织为 F+M。

国内某厂推出的节镍型不锈钢 BN1P：

$Cr_{eq}=Cr+2Si=15.66$；$Ni_{eq}=Ni+25C+30N+0.5Mn+0.3Cu=12.37$，由计算结果可知，其组织为 A+M。

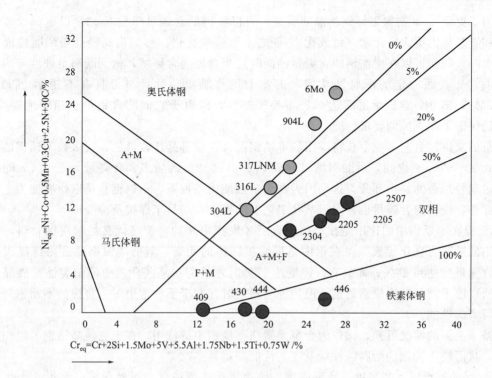

图 3-11 Schaeffler-Delong 图

（2）合金元素对不锈钢的性能和组织的影响及作用

① 铬在不锈钢中的决定作用 决定不锈钢性能的元素只有一种，这就是铬，每种不锈钢都含有一定数量的铬。迄今为止，还没有不含铬的不锈钢。铬之所以成为决定不锈钢性能的主要元素，根本原因是向钢中添加铬作为合金元素以后，促使其向有利于抵抗腐蚀破坏的方面发展。这种变化可以从以下方面得到说明：a. 铬使铁基固溶体的电极电位提高；b. 铬吸收铁的电子使铁钝化。钝化是由于阳极反应被阻止而引起金属与合金耐腐蚀性能被提高的现象。构成金属与合金钝化的理论很多，主要有薄膜论、吸附论及电子排列论。

② 碳在不锈钢中的两重性 碳是工业用钢的主要元素之一，钢的性能与组织在很大程度上决定于碳在钢中的含量及其分布的形式，在不锈钢中，碳的影响尤为显著。碳在不锈钢中对组织的影响主要表现在两方面，一方面碳是稳定奥氏体的元素，并且作用的程度很大（约为镍的 30 倍）；另一方面，由于碳和铬的亲和力很大，与铬形成一系列复杂的碳化物。所以，从强度与耐腐蚀性能两方面来看，碳在不锈钢中的作用是互相矛盾的。

认识了这一影响的规律，我们就可以从不同的使用要求出发，选择不同含碳量的不锈钢。

例如工业中应用最广泛的，也是最起码的不锈钢：0Cr13～4Cr13 这五个钢号的标准含铬量规定为 12%～14%，就是要把碳与铬形成碳化铬的因素考虑进去以后才决定的，目的即在于使碳与铬结合成碳化铬以后，固溶体中的含铬量不致低于 11.7%，这是最低限度的含铬量。

就这五个钢号来说，由于含碳量不同，强度与耐腐蚀性能也是有区别的，0Cr13～2Cr13 钢的耐腐蚀性较好但强度低于 3Cr13 和 4Cr13 钢，多用于制造结构零件。后两个钢号由于含碳较高而可获得高的强度，多用于制造弹簧、刀具等要求高强度及耐磨的零件。又如，为了克服 18-8 铬镍不锈钢的晶间腐蚀，可以将钢的含碳量降至 0.03％以下，或者加入比铬和碳亲和力更大的元素（钛或铌），使之不形成碳化铬。再如当高硬度与耐磨性成为主要要求时，我们可以在增加钢的含碳量的同时适当地提高含铬量，做到既满足硬度与耐磨性的要求，又兼顾一定的耐腐蚀功能，工业上用作轴承、量具与刃具有不锈钢 9Cr18 和 9Cr17MoVCo 钢，含碳量虽高达 0.85％～0.95％，但由于它们的含铬量也相应地提高了，所以仍保证了耐腐蚀的要求。

总的来讲，目前工业中获得应用的不锈钢的含碳量都是比较低的，大多数不锈钢的含碳量在 0.1％～0.4％之间，耐酸钢则以含碳 0.1％～0.2％的居多。含碳量大于 0.4％的不锈钢仅占钢号总数的一小部分，这是因为在大多数使用条件下，不锈钢总是以耐腐蚀为主要目的。此外，较低的含碳量也是出于某些工艺上的要求，如易于焊接及冷变形等。

③ 镍在不锈钢中的作用是在与铬配合后才发挥出来的　镍是优良的耐腐蚀材料，也是合金钢的重要合金化元素。镍在钢中是形成奥氏体的元素，但低碳镍钢要获得纯奥氏体组织，含镍量要达到 24％；而只有含镍量达 27％时才使钢在某些介质中的耐腐蚀性能显著改变，所以镍不能单独构成不锈钢。但是镍与铬同时存在于不锈钢中时，含镍的不锈钢却具有许多可贵的性能。

基于上面的情况可知，镍作为合金元素在不锈钢中的作用，在于它使高铬钢的组织发生变化，从而使不锈钢的耐腐蚀性能及工艺性能获得某些改善。

④ 锰和氮可以代替铬镍不锈钢中镍　铬镍奥氏体钢的优点虽然很多，但近几十年来由于镍基耐热合金与含镍量 20％以下的热强钢的大量发展与应用，以及化学工业日益发展，对不锈钢的需要量越来越大，而镍的矿藏量较少且又集中分布在少数地区，因此在世界范围内出现了镍在供和需方面的矛盾。所以在不锈钢与许多其他合金领域（如大型铸锻件用钢、工具钢、热强钢等）中，特别是镍的资源比较缺乏的国家，广泛地开展了节镍和以其他元素代镍的科学研究与生产实践，在这方面研究和应用比较多的是以锰和氮来代替不锈钢与耐热钢中的镍。

锰对于奥氏体的作用与镍相似。但说得确切一些，锰的作用不在于形成奥氏体，而是在于它降低钢的临界淬火速度，在冷却时增加奥氏体的稳定性，抑制奥氏体的分解，使高温下形成的奥氏体得以保持到常温。锰在钢中稳定奥氏体的作用约为镍的 1/2；锰在提高钢的耐腐蚀性能方面的作用不大，如钢中的含锰量从 0～10.4％变化，也不使钢在空气与酸中的耐腐蚀性能发生明显的改变。这是因为锰对提高铁基固溶体的电极电位的作用不大，形成的氧化膜的防护作用也很低，所以工业上虽有以锰合金化的奥氏体钢（如 40Mn18Cr4，50Mn18Cr4WN、ZGMn13 钢等），但它们不能作为不锈钢使用。

氮是一种强烈扩大奥氏体区和稳定奥氏体组织的元素，其作用效果相当于镍的 25～30 倍。所以，有的奥氏体钢，如 1Cr17Mn6Ni4N，由于加入了氮，与锰共同作用取代了一部分镍，达到了节约镍的效果。

对于双相不锈钢来说，有意识地加入氮是为了提高钢的耐腐蚀性，特别是提高在含有氯离子介质中的耐点（孔）腐蚀和耐缝隙腐蚀性能。尽管对氮提高不锈钢耐腐蚀性能的机制有不同的解释，但对氮在不锈钢中所发挥的作用都是一致肯定和重视的。

过高的氮含量可能使不锈钢铸件产生气孔等缺陷，所以，加入氮的量要合理控制，一般不超过 0.2％。当钢中铬含量大于 15％时，若锰含量超过 10％，则组织中会增加 δ 相含量，反而对钢的耐腐蚀性能和力学性能产生不利作用，所以还应注意控制锰的加入量。

不锈钢中添加 Mn、N 节镍，已经有了成功的应用。例如：欲使含铬量为 18％的钢在常温下获得奥氏体组织，以锰和氮代镍的低镍不锈钢与无镍的铬锰氮不锈钢，目前已在工业中获得应用，有的已成功地代替了经典的 18-8 铬镍不锈钢。

⑤ 钛和铌用以降低晶间腐蚀 铌和钛被用以形成碳化物来固定碳，从而降低钢的晶间腐蚀倾向。为此，必须使钢中全部碳都能与之结合成碳化物。这样，加铌和钛的数量与钢中含碳量则存在下述关系：

形成 TiC $$则 \frac{Ti}{C} = \frac{47.9}{12} \approx 4$$

形成 NbC $$则 \frac{Nb}{C} = \frac{92.81}{12} \approx 8$$

从计算可知，要使碳与钛和铌结合成碳化物，需要加 4 倍于碳量的钛或 8 倍于碳量的铌量。但由于有一部分钛或铌要留在固溶体内，还有一部分要与钢中的氧和氮作用，加钛及铌后，为了有效防止不锈钢的晶间腐蚀，加钛或铌的数量一般应大于含碳量的 4 倍或 8 倍，计算公式是：

Ti 的加入量 $\quad [Ti] = ([C] - 0.02) \times 5, [Ti]_{总量} < 0.8\%$

Nb 的加入量 $\quad [Nb] = ([C] - 0.02) \times 10, [Nb]_{总量} < 1.0\%$

式中 0.02 为钢在常温下碳的饱和溶解度；5 和 10 为大于形成各种碳化物的摩尔比。

⑥ 钼和铜可以提高某些不锈钢的耐腐蚀性能 钼加入不锈钢中，可增强钢的钝化作用，从而提高钢的耐腐蚀性能。如高铬铁素体不锈钢加入 2％～3％的钼，可提高在有机酸中的耐腐蚀性。钼加入双相不锈钢后，使钢在含氯离子介质中的抗孔蚀能力显著提高。但钼的存在会促进奥氏体不锈钢中金属间相（如 σ 相、κ 相等）的形成，有使钢材脆性增加的可能。

铜是形成奥氏体的元素，但作用效果不大，对组织无显著影响。铜能提高奥氏体的稳定性。不锈钢中加入铜，主要是提高在硫酸中的抗腐蚀能力，特别是与钼一起加入，效果更显著，这可能与其在硫酸中有较高的稳定性有关。铜在沉淀硬化不锈钢中，因时效处理析出富铜的强化相而使钢强化。

⑦ 其他元素对不锈钢的性能和组织的影响 以上主要的九种元素对不锈钢的性能和组织的影响，除这些元素对不锈钢性能与组织影响较大的元素以外，不锈钢中还含有一些其他的元素。有的是和一般钢一样为常存杂质元素，如硅、硫、磷等。也有的是为了某些特定的目的而加入的，如钴、硼、硒、稀土元素等。从不锈钢的耐腐蚀性能这一主要性质来说，这些元素相对于已讨论的九种元素，都是非主要方面的，虽然如此，但也不能完全忽略，因为它们对不锈钢的性能与组织同样也发生影响。

硅 是形成铁素体的元素，在一般不锈钢中为常存杂质元素。硅、铌、钛和铝属于可缩小 γ 区形成铁素体的元素，硅、铝、与铬有类似作用，能形成致密的氧化膜，显著地提高钢的抗氧化能力，但其氧化膜较脆，故常和铬配合使用。

钴 作为合金元素在钢中应用不多，这是因为钴的价格高及其在其他方面（如高速钢、硬质合金、钴基耐热合金、磁钢或硬磁合金等）有着更重要的用途。在一般不锈钢中加钴作合金元素的也不多，常用不锈钢如 9Cr17MoVCo 钢（含钴量为 1.2％～1.8％）加钴，目的并不在于提高耐腐蚀性能而在于提高硬度，因为这种不锈钢的主要用途是制造切片机械刃具、剪刀及手术刀片等。

硼 高铬铁素体不锈钢 Cr17Mo2Ti 钢中加 0.005％的硼，可使其在沸腾的 65％醋酸中的耐腐蚀性能提高。加微量的硼（0.0006％～0.0007％）可使奥氏体不锈钢的热态塑性改善。少量的硼由于形成低熔点共晶体，使奥氏体钢焊接时产生热裂纹的倾向增大，但含有较多的硼（含量为0.5％～0.6％）时，反而可防止热裂纹的产生。因为，当含有0.5％～0.6％的硼时，形成奥氏体-硼化物两相组织，使焊缝的熔点降低。熔池的凝固温度低于半熔化区时，母材在冷却时产生的张应力，由处于液-固态的焊缝金属承受，此时是不致引起裂缝的，即使在近缝区形成了裂纹，也可以为处于液态-固态的熔池金属所填充。含硼的铬镍奥氏体不锈钢在原子能工业中有着特殊的用途。

磷　在一般不锈钢中都是杂质元素，但其在奥氏体不锈钢中的危害性不像在一般钢中那样显著，故含量可允许高一些，如有的资料提出P含量可达0.06％，以利于冶炼控制。个别的含锰的奥氏体钢的含磷量可达0.06％（如2Cr13NiMn9钢）以至0.08％（如Cr14Mn14Ni钢）。利用磷对钢的强化作用，也有加磷作为时效硬化不锈钢的合金元素，PH17-10P钢（含P 0.25％）及PH-HNM钢（含P 0.30％）等。

硫和硒　在一般不锈钢中也是常有的杂质元素。但向不锈钢中加含量为0.2％～0.4％的硫，可提高不锈钢的切削性能，硒也具有同样的作用。硫和硒提高不锈钢的切削性能，是因为它们降低不锈钢的韧性，例如一般18-8铬镍不锈钢的冲击值可达30kgf/cm² （1kgf/cm²＝98.0665kPa）。含0.31％硫的18-8钢（0.084％C、18.15％Cr、9.25％Ni）的冲击值为1.8kgf/cm²；含0.22％硒的18-8钢（0.094％C、18.4％Cr、9％Ni）的冲击值为3.24kgf/cm²。硫与硒均降低不锈钢的耐腐蚀性能，所以很少实际应用它们作为不锈钢合金化元素的。

稀土元素　稀土元素应用于不锈钢，目前主要在于改善工艺性能方面。如向Cr17Ti钢和Cr17Mo2Ti钢中加少量的稀土元素，可以消除钢锭中因氢气引起的气泡和减少钢坯中的裂纹。奥氏体和奥氏体－铁素体不锈钢中加0.02％～0.5％的稀土元素（铈镧合金），可显著改善锻造性能。曾有一种含19.5％铬、23％镍以及钼铜锰的奥氏体钢，由于热加工工艺性能在过去只能生产铸件，加稀土元素后则可轧制成各种型材。

3.3　不锈钢的性能

3.3.1　金属腐蚀的发生及防止办法

3.3.1.1　金属腐蚀的发生

在外界介质的作用下使金属逐渐受到破坏的现象称为腐蚀。金属腐蚀是金属表面和介质之间发生化学或电化学多相反应造成的，故有化学腐蚀及电化学腐蚀之分。

化学腐蚀是因金属表面与介质发生化学作用而引起的，它的特点是在腐蚀过程中没有电流产生。化学腐蚀又可分为气体腐蚀和非电解质溶液腐蚀两种。气体腐蚀又称干蚀，是指金属在干燥气体中（表面上没有湿气冷凝）发生的腐蚀。如金属在高温加热时（轧钢，热处理）表面形成氧化皮，内燃机活塞烧坏等。非电解质溶液腐蚀是指金属与电解质溶液作用所发生的腐蚀。它的特点是在腐蚀过程中有电流产生，这是金属表面发生腐蚀电池作用的结果。

通常在电化学腐蚀中规定电极电位较低的金属为阳极，电极电位较高的金属为阴极。当两种电极电位不同的金属相接触或同种金属的不同部位具有不同电极电位时，它们浸入电解质溶液（潮湿气体、海水，酸、碱、盐的水溶液或土壤等）后会形成腐蚀电池，结果作为阳极的（电极电位低的）金属由于不断失去电子并将自己的离子投入溶液而被腐蚀，而作为阴极的（电极电位高的）金属由于仅起着传递电子的作用，本身没有发生腐蚀及其他变化。

化学腐蚀在腐蚀过程中形成某种腐蚀产物。这种腐蚀产物一般都覆盖在金属表面上形成一层膜，使金属与介质隔离开来。如果这层化学生成物是稳定、致密、完整并同金属表层牢固结合的，则将大大减轻甚至可以阻止腐蚀的进一步发展，对金属起保护作用。形成保护膜的过程称为钝化。

可见，氧化膜的产生及氧化膜的结构和性质是化学腐蚀的重要特征。因此，提高金属耐化学腐蚀的能力，主要是通过合金化或其他方法，在金属表面形成一层稳定的、完整致密的并与基体结合牢固的氧化膜。

3.3.1.2 不锈钢腐蚀的类型

常见的不锈钢腐蚀有五种类型：一般腐蚀、应力腐蚀、点腐蚀、晶间腐蚀、缝隙腐蚀和疲劳腐蚀等。

（1）一般腐蚀

也称全面腐蚀，是用来描述在整个合金内外表面以比较均匀的方式所发生的腐蚀现象的术语。当发生全面腐蚀时，材料由于腐蚀而逐渐变薄，甚至让材料腐蚀失效。不锈钢在强酸和强碱中可能呈现全面腐蚀。全面腐蚀所引起的失效问题并不怎么令人担心，因为，这种腐蚀通常可以通过简单的浸泡试验或查阅腐蚀方面的文献资料而预测它。一般腐蚀对金属的力学性能影响不大，所以这种腐蚀的危险性最小。图 3-12 所示为几种典型腐蚀示意图，由图可见，一般腐蚀是一种均匀腐蚀。

均匀腐蚀　　　　晶间腐蚀　　　　点腐蚀　　　　穿晶腐蚀

图 3-12　几种典型腐蚀示意图

（2）应力腐蚀（SCC）

金属在腐蚀介质及拉应力（外加应力或内应力）的共同作用下产生破裂现象。断裂方式主要是沿晶的、也有穿晶的，这是一种危险的低应力脆性断裂，在氯化物和碱性氧化物或其他水溶性介质中常发生应力腐蚀，在许多设备的事故中占相当大的比例。应力腐蚀开裂具有脆性断口形貌，但它也可能发生于高韧性的材料中。

发生应力腐蚀开裂的必要条件是要有拉应力（不论是残余应力还是外加应力，或者两者兼而有之）和存在特定的腐蚀介质，裂纹的形成和扩展大致与拉应力方向垂直，这个导致应力腐蚀开裂的应力值，要比没有腐蚀介质存在时材料断裂所需要的应力值小得多。在微观上，穿过晶粒的裂纹称为穿晶裂纹，而沿晶界扩展的裂纹称为沿晶裂纹，当应力腐蚀开裂扩展至某一深度时（此处，承受载荷的材料断面上的应力达到它在空气中的断裂应力），则材料就按正常的裂纹（在韧性材料中，通常是通过显微缺陷的聚合）而断开。因此，由于应力腐蚀开裂而失效的零件的断面，将包含有应力腐蚀开裂的特征区域以及与已微缺陷的聚合相联系的"韧窝"区域。

SCC 从产生到失稳一般经历 4 个阶段（图 3-13）。第 Ⅰ 阶段，表面产生钝化膜（孕育期）；第 Ⅱ 阶段，试样在应力作用下产生滑移，使表面保护膜破裂（裂纹成核期、形成裂纹源）；第 Ⅲ 阶段，钝化，膜破裂交互进行（裂纹形成期）；第 Ⅳ 阶段，裂纹超出断裂的临界尺寸断裂（失稳、扩展）。

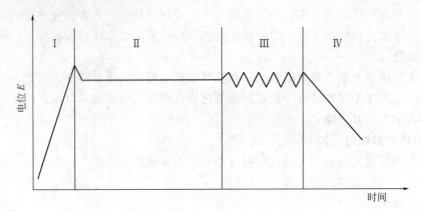

图 3-13　18-8 钢在沸腾的 42% $MgCl_2$ 溶液中的时间-电位曲线

关于 SCC 产生的机理，目前学术界尚无定论，有以下几种理论：以电化学腐蚀为主，其次吸附理论、氢脆理论、断裂力学理论。其中，电化学腐蚀为主的观点认为：①材料表面总会存在电化学的不均匀性（钝化膜不连续、缺陷等）；②表面缺陷是形成裂纹源的活性点，表面的划伤、小孔、缝隙就是现成的裂纹源；③裂纹源在特定介质（活性阴离子）和拉应力的作用下有可能产生塑性变形，表面膜拉破，新露基体电位较负，形成特小阳极，从而形成蚀坑裂纹；④裂纹尖端应力集中，材料迅速形变屈服，表面膜破裂，加速溶解，这些步骤连续交替进行，裂纹不断向深处扩展，最后导致断面破裂。

针对 SCC 的产生，控制方法主要有：①降低钢中 C、N、P 的含量；②加 Mo、Ni、Cr 有利于抗 SCC；③避免产生拉应力，需应力释放（退火等）；④采用高合金铁素体不锈钢；⑤采用双相钢（F/A）；⑥采用外加电流的阴极保护法；⑦减弱介质的侵蚀性（降低氯离子溶液中的氧含量，氯离子溶液浓度不大时，采用离子交换树脂将水处理，同时加适量的碱式磷酸盐）。

（3）点腐蚀

在不锈钢表面局部地区，出现向深处发展的腐蚀小孔，其余地区不腐蚀或腐蚀很轻微，这种腐蚀现象称为点腐蚀。点腐蚀是发生在金属表面局部区域的一种腐蚀破坏形式，点腐蚀形成后能迅速地向深处发展，最后穿透金属。点腐蚀危害性很大，尤其是对各种容器是极为不利的。

点腐蚀发生的过程：①孔蚀核的形成，在钝化膜缺陷处（划伤、晶界等）容易形成孔蚀核（凹陷产生，凹陷爆炸式增加，损坏了氧化膜）。②"深挖"，即蚀孔内电位为负，蚀孔外电位为正，构成电偶腐蚀电池，大阴极-小阳极，阳极电流密度很大，蚀孔加深很快。③金属阳离子浓度增加→氯离子迁入→氯化物水解→酸度增加→蚀孔进一步加深。④腐蚀进一步进行，蚀孔口介质的 pH 值升高，水中可溶性盐 $Ca(HCO_3)_2$ 转化为 $CaCO_3$ 沉淀或形成 $Fe(OH)_2$，形成闭塞电池。孔内外物质更难交换，金属氯化物更加浓缩，酸度增加，发生所谓"自催化酸化作用"。

影响点腐蚀的因素有：

① 酸度　合金含量较高的不锈钢在酸液中受腐蚀比中性溶液中严重。

② 氧含量　中性氯化物中，为阴极主反应：

$$阳极：M-e^- \longrightarrow M^+ \qquad 阴极：\frac{1}{2}O_2+2e^-+H_2O \longrightarrow 2OH^-$$

酸性溶液中，作为阴极自催化剂，加速腐蚀：

$$阳极：M-e^- \longrightarrow M^+ \qquad 阴极：2H^++2e^- \longrightarrow H_2 \quad 2H_2+O_2 \longrightarrow 2H_2O$$

③ 氯化物含量　实验表明，304 钢在 4％ NaCl、pH4～8 环境中点蚀坑最多、坑深；氯化物浓度为 4％时最危险，若氯化物浓度再高则氧含量减少，从而点蚀较轻。

④ 温度　温度高，点蚀加速，但氧含量减少，80℃以上升温会减弱点蚀效应。

⑤ 介质流速　流速＞1.5m/s，点蚀敏感性大大降低，同时需注意，若流速太大，会有磨损腐蚀。

⑥ 溶液中杂质　氧化性的阴离子对点蚀有促进作用。

⑦ 合金元素的影响　Mo 是抗点蚀最有效元素，其他如：Ni、Cr、N 也有抗点蚀的作用。

⑧ 表面光滑清洁的金属不易发生点蚀。

综上所述，控制不锈钢发生点腐蚀，可以从以下几个方面入手：①加入 Mo、N、Si 等合金元素，或加入以上元素的同时提高 Cr 含量；②尽量减少不锈钢中的含 S、含 C 杂质和减少硫化物夹杂；③尽量减少介质中卤素离子的含量（主要是 Cl⁻、Br⁻）；④对循环系统，加入缓蚀剂，主要是增加钝化膜稳定性；⑤设备加工后，进行钝化处理；⑥采用外加阴极电流保护；⑦减少钝化膜表面的缺陷（划伤、摩擦痕等）。

（4）晶间腐蚀

晶间腐蚀是指沿晶界进行的腐蚀，使晶粒的连接遭到破坏。晶粒间界是结晶学取向不同的晶粒间紊乱错合的界域，因而它们是钢中各种溶质元素偏析或金属化合物（如碳化物和 δ 相）沉淀析出的有利区域。于是，在某些腐蚀介质中，晶粒间界可能先行被腐蚀是不足为奇的。

晶间腐蚀的危害性最大：材料无可见减薄，但强度和延性却明显下降，冷弯时出现裂纹，严重时晶粒脱落，造成设备破坏。它可以使合金变脆或丧失强度，敲击时失去金属声响，易造成突发事故。大多数的金属和合金在特定的腐蚀介质中都可能呈现晶间腐蚀，晶间腐蚀为奥氏体不锈钢的主要腐蚀形式。

造成晶间腐蚀的原因是"贫铬理论"。众所周知，Cr 是钢耐腐蚀性的重要元素，无 Cr 不称其为不锈钢。当 (Fe,Cr)$_{23}$C$_6$ 化合物在晶界析出，由内而外形成 Cr 含量的降低梯度，特别是在晶界附近的 Cr 含量小于 12％，形成局部贫 Cr 区，贫 Cr 区钝化能力不足或完全失去，使得晶界被腐蚀晶粒间失去结合力，剥落、开裂。

针对晶间腐蚀可以采用调整合金元素或制定合理热处理工艺的方法加以缓解。合金元素法：①降低碳含量，避免多余的 C 形成 Cr$_{23}$C$_6$，如 304L；②添加稳定化元素 Ti、Nb，稳定化处理，使多余的 C 形成 TiC 或 NbC 析出，如 321、347。

不锈钢受到不正确的热处理以后常常易发晶间腐蚀，使不锈钢产生晶间腐蚀倾向的热处理叫做"敏化热处理"。奥氏体不锈钢的敏化热处理范围为 450～850℃。当奥氏体不锈钢在这个温度范围较长时间加热（如焊接）或缓慢冷却，就产生了晶间腐蚀敏感性。铁素体不锈钢的敏化温度在 900℃以上，而在 700～800℃退火可以消除晶间腐蚀倾向。对于上述之外的不锈钢（如：304），可以加热到溶解温度以上，快速冷却，进行固溶处理，同时要避免在 $Cr_{23}C_6$ 析出敏感温度长期保温（450～850℃）。

（5）缝隙腐蚀

局部腐蚀的一种形式，它可能发生于溶液停滞的缝隙之中或屏蔽的表面内。这样的缝隙可以在金属与金属或金属与非金属的接合处形成，例如，在与铆钉、螺栓、垫片、阀座、松动的表面沉积物以及海生物相接触之处形成。

（6）腐蚀疲劳

金属在腐蚀介质及交变应力作用下发生的破坏，其特点是产生腐蚀坑和大量裂纹，从而显著降低钢的疲劳强度，导致过早断裂。腐蚀疲劳不同于机械疲劳，它没有一定的疲劳极限，随着循环次数的增加，疲劳强度一直下降。

3.3.1.3　提高不锈钢耐蚀性的方法

从上述腐蚀机理可见，防止腐蚀的着眼点应放在：尽可能减少原电池数量，使钢的表面形成一层稳定的、完整的、与钢的基体结合牢固的钝化膜；在形成原电池的情况下，尽可能减少两极间的电极电位差。

提高钢耐蚀性的具体方法有很多，如在表面镀一层耐蚀金属、涂覆非金属层、电化学保护和改变腐蚀环境介质等。这其中利用合金化方法，提高材料本身的耐蚀性是最有效防止腐蚀破坏的措施之一。各种能够提高金属耐腐蚀性能的方法如下：

① 加入合金元素，改变钢的组织结构，提高钢基体的电极电位，从而提高钢的抗电化学腐蚀能力。一般往钢中加入 Cr、Ni、Si 等元素均能提高其电极电位。由于 Ni 资源较缺，Si 的大量加入会使钢变脆，因此，只有 Cr 才是显著提高钢基体电极电位的常用元素。

② 加入合金元素（如 Cr、Si、Al 等）使钢的表面形成一层稳定的、完整的与钢的基体结合牢固的钝化膜（Cr_2O_3、SiO_2、Al_2O_3 等），从而提高钢的耐化学腐蚀能力。此类方法具体包括以下几种工艺方法：化学及电化学转化覆层——通过氧化、磷化、铬酸盐化、氟化等形成；表面合金化——通过氮化、渗金属（渗铬、渗铝、渗氮等）形成；金属覆层——包括电镀金属、喷镀金属、化学镀、气相镀等；非金属涂层——包括无机涂覆层如搪瓷、陶瓷覆层，有机覆层如橡胶、塑料、油漆覆层等。

③ 加入合金元素使钢在常温时能以单相状态存在，减少微电池数目从而提高钢的耐蚀性。如加入足够数量的 Cr 或 Cr-Ni，使钢在室温下获得单相铁素体或单相奥氏体。

④ 加入 Mo、Cu 等元素，提高钢抗非氧化性酸腐蚀的能力。

⑤ 加入 Ti、Nb 等元素，消除 Cr 的晶间偏析，从而减轻了晶间腐蚀倾向。

⑥ 加入 Mn、N 等元素，代替部分 Ni 获得单相奥氏体组织，同时能大大提高铬不锈钢在有机酸中的耐蚀性。

⑦ 阴极保护，即使金属表面变成阴极。例如在海水中，用镁块作阳极与钢板联在一起，可使钢板成为阴极而不受海水腐蚀。某些化工容器、塔罐和地下管道，也可用同样的方法，加一阳极，通上电流，使管道、容器成为阴极而得到保护。

⑧ "暂时性"防锈法。这是指，在生产、运输和贮存钢铁制品、构件时的表面防蚀保护法，由于防锈涂层可以在使用时顺利去除，故称为"暂时性"方法。实际上，这种方法的防锈时间可长达数年、甚至 10 年以上。常用的有以下六种：使用防锈水；加工过程中采用乳化油起冷却、润滑和防锈作用；使用防锈油，可防锈 1～5 年；采用气相缓蚀剂；采用环境封存技术；采用可剥性塑料包装。

3.3.2 不锈钢的物理性能

① 力学性能。力学性能是对金属材料的一般要求，不锈钢当然也不例外。综合力学性能越高，结构件的质量可越小，这对节约含有大量贵重合金元素的不锈钢来讲，意义尤其重大。但不锈钢种类繁多，用途不同，因此对其力学性能应视其用途不同而异。

② 焊接性能。大部分不锈钢多用于焊接部件中，因而要求它应具有良好的焊接性能。所谓良好的焊接性能是指焊接后力学性能不降低；更不允许由于晶粒长大或某些化合物自固溶体析出而使钢变脆；焊区的抗腐蚀性能仍能保持在所允许的水平上而无明显的降低，不允许有晶间腐蚀倾向存在。

③ 冷加工性能。因为不锈钢在使用前往往需要进行扩口、弯曲、卷边、冲压等加工工序，使金属具有特定的形状，因此，不锈钢的冷加工变形性能也是一个极为重要指标。

④ 表面质量。不锈钢的表面质量对钢的耐腐蚀性有直接影响。一般来说，钢的变面质量越好，钢的耐腐蚀性也越高。为此，对多数钢锭在热加工前要扒皮，钢坯要经过酸洗和研磨后才送去轧制成品钢材。为了保证钢锭表面质量，在浇注时要采取保护气体和保护渣保护浇注。

3.3.3 不锈钢的质量问题

① 钢锭表面质量　不锈钢液中含有大量铬及钛、铝等易氧化的元素，在浇注过程中容易受空气氧化而在上升液面形成一层较厚的氧化膜。当其贴附于模壁时就使钢锭表面产生结疤等缺陷。解决办法：一是高温快注；二是采用液体或固体发热渣保护浇注。如仍不能保证钢锭表面质量时，则需在开坯前将钢锭剥皮，以免钢坯和钢材产生裂纹和皮下夹杂等。

② 裂纹　冶炼环节因素导致不锈钢裂纹的形成原因有：a. 钢锭原始晶粒粗大、塑性差。对于铁素体钢，应当控制适当的浇注温度。不能太高，温度越高，晶粒粗大倾向就越大，轧制时就会出现轧裂。另外，还可在钢中加入具有细化晶粒作用的元素，如 Ti、稀土元素等，以改善晶界结构，提高钢的热塑性。b. 奥氏体不锈钢中存在两相组织，即奥氏体加铁素体（A+F），这两相组织具有不同的塑性，是引起轧裂的根本原因。当铁素体相增加到一定范围后，就会急剧降低钢的热塑性，这时如加热温度过高或一次变形量太大，就容易产生裂纹。因此冶炼时应将镍、锰等扩大奥氏体相区的元素控制含量高些，铬、钛、铝等扩大铁素体相区的元素控制低些。如 18-8 型奥氏体不锈钢，控制 Cr/Ni≤1.72、Ti/C=5.0～9.5、残余 Al 含量<0.30%，是减少轧裂等缺陷的有效措施。c. 钢锭表面质量不好，开坯时产生局部裂纹。

③ 气泡　高铬铁素体钢是属于含气体较多的钢，容易产生蜂窝气泡、皮下气泡或针孔。因此对比类钢冶炼时必须搞好去气脱氧操作，冶炼所用合金料及造渣材料必须充分烘烤和干燥，尤其是铬铁要烤红，最好在红热状态下使用。

④ 发纹　不锈钢，特别是马氏体不锈钢容易产生发纹。近年来的研究结果表明，钢中夹杂物是形成发纹的主要原因。夹杂物中的条状氧化物（硅铝酸盐）及聚集在它周围的串状氮化钛对发纹有着决定性影响。气体在奥氏体不锈钢中对发纹的形成无明显影响。因此减少钢中夹杂物含量有利于减少发纹缺陷。冶炼中采取的措施是保证熔池的高温剧烈沸腾，有利

于去气、去夹杂；加强脱氧；采用合成渣洗，以及固体发热渣（铬不锈钢）和液体渣（镍铬不锈钢）保护浇注等。

⑤ 不锈钢连铸坯的缺陷　奥氏体不锈钢与0Cr13、8Cr13等钢种相比较，其物理性能的特点是热导率小、热膨胀率大，因而连铸时容易产生钢坯表面凹坑缺陷。常见的形式是横向凹坑，它是奥氏体不锈钢的突出缺陷。表面凹坑主要是由于这类钢在结晶器内坯壳具有明显的生长不均匀性以及坯壳的纵向（拉坯方向）局部收缩造成的。表面凹坑不仅影响铸坯表面质量，严重时还会导致横向裂纹，甚至造成拉漏事故。防止措施：可通过采用结晶器保护渣作润滑剂、保证渣膜的高度稳定性和适当的黏度以及配合相应的拉速、结晶器的"弱冷却"等措施，来降低结晶器液面区的局部热流和凝固壳的生长。

铁素体不锈钢则由于高温强度低，加之急剧冷却坯壳厚度不均匀，在钢水静压力作用下，已结晶的薄壳破裂而形成连铸坯的表面裂纹。马氏体不锈钢裂纹倾向近于铁素体不锈钢，但由于马氏体相变也会造成残余形变，故在室温下操作需要更加注意。

为了减少不锈钢连铸坯的裂纹缺陷，应该控制连铸工艺，例如对铁素体和马氏体不锈钢，在中间包中钢液的过热度最好控制在 $20\sim40\,^{\circ}\mathrm{C}$、18-8 型奥氏体钢液的过热度最好控制在 $40\sim80\,^{\circ}\mathrm{C}$，同时要控制好拉速与钢液过热度之间的关系，不同的钢种采用不同的拉速。一般来说，高温强度低，凝固系数小的不锈钢钢种，拉坯速度要稍低些。

3.4　不锈钢的冶炼

不锈钢冶炼的首要任务是必须最大限度地使高铬钢液脱碳。这样不可避免地要涉及钢液中铬、碳的竞争氧化问题，这是它与一般钢液脱碳不同之处。因此解决好"脱碳"与"保铬"这对矛盾就成为不锈钢冶炼的核心问题和技术关键。

各种不锈钢冶炼方法都是围绕解决这对矛盾而展开的，其实质都是通过各种不同方式来控制钢中碳、铬氧化的条件，保证碳优先氧化，铬尽量少氧化，以达到"去碳保铬"的目的。不锈钢冶炼过程的物理化学研究，主要也是集中在高温熔池内碳、铬竞争氧化这个问题上。每一种精炼方法都是以"热力学"为基础、"动力学"为条件的。因此需致力于研究其热力学和动力学因素，设法使高铬钢钢液中的碳得到选择性氧化，从而使铬的氧化损失减至最低程度。

3.4.1　钢液中碳与铬选择性氧化的热力学

高铬低碳钢液的脱碳保铬是不锈钢精炼的中心课题，热力学的研究就集中在高温下钢液中的碳和铬竞争氧化这个问题上。其目的是使碳得到选择性氧化，而把铬的氧化减到最低限度。

3.4.1.1　高铬钢液中碳的氧化

炼钢温度下（1600℃），当 $[C]\geqslant0.1\%$ 时，脱碳反应产物主要是CO，其反应为

$$\{CO\}\Longrightarrow[C]+[O] \tag{3-1}$$

在高铬钢液中，由于其他元素对碳氧的活度系数影响较大，因此，碳氧平衡值 $m\,(m=[C][O])$ 也发生很大变化，其计算结果如表 3-5 所示。

由表 3-5 可以看出，在相同温度和氧含量下，高铬钢液（$[Cr]>15\%$）中平衡的碳含量要比一般碳钢高 7 倍以上。因此，不锈钢液的脱碳要比普通钢液困难得多。

表 3-5　$p_{CO}=1atm$，含 Cr 钢液中 [C][O]（$\times 10^3$）

[Cr]/% ＼ T/℃	1500	1600	1700	1800	1900
0	1.86	2.00	2.18	2.32	2.45
5	3.72	4.00	4.36	4.64	4.90
10	7.42	8.00	8.70	9.20	9.80
15	13.30	14.20	15.50	16.60	17.50
20	23.00	25.00	25.00	29.00	31.00

3.4.1.2 "去碳保铬"的理论基础

当钢液中同时存在碳和铬时，两者氧化的特征则表现为两者的竞争氧化，即

$$[C]+[O]=CO \tag{3-2}$$
$$m[Cr]+n[O]=(Cr_mO_n) \tag{3-3}$$

式(3-1)$\times n-$式(3-2) 则得

$$n[C]+(Cr_mO_n)=m[Cr]+nCO \tag{3-4}$$

关于钢液中铬的氧化产物的问题，目前看法不一，有人认为氧化产物是 $FeCr_2O_4$ 或 $Fe_{0.67}Cr_{2.23}O_4$，但对于 [Cr]$>9\%$ 的高铬钢液，大多数人同意为 Cr_3O_4，于是高铬钢液吹氧时进行的氧化反应为

$$4[C]+4[O]=\!=\!=4CO$$
$$3[Cr]+4[O]=\!=\!=Cr_3O_4$$

两式相减得：
$$4[C]+(Cr_3O_4)=\!=\!=3[Cr]+4CO \tag{3-5}$$

式(3-5) 就是钢液中碳和铬竞争氧化的表达式，若能控制反应向右进行就可以达到脱碳保铬的目的。设炉渣为 $a_{Cr_3O_4}$ 饱和，即 $a_{Cr_3O_4}=1$，反应式(3-5) 的平衡常数 K 为

$$K=\frac{a_{[Cr]}^3 p_{CO}^4}{a_{[C]}^4 a_{Cr_3O_4}}=\frac{a_{Cr}^3 p_{CO}^4}{a_{[C]}^4}$$

$$\lg K=-49506/T-32.27$$

$$a_{[C]}=\sqrt[3]{\frac{a_{[Cr]}^3 p_{CO}^4}{K}}=p_{CO}^{\frac{4}{3}}\sqrt[3]{\frac{a_{[Cr]}^3}{K}} \tag{3-6}$$

只要控制好反应的热力学条件，使式(3-5) 反应向右进行，就能达到"去碳保铬"的目的。因此，在使钢液保持铬含量一定的条件下，要使钢液中的碳的浓度降低，途径有两个。

① 提高温度　因为 $K=f(t)$，提高熔池温度使 K 值增大即可使平衡的碳含量降低，这就是返回吹氧法冶炼不锈钢的理论依据。但是提高温度将受到炉衬材料耐火度的限制，并且要使 Cr 不氧化，脱碳有一定的限度。如 1700℃、Cr 不氧化的前提下，碳只能脱到 0.3%，2000℃下才能脱到 0.03%，与铬平衡的碳越低，需要的氧化温度越高，参见图 3-14(a)。但是，在炉内过高的温度也是不允许的，耐火材料难以承受。因此，采用电炉工艺冶炼超低碳不锈钢是十分困难的，而且精炼期要加入大量的微碳铬铁或金属铬，生产成本高。

② 降低 p_{CO}　在一定铬含量下降低 p_{CO}，既可使平衡的碳含量降低。由图 3-14 (b) 可见，当 [Cr]$=18\%$，在 1650℃，$p_{CO}=1\times 10^4 Pa$ 时，平衡的碳含量为 0.03%。与 $p_{CO}=$ 0.1MPa，1700℃相比，[C] 降低为原来的 $\frac{1}{10}$。显然，降低 p_{CO} 所达到的脱碳保铬效果要比提高温度要好，这是不锈钢炉外精炼的理论依据。图 3-15 为不同冶炼工艺下脱碳终点时温度、压力与钢液中碳和铬的关系。

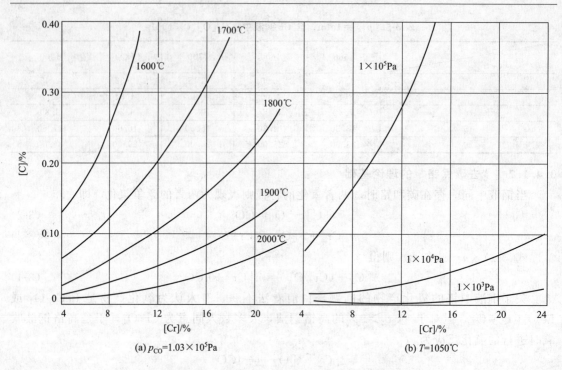

图 3-14　各种温度、压力下的 C-Cr 平衡图

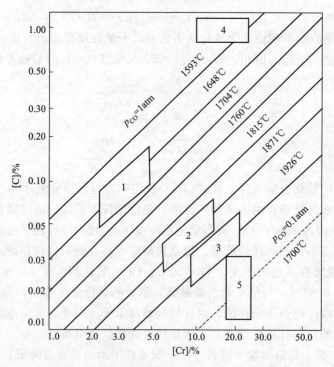

图 3-15　不同冶炼工艺下脱碳终点时温度、压力与钢液中碳和铬的关系

1—电炉矿石法；2—返回吹氧法；3—高铬返回吹氧法；

4—LD 预脱氧；5—炉外精炼法（AOD、VOD、RH-OB）

3.4.1.3　[Cr]、[C] 氧化的转化温度计算

不锈钢冶炼中，[C]、[Cr] 的氧化反应处于平衡温度即为 [C]、[Cr] 氧化的转化温度

$(T_{C\text{-}Cr})$，从热力学讲，它是"去碳保铬"的最低温度。它可以根据以下反应式进行计算。设炉渣为 Cr_3O_4 所饱和，即 $\alpha_{(Cr_3O_4)}=1$。

$$\frac{3}{2}[Cr]+2[CO]\Longrightarrow 2[C]+\frac{1}{2}(Cr_3O_4)$$

$$\Delta G^0=-465572+307.40T/(J/mol) \tag{3-7}$$

当反应达到平衡时，$\Delta G=0$，则 $\Delta G^0=-RT\ln\dfrac{f_{[C]}^2[C]^2}{f_{[Cr]}^{3/2}[Cr]^{3/2}p_{CO}^2}$，

即 $-465572+307.9T=-19.155T\ln\dfrac{f_{[C]}^2[C]^2}{f_{[Cr]}^{3/2}[Cr]^{3/2}p_{CO}^2}$，

则 [C]、[Cr] 氧化的转化温度：

$$T_{C\text{-}Cr}=\frac{465572}{307.9-19.155\lg\dfrac{f_{[C]}^2[C]^2}{f_{[Cr]}^{3/2}[Cr]^{3/2}p_{CO}^2}} \tag{3-8}$$

当 $T>T_{C\text{-}Cr}$ 时，反应式(3-7)向左进行，即碳优先被氧化，能"去碳保铬"；不锈钢冶炼温度要保证"去碳保铬"，则必须使熔池温度 $T>T_{C\text{-}Cr}$。

如果采用如下活度相互作用系数值：

$$e_C^C=0.14 \qquad e_{Cr}^{Cr}=-0.0003 \qquad e_{Ni}^{Ni}=0.0009$$
$$e_C^{Cr}=-0.024 \qquad e_{Cr}^C=-0.12 \qquad e_{Ni}^C=0.042$$
$$e_C^{Ni}=0.012 \qquad e_{Cr}^{Ni}=0.0002 \qquad e_{Ni}^{Cr}=-0.0003$$

利用通式 $\lg f_i=\sum\limits_{j=2}^{n}e_i^j[j]$ 计算出 f_C 和 f_{Cr} 后代入式(3-7)，经整理可得到转化温度、CO 分压对 C、Cr 选择性氧化的关系式：

$$2\lg[C]-1.5\lg[Cr]-2\lg p_{CO}+0.46[C]+0.0237[Ni]-0.0476[Cr]=\frac{24300}{T}-16.07 \tag{3-9}$$

这样，就可将相应的 [Cr]、[Ni] 含量代入式(3-9)，求出在此条件下不同终点 C 所对应的转化温度或 CO 分压值。表 3-6 给出了一组 [C]、[Cr] 氧化转化温度计算结果。

表 3-6 [C]、[Cr] 氧化转化温度计算结果

钢水成分			p_{CO} /10^5 Pa	氧化转化温度/℃
C	Cr	Ni		
0.35	18	9	1	1624
0.35	18	9	0.725	1583
0.35	18	9	0.075	1339
0.08	18	0.6	1	1896
0.08	18	0.6	0.7	1838
0.08	18	0.6	0.05	1486
0.05	18	9	1	1940
0.05	18	9	0.5	1825
0.05	18	9	0.05	1515
0.03	18	9	1	2036
0.03	18	9	0.67	1962
0.03	18	9	0.05	1577

钢水成分			p_{CO} /10^5Pa	氧化转化温度/℃
C	Cr	Ni		
0.02	18	9	1	2117
0.02	18	9	0.6755	2039
0.02	18	9	0.0727	1679
0.02	18	9	0.05066	1631

从表 3-6 中的计算结果可以看出，冶炼不锈钢，想要达到"去碳保铬"的工艺目的，单纯靠提高温度是很难做到的，例如：含 C 0.02%、Cr 18%、Ni 9%的不锈钢，在 100kPa 即接近 1atm（1atm＝101.325Pa）下冶炼，需要 2117℃ 的高温，才能"去碳保铬"；在 67.55kPa 下需要 2039℃；而当抽真空至压力为 5.066kPa 时，所需温度仅为 1631℃，这也是现有冶炼设备能轻易达到的常规冶炼温度。

3.4.2 钢液中碳与铬选择性氧化的动力学

3.4.2.1 常压下的脱碳保铬动力学

电炉吹氧脱碳的工业研究表明，钢液的脱碳速度大致可分为三个阶段，当 $[C] \geqslant 0.1$ 时，脱碳速度的表达式为

$$-\frac{d[C]}{dt} = A_1$$

式中，A_1 为常数，即此阶段反应为零级反应，脱碳速度与含碳量无关，而仅决定于供氧强度。但在一定熔池条件下，过大的供氧强度会导致操作上的困难和氧利用率的降低。

当 $[C] = 0.05 \sim 0.10$ 时，脱碳速度与钢液含碳量具有线性关系，即在此浓度范围内，C-O 反应属一级反应，其速度表达式为：

$$-\frac{d[C]}{dt} = A_2[C]$$

式中，常数 A_2 可根据 Nernst 有效边界层的模型求出：

$$A_2 = \beta \frac{F}{V}$$

式中　F——有效反应面积；

　　　V——钢液体积；

　　　β——传质系数（$\beta = D/\delta$）；

　　　D——扩散系数；

　　　δ——有效边界层厚度。

$[C]$ 的传质系数，不同测定者测得的数据不尽相同，大体波动在 $0.384 \sim 1.58$cm/min；$[O]$ 的传质系数为 $2.706 \sim 3.06$cm/min，$[O]$ 的传质系数比 $[C]$ 大 $1 \sim 10$ 倍。相比之下，在此含 $[C]$ 量范围内，$[C]$ 的扩散必是 C-O 反应的限制性环节。

在 $[C] \leqslant 0.05$ 的极低范围内，脱碳速度与含 $[C]$ 量呈 n 次方的指数函数关系，脱碳速度的表达式为

$$-\frac{d[C]}{dt} = A_3[C]^n$$

式中，n 是大于 1 的数，因此随含碳量的降低，n 的不断增加，$-\dfrac{d[C]}{dt}$ 的衰减速率也越来越大，即吹入的氧消耗在使金属渣化上，渣中金属氧化物的数量急剧增加。

不锈钢吹氧脱碳过程速度变化基本与一般碳钢钢液相似，也分为三个阶段。其主要特征是：由于存在大量的铬，高碳范围内供氧强度对脱碳速度的影响比碳钢明显。因为若无一定的供氧强度，钢液的温升速度就不能适应钢中 $\dfrac{[Cr]}{[C]}$ 比不断增大的要求，则吹入的氧将大量用于 Cr 和 Fe 的氧化，而不是 C。显然在不锈钢吹氧脱碳时，存在一个可保证进行选择性脱碳的临界供氧强度。大于临界供氧强度，才能实现脱碳保铬，使钢液中的 [C] 含量不断降低。继续提高供氧强度可增大脱碳速度，减少铬的烧损。炉子吨位越小（热损失大）、炉料中配入的铬越高，相应要求有更高的供氧强度。对一定容量的炉子，在一定的原料条件下，应该有一最佳供氧强度，对 10t 电炉，最佳供氧强度 $J_{O_2} \geqslant 0.40\,\text{m}^3/\text{min}\cdot\text{t}$。总的来说，由于 J_{O_2} 的提高，升温速度、脱碳速度也相应得到提高，铬的烧损减少，即铬的回收率提高。

在不锈钢的脱碳过程中，高的供氧强度至关重要，是返回吹氧法脱碳过程控制的关键因素。供氧越快，脱碳越快，铬的回收率越高。

3.4.2.2 脱碳过程中 CO 的产生问题

在一定温度下对高铬钢液脱碳时，p_{CO} 越低，钢中 [C] 应当越低；但在实际条件下，p_{CO} 低于一定值后，钢中含碳量不再随 p_{CO} 降低而降低。如真空度达到 $1\times10^3 \sim 1\times10^4\,\text{Pa}$ 能使反应到达平衡，再降低 p_{CO} 到 $10\sim100\,\text{Pa}$，脱碳反应不怎么进行，这与 CO 气泡的生成有关。

高铬钢液脱碳时，CO 气泡的生成部位有熔池内部、熔池表面和悬空液滴三个部位：

① 熔池内部　在熔池内部进行脱碳时，为了产生 CO 气泡需要克服的外界压力为

$$p_{CO} > p_{外} = p_{气} + p_{钢} + p_{渣} + \frac{2\sigma}{r}$$

气相压力 $p_{气}$ 可以通过抽真空降低，而 $p_{钢}$ 和 $p_{渣}$ 取决于钢液的深度和渣层的厚度。表面张力所产生的压力与表面张力 $\dfrac{2\sigma}{r}$ 和气泡半径有关，$p_{外}$ 无论怎样都不会小于 $\dfrac{2\sigma}{r}$，这就是限制熔池内部真空脱碳的主要环节。CO 气泡难以在熔池内部产生，从而使真空作用不能完全发挥出来。采用吹氩搅拌可以改善这种情况，氩气泡给 CO 提供了一个小真空室，氩气泡内的 p_{CO} 为 0，利于 CO 气泡的生成，氩气搅拌又促使 CO 气泡的上浮。

② 熔池表面　在熔池表面脱碳时情况与熔池内部就不一样了，此时不仅无钢渣静压力，而且气泡核半径趋于无穷大，故 $\dfrac{2\sigma}{r}$ 趋于 0，因而：

$$p_{CO} > p_{外} = p_{气}$$

这时脱碳反应决定于气相压力 $p_{气}$，脱碳反应易于达到平衡状态，真空作用可以充分地发挥出来。真空度越高，钢中含碳量越低。

③ 悬空液滴　当钢液在真空下脱碳时，因脱碳沸腾，钢液飞溅，使钢液滴处于悬空状态，此时液滴表面进行的脱碳反应与熔池表面接近，真空作用可以充分发挥。在液滴内部由于压强和温度降低，碳和氧的溶解度降低产生碳氧反应生成 CO 气泡，需要克服的压力：

$$p_{CO} > p_{外} = p_{气} + \frac{2\sigma}{r}$$

液滴内部产生的 CO 气泡使钢液滴膨胀，而气相压力和表面张力的作用使钢液滴收缩。当 p_{CO} 超过液滴外壁强度后，钢液滴就会发生爆炸，形成更多更小的钢液滴，返回来又促进脱碳反应的快速进行。

在实际生产条件下，熔池内部、表面和悬空液滴三部位的脱碳都是存在的，真空处理后的最终含碳量决定于三部位所脱碳的比例关系。熔池内部脱碳的比例越小，表面和悬空液滴所脱碳的比例越大，钢液最终含碳量越低。因此我们要创造条件尽可能增大表面和悬空脱碳的比例，缩小内部脱碳的比例。使钢中 [C] 降到尽可能低的水平。

综上分析，真空脱碳时，为了得到尽可能低的含碳量应当采取以下的措施：①尽可能增大钢液与气相的接触面积；②尽可能使钢液处于细小的液滴状态；③使钢液处于无渣或少渣的状态；④尽可能提高真空处理设备的真空度；⑤在耐火材料允许的情况下适当提高钢液的温度；⑥对钢液温度应当作适当的控制。

3.4.2.3 脱碳速度

对于高铬钢液，脱碳反应机理目前尚无一致的看法，业界有多种模型。但可以归纳为两种模型：①吹入的氧直接与碳反应进行脱碳；②吹入的氧与金属作用生成金属氧化物 M_xO_y，溶解于钢液中再与碳反应进行脱碳。

研究表明，高铬钢液在高碳区及低碳区脱碳的限制环节不尽相同。

（1）高碳区（C＞0.08%）

在一定温度下，脱氧速度与碳含量有关。脱碳速度随温度的升高而增大，随供氧量的加大而加速。为此应采取如下措施：①增大供氧强度；②提高钢液温度；③提高真空度；④改变氧枪高度、改进氧枪结构和改进吹氧方式等以便增大氧气与钢液接触的面积。

（2）低碳区（C＜0.05%）

在一定温度下，脱碳速度随碳含量的降低而减小。碳在钢液内的扩散是脱碳反应的限制性环节，同时也与氧化物直接参与脱碳反应密切相关。为了使生成的氧化物全部参加反应，增加氧化膜和钢水的接触机会有利于脱碳反应。

脱碳速度用下式表示：

$$\frac{d[C]}{dt} = -\frac{F}{V}\frac{D}{\delta}\{[C]_t - [C]^*\}$$

积分后得：

$$\ln\frac{[C]_t - [C]^*}{[C]_0 - [C]^*} = -\frac{F}{V}\frac{D}{\delta}t$$

式中　F——反应界面积，cm^2；

V——钢液体积，cm^3；

D——碳在钢液中的扩散系数，cm^2/s；

δ——钢液侧的边界层厚度，cm；

$[C]_t$——t 时间的含碳量，%；

$[C]_0$——钢液中初始含碳量，%；

$[C]^*$——碳的平衡含量，%；

t——时间，s；

$\dfrac{D}{\delta}$——传质系数，温度改变时 D 和 δ 都变化。

传质系数与温度的关系如下式：

$$\lg \frac{D}{\delta} = -\frac{6650}{RT} - 0.062$$

为了加速低碳区的脱碳速度应采用以下措施：①加强对钢液的搅拌；②提高钢液的温度；③提高真空度。

高碳区与低碳区的界限称为临界含碳量。临界含碳量随钢液含铬量、温度和真空度的变化而改变。当钢液温度升高，Cr 含量降低和真空度增高时，临界含碳量降低，反之增高。

3.4.3 富铬渣的还原

不锈钢液的吹氧脱碳保铬是一个相对的概念，炉外精炼应用真空和稀释法对高铬钢液中的碳进行选择性氧化。所谓选择性氧化，决不意味着吹入钢液中的氧仅仅和碳相作用，而铬不氧化；确切地说是氧化程度的选择，即指碳能优先地较大程度地氧化，而铬的氧化程度较小。不锈钢的特征是高铬低碳。碳的氧化多属于间接氧化，即吹入的氧首先氧化钢液内的铬，生成 Cr_3O_4。然后碳再被 Cr_3O_4 氧化，使铬还原。在不锈钢精炼过程中，当吹氧结束时，渣中 Cr_3O_4 含量可高达 $20\% \sim 30\%$。因此，如何使这种富铬渣迅速、彻底地还原，对提高不锈钢精炼的各项技术经济指标有着十分重要的意义。为了提高 Cr 的回收率，除在吹氧精炼时力求减少铬的氧化外，还要在脱碳任务完成后争取多还原一些已被氧化进入炉渣中的铬。

炼钢过程传统的脱氧剂为锰、硅、铝或它们的合金。由于锰的氧化、还原反应的热力学性质与铬很相近，两者与氧结合的能力相当。所以，在富铬渣的还原中，锰难以起还原剂的作用，富铬渣的还原多采用硅铁（Si 含量为 25%）或铝作为还原剂，其还原反应为

$$(Cr_3O_4) + 2[Si] = 2(SiO_2) + 3[Cr] \tag{3-10}$$

$$K_{Si} = \frac{a^2(SiO_2)a^3[Cr]}{a(Cr_3O_4)a^2[Si]}$$

$$1.5(Cr_3O_4) + 4[Al] = 2(Al_2O_3) + 4.5[Cr] \tag{3-11}$$

$$K_{Al} = \frac{a^2(Al_2O_3)a^{4.5}[Cr]}{a^{1.5}Cr_3O_4 a^2[Si]}$$

根据式(3-10) 和式(3-11) 两平衡式计算可知：每加 1kg 硅或 1kg 铝可还原出的铬分别为 2.8kg 和 2.17kg。考虑到铝的成本远比硅高，所以实际生产中多用硅铁作为富铬渣的还原剂。有时也使用 Si-Cr 合金作还原剂，其中 Si 作为还原剂，铬作为补加合金。

用硅铁作还原剂时：

$$Cr_3O_4 \text{ 含量} = \frac{a^2_{(SiO_2)}a^2_{[Cr]}}{K_{Si}\gamma_{(Cr_3O_4)}a^2_{[Si]}}$$

由上式可见，影响富铬渣还原的热力学因素有温度、碱度、钢液中的铬含量和硅含量。经生产数据回归分析得出渣中的含铬量与这些因素的关系为

$$\lg(Cr) = 1.118 + \frac{949}{T} + 0.55\lg[Cr] - 0.154\lg[Si] - 0.508\lg R$$

富铬渣的还原，除受以上热力学因素影响外，还受动力学因素的影响。许多人认为富铬渣的还原反应主要在钢渣界面上进行，如图 3-16 所示，还原速度受渣中 (Cr_3O_4) 传递的控制，根据菲克第一定律和双膜理论，不难得出其速度表达式：

$$\frac{d(Cr_3O_4)}{dt} = k_{Cr}[(Cr_3O_4) - (Cr_3O_4)_e]$$

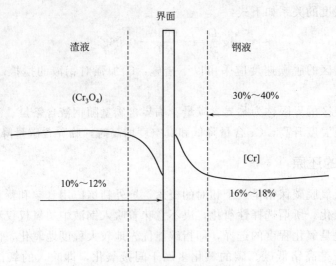

图 3-16   钢渣界面铬的还原示意图

综上所述，影响富铬渣还原的因素有：

① 炉渣碱度 R。增大碱度，还原速度增加，这是由于渣中 Cr 及 Mn 的扩散速度随碱度增加的缘故。

② 钢液中的 [Si] 含量。当钢液中的 [Si] 含量增加，(Cr_3O_4) 降低。

③ 温度的影响。K_{Si} 是温度的函数，温度升高，Si 还原 Cr_3O_4 能力增加。

④ 搅拌。合理的搅拌方法能够加速富铬渣的还原

3.4.4   不锈钢的冶炼方法

3.4.4.1   不锈钢冶炼方法的发展

不锈钢都是诞生于坩埚炉之中，一开始产量很低。其工业化生产是从 1920 年开始的。到了 20 世纪 30 年代，由于化学工业的发展，不锈钢的需求量有了相当大的增长。为了满足其需求，建立起了以电弧炉为主要生产手段的生产不锈钢的专业小厂。1934 年英国的 Thomas Firth、John Brown 联合英国钢铁公司（English Steel Corporation）设立了 Firth-Vickers Stainless Steel 不锈钢厂，专门生产不锈钢，次年工作人员达 1400 名，生产了 4000 吨钢，经过不锈钢需要剧增的 40 年代，到 1960 年时该厂年产量已达到 40000 吨，工作人员 4200 人。当时日本的不锈钢产量在 50 年代与西欧各国相仿，年产仅十几万吨。但 1960 年后则以平均每年增长大约 10 万吨的速度飞速增长。于 1970 年赶上美国达到 125 万吨，1971 年后日本已成为产不锈钢最多的国家。日本在不锈钢精炼技术的研究方面也十分活跃。到目前为止，不锈钢的冶炼方法发展历程如表 3-7 所示。

表 3-7   不锈钢的冶炼方法发展历程

年份	不锈钢的精炼方法	相关事项
约 1900	实验室研制各种 Fe-Cr-C,Fe-Cr-Ni-C 合金	电弧炉出现
1910～1920	用坩埚法少量生产不锈钢	各种不锈钢问世
1926	A. L. Field 提出氧化还原法	炉顶旋开式电炉出现(Bcthlehom)
约 1930		不锈钢产量增加,但不锈钢废钢使用很少,堆积如山

续表

年份	不锈钢的精炼方法	相关事项
1931	A. L. Field 提出 Rustless 法,在美国巴尔的摩市的 Rustless 钢铁厂得到应用	
1934	A. Wacker 提出高碳铬铁液的减压脱碳法	
约 1940	电炉氧化法吹氧高温脱碳,还原加 Fe-Cr 精炼法普及,不锈钢产量进一步增加	热电偶测温及现场快速分析技术得到应用
1943	联合碳化物公司(UCC)着手研究金属铬的生产	
1945	不锈钢脱碳精炼中,矿石法及吹氧法同时存在,工业上不锈钢的使用量增加	
1948	D. C. Hilty 关于含铬铁液脱碳的研究报告发表;D. H. Erasmuo 提出固态高碳 Fe-Cr 减压脱碳法	
约 1950	不锈钢的需要量增大,废钢减少,高碳铬铁的使用增加,对超低碳钢种的要求增加,返回吹氧法普及	电弧炉容量、变压器容量大型化;IRSID 用孔塞吹 Ar 搅拌钢液;Aresta 厂在电弧炉上设置电磁搅拌器
1953	出现用减压法脱碳的金属铬成品	
1955	J. Chipman 关于含铬铁液脱碳的研究报告发表	
1960	J. A. Krivsky 提出用 Ar-O_2 脱碳	
1961	Atlas 厂使用 DH 给不锈钢脱气	
1965	世界各地都在研究真空脱气时的脱碳问题,提出:①事先处理;②加矿、加氧化铁皮;③吹氧气等	
1966		电子轰击法发表后超低碳钢种的研究趋于活跃
1968	联邦德国 Witten 厂发明真空吹氧使高铬钢液脱碳的 VOD 法美国 U. C. C 公司及 Joslyn 厂发表氩-氧混吹稀释脱碳的 AOD 法	
1972	瑞典 Uddeholm 公司发表水蒸气--氧气混吹的 CLU 法	
1975	新日铁宝兰厂发表 RH-OB 法	
约 1975	ASEA-SKF 法及 Finkl-VAD 法都配置真空下吹氧设备,精炼不锈钢	

3.4.4.2　不锈钢冶炼方法介绍

（1）不锈钢冶炼方法简介

从主要冶炼设备角度看，不锈钢的冶炼有三种方法，即一步法、二步法、三步法。

① 一步法不锈钢冶炼工艺　早期的一步法不锈钢冶炼工艺，是指在一座电炉内完成废钢熔化、脱碳、还原和精炼等工序，将炉料一步冶炼成不锈钢。由于一步法对原料要求苛刻（需返回不锈钢废钢、低碳铬铁和金属铬），生产中原材料、能源介质消耗高，成本高，冶炼周期长，生产率低，产品品种少，质量差，炉衬寿命短，耐火材料消耗高。因此目前很少采用此法生产不锈钢，此法已经被逐步淘汰。

目前很多不锈钢生产企业采用部分低磷或脱磷铁水代替废钢，将铁水和合金作为原料进入 AOD 炉进行不锈钢的冶炼，由此形成了新型一步法冶炼工艺。新型一步法冶炼工艺与早期一步法相比在生产流程上取消了电炉这一冶炼环节，其优点包括：一是降低投资；二是降低生产成本；三是高炉铁水冶炼降低了配料成本，降低了能耗，提高了钢水纯净度；四是废钢比低，适应现有的废钢市场；五是对于冶炼 400 系列不锈钢尤为经济。

但新型一步法对原料条件和产品方案具有一定要求：一是要求 AOD 入炉铁水含磷量低于 0.03％以下，因此冶炼流程中须增加铁水脱磷处理环节；二是不适用于成分复杂、合金含量高的不锈钢品种。

新型一步法不锈钢生产工艺目前被广泛应用于生产 400 系列不锈钢。作为发展中国家，中国废钢资源缺乏，又是极度贫镍的国家，加之 400 系列不锈钢在日常生活和工业生产领域的应用范围越来越广，这些客观条件都使得新型一步法不锈钢冶炼被越来越多的生产企业采用。

② 二步法不锈钢冶炼工艺 1965 年和 1968 年，Witton 公司和联合碳化物公司相继发明 VOD 和 AOD 精炼装置，它们对不锈钢生产工艺的变革起了决定性作用。前者是真空吹氧脱碳，后者是用氩气和氮气稀释气体来脱碳。将这两种精炼设施的任何一种与电炉相配合，这就形成了不锈钢的二步法生产工艺。

不锈钢二步法是指初炼炉熔化结合精炼炉脱碳的工艺流程。初炼炉可以是电炉，也可以是转炉；精炼炉一般指以脱碳为主要功能的装备，如 AOD、VOD、RH-OB（KTB）、K-OBM-S、MRP-L 等。

二步法不锈钢代表工艺路线为 EAF→AOD（电弧炉→氩氧脱碳法 Argon Oxygen Decarburization）、EAF→VOD（电弧炉→真空吹氧脱碳法 Vacuum Oxygen Decarburization）。目前，世界上 88％不锈钢生产采用二步法，其中 76％是通过 EAF→AOD 工艺生产。其中，EAF 炉主要用于熔化废钢和合金原料，生产不锈钢预熔体，不锈钢预熔体再进入到 AOD 炉中冶炼成合格的不锈钢钢水。

二步法不锈钢冶炼工艺被广泛应用于生产各系列不锈钢，可生产除了超低碳、氮不锈钢外 95％的不锈钢品种。采用电炉→AOD 的二步法炼钢工艺生产不锈钢具有如下优点：a. AOD 生产工艺对原材料要求较低，电炉出钢含碳量可达 2％左右，因此可以采用廉价的高碳 FeCr 和 20％的不锈钢废钢作为原料，降低了操作成本。b. AOD 法可以一步将钢水中的碳脱到 0.08％，如果延长冶炼时间，增加 Ar 量，还可进一步将钢水中的碳脱到 0.03％以下，除超低碳、超低氮不锈钢外，95％的品种都可以生产。c. 不锈钢生产周期相对 VOD 较短，灵活性较好。d. 生产系统设备总投资较 VOD 贵，但比三步法少。e. AOD 炉生产一步成钢，人员少，设备少，所以综合成本较低。f. AOD 能够采用量含碳 1.5％以下的初炼钢水，因此可以采用低价高碳 FeCr、FeNi40 以及 35％的碳钢废钢进行配料，原料成本较低。

但二步法在介质消耗、品种方案等方面仍须注意以下三点：一是近年来随着冶炼工艺的进步和操作水平的提高，二步法冶炼工艺的氩气等介质消耗量明显减少，但相比一步法和三步法，其氩气等介质消耗仍稍大；二是 AOD 炉脱碳到终点时，钢水中氧含量较高，须加入硅铁还原钢水中的氧，因此硅铁耗量高；三是目前还不能用于生产超低碳、氮不锈钢，且钢中含气量较高。

转炉二步法冶炼不锈钢技术可以分作两大类，第一类是以铁水为原料，不用电弧炉化钢，在转炉内用铁水加铬矿或铬铁合金直接熔融还原、初脱碳，在经真空处理脱碳精炼；第二类是采用部分铁水冶炼。先用电炉熔化废钢和合金，然后与三脱处理后的铁水混合，再倒入转炉进行吹炼。世界上先后采用转炉铁水冶炼不锈钢的厂家共有 10 余家，目前仍继续生产的仅有 4 家，它们是新日铁八幡、川崎千叶、巴西阿谢西塔和中国太钢。表 3-8 列出了转炉二步法冶炼不锈钢厂家的转炉主要参数。

采用转炉铁水冶炼不锈钢的优点如下：a. 原料中有害杂质少；b. 转炉中可实现熔融还原铬矿；c. Ar 消耗低；d. 利用廉价铁水，节约电能，缓解废钢资源紧张；e. 转炉炉衬寿命长；f. 有利于连铸匹配；g. 产品范围广，特别适于生产超低碳、氮和铬不锈钢；h. 利于降低成本。

表 3-8　不锈钢生产流程中转炉主要参数比较

转炉	底供氧强度 /[m³/(min·t)]	低垂风嘴冷却方式	每吨炉容产量/(t/a)	不锈钢生产厂家
K-OBM-S	1.5	LPG 强冷	7500	太钢二炼钢
DC-KCB	0.25	惰性气体	3780	JFE 千叶
LD-OB	0.2	惰性气体	3620	新日铁八幡
MRP	0	惰性气体	4600	ACESTTA 厂
AOD-L	0.8	惰性气体	3000	太钢三炼钢

③ 三步法不锈钢冶炼工艺　不锈钢三步法则是在二步法的基础上增加深脱碳的装备。三步法的基本工艺流程是：初炼炉→复吹转炉/AOD炉→真空精炼装置。三步法是冶炼不锈钢的先进方法，产品质量好，适用于专业化的生产厂家，也适用于联合钢铁企业的不锈钢生产。

三步法将电炉作为熔化设备，只负责向转炉提供含 Cr、Ni 的半成品钢水，复吹转炉主要任务是吹氧快速脱碳，以达到最大回收 Cr 的目的。VOD 真空吹氧负责进一步脱碳、脱气和成分微调。三步法比较适合氩气供应比较短缺的地区，并采用含碳量较高的铁水作原料，且生产低 C、低 N 不锈钢比例较大的专业厂采用。

不锈钢三步法是在二步法的基础上增加了深脱碳的环节，其冶炼工艺优点是：一是各环节分工明确，生产节奏快，操作优化；二是产品质量高，氮、氢、氧和夹杂物含量低，可生产的品种范围广，可以生产低 C 和超低 C 不锈钢、超纯铁素体不锈钢、控氮或含氮不锈钢、超高强不锈钢等；三是可采用铁水冶炼，对原料的要求也不高，在原料选择的灵活性、节能和工艺优化等方面具有相当的优越性。

三步法的生产节奏快，转炉的炉龄高，整个流程更均衡和易于衔接。不过，三步法不锈钢冶炼工艺将冶金功能分步实现，对生产投资会产生以下影响：一是增加了工艺环节，投资和生产成本较高；二是真空装备系统复杂，维护量大。因此，三步法适合于大量生产不锈钢的专业不锈钢厂，或者既生产不锈钢，又生产其他合金钢的转炉特殊钢厂。

（2）不锈钢冶炼流程简介

不锈钢冶炼流程是指从原料经冶炼最后得到不锈钢铸坯的工艺流程。从原料角度分析，不锈钢冶炼流程可以分为全废钢电炉不锈钢流程、全铁水转炉不锈钢冶炼流程以及铁水＋废钢流程。图 3-17 显示了不锈钢的三种冶炼流程。其中图 3-17（a）原料主要是废钢，经电弧炉熔炼、AOD 炉精炼，最后经立式连铸机浇铸成合格的不锈钢铸坯；图 3-17（b）显示的是全铁水流程，铁水从高炉流出，经转炉脱碳、电弧炉脱硫、AOD 炉精炼脱碳、LF 炉升温合金化，最后浇铸成合格的板坯；图 3-17（c）流程是铁水＋废钢流程，以太钢二炼钢南区生产线为代表，详细介绍见 3.4.4.4。

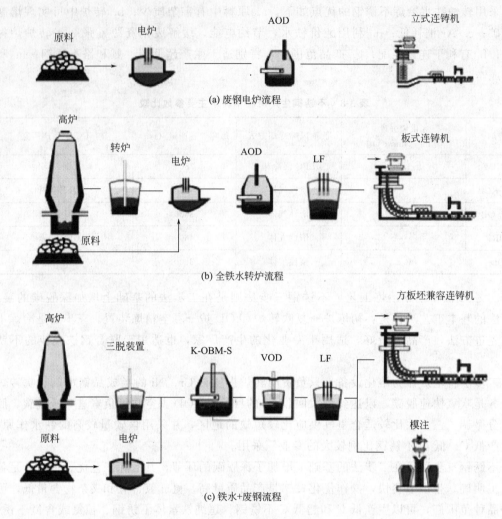

(a) 废钢电炉流程

(b) 全铁水转炉流程

(c) 铁水+废钢流程

图 3-17　不锈钢的三种流程

3.4.4.3　典型不锈钢冶炼工艺

（1）电弧炉→VOD 双联冶炼不锈钢工艺

EAF→VOD 双联工艺主要由两个工艺环节组成：电炉初炼和 VOD 真空下吹氧脱碳。电弧炉及 VOD 炉示意图分别见图 3-18、图 3-19。VOD（Vacuum Oxygen Decarburization）是 1965 年由联邦德国 Edelstahlwerk Witten 公司开发出的（50t VOD 炉）。至今，世界 VOD 炉的总数已有 50 台以上，容量在 5～150t 之间，最大的是日本新日铁（2012 年合并更名为新日铁住金株式会社）八幡制铁厂的 150t VOD 炉。

炉料组成：炉料由本钢种或类似本钢种的返回钢、碳素铬铁、氧化镍、氧化钼、高硅返回钢、硅铁和低磷返回钢等组成。

EAF→VOD 双联法工艺过程：首先在电炉炉料中配入廉价的高碳铬铁，配碳量在 1.5%～2.0%（应配入部分不锈钢返回料，如全部用高碳铬铁，则钢水熔清后含碳量高达 2.0% 以上）。含铬量按规格上限配入，以减少精炼初期补加低碳铬铁的量，镍也按规格要求配入。在电弧炉内熔化钢铁料并吹氧脱碳，使 [C] 降到 0.3%～0.6% 范围，初炼钢水含碳量不能过低，否则将增加铬的氧化损失，但也不能过高，否则在真空吹氧脱碳时，碳氧反应

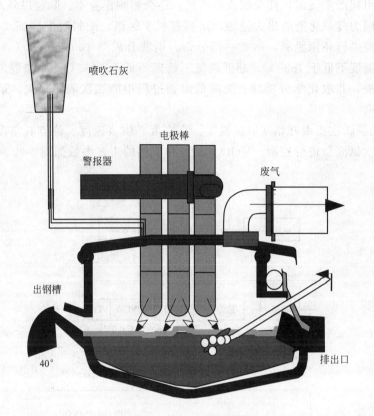

图 3-18　EAF 炉示意图

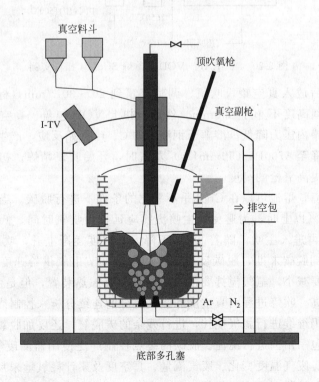

图 3-19　VOD（Vacuum Oxygen Decarburization）炉

过于剧烈，会引起严重飞溅，使金属收得率低，还会影响作业率。除硅以外，其他成分都调整到规格值，因为硅氧化能放出大量热，而且有利于保铬，配料时配硅到＜1％。在吹氧结束时，对初炼渣进行还原脱氧，回收一部分铬。钢液升温到1600～1650℃时出钢。一般铬镍不锈钢出钢温度不低于1630℃，超低碳氮不锈钢不低于1650℃。钢渣混冲出钢，出钢后彻底扒净初炼渣，并取化学分析样。为降低出钢过程中的二次氧化损失，最好用偏心炉底出钢。

　　VOD炉的脱碳主要由开始吹氧的温度、真空度、供氧速度、终点真空度（真空泵的启动台数）及底吹氩流量进行控制。VOD炉的操作实例的工艺参数如图3-20所示。

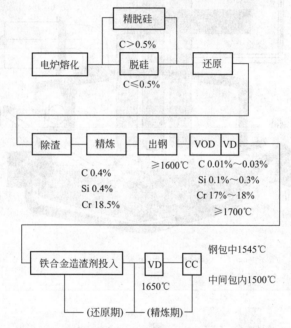

图 3-20　40t EAF＋VOD 炉冶炼 SUS304 操作实例

　　钢包接通氩气后放入真空罐，吹氩、调整流量到20～30L/min（标态），测温1570～1610℃，测自由空间高度不小于800mm。然后，扣上VOD包盖、真空罐盖。这时边吹氩搅拌边抽空气，将罐内压力降低。溶解于钢液内的C、O开始反应，产生激烈的沸腾。当罐内压力（真空度）降至6700Pa（50mmHg）左右时，开始吹氧精炼。初期脱碳时，为了减少喷溅量，应适当提高氧枪的高度。

　　由于是真空环境，熔池可以在Cr几乎不氧化的条件下进行脱碳。当钢液入罐时碳大于0.60％甚至到1.00％以上时，为避免发生喷溅，应延长预吹氧时间，低真空小吹氧量将碳脱至0.50％以后再进入主吹。随着［C］下降，真空度逐渐上升，吹炼末期可达1000Pa（7mmHg）左右。到脱碳末期，脱碳反应速度的限制环节由氧供给速度转为氧在钢中的扩散，所以供氧速度要减小，氩气搅拌要强化。尽管没有加热装置，但是由于氧化反应放热，使钢液温度略有升高。吹炼进程由真空度和废气成分的连续分析来控制终点。

　　吹氧完毕后，仍继续进行氩气搅拌，进行残余的碳脱氧，还要加脱氧剂脱氧，经调整成分和温度后，把钢包吊出去进行浇注。脱碳的终点控制广泛使用监测废气成分变化的方法，也有根据废气成分、废气温度变化、废气流量、真空度及累计耗氧量来判定脱碳终点（即吹氧终点判断）。VOD炉脱碳速度一般约为0.02％/min。

决定停止吹氧的条件是：①氧浓差电势下降为零。②真空度、废气温度开始下降或有下降趋势。③累计耗氧量与计算耗氧量相当（±20m³）。④钢液温度满足后期还原和加合金料降温需要。

超低碳不锈钢的精炼要注意在降低终点碳含量的同时抑制成本的增大和精炼时间的延长，为此应加强氩气搅拌和适当控制温度。

（2）LD→VOD 法冶炼低碳不锈钢

以转炉为初炼炉给 VOD 提供初炼钢水是不锈钢生产的又一途径。转炉，特别是顶底复合吹炼转炉，去碳速度快，可以两次造渣，因此可以提供温度高、含碳量低的初炼钢液，从而减轻 VOD 去碳负担，缩短精炼时间，实现以最低的成本冶炼不锈钢。

LD→VOD 法冶炼不锈钢的过程大致分为两个步骤。第一步是先在转炉中熔化和初炼（初脱碳、脱硅、脱硫），使钢水含碳量和温度等达到 LD→VOD 精炼的要求。也有厂家首先在电炉中熔化和脱硫，然后转入顶底复合吹转炉中脱碳及初调温度、成分；第二步是将经初脱碳后的钢液用 LD-VOD 法继续脱碳和还原精炼，生产出符合要求的不锈钢。

① 脱碳（脱氮）操作　LD→VOD 法的脱碳由供氧速度、氧枪高度、真空度和底吹氩气流量控制。在脱碳初期，为防止钢水激烈喷溅，需适当提升氧枪高度，降低真空度，减少氩气流量。脱碳中期，随着脱碳反应的进行而提高真空度。到脱碳末期，由于脱碳反应速度的限制性环节由供氧节制变成钢中（C）的扩散节制，所以要降低供氧速度，强化氩气搅拌。在终点碳附近停止吹氧，用氩气搅拌，促使钢中 [C] 和 [O] 的反应快速进行。

② 还原和最终精炼　LD→VOD 脱碳过程中大约有 1% 的 [Cr] 氧化，钢中 [O] 的质量分数也达到 10^{-4} 数量级，所以脱碳结束后，要向真空室中加入 CaO、CaF_2 等造渣材料和硅铁粉等还原剂，还原渣中的氧化铬（Cr_2O_3），并脱氧和脱硫。LD-VOD 后期渣的碱度对脱氧、脱硫以及铬的回收率都有较大的影响。合适的碱度为 1.3，如炉渣碱度低于 1.1，则渣中 Cr_2O_3 的含量将会急剧增加。另外，搅拌也是个重要影响因素。

③ 终点控制和出钢　终点 [C] 根据不同钢种的目标成分要求确定。终点碳通常是根据排气成分的变化来判断，也有的是按排气成分、流量、真空度连续判定，或者采用定氧仪判断。LD-VOD 的终点碳命中率可以达到 99% 以上。

出钢目标温度可用下式决定：

$$出钢目标温度＝凝固温度＋过热度＋出钢过程温降$$

凝固温度和过热度根据钢种确定。出钢过程的温降则要根据各厂的具体生产条件确定。一般为 30～40℃；如 SUS304 凝固温度为 1454℃、出钢目标温度为 1555℃。

图 3-21 给出的是某厂转炉-VOD 法的工艺流程及参数控制。

（3）电炉-AOD 炉法冶炼不锈钢

电炉-AOD 双联工艺的核心设备是电弧炉和 AOD（Argon Oxygen Decarburization）炉，AOD 于 1968 年由美国联合碳化物公司发明，该工艺生产的不锈钢已占到世界不锈钢总产量的 80%。AOD 炉型示意图见图 3-22。

AOD 的优点有：可利用廉价的高碳铬铁和返回钢生产不锈钢；产能比 EAF 单炼提高 40%～50%；设备简单、基建投资低（VOD 的 1/3）；操作方便，在大气下稀释脱碳；可造渣、测温、取样，脱 S 好。其具有氩气消耗量大、耐火材料单耗高的缺点。

① 原料　电炉炉料以不锈废钢、碳素废钢、车屑和高碳铬铁合金为主。炉料成分除了碳、硅、硫外，应接近钢种成分。配碳量一般为 1.5%～2.0%，也可以更高些。硅含量应

小于 0.3％～0.5％，以利于提高炉衬寿命。电炉配硫量在 AOD 单渣法操作的条件下，以 AOD 炉脱硫率达到 90％来考虑。

② 冶炼过程　以 AOD 二步法冶炼 304L 为例。先将原料在电弧炉内熔化，电炉钢液还原和成分调整后，钢液温度达到 1550℃左右出钢。此时电弧炉就可以进行下一炉的熔化操作。对电炉炉渣的处理，有少数钢厂是随钢液倒入钢包，转移到 AOD 炉进行冶炼，以提高铬的回收率（可达到 99.5％），并减少电炉冶炼时间。但是，这种方法需要 AOD 炉增加还原时间和排除炉渣，因此，将增加冶炼时间 7～10min。电炉钢液用钢包兑入 AOD 炉进行脱碳精炼。详细冶炼流程见图 3-23。

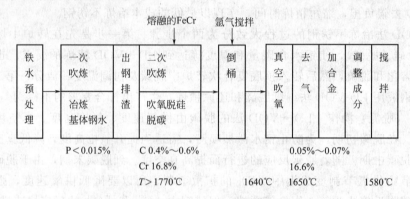

图 3-21　转炉-VOD 法的工艺流程及参数控制

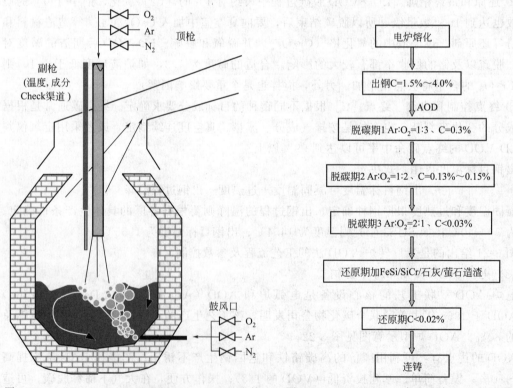

图 3-22　AOD（Argon Oxygen Decarburization）炉　　图 3-23　EAF-AOD 二步法冶炼 304L 工艺流程图

冶炼过程中，根据钢液中 C、Si、Mn 等元素的含量及钢液量，计算氧化这些元素所需的氧量和各阶段吹氧时间，根据不同阶段钢液中的 C、Cr 含量和温度，用不同比例的氩氧混合气体吹入 AOD 炉内进行脱碳精炼，一般吹入氧、氩混合气体的比例分 3～4 个阶段进行混合和吹炼。随着 [C] 降低不断改变氧氩比。

吹炼初期为了迅速升温，增加脱碳速度，采用较高的氧、氩混合比例。

第一阶段：按 $O_2:Ar=3:1$ 的比例供气。将碳脱至 0.25% 左右，此时钢液温度大约为 1680℃；

第二阶段：按 $O_2:Ar=2:1$ 或 $1:1$ 的比例供气，将碳脱至 0.1% 左右，此时温度约为 1740℃；

第三阶段：按 $O_2:Ar=1:2$ 或 $1:3$ 的比例供气，将碳脱至 ≤0.03% 左右到所需要的限度。

最后用纯氩吹炼几分钟，使溶解在钢液中的氧继续脱碳，同时还可以减少还原 Cr 的 Fe-Si 的用量。每个阶段都应测温、取样、分析。

气体消耗视原料情况及终点碳水平而不同。一般氩气消耗为 12～23Nm³/t，氧气消耗为 15～25Nm³/t。Fe-Si 用量为 8～20kg/t，石灰用量为 40～80kg/t，冷却料为钢液量的 3%～10%。

吹氧完毕时约 2% 的铬氧化进入炉渣中，[O] 高达 $140×10^{-4}$%，因此到达终点后要加入 Si-Ca、Fe-Si、Al 粉、CaO、CaF₂ 等还原剂，在吹纯氩搅拌状态下进行脱氧还原。脱碳终了以后如果不是冶炼含钛不锈钢和不需要专门进行脱硫操作，作为单渣法冶炼，一般不扒渣直接进入还原期。单渣法在还原以前由于脱碳终点温度约在 1710～1750℃。为了控制出钢温度并有利于炉衬寿命，在脱碳后期需添加清洁的本钢种废钢冷却钢液。随后加入 Fe-Si、Si-Cr、Al 等还原剂和石灰造渣材料，吹纯氩 3～5min，调整成分，当脱氧良好、成分和温度合适即可出钢浇注。整个精炼时间约 90min。

③ 顶底复吹 AOD 炉 早期 AOD 法在脱碳期的单位供氧量与脱碳量之比的氧效率只有 70% 左右，大约有 30% 的氧被铬等金属的氧化所消耗。为了提高脱碳初期的升温速度和钢液温度以及提高氧效率，AOD 法的一项十分重要的技术进展就是移植了顶吹氧的转炉经验。由日本星崎厂 1978 年在 20t AOD 炉开发了顶底复吹吹炼法。

目前约 40% 以上的 AOD 设备都有了顶吹氧系统。其特征是在 [C]≥0.5% 的脱碳一期底部风枪送一定比例的氧、氩混合气体，从顶部氧枪吹入一定速度的氧气，进行软吹或硬吹，使熔池生成的 CO 经二次燃烧，约 75%～90% 释放的热量被传输到熔池，使钢液的 1%C 升温速度由通常的 12.7℃ 提高到 19℃，因此脱碳速度从 0.055%/min 提高到 0.087%/min。

AOD 接收来自电炉的不锈钢预熔体，根据不锈钢钢种及其最终用途等具体情况，可采用二步法或三步法生产工艺路线、将处理后的不锈钢钢液送 LF/LT 进行最终成分、温度的均匀和调整，或送 VOD 终脱碳。

3.4.4.4 部分钢厂不锈钢生产工艺简介

中国大型不锈钢生产企业大部分都是联合型钢铁企业，例如太钢、酒钢、宝钢、唐钢等企业，均是既生产不锈钢同时也生产碳钢。对于这些联合型钢铁企业，原材料范围比较广，既有充足的铁水供应，也有能满足需要的废钢，这些企业在不锈钢冶炼工艺路线的选择上具有较大的灵活性。

（1）太钢不锈钢冶炼工艺

太钢设有 3 个不锈钢冶炼车间，拥有三条不锈钢的冶炼工艺路线，各条路线优势形成互补。三个不锈钢冶炼车间为第三炼钢厂、第二炼钢厂南区和第二炼钢厂北区。

第三炼钢厂采用的冶炼工艺流程为 EAF→AOD，主要生产双相不锈钢、耐热钢、高合金不锈钢和高附加值不锈钢种。现装备有国际先进水平的 3 座 45 吨 AOD 精炼炉、一台立式连铸机。2007 年 10 月新建 90 吨具有当代国际先进水平的节能环保型超高功率电炉投产，替代了原有 6 座 20 吨电炉，使太钢不锈钢炼钢系统彻底告别高能耗、重污染的生产历史。

太钢第二炼钢厂南区是中国第一个以铁水为主要原料的不锈钢生产线。采用的冶炼工艺流程为铁水预处理→UHP 电弧炉预熔合金→K-OBM-S 复吹转炉冶炼→VOD→LF 精炼炉→立弯式方板坯连铸机，采用的是三步法，工艺和装备技术均达到国际先进水平。由于采用三脱铁水为主原料，从而克服了不锈钢传统的 EAF＋AOD 生产工艺路线中以废钢为主原料时存在的 P 积累及 Cu、Pb、Sn、Sb、As 等有害残余元素较高的问题，钢质更加纯净。由于该生产线采用 VOD 作为精炼设备，从而具有冶炼各种超低碳、氮不锈钢及超纯铁素体不锈钢的优势。

太钢二炼钢（南区）生产不锈钢的主体设备包括三脱铁水预处理装置两座、脱硫铁水预处理装置两座、30t 电炉一座、75t K-OBM-S 复吹转炉一座、80t 碳钢复吹转炉两座、80t RH 真空处理一座、75t VOD 炉一座、75t LF 炉一座、直弧型板坯连铸机两台、方板坯兼容连铸机一台。不锈钢主要品种：300 系（304、304HC、316）、400 系（430、409、410、436、CTSZB、444）等 50 多个品种。

2006 年 9 月，太钢新不锈钢项目（太钢第二炼钢厂北区）建成投产，使太钢的不锈钢年产能从原来的 100 万吨一跃提高到 300 万吨，从而使太钢稳定保持中国最大的不锈钢生产企业地位，并成为全球最大的不锈钢生产厂。第二炼钢厂北区采用的冶炼工艺流程为脱磷转炉→AOD→LF 炉/VOD 和 EAF→AOD→LF/VOD。整体来看，二炼钢北区的工艺属于二步法，采用了部分铁水代替废钢的工艺路线，铁水经脱磷转炉进行预处理脱磷，处理周期短，并可脱碳、升温，减轻 AOD 脱碳负担，实现工序间合理匹配。生产效率高、成本低、钢质纯净度好。第二炼钢厂北区工艺路径灵活，既可以采用新型一步法，也可以采用二步法和三步法生产不锈钢。其工艺流程见图 3-24。

太钢新区（二炼钢北区）采用 180t 炼钢转炉＋160t 电弧炉＋180t AOD 炉＋180t LF＋CC 生产流程。为解决不锈钢磷含量问题，采用一座 180t 转炉将高炉铁水冶炼成碳低、磷低的钢水后，再分别兑入两座 160t 超高功率电弧炉熔炼不锈钢预熔液；不锈钢和普钢生产可互相置换。优点是：生产效率高，产量大；原料适应性强；可灵活调整普碳钢和不锈钢的生产比例。缺点是投资较大。

（2）酒钢不锈钢冶炼工艺

酒钢不锈钢炼钢车间冶炼生产工艺配置为 1 座铁水罐顶喷脱磷站、1 座脱磷转炉、1 座 EAF、2 座 AOD、2 座 LF 精炼炉。其产品覆盖范围广，包括 200 系、300 系和 400 系不锈钢。

酒钢不锈钢炼钢车间主要采用以下两种流程进行不锈钢冶炼：流程一是铁水罐顶喷脱磷→EAF→AOD→LF，为二步法生产工艺，主要用于生产 200 系和 300 系不锈钢；流程二是脱磷转炉→AOD→LF，为新型一步法生产工艺，主要用于生产 400 系列的部分钢种。

（3）宝钢股份不锈钢分公司冶炼工艺

宝钢股份不锈钢分公司不锈钢生产工艺配置为 2 座铁水罐顶喷脱磷站、2 座 120t EAF、2 座带顶枪 135t AOD-L、1 座 LTS 处理站和 1 座双工位强搅拌型 120t VOD，其工艺流程见

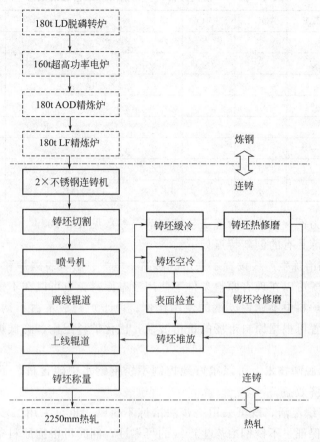

图 3-24 太钢不锈钢板坯连铸生产工艺流程图

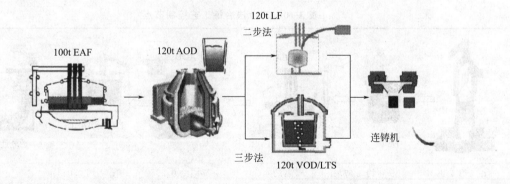

图 3-25 宝钢股份不锈钢分公司不锈钢产线工艺流程图

图 3-25。

宝钢股份不锈钢分公司采用的工艺流程比较多样化。流程一：铁水罐顶喷脱磷→EAF→AOD→LTS 处理站/VOD，生产 200 系、300 系和 400 系不锈钢；流程二：铁水罐顶喷脱磷→AOD→VOD，生产 200 系和 400 系的部分钢种；流程三：电炉→AOD→LTS 处理站/VOD，生产 200 系、300 系和 400 系不锈钢。

宝钢不锈从综合指标和连铸匹配节奏考虑，根据钢种和原料现状，配备了非常灵活的工艺路线选择，见表 3-9。

表 3-9　宝钢不锈钢分公司不锈钢冶炼工艺路线汇总

序号	铁水罐脱磷	EAF	AOD-L	SS-VOD	钢种	备注
1	√	√	√	√	3××,2××,4××	二步法,铁水,废钢
2	√	√	√	√√	3××,3××L,4××,4××L,2××	三步法,铁水,废钢
3	√		√	√	4××,2××	不经电炉,铁水
4	√		√	√	4××,4××L,2××	不经电炉,铁水
5	√	√		√	3××,3××L,4××,4××L,2××	不经AOD,铁水废钢
6		√	√	√	3××,2××,4××	二步法,废钢
7		√	√	√	3××,3××L,4××,4××L,2××	三步法,废钢
8		√		√	3××,3××L,4××,4××L,2××	不经AOD,废钢

以 304 不锈钢为例,三步法冶炼工艺控制节点参数见表 3-10。

宝钢不锈钢冶炼具有的创新特点如下:

① 由于不锈钢冶炼生产线设置了铁水脱磷站、电炉、氩氧脱碳炉和双工位 VOD,对炉料的适应范围广,既可以在现有原料条件下使用液态原料,也可以在不锈钢废钢市场较好的情况下,增加电炉炉料中不锈钢废钢的使用比例;由于炉料成本占不锈钢生产成本的 70%~80%,该工艺配置可根据原料市场的价格波动,优化炉料配比,降低炉料成本,从而降低不锈钢生产成本。

② 采用了铁水脱磷技术,可以很好地控制不锈钢钢水中磷含量,不必寻求昂贵的低磷炉料,有较高的经济效益。

③ 工艺流程组织灵活,既可采用三步法冶炼不锈钢,也可采用二步法工艺或不经电炉工艺冶炼不锈钢,保证了不锈钢冶炼生产线的可靠性,同时可根据原料条件和生产钢种以最低原料成本组合工艺流程。

表 3-10　三步法冶炼工艺控制节点

w_C:约4.20%	w_C:约3.57%	w_C:约4.20%	w_C:约0.25%	w_C:约0.05%
w_{Si}:约0.45%	w_{Si}:约0.02%	w_{Si}:约0.15%	w_{Si}:—	w_{Si}:约0.85%
w_{Mn}:约0.30%	w_{Mn}:约0.05%	w_{Mn}:约0.10%	w_{Mn}:约1.40%	w_{Mn}:约1.90%
w_S:约0.040%	w_S:约0.019%	w_S:约0.030%	w_S:约0.015%	w_S:约0.003%
w_P:约0.150%	w_P:约0.010%	w_P:约0.020%	w_P:约0.040%	w_P:约0.035%
w_{Cr}:—	w_{Cr}:—	w_{Cr}:约18.20%	w_{Cr}:约18.10%	w_{Cr}:约18.00%
w_{Ni}:—	w_{Ni}:—	w_{Ni}:约2.90%	w_{Ni}:约8.10%	w_{Ni}:约8.10%
温度:约1500℃	温度:≥1265℃	温度:约1535℃	温度:约1680℃	温度:约1530℃
重量:约58t	重量:约58t	重量:约102t	重量:约120t	重量:约120t

④ 双工位强搅拌型 VOD 具有较强的脱氮能力，三步法时，可以尽可能降低氩氧脱碳炉的氩气消耗量，钢水纯净度高，内在质量好。

（4）张家港浦项钢铁

其流程是典型电弧炉→AOD 炉冶炼不锈钢流程。以 300 系列为例，其炉料结构为废钢50%，碳素废钢 30%，高碳铬铁 14%，镍铁 4%，高碳锰铁 2%。出钢量 150t，熔化时间60min，电耗 450kW·h/t，收得率 95%，氧耗 8~9Nm³/t，石灰 50kg/t，白云石 6kg/t。

（5）日本新日铁住金八幡厂

采用 175t 转炉生产不锈钢，经脱硅、脱硫、脱磷的铁水兑入 LD-OB 转炉。转炉冶炼分为三个阶段：铁水脱碳期，提高熔池温度至 1600℃；脱碳期，连续加入大量的高碳铬铁、锰铁和镍粒，温度控制在 1600℃左右，再快速升温到 1700℃以上；还原期，碳脱至0.2%~0.3%，添加硅铁或铝还原渣中金属铬。

（6）日本川崎千叶厂

川崎钢铁公司是一家具有近 50 年不锈钢生产历史和经验的钢铁企业，在不锈钢生产技术方面集开发与应用于一体，不断进行新领域的技术探求和设备更新，独自开发了以"Riverlite"系列为代表的众多不锈钢产品，同时也开发出了直接使用 Cr 矿石的 SR-KCB＋DC-KCB＋VOD 冶炼技术、不锈钢立弯式连铸机高速浇铸技术、最新热带钢轧机不锈钢控制轧制技术和冷轧钢板表面检测技术等多项生产技术，并取得了显著的应用效果。

该厂的特点是采用了原料选择自由度大的熔融还原-脱碳工序。为适应超低碳化和质量控制的严格要求，采用了 VOD 二次精炼和立弯式连铸机浇铸的炼钢工艺，即 SR-KCB（熔融还原炉）→DC-KCB（脱碳炉）→VOD（真空脱气炉）→CC（连铸机）的工艺流程（见图 3-26）。这种工艺流程与世界上其他大多数不锈钢生产厂家采用的 EAF→AOD（或 VOD）→CC 工艺相比，具有更多的优越性。

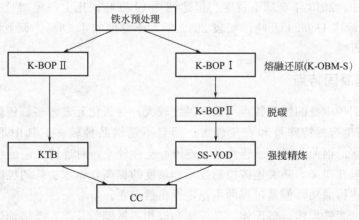

图 3-26 川崎千叶厂制铁不锈钢冶炼工艺流程图

（7）熔融还原冶炼不锈钢工艺

该流程以铁水和铬矿为主要原料，以焦炭作为熔融还原的还原剂和热源，配加少量废钢冶炼，虽能减少价格昂贵的铬铁合金用量，但冶炼周期较长，工序较多，投资成本远高于其他工艺流程。川崎制铁在铁水脱磷后，在 KMS-S 中将铬矿直接还原，升温同时熔化废钢，调整铬镍成分，在 K-OBM-S 中脱碳，铬镍成分，用混合气体防止铬氧化，最后在 VOD 中对高级钢种进行精炼。

（8）唐钢不锈钢公司

唐钢不锈钢公司的冶炼工艺流程为脱磷转炉（铁水低温脱磷）→AOD 精炼炉→LF 炉→连铸机。

不锈钢冶炼工艺路线的确定，首先应以产品大纲为出发点，以不锈钢冶炼的原料组成和不锈钢精炼机理为依据，选择合适的不锈钢冶炼工艺路线。对于大型不锈钢生产企业，车间工艺设备的配置应能满足多样化工艺路线的选择要求，从而满足原料价格大幅波动的需要，适时更新和选择最佳的原料配比方案，同时冶炼设备应能满足不同原料配比的冶炼工艺。

由于中国不锈钢废钢资源缺乏，以废钢为主原料的不锈钢冶炼过程配料成本高，加上全废钢冶炼能耗高，以及废钢品质不好带入钢水有害元素多等原因，中国越来越多的不锈钢生产企业倾向于利用经脱磷的高炉铁水冶炼不锈钢。特别是钢铁联合型企业，利用碳钢系统的高炉供部分铁水给不锈钢冶炼系统，可有效降低吨钢原材料成本。与此同时，脱磷处理设施被普遍应用于不锈钢生产工艺。脱磷处理设施的应用既可降低不锈钢生产对原材料的要求，也可降低生产成本，从而使高炉铁水、普通废钢、高磷生铁和高磷合金能被大量用于不锈钢的生产。

3.5 不锈钢的连铸

不锈钢的制造技术已有巨大的发展，从 20 世纪 60 年代不锈钢开始采用连铸，到 1985年全世界不锈钢连铸比已达 70% 以上，目前西方工业发达的国家不锈钢生产几乎 100% 用连铸。最近 20 年来，世界不锈钢产量每年以超过 7% 的比例增长，1997 年不锈钢总产量为1650 万吨/年，2006 年全球不锈钢产量达到了 2840 万吨，较 2005 年产量上升了 16.7%。其中，中国的不锈钢产量增加最多，达到了 530 万吨，比 2005 年的产量增加了 68%，超过日本跃居世界第一。2013 年全球不锈钢产量达 3813 万吨，比上一年增长了 7.8%。中国2013 年不锈钢产量达 1898.4 万吨，相较 2012 年，产量增加了 18%。而亚洲（不含中国）的产量为 878.8 万吨。

3.5.1 不锈钢凝固特点

鉴于不锈钢钢种本身的性能特点（钢水黏度较大、易氧化元素较多、传热慢、热膨胀系数大等），其连铸生产的特殊性和难度较大。而且不锈钢品种较多，其中不乏含 Ti、Nb、Cu、S、W 等元素，钢种的裂纹敏感性强、连铸可浇性较差，对连铸工艺的参数确定和过程控制要求较高。近几年来，随着连铸控制技术和精度的提高，钢水冶炼的纯净度提高，90%以上的不锈钢已连铸成功，但是过程的不稳定性仍然存在。

不锈钢一般分为铁素体、奥氏体、马氏体和双相不锈钢等几类，严格地说，这几类钢种的凝固性能和组织各不相同，浇注性能也并不一致。总体来说，不锈钢连铸工艺可以从以下两类着手：以 Ni 为主，含有扩大奥氏体区元素（Ni、Mn、N、C）的奥氏体不锈钢；以 Cr为主，含有扩大铁素体区元素（Cr、Mo、Si、Nb）的铁素体不锈钢。特别还要考虑不锈钢的成分设计的裂纹敏感区，见图 3-27。

由图 3-27 中可以看出，凝固时新生铁素体对裂纹不敏感，位置 2 的奥氏体对裂纹敏感、位置 1 马氏体的淬火裂纹、位置 3 奥氏体中的相脆性、位置 4 铁素体的蠕变行为等都对凝固工艺提出了挑战。

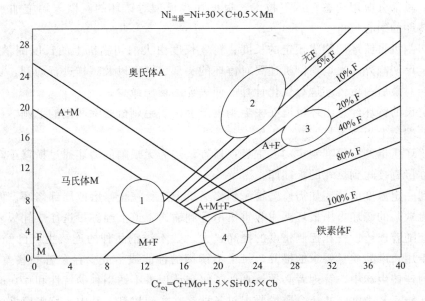

$$Ni_{当量}=Ni+30×C+0.5×Mn$$

$$Cr_{eq}=Cr+Mo+1.5×Si+0.5×Cb$$

图 3-27　不锈钢凝固裂纹敏感区示意图

1—淬火裂纹；2—热裂纹；3—σ 相脆性；4—晶粒长大

　　不锈钢方坯连铸，一般供轧制棒材、卷材、线材和不锈钢管坯成材。从最终的产品性能来看，对方坯连铸坯的表面质量和内部质量要求极高。由于不锈钢品种多，工艺的适应性尤为复杂。

3.5.2　不锈钢的连铸工艺过程

　　经过精炼的温度、成分均已合格的不锈钢钢水送至钢水接收跨，起重机将盛满钢水的钢包放置到钢包回转台上，连接好钢包滑动水口液压缸和钢包下渣检测装置接线，测量钢水温度后，钢包加盖，钢包回转台旋转 180°，把钢包运送到处于浇注位置的中间包小车的上方。钢包下降至浇注位置，并由长水口夹持装置接上保护套管。

　　开启钢包滑动水口后，钢水经过钢包到中间包之间的保护套管流入中间包，待中间包内钢水液面上升至一定高度后，投入覆盖渣。中间包钢流控制系统采用整体内装式浸入式水口和塞棒控制机构，并带有事故切断闸板。当自动开浇系统启动后，中间包塞棒自动打开，钢水通过浸入式水口流入结晶器。

　　结晶器内的钢水上升到一定高度后，人工加入保护渣。在自动开浇系统的作用下，结晶器振动装置和拉坯辊自动启动，在结晶器内已形成坯壳的铸坯在引锭杆的带动下缓缓拉出结晶器和足辊段，进入铸坯导向段。结晶器液面自动控制装置不断调节中间包塞棒的开度，使结晶器内的钢液面保持稳定的高度。结晶器内装有漏钢预报装置，一旦发生坯壳与结晶器铜板的粘连，该装置将发出报警信号，人工判断后，手动或自动降低铸机拉速，防止拉漏。

　　铸坯二冷导向段由直线段、弯曲度、弧形段、矫直段以及水平段等不同的扇形段组成，铸坯在二冷导向段中经过气雾喷淋冷却，坯壳不断加厚直至全凝固。

　　第 3 个扇形段即第 1 个弧形段一般应装有铸流电磁搅拌装置（S-EMS），平时一直通水冷却，当浇铸铁素体不锈钢板坯时，为了消除粗大的柱状晶，增加等轴晶，S-EMS 装置通电形成磁场，对板坯液相穴中的钢液进行搅拌。

在水平段部分应用动态轻压下技术，根据在线模型对铸坯的凝固末端施加一定的压下量，减小铸坯的中心偏析。

火焰切割机将铸坯切割成预定的长度，铸坯长度由火焰切割机上的长度测量装置测出。除了正常定尺切割外，火焰切割机还要对铸坯的头部、尾部以及试样进行切割，切割长度优化模型还会对最后一段铸坯进行优化计算，使丢弃的切尾最少。

切成定尺的铸坯经过出坯辊道在去毛刺辊道上由去毛刺机去除两端的毛刺，再由喷号机在铸坯的前端喷上板坯编号。

经过铸坯质量判定模型判定和人工目视检查认定为无缺陷的铸坯通过横移小车、输送辊道和辊道称量直接送到热轧的板坯库。

冷却到一定温度的铸坯如需修磨再吊到修磨机上进行完全修磨或局部修磨。修磨完毕后经检查已无缺陷的铸坯再用板坯夹钳起重机吊运到输送辊道上经称量送往热轧板坯库。

目前，随着连铸设备和控制精度的提高，大多数不锈钢品种的连铸生产已经能够实现。但是，由于用户产品质量要求的提升，每个不锈钢的性能或多或少存在着一些差异，因此，在不锈钢的连铸生产中，管理者必须认真地了解和认识各不锈钢种的特性和存在的差异，合理地制定连铸工艺制度，并结合质量要求对各种参数实施控制。其中，首先应该严格设计和控制不锈钢的目标成分，减少成分的波动范围，这样才能够保证连铸坯凝固铸态组织的稳定，以保证连铸坯的性能和质量。

3.5.3　不锈钢连铸坯质量控制

单就热膨胀系数而言，奥氏体钢的值比碳钢大（500℃时大56％，1000℃时大54％），铁素体钢与碳钢相近。这说明奥氏体钢在结晶器内凝固坯壳会过早收缩，更易使坯壳厚度不均匀，容易导致表面凹陷，裂纹等缺陷。而且钢水中的易氧化元素的夹杂物被连铸结晶器保护渣吸附后，保护渣的性能容易恶化，从而影响坯壳与结晶器铜壁之间的液渣流入，形成不均匀渣膜，加剧了传热的不均，对铸坯的表面质量产生严重的破坏。

（1）凹坑和裂纹

凹陷和裂纹是奥氏体和马氏体不锈钢常见的缺陷。据文献报道，韩国浦项公司在浇铸0Cr18Ni9不锈钢板坯时，内弧表面常遇到长度50～500mm、宽度1～2mm、深度0.3～1mm的纵向凹槽及微裂纹；太钢在生产2Cr13板坯时，表面出现裂纹的概率比较大，严重的纵裂深度为10～15mm。

表面凹陷和裂纹形成的基本条件是：①初生坯壳厚度的不均匀，在坯壳薄弱处产生局部应力集中（内力）；②铸坯与结晶器之间存在摩擦力（外力）。主要与钢种有关，例如，中碳钢容易产生表面凹陷和裂纹。因为中碳钢凝固坯壳随温度下降发生包晶反应，伴随着较大的体积收缩，坯壳与结晶器壁之间形成气隙，局部导出的热流变小，生成的坯壳不均匀；另外结晶器渣膜传热不均造成结晶器与铸坯间润滑不良，在内力和外力共同作用下铸坯表面易形成凹陷，在凹陷底部还可能出现裂纹等缺陷。此外，合金元素也是不锈钢易产生凹陷和裂纹的重要因素之一。

（2）深振痕和横向裂纹

振痕是由于结晶器的周期性振动而在铸锭表面产生的间距均匀且有一定深度的横向皱折。它既是一种工艺现象，也是一种缺陷，当发展较深时就成为横向裂纹，而且振痕的底部常常伴有卷渣等。铸坯振痕与振动机制、钢的特性以及保护渣的性能有密切的关系。由于不锈钢不容易被氧化，因此即使 0.2mm 深的振痕都很难在热轧中除掉。

以目前的技术装备而言，常规连铸机的结晶器振动技术，对连铸坯表面质量造成的直接后果就是产生振痕。由于振痕的普遍存在，因此在一般情况下，已不将它看成是铸坯的表面缺陷，或者说振痕是连铸坯的本征缺陷。但是，对连铸坯表面振痕的研究发现，发现伴随着振痕的产生，皮下往往有磷、锰等合金元素的显微正偏析，容易导致铸坯表面产生微小的横向裂纹，对后续工序产生不利影响，降低了产品各种物理性能横向断面的均匀性。研究表明，振痕是产生表面偏析和裂纹的原因之一。

当结晶器与铸坯之间的凝固或半凝固保护渣在结晶器上升时被提起，这部分渣由于弯月面处铸坯的变形而滞留在弯月面处。当结晶器振动处于负滑脱时，熔渣滞留处会被钢液溢流所覆盖，这样就形成振痕。负滑脱时间越长，弯月面坯壳的厚度和长度越大，形成的振痕越深；保护渣黏度越小，消耗量越大，保护渣滞留得越多，振痕越深。此外，钢中 C 含量对振痕亦有影响。对振痕的产生机理长期以来一直存在很多理论，如撕裂-愈合机理、机械变形机理、二次弯月面机理、保护渣作用机理等等，但直到今天还没有一个理论能够完整地解释所有的现象。不过，有一点目前已达成了共识：即振痕的深度主要与负滑脱时间、负滑脱量有关。因此缩短负滑脱时间、有效控制保护渣黏度均可以减小振痕深度。

对于普通钢的振痕，通过热轧加热中的氧化，振痕一般不会对成品质量造成影响；而不锈钢则不同，由于具有高的抗氧化性，较深的振痕难以在热轧中完全消除，如果用这种坯料轧制，就会在轧材表面产生缺陷。因此，不锈钢连铸坯的振痕的修磨率很高，有些厂家的不锈钢连铸坯的修磨率甚至可达 100%。

控制和减少表面缺陷，减少修磨量和修磨率是不锈钢降本增效的关键。要做好这方面的工作，主要从结晶器保护渣的选取、振动参数的确定和结晶器铜管锥度的设计（包括结晶器水量控制）等方面着手。

（3）表面及皮下夹渣

含 Ti 或含 Ti、Al 的不锈钢其钢液比较黏稠，弯月面处钢渣不易分离，易产生表面或皮下夹渣；重要的是［Ti］和［Al］的存在，使钢液内易出现 TiN、Ti（CN）及高熔点铝酸盐等；钛还与渣中 SiO_2，产生如下反应：$[Ti] + (SiO_2) = [Si] + (TiO_2)$，增加了保护渣的碱度；当 TiO_2 与渣中的 CaO 反应生成高熔点钙钛矿上升到弯月面处并聚集难以被保护渣同化时，弯月面处钢液将变得黏稠，钢渣难以分离，形成所谓的"冷皮"，当它们被捕集到凝固铸坯表面或皮下便形成夹渣。

（4）连铸坯内部质量

不锈钢的内部质量很大程度上取决于钢种的特性，钢的凝固行为在一定程度上决定了连铸坯内部的铸态组织。根据加藤等人的研究结果，根据含镍不锈钢的 Cr/Ni 当量比，在铸坯凝固过程中发生如下相变反应：

$Cr_{eq}/Ni_{eq} > 2.0$：$L \rightarrow L + \delta \rightarrow \delta(\alpha) \rightarrow \delta(\alpha) + \gamma$

Cr_{eq}/Ni_{eq} 在 1.6～1.9：$L \rightarrow L + \delta \rightarrow L + \delta + \gamma \rightarrow \delta(\alpha) + \gamma$

Cr_{eq}/Ni_{eq} 在 1.26～1.46：$L \rightarrow L + \gamma \rightarrow L + \gamma + \delta \rightarrow \gamma + \delta(\alpha)$

$Cr_{eq}/Ni_{eq} < 1.2$：$L \rightarrow L + \gamma \rightarrow \gamma$

一般可以按 Cr/Ni 当量比 1.5 为界，初晶分别为 δ 相和 γ 相。初晶相的差别对于微观偏析的程度有着影响，因为溶质元素在 δ 相的扩散速度约为在 γ 相中的 100 倍。所以初晶为 γ 相时，一般存在明显的微观偏析。微观偏析，特别是 P、S 的偏析和聚集，对铸坯裂纹的形成存在着很大的隐患。因此，铸坯的低倍组织与铸坯凝固时的铸态组织存在着一定的区别，有时很难复原分析；对于上述第 4 种单相组织相变，做金相的微观分析还比较容易。不同的不锈钢钢种表现出不同的宏观组织特性，比较典型的不锈钢方坯低倍组织见图 3-28。

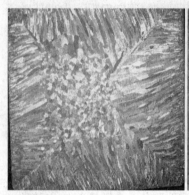
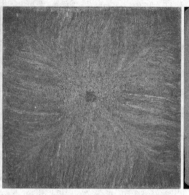

(a) 铁素体不锈钢的低倍组织   (b) 奥氏体不锈钢的低倍组织   (c) 双相不锈钢的低倍组织

图 3-28 不锈钢方坯低倍组织

针对不锈钢方坯的质量要求，由于各种钢种的差异较大，这里就不再详细分析。但通常用来控制提高内部质量铸态组织要求的是电磁搅拌和二冷控制。

(5) 不锈钢铸坯质量控制

不锈钢铸坯表面缺陷是多种因素综合作用引起钢水在结晶器中凝固不均匀的结果。其影响因素包括钢水洁净度、浇铸温度、保护渣性能、结晶器振动、液面控制、冷却制度等。因此制定不锈钢连铸工艺和选择合理的工艺参数，才能有效控制铸坯表面质量。

① 钢水洁净度 在连铸凝固的过程中，[S]、[P] 向未凝固的钢水中转移聚集，在晶界形成 FeS、磷化物等低熔点液膜脆化了晶界，降低了不锈钢的高温强度和塑性，[S]、[P] 含量越高影响越大。由于 S、P 元素在 γ 相中溶解度和扩散速度很小，奥氏体不锈钢连铸坯容易出现表面凹陷和裂纹。表面凹陷和裂纹的深度随着 [S]、[P] 含量的增加而增加。铸坯表面凹陷深度、表面裂纹指数均随钢液中 [S] 含量的增加而增加，因此应严格控制钢中 [S] 含量尽可能低，更好地改善不锈钢铸坯表面质量。

对于钛稳定化不锈钢应该严格控制钢中的 [Ti]、[N] 含量。由于钛和氮、氧具有很强的亲和力，容易生成高熔点的 TiN 和 TiO_2 夹杂富集在钢渣界面上，形成铸坯重皮、条痕等分布在铸坯表面或表皮以下铸坯在矫直时易产生表面裂纹，严重恶化铸坯质量。

② 浇铸温度 钢水过热度越高，结晶器内生成的坯壳越薄，铸坯承受外力的能力越差，坯壳薄弱处易产生凹陷、裂纹等缺陷；另外，结晶器中铸坯的整体收缩量变小，坯壳与结晶器之间的间隙变小，保护渣流入困难，严重时局部被堵塞。这样结晶器和铸坯间的渣膜不均匀，引起传热和润滑不均匀，形成的坯壳也不均匀，薄弱处凹陷和纵裂产生率高。

因此不锈钢连铸要求在工艺允许范围内低过热度浇铸。国内在浇铸 2Cr13 时过热度多控制在 50～60℃，而日本等冶炼这种钢时，过热度低于 40℃（约 30～35℃），显然与国外先进水平相比还有差距。国内几种不锈钢的浇铸温度如表 3-11 所示。

③ 结晶器保护渣 连铸保护渣在连续铸钢的保护浇注中具有非常重要的作用，保护渣的性能取决于浇铸中的实际行为，目前衡量保护渣的标准还是看它实际使用的效果，对它的性能优化只有一个宏观的取向：即提高铸坯表面质量与浇铸质量。

表 3-11　国内几种不锈钢的浇铸温度

钢种	液相线温度/℃	浇铸温度/℃
0Cr18Ni9、0Cr18Ni11Ti	约 1450	1490～1500
0Cr17Ni12Mo2、0Cr18Ni12Mo2Ti	约 1440	1480～1490
00Cr17	约 1500	1525～1530
1Cr13	约 1498	1550～1560
2Cr13	约 1480	1535～1540

　　由于钢液中合金元素较多、含量高、夹杂物种类多，要求保护渣具有吸收和同化夹杂物的能力，而且吸收后保护渣的理化性能还满足连铸工艺要求，应严格控制保护渣的熔化温度、黏度、碱度等性能。对于容易形成铸坯表面凹陷和裂纹的不锈钢，应采用高碱性高玻璃态的保护渣，熔化温度、黏度应适当高一些。对于含 Ti 不锈钢，由于 [Ti] 对渣的还原作用，黏度和碱度都会有所增加，应采用黏度和碱度较低的保护渣。

　　不锈钢保护渣的研制可以说是一个世界性的难题，由于不锈钢中含有许多易氧化元素，需要吸收的夹杂物与特钢相比差别较大，保护渣性能的设计与保持对表面质量来说至关重要。奥氏体不锈钢具有线膨胀系数大的特点，冷却过程中气隙出现较早，容易产生凹陷等表面缺陷。一般的保护渣设计时，针对凹陷型和黏附型的钢种有两类不同的设计，凹陷型保护渣的特点是碱度较高（渣液在凝固过程中有析晶现象，渣的黏度曲线有明显的拐点）形成的固态渣膜热导率较低，以降低传热速度，改善坯壳的凝固状况；黏附型保护渣则通过低熔点、低碱度（易形成玻璃态液相渣膜层）的设计，以达到减少摩擦阻力，提高表面质量的目的。不锈钢保护渣的设计一般采用的是前一种方案。

　　不锈钢的保护渣耗量一般要大于碳钢的耗量，这一方面是为了形成均匀的渣膜厚度，另一方面由于渣耗量大，保护渣的更新速度加快，可以减轻和稀释被吸附的夹杂物对保护渣的污染。在整个浇铸过程中，钢水弯月面处形成的液渣层要保持足够的厚度以保证其连续流入铸坯与结晶器之间的气隙，从而形成有效渣膜，提高传热效率与均匀度。而不锈钢的容易产生表面凹陷的特性，更需要形成均匀有效的渣膜。在这里保护渣的黏度起了非常重要的作用。

　　由于不锈钢的固、液相线较低，因此不锈钢保护渣的熔点还是较低的。

　　在不锈钢的结晶器保护渣里，还要注意碳质材料的添加问题。众所周知，为了控制保护渣的熔化速度，通常都在保护渣内配入一定量的碳质材料（炭黑或石墨等），但是绝大部分的不锈钢是低碳或超低碳，碳质材料很容易引起增碳，特别在振痕部位容易出现碳的正偏析现象；为此，有些要求高的无碳不锈钢保护渣，采用超细微的金属粉末取代碳质材料，用来控制保护渣的熔化速度。所以在保护渣的选择上，应多方面的考察和试验，才能找到符合不锈钢各钢种质量要求的保护渣。

　　④ 电磁搅拌对铸坯质量的影响　　电磁搅拌（electromagnetic stirring，EMS）的实质是借助在铸坯液相穴中感生的电磁力，强化钢水的运动。具体地说，搅拌器激发的交变磁场渗透到铸坯的钢水内，就在其中感应起电流，该感应电流与当地磁场相互作用产生电磁力，电磁力是体积力，作用在钢水体积元上，从而能推动钢水运动。

　　连铸电磁搅拌技术因具有传递能量密度大、无接触、可控制等特点，可显著改善铸坯凝固组织，提高铸坯质量，因而受到国内外冶金行业的高度重视。电磁搅拌在控制钢的流动、凝固成形、液态金属电磁净化等工艺过程的应用及理论研究已经取得了大量的成果。

电磁搅拌一方面通过交变磁场作用于铸坯中心的熔融钢水，产生的电磁推力搅动钢水，从而打碎凝固前沿的柱状晶，碎晶未融合的部分作为等轴的晶核；另一方面是通过搅拌使钢水成分和温度均匀，增大凝固前沿的温度梯度，抑制柱状晶生长，促进等轴晶生成，减少成分偏析，减轻中心疏松和缩孔。

实验证明，合适的电磁搅拌参数使得奥氏体不锈钢宏观组织得到明显改善，铸坯的柱状晶和等轴晶得到了显著细化，消除了穿晶现象，中心缩孔、中心疏松明显降低；电磁搅拌减轻了钢液的冲击深度，促进夹杂物、气泡集中上浮，有利于铸坯厚度生长均匀，使马氏体不锈钢铸坯的表面质量一次合格率提高 12%，表明凹坑数量、深度大大降低。

实验表明，作用于铸坯中心液相的磁感应强度 B 不锈钢反而要比碳钢强一些，首先，这可能是由于不锈钢的合金含量高，液芯的黏度较大，运动时产生的阻力也大；其次，由于不锈钢热导率低，凝固时，其柱状晶生长倾向，大大地高于一般的碳钢，因此，对于不锈钢无论是 M-MES 或 F-MES 工作电流的设定应高一些。

对于方坯而言，电磁搅拌的目的在于减少铸坯的中心疏松和偏析。而对含 N、S 等不锈钢而言，结晶器电磁搅拌消除皮下气孔及皮下夹杂的作用也是显而易见的。

3.5.4 不锈钢薄带连铸连轧工艺

薄带连铸技术（thin slab casting and rolling，TSCR）是冶金及材料研究领域内的一项前沿技术，它的出现正为钢铁工业带来一场革命，它改变了传统冶金工业中薄型钢材的生产过程。将连续铸造、轧制甚至热处理等整合为一体简化了生产工序，缩短了生产周期。最有发展前途的当属双辊薄带连铸技术。该技术在生产 0.7～2mm 厚的薄钢带方面具有独特的优越性。表 3-12 中描述了一些 TSCR 工艺及其主要设备供应商。

表 3-12 典型 TSCR 工艺

工艺	缩写原意	供应商	规格参数
CSP	Compact Strip Production 紧凑型带钢生产技术	SMS 德马克	板厚＝50mm 或 70mm；拉速＝4.5～6m/min；HR 宽＝900～1600mm（最大为 1680mm）；HR 厚＝1.0（或更小）～12.7mm
QSP	Quality Strip Production 优质带钢生产技术	住友、三菱	板厚＝80～100mm；HR 宽＝900～1600mm（最大为 1680mm）；HR 厚＝1.0（最小）～16mm（最大）；拉速：低碳钢 70mm 厚的板坯为 6m/min，其余 90/70mm；钢板为 4.5m/min
FTSR	Flexible Thin Slab Production 柔性薄板坯生产技术	达涅利 Wean United	HR 宽＝900～1600mm（最大为 1680mm）；HR 厚＝1.0（或更小）～12.7mm；板厚＝90 或 70mm；拉速：5.0～6.0m/min

双辊薄带连铸技术的工艺原理是将钢液注入一对反向旋转且内部通水冷却的铸辊之间，钢液在水冷辊间快速凝固（冷却速度在 100～1000℃/s 之间）形成薄带。浇铸的材料在微观结构上发生显著变化，如晶粒得到细化，抑制第二相的析出等，从而大大改善材料的性能。

双辊铸机依两辊辊径的不同分为同径双辊铸机和异径双辊铸机。两辊的布置方式有水平式、垂直式和倾斜式三种，其中尤以同径双辊铸机发展最快，已接近工业规模生产的水平。优势：采用薄带连铸技术，将连续铸造、轧制、甚至热处理等整合为一体，使生产的薄带坯稍经冷轧一次性形成工业成品，简化了生产工序，缩短了生产周期，其工艺线长度仅 60m。设备投资也相应减少，产品成本显著降低，并且薄带质量不亚于传统工艺。

　　双辊薄带连铸工艺生产不锈钢，由于凝固速度快和直接成形的特点，大幅度降低了设备投资、能源消耗和生产成本，解决了部分特殊不锈钢塑性差和加工难的问题。但为了达到理想的效果，控制生产成本，提高不锈钢铸带的产量、表面质量和内部质量，需采取以下措施：①选择造价低、寿命长的结晶辊，并尽可能选择小辊径；②采用保护浇铸，防止钢液氧化；③设计合理的布流系统，优化熔池内钢液流场；④采用成熟的、经济的侧封技术；⑤根据不同种类不锈钢的性能组织特点，控制相应的工艺参数，建立相关的控制模型，保证稳定浇铸。

参考文献

[1]　GB/T 20878—2007 不锈钢和耐热钢牌号和化学成分.

[2]　林企曾，李成. 迅速发展的中国不锈钢工业. 钢铁，2006，41（12）：4.

[3]　Japanese Medium. Review in 2005 and Prospect in New Year of Stainless Steel All Over World [EB/OL]. Blip：//www. steelmy. corn/alibaba/wen. asp. 2006-02-09/2006-02-10.

[4]　宋丹娜，白艳英，秀玲. 浅谈中国不锈钢产业的现状及可持续发展. 四川有色金属，2009（1）：1-5.

[5]　Daniel S. Janikowski. Super-Ferritic Stainless Steels Rediscovered stainless steel world 2005 KCl Publishing BV [OL]. www. stainless- steel-world. net，184-190.

[6]　王龙妹，朱桂兰，徐军等. 稀土在 430 铁素体不锈钢中的作用及机理研究. 稀土，2008，29（1）：67-71.

[7]　Katsumata A，Todoroki H. Effect of rare earth metal on inclu-sion composition in molten stainless steel. Iron& SteelMaker，2002，29（7）：51-57.

[8]　任智勇，辛建卿，张春亮等. 提高铁素体不锈钢质量的主要措施. 山西冶金，2008（2）：31-32.

[9]　郭木星，陈襄武. 20t 复吹转炉冶炼不锈钢碳铬氧化动力学. 北京科技大学学报，1991，13（6）：519-525.

[10]　蔡怀德. 不锈钢精炼的热力学和动力学. 四川冶金，1995，（3）：19-25.

[11]　王一德，徐芳泓. 铁水为主要原料的不锈钢冶炼新工艺的开发. 特殊钢，2006，27（3）：35-38.

[12]　赵沛等. 炉外精炼及铁水预处理实用技术手册. 北京：冶金工业出版社. 2004.

[13]　张海，刘玉生. 不锈钢冶炼工艺探讨. 金属世界，2007（4）：1-3.

[14]　韩全军，成国光. 0Cr18Ni9 不锈钢的冶炼工艺研究. 宽厚板，2006，12（2）：8-11.

[15]　蒋为民. 宝钢不锈钢炼钢工程工艺创新实践. 宝钢技术，2009（6）：43-46.

[16]　徐匡迪. 不锈钢精炼. 上海：上海科学技术出版社，1985：44-46.

[17]　伏中哲，史国敏，朱孔林. 高炉铁水冶炼不锈钢的新工艺技术. 上海金属，2006（5）：20-26.

[18]　刘浏. 不锈钢冶炼工艺与生产技术. 河南冶金，2010，18（6）：1-9.

[19]　赵莉萍. 不锈钢的凝固特性与连铸中的质量控制. 钢铁. 2003，38（2）：22-24.

[20]　Wu Wei，Liu Liu，Han Zhijun. Reserach fo Stailness Steel Con-Casting Processing. Iron and Steel，2004，39（Supplement）：561-565.

[21]　王文学，王雨，迟景灏. 不锈钢连铸坯表面缺陷与对策. 钢铁钒钛，2006，27（3）63-68.

[22]　迟景灏，甘永年. 连铸保护渣. 沈阳：东北大学出版社，1992：118-125.

[23]　魏险峰. 不锈钢连铸生产中常见的几个问题. 大连特殊钢，1998（2）：9-12.

[24]　刘明华，刘正，王海川. 连铸坯表面凹陷和纵裂分析. 炼钢，2000，16（6）：55-58.

[25]　Mukhopadhyay B，Roychoudhury S. 薄板坯连铸连轧的过去、现在与未来. 钢铁，2006，41：338-342.

[26]　邹冰梅. 双辊薄带连铸生产不锈钢技术探讨. 炼钢，2009，25（4）：68-72.

4 合金结构钢

结构钢包括碳素结构钢和合金结构钢，主要用于制造金属结构及机器设备。一般具有较高的强度、较好的韧性和良好的加工性。合金结构钢中合金元素总含量一般不超过 5%，碳含量小于 0.6%。

合金结构钢具有合适的淬透性，经适宜的金属热处理后，显微组织为均匀的索氏体、贝氏体或极细的珠光体，因而具有较高的抗拉强度和屈强比（一般在 0.85 左右），较高的韧性和疲劳强度，以及较低的韧性-脆性转变温度，可用于制造截面尺寸较大的机器零件。

4.1　合金结构钢的类型及其性能

4.1.1　合金结构钢的分类

合金结构钢的牌号通常是以"数字＋元素符号＋数字"的方法来表示。牌号中起首的两位数字表示钢的平均含碳量的万分数，元素符号及其后的数字表示所含合金元素及其平均含量的百分数。若合金元素含量小于 1.5%，钢号中一般只标出元素符号，而不标其含量。高级优质钢在牌号尾部增加符号"A"，以区别于一般优质钢。例如，16Mn、20Cr、40Mn2、30CrMnSi、38CrMoAlA 等。

据其热处理工艺特点和使用性能不同，可将合金结构钢分为调质钢、低温回火钢、非调质钢、渗碳钢、氮化钢、易切钢、超高强度钢、弹簧钢和轴承钢。由于后两者具有各自独特的性能，所以通常作为独立钢类，而将前 7 类钢称为合金结构钢。

除按以上分类外，还有以下几种分类方法。

按特殊用途可将合金结构钢分为航空航天用合金结构钢，兵器用合金结构钢（包括轻武器用钢、坦克装甲用钢、火炮用钢、炮弹用钢等），舰船用合金结构钢，锅炉和压力容器用合金结构钢，石油化工等抗腐蚀用合金结构钢，燃气轮机等用合金结构钢。

按化学成分特点分可将合金结构钢分为锰钢、铬钼钢、锰铬钢、镍铬钢、铬锰硅钢等。

目前，世界较认同的分法是按碳含量多少将合金结构钢分成三大类：①碳含量＜0.20% 的 HSLA 钢，合金元素在 2% 以下且在热轧状态下使用；②碳含量为 0.15%～0.25%，含合金元素在 5% 以下的表面硬化-渗碳钢；③碳含量＞0.20% 经淬火回火处理的调质钢。

① 调质结构钢　这类钢的含碳量一般约为 0.25%～0.55%，对于既定截面尺寸的结构件，在调质处理（淬火加回火）时，如果沿截面淬透，则力学性能良好，如果淬不透，显微组织中出现有自由铁素体，则韧性下降。对具有回火脆性倾向的钢如锰钢、铬钢、镍铬钢等，回火后应快冷。这类钢的淬火临界直径，随晶粒度和合金元素含量的增加而增大，例如，40Cr 和 35SiMn 钢约为 30～40mm，而 40CrNiMo 和 30CrNi2MoV 钢则约为 60～

100mm，常用于制造承受较大载荷的轴、连杆等结构件。

② 表面硬化结构钢　用以制造表层坚硬耐磨而心部柔韧的零部件，如齿轮、轴等。为使零件心部韧性高，钢中含碳量应低，一般在 0.12%～0.25%，同时还有适量的合金元素，以保证适宜的淬透性。氮化钢还需加入易形成氮化物的合金元素（如 Al、Cr、Mo 等）。渗碳或碳氮共渗钢，经 850～950℃ 渗碳或碳氮共渗后，淬火并在低温回火（约 200℃）状态下使用。氮化钢经氮化处理（480～580℃），直接使用，不再经淬火与回火处理。

4.1.1.1　调质钢

经受淬火和在临界点 A_{c1} 以下进行回火的热处理钢称为调质钢。传统的调质钢是指淬火和高温回火钢。调质钢是机械制造行业中应用十分广泛的重要材料之一，其制作的零部件，小到几千克，大到几百吨。大多数重要用途大锻件均采用调质钢，生产技术比较复杂。

调质钢在化学成分上的特点是，含碳量为 0.3%～0.5%，并含有一种或几种合金元素。具有较低或中等的合金化程度。

钢中合金元素的作用主要是提高钢的淬透性和保证零件在高温回火后获得预期的综合性能。

淬火得到的马氏体组织经高温回火后，得到在 α 相基体上分布有极细小的颗粒状碳化物。它的显微组织根据含有不同合金元素而引起的回火稳定性的差别和回火温度，可得到回火屈氏体或回火索氏体组织，其主要区别在于基体 α 相是否完全再结晶和碳化物颗粒聚集长大的程度。

调质钢的强度主要取决于 α 相的强度和碳化物的弥散强化作用。合金元素硅、锰、镍溶于 α 相，起固溶强化作用。钢中碳的质量分数在 0.3%～0.5% 之间，可保证有足够大的碳化物体积分数以获得高强度。合金元素铬、钼、钨、钒可阻碍碳化物在高温回火时的聚集长大，保持钢的高强度。铬、钼、钨、钒还阻碍 α 相的再结晶，能保持细小的晶体结构，使 α 相也能保持足够高的强度。如果把不同化学成分的调质钢经淬火得到马氏体，回火到相同的抗拉强度，可得到相近的 σ_s、δ 和 ψ 见图 4-1。这意味着不同成分的调质钢，只要其淬透性相当，则可以互换。

碳素调质钢与合金调质钢经淬火回火到相同强度和硬度，它们在 δ_s 和 δ 值上很相近，但在断面收缩率 ψ 值上存在差别，而强度愈高，差别愈显著，碳素调质钢略差，见图 4-2。

合金元素对调质钢的韧性也有着不同的影

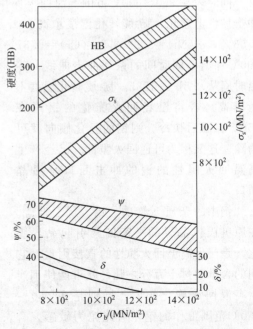

图 4-1　$\omega(C)＝0.25\%～0.45\%$ 的合金结构钢调质后室温性能各指标间的关系

响，在回火后快速冷却而不发生回火脆性的情况下，与碳素结构钢相比，钢中加入 1.0%～1.5% 的 Mn 后，钢的冲击韧性提高，韧-脆转化温度有所降低。增加钢中镍含量可使钢的韧-脆转化温度不断下降，而硅含量的增加则降低回火索氏体的韧性，升高韧-脆转化温度。

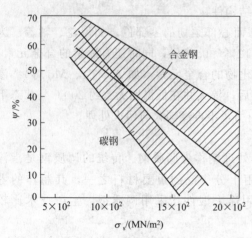

图 4-2 屈服强度相同的碳素和
合金结构钢的断面收缩率的比较

钢中杂质磷对韧性危害很大，磷含量的增加可升高韧-脆转化温度，降低冲击韧性。

调质钢的质量要求，除一般冶金方面的低倍和高倍组织要求外，主要是钢的力学性能以及与工作可靠性和寿命密切相关的冷脆性转变温度、断裂韧性和疲劳抗力等。在特定条件下，还要求具有耐磨性、耐蚀性和一定的抗热性。由于调质钢最终采用高温回火，能使钢中应力完全消除，钢的氢脆破坏倾向性小，缺口敏感性较低。脆性破坏抗力较大。

但也存在特有的高温回火脆性，从而又增大钢的脆性破坏倾向、损坏韧性。一种 Cr-Ni 调质钢经淬火 650℃ 回火后以不同速度冷却，其室温冲击值如下：

650℃回火后冷却方式	室温冲击值/J
炉冷	9.4
空冷	23.5
油冷	59.8
水冷	74.6

同时，在 350～600℃ 范围等温回火保持时间愈长，不管回火后冷却快慢，其在室温的冲击韧性愈恶化，韧-脆转化温度愈高。图 4-3 为 33CrNi3 钢 $[w(C)=0.33\%，w(Mn)=0.56\%，w(Ni)=2.92\%，w(Cr)=0.87\%]$ 经 850℃ 淬火，650℃ 回火，1h 水冷，然后在 500℃ 保温不同时间的系列冲击曲线。等温时间从 0.5h 到 128h，韧-脆转化温度不断升高。若将已经回火脆化的钢再在 650℃ 保温后快冷，则钢的脆化倾向就可消除。这又称为可逆回火脆性。已经产生高温回火脆性的钢的冲击断口是沿晶断口。

钢中的杂质元素磷、锡、锑、砷等。在原奥氏体晶界的平衡偏聚引起晶界脆化，是产生高温回火脆性的直接因素。它们的含量超过十万分之几，就可能使钢产生高温回火脆化倾向。特别是在 450～550℃ 范围工作的钢，对此尤为敏感。合金元素铬、锰、镍、硅等是强烈促进钢的

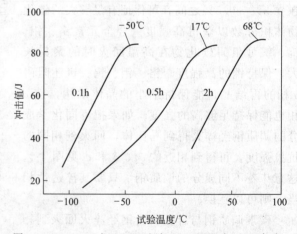

图 4-3 33CrNi3 钢 850℃ 油淬，650℃ 回火，1h 水冷，再在 500℃ 等温不同时间的系列冲击曲线

高温回火脆化倾向的，碳素结构钢对高温回火脆性是不敏感的。合金元素钼、钨和钛可减轻合金调质钢的高温回火脆性。稀土元素能和杂质元素形成稳定的化合物，可大大降低甚至消除钢的高温回火脆性。若稀土元素和锡进行复合合金化，则效果更佳，可解决长时间在 450～550℃ 范围内工作部件的高温回火脆化问题。

以力学性能为主的调质钢，要求沿断面得到近于一致的性能，因此淬透性就特别重要了。调质钢零部件很多尺寸较大（例如大锻件），因此适用淬透性要求的难度也较大。众所周知，最佳淬火组织为马氏体（M）或马氏体＋≤50%贝氏体（B），因此出现的马氏体淬透性和50%马氏体淬透性是广泛采用的淬透性判据。在这种淬透性下，调质钢具有最佳的力学性能配合、低的冷脆转变温度和高的断裂韧性。但是对于大型钢件来说，由于淬火时的实际冷却速度随钢件尺寸加大而大大降低，因而这种淬透性是实现不了的。考虑到贝氏体（特别是下贝氏体）高温回火后也有较好的综合性能，因此出现了适用于大型钢件的所谓贝氏体淬透性。

大多数调质钢为中碳合金结构钢，屈服强度（$\sigma_{0.2}$）在490～1200MPa。以焊接性能为主要要求的调质钢，为低碳合金结构钢，屈服强度（$\sigma_{0.2}$）一般为490～800MPa，有很高的塑性和韧性。少数沉淀硬化形成调质钢，屈服强度（$\sigma_{0.2}$）可到1400MPa以上，属高强度的超高强度调质钢。

常用的合金调质钢按淬透性的强度分为四类：①低淬透性调质钢；②中淬透性调质钢；③较高淬透性调质钢；④高淬透性调质钢。

4.1.1.2　低温回火钢

回火索氏体组织不能充分发挥碳在提高钢的强度方面的潜力。淬火低温回火得到的中、低碳回火马氏体发挥了碳在过饱和α相中的固溶强化、$\varepsilon\text{-}Fe_{2.4}C$ 与基体共格产生的沉淀强化及马氏体相变的冷作硬化。其中回火马氏体的强度主要来自固溶在马氏体α相中的碳。研究表明，钢中的碳的质量分数 $w(C)$ 在0.2%～0.5%范围，低温回火后钢的抗拉强度与钢中含碳量呈线性增加的关系：

$$\sigma_b = 2880w(C) + 800\text{MPa}$$

当钢中 $w(C)=0.30\%$ 时，可获得 σ_b 约1700MPa的高强度。$w(C)$ 每增加0.01%，σ_b 约增高300MPa。$w(C)$ 在0.20%～0.30%范围，回火马氏体保持较好的韧性和较低的韧-脆转化温度；当 $w(C)$ 超过0.30%，随着钢强度继续升高，钢的韧性特别是断裂韧性下降显著。

合金元素的主要作用是提高钢的淬透性，保证得到马氏体组织。在回火马氏体中，若元素质量分数分别为 $w(Mn)=1\%$，$w(Cr)=1.5\%$，$w(Mo)=0.5\%$，$w(Ni)=1\%\sim4\%$，都能改善钢的韧性，并降低 $FATT_{50}$（℃），而镍的作用尤为显著。加入少量钒细化了奥氏体晶粒，也可改善钢的韧性。

淬火钢在250～350℃范围有低温回火脆性，在冲击功与回火温度关系曲线上出现脆性的凹谷，见图4-4中曲线b。引起低温回火脆性有两个方面的原因。首先，在这个温度范围内发生回火第三转变，$\varepsilon\text{-}Fe_{2.4}C$ 溶解，Fe_3C 在马氏体板条边界和原奥氏体晶界析出，呈连续薄片状，在冲击下沿马氏体板条边界裂开，产生穿晶断裂。350℃以上 Fe_3C 开始球化，韧性又开始恢复增长。第二个原因是杂质元素磷、锡、锑等在淬火加热时发生在奥氏体晶界的偏聚，经淬火后杂质元素被冻结在原奥氏体晶界。富集杂质的原奥氏体晶界同时在这个温度范围存在 Fe_3C 连续薄膜。虽然两者单独存在不足以引起沿晶脆断，但两者叠加起来就会加重原奥氏体晶界的脆性，造成沿晶脆断，因而产生低温回火脆性。含杂质元素极低的超纯钢就不出现脆性凹谷，不产生低温回火脆性，见图4-4中曲线a。

合金元素锰和铬加剧低温回火脆化倾向，锰的质量分数在2%以上，淬火态也可得到沿晶脆断，其低温回火脆化倾向也将进一步加剧。这主要是淬火加热时奥氏体晶界有高浓度磷的晶界偏聚发生。钼能改善低温回火脆性，但不能消除。硅、铝推迟 $\varepsilon\text{-}Fe_{2.4}C$ 向 Fe_3C 转

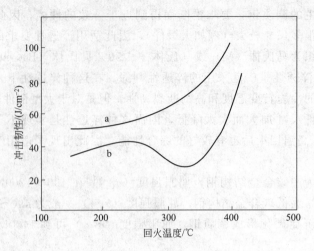

图 4-4 低温回火钢冲击功和回火温度的关系

(30Mn，850℃盐水淬火，奥氏体晶粒 8～9 级)

a—$w(P)=0.005\%$；b—$w(P)=0.028\%$

变，将低温回火脆化温度范围推向 350℃以上。

防止淬火钢的低温回火脆性的措施是：①避免在 250～350℃温度范围回火；②生产高纯钢，降低磷、锡、锑等杂质元素含量；③加入硅推迟脆化温度范围，使钢的回火温度可提高到 320℃。

钢中碳的质量分数低于 0.30% 时，淬火后马氏体的微观结构为位错型的板条马氏体，具有高的强度和良好的韧性。在低温回火后，其综合力学性能优于中碳调质钢，并且冷脆倾向小，有低的疲劳缺口敏感度。中碳调质钢和低碳马氏体结构钢力学性能的比较见表 4-1。

表 4-1 中碳调质钢和低碳马氏体结构钢的力学性能的比较

钢种	热处理工艺	$\sigma_{0.2}$/MPa	σ_b/MPa	δ/%	ψ/%	α_k/(J/cm^2)
40Cr	850℃油淬，560℃回火，油冷	≥800	≥1000	≥9	≥45	≥60
15MnVB	880℃盐水淬，200℃回火，空冷	≥1000	≥1200	≥10	≥45	≥90
18Cr2Ni4W	880℃空冷，180℃回火，空冷	1029	1176	12	55	108

由于低碳钢的淬透性较小，一般采用低碳低合金钢。它们在热轧后退火，具有低强度、高塑性和良好的冷变形性。例如，汽车用高强度螺栓、销钉等，过去用中碳调质钢，需要热顶锻锻出螺栓头，表面质量差。中碳调质钢退火后硬度较高，碾压螺纹困难。若采用低碳马氏体结构钢代替中碳调质钢制作上述零件，其优点在于可用冷锻成形，比热顶锻制的螺栓精度高，表面质量好，生产率高，并可减少切削量，节约钢材。

强度和韧性配合要求特别高的零件，如大马力高速柴油机曲轴等。用低碳中合金钢比中碳合金调质钢的效果更好，可采用 18Cr2Ni4W 钢，其力学性能见表 4-1。由于钢中 $w(Ni)=4\%$，因而改善了室温和低温韧性和断裂韧性，具有高强度、低缺口敏感性和高疲劳强度。

4.1.1.3 非调质钢

非调质结构钢是不经过淬火和回火调质处理，只经过锻造或空轧空冷即达到调质钢要求的强度和韧性水平的新型合金结构钢。与调质钢相比，非调质结构钢有如下特点：

① 减少制品热处理费用，降低生产成本；

② 简化生产工序，缩短生产周期，降低过程库存量，减小运输量；

③ 提高生产率；

④ 降低能耗，节能能源；

⑤ 减少氧化脱碳、热处理变形及废品；

⑥ 改善环境。

非调质钢是在中碳锰钢的基础上加入钒、钛、铌微合金化元素，使其在加热过程中溶于奥氏体中，因奥氏体中的钒、钛、铌的固溶度随着冷却而减小。微合金元素钒、钛、铌将以细小的碳化物或氮化物形式在先析出的铁素体和珠光体中析出。这些析出物与母相保持共格关系，使钢强化。这类钢在热轧状态、锻造状态或正火状态的力学性能既缩短了生产周期，又节省了能源。非调质钢的力学性能取决于基体显微组织和析出相的强化。

根据非调质结构钢的显微组织，可分为铁素体-珠光体型中碳微合金非调质钢和低碳贝氏体、马氏体型非调质钢。

在中碳锰钢的基础上加入微合金元素，为保证有足够浓度的铌、钒、钛溶于奥氏体，加热温度要达到1200℃，并且要保留一定量未溶的 Nb(C，N) 和 TiN 起阻止奥氏体长大作用。在控制锻造和控制轧制时起细化奥氏体晶粒作用，在 $950 \sim 850$℃ 范围形变诱导析出弥散碳、氮化物，此时动态再结晶已停止，形变积累却成为先共析铁素体和珠光体形核的有利位置，因而得到了细化的先共析铁素体晶粒和珠光体团及珠光体片层得到细化的显微组织，改善了钢的韧性和延性。

铁素体-珠光体型中碳微合金非调质结构钢应用在形状要得到稳定的高韧性有困难，在对复杂运动部件和低温条件下的部件，要求有更高的强度和韧性以及低的韧-脆转化温度时更难适应，因而，发展了低碳贝氏体型和低碳马氏体型的非调质结构钢。增加钢中含锰量有利于在空冷时得到低碳贝氏体。为防止冷却时发生先共析铁素体和珠光体转变，需要加入推迟上述转变而较少推迟贝氏体转变的元素，如钼、铌、硼。铌还可以细化奥氏体晶粒及贝氏体和马氏体组织，以提高钢的韧性。

非调质钢还可根据用途分为热锻用非调质钢、直接切削用非调质钢、冷作强化非调质钢和高韧性调质钢。热锻用非调质钢用于热锻件（如曲轴、连杆等），直接切削用非调质钢用热轧件直接加工成零件，冷作强化非调质钢用于标准件（如螺母等），高韧性非调质钢用于要求韧性较高的零部件。

4.1.1.4 渗碳钢

零件通过表面渗碳、整体淬火后，具有高碳的耐磨表层和低碳的高强韧性心部，能承受巨大的冲击载荷、接触应力和磨损。汽车、工程机械和机械制造等行业中，大量使用的齿轮，是渗碳钢应用中最具代表性实例。

渗碳是将低碳钢置于适当碳势的气氛中，在高温奥氏体相区保温，使其表面增碳。对于连续规模生产，通常采用气体渗碳。渗碳过程有三个基本过程。第一个过程是高温下渗碳剂的热分解，析出活性碳原子 [C]。第二个过程是活性碳 [C] 和 CO 被渗碳钢表面吸附，伴随有表面反应 $2CO \Longleftrightarrow [C] + CO_2$，[C] 吸附表面后向钢内部渗入，在奥氏体表面维持着一定的碳含量。渗碳过程中，炉内气氛与钢表面碳含量达到平衡时的相对碳含量称为碳势，它对渗碳质量起着决定性的作用。不断向炉内输入渗碳介质就增高了分解产物活性碳原子 [C] 的浓度，保持着高的碳势。第三个过程是碳由钢表面向钢内部扩散，钢表面吸收活性碳原子 [C] 后，表面碳浓度增高，这就在钢表面和内部之间构成了碳浓度差，在渗碳温度下获得增厚的渗碳扩散层。

渗碳钢常用的合金钢系列主要是 Cr-Mn 系、Cr-Mo 系和 Cr-Ni-Mo 系等。

保证渗碳钢心部的组织和性能的核心是淬透性。一般用途的渗碳件的心部组织为 50%左右的马氏体加其他非马氏体组织。重要用途（如航空渗碳齿轮）的渗碳件的心部组织亦应为马氏体或马氏体/贝氏体组织。提高淬透性的常用合金元素有铬、锰、镍、钼和硼。合金元素对渗碳层表面含碳量和渗碳层深度的影响如图 4-5 所示。从合金化的经济角度考虑，Cr-Mn 系（特别是含硼钢）值得推荐，但就生产和使用的角度而言，Cr-Mo 钢更为优越。重要用途的、高质量要求的渗碳钢一般均含有一定量的钼，尤其是对于重载的大型渗碳件更需要。

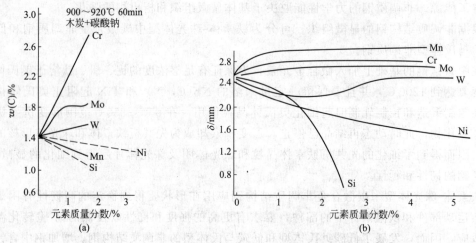

图 4-5 合金元素对渗碳层表面含碳量 (a) 和渗碳层深度 (b) 的影响

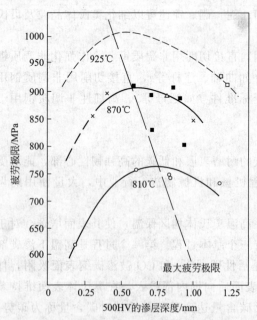

图 4-6 有效硬化层深与疲劳极限的关系

当心部性能确定后，渗层组织和性能对使用寿命具有决定性作用。渗层的组织要求为马氏体和细小、弥散、球状分布的合金碳化物。保证渗层组织的核心仍然是淬透性。渗层应具有高的硬度、良好的显微组织、合理的残余应力分布和一定的韧性储备。

在一定的渗碳工艺条件下，有效硬化层深与合金元素及渗碳工艺有关。有效硬化层深度影响疲劳极限，但它们之间并非正比关系，如图 4-6 所示。合金元素对渗碳层材料渗透性的影响如图 4-7 所示。

控制渗碳工件的变形，除采用淬火夹具外，在冶炼上必须控制材料成分的均匀性，使淬透性保持一致。在合金成分的设计上可选用高淬透性元素，像 Mo、Cr、Mn 等，以便为慢速淬火奠定基础。在慢速淬火能使渗层得到全马氏体的条件下，可使变形减到最小，而且根据转变顺序慢速地由里向外发展，从而导致合理的残余应力分布。

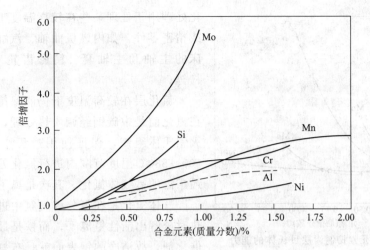

图 4-7 合金元素对渗碳层材料渗透性的影响

　　高的表层硬度对于抗磨损和抗疲劳都是极为重要的。提高表层硬度最有效的方法是提高表面含碳量。但表面含碳量并非越高越好。因为一方面，由于残余奥氏体的增多等原因，硬度有一个饱和值；另一方面，过高的含碳量还可能使表层碳化物呈大块状或网状分布，导致渗层性能恶化。许多合金渗碳钢都有其对应的最佳表面碳浓度，不同钢种的表面硬度与表面含碳量的关系，如图 4-8 所示。

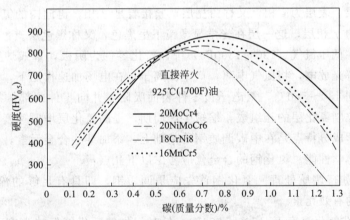

图 4-8 不同钢种的表面硬度与表面含碳量的关系

20MoCr4(0.7Mn-0.5Cr-0.4Mo)

20NiMoCr6(0.6Mn-0.5Cr-1.6Ni-0.5Mo)

18CrNi8(0.5Mn-2Cr-2Ni)

16MnCr5(1.1Mn-1Cr)

　　渗层显微组织中如果出现贝氏体，会降低冲击断裂强度和疲劳抗力。合金元素可以抑制渗碳层中贝氏体的出现。合金元素抑制渗层贝氏体的能力如图 4-9 所示。

4.1.1.5　氮化钢（渗氮钢）

　　适合氮化（或渗氮）工艺的钢种，称氮化钢或渗氮钢。一般狭义而言，是指专门为渗氮零件设计、冶炼、加工的一种特殊钢种。其典型代表为 38CrMoAl。

　　氮化钢制作的机械零件，经氮化处理后，能获得极高的表面硬度（HV1000～1100）、良好的耐磨性、高的疲劳强度和较低的缺口敏感性、一定的抗腐蚀能力、高的热稳定性。氮

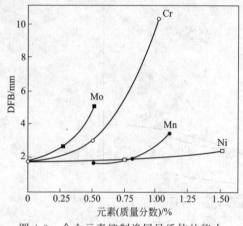

图 4-9 合金元素抑制渗层贝氏体的能力

化处理用于处理某些在较高温度工作的耐磨零件或精密零件，如内燃机曲轴、汽缸套和汽阀、镗床的主轴和主轴套、精密齿轮和精密机器丝杆等。

氮化层在较高温度下仍能保持其硬度，零件在氮化前是中碳钢经调质热处理，得到稳定的回火索氏体组织，保证使用过程中尺寸稳定。在 500～580℃ 温度范围内进行氮化处理。当前应用最广泛的是气体氮化，其次是离子氮化。

气体氮化是在氨分解气氛中进行，氨气在加热时分解出活性氮离子，而铁是最主要的氨分解催化剂，故洁净的钢表面就具有氨分解的催化作用，在钢表面产生的活性氮 [N] 原子被钢表面吸收。钢表面氮化层的合金相可以从 Fe-N 相图中找到，在 $w(N)$ 为 5.9% 时形成 γ' 相，其成分符合 Fe_4N，温度 450℃ 时其 $w(N)$ 含量在 5.7%～6.7%，属于面心立方晶系。在 $w(N)$ 为 8.25%～11% 时为可变成 ε 相，介于 Fe_3N-Fe_2N 之间，属于六方晶系。Fe-N 系中，$w(N)$ 为 2.35%，在 590℃ 发生 $\gamma \rightarrow \alpha + \gamma'$ 的共析转变。在 590℃ 以下进行氮化时，氮首先溶于基体 α-Fe，达到饱和时，表面就形成 γ'-Fe_4N。当 γ'-Fe_4N 中 $w(N)$ 浓度超过 5.7% 就会在钢表面形成 ε 相。典型的氮化层结构由表面向内分为两层，表层为 ε 相，又称白亮层，紧接着是 γ' 相，再向内的氮扩散层为 α 相基体内析出的弥散的 γ' 相层，这一层在光学显微镜下呈黑色，又称黑色层。

离子氮化是在低压氮气（130～1300Pa）中，氮化零件为阴极，罩式炉壁为阳极，在电场作用下，激发辉光放电，将氮气电离，产生氮离子，在电场加速作用下，轰击处于阴极的零件，使之升温到 480～560℃，氮离子被零件表面吸附，并向零件内部扩散。这种工艺的优点在于能更好控制氮化层的相组成，缩短生产周期，提高氮化层增厚速度。

渗氮钢的化学成分特点是在中碳调质钢的基础上，添加某些合金元素，以提高或改善其渗氮性能和其他力学性能。氮化钢的合金化应考虑以下几点：

① 氮化前需进行调质处理。氮化钢首先应是调质钢，即具有足够的淬透性。铬、锰、钼是提高淬透性的有效元素。

② 为了使钢在氮化温度下（500～570℃）长时间加热后仍能保持强度不变，向钢中加入钼和钒。为了防止或减轻高温回火脆性，往往向钢中添加质量分数为 0.2%～0.5% 的 Mo。

③ 氮化时，渗入 α 相基体的氮原子同固溶于 α 相中的铬、钼、钨、钒、铝等元素结合，形成合金氮化物，呈细小颗粒，与 α 相基体保持共格、弥散分布，起沉淀强化作用，使氮化层硬度提高，并能在氮化温度下长时间保持弥散状态和高硬度。

合金元素对渗氮层表面硬度的影响如图 4-10 所示。合金元素对渗氮层深度的影响如图 4-11 所示。

要求高耐磨性的零件要有高硬度的表面氮化层，一般采用含强氮化物形成元素铝的钢种，如 38CrMoAl。经调质和表面氮化处理后，38CrMoAl 钢表面可获得最高氮化层硬度，达到 HV900～1200。仅要求高疲劳强度的零件，可采用不含铝的 Cr-Mo 型氮化钢，如 35CrMo、40CrV 等，其氮化层的硬度控制在 HV500～800。不同氮化钢经氮化后截面上硬

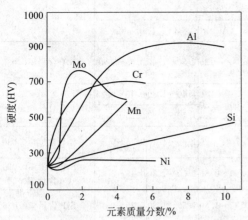

图 4-10 合金元素对渗氮层表面硬度的影响
（氮化温度 550℃，氮化时间 24h）

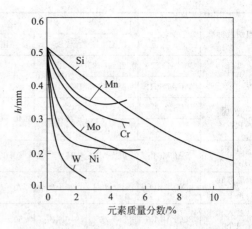

图 4-11 合金元素对渗氮层深度的影响
（氮化温度 550℃，氮化时间 24h）

度分布曲线见图 4-12。用钛进行合金化的氮化钢可以提高钢的氮化速度，减少氮化时间。如 30CrTi2、30CrTi2Ni3Al 钢可以在 600℃ 氮化 6h，相当于 38CrMoAl 钢在 510℃ 20h 达到的 0.35mm 以上的氮化层厚度。

　　氮化处理提高零件疲劳强度和耐磨性的原因。首先，在表面形成高硬度的 γ'-Fe_4N、ε-$Fe_{3,2}N$ 层；其次，渗入的氮原子与氮化物形成元素形成弥散的合金氮化物，提高表面氮化层的强度和硬度。另外，表面渗入氮原子后体积膨胀，因而在表面产生了残留压应力，能抵消外力作用产生的张应力，减少表面疲劳裂纹的产生。

　　含铝渗氮钢是渗氮钢的主要品种，尤以高铝的铬钼铝钢为典型代表，我国和世界各国家含铝渗氮钢的牌号和化学成分如表 4-2 所示。

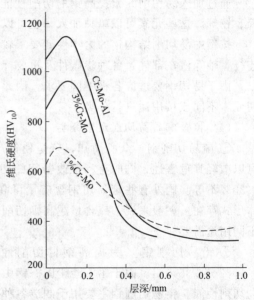

图 4-12 不同氮化钢经氮化后
截面上硬度分布曲线

表 4-2　各国含铝渗氮钢的牌号和化学成分　　　　单位：%

国别及标准	钢号	化 学 成 分						备注
		C	Si	Mn	Al	Cr	Mo	
中国 GB 3077	38CrMoAl	0.35～0.42	0.20～0.40	0.30～0.60	0.70～1.10	1.35～1.65	0.15～0.25	S,P 含量≤0.035 Cu 含量≤0.30
德国 DIN 17211	34CrAlMo5	0.30～0.37	0.20～0.50	0.50～0.80	0.80～1.20	1.00～1.30	0.15～0.25	S 含量≤0.035 P 含量≤0.030
	41CrAlMo7	0.38～0.45						
美国 ASTM A535	Nitralloy A	0.38～0.42	0.20～0.40	0.50～0.70	0.95～1.30	1.40～1.80	0.30～0.40	S,P 含量≤0.035
	Nitralloy D	0.33～0.38	0.20～0.40	0.50～0.70	0.95～1.30	1.00～1.35	0.15～0.25	

国别及标准	钢号	化学成分						备注
		C	Si	Mn	Al	Cr	Mo	
法国 NF A35-551	30CAD6.12	0.28～0.35	0.20～0.40	0.50～0.80	1.00～1.30	1.50～1.80	0.25～0.40	S,P 含量≤0.035
	40CAD6.12	0.38～0.45						
英国 BS970	En41 A	0.27～0.35	0.10～0.45	0.40～0.65	0.90～1.30	1.40～1.80	0.15～0.25	S,P 含量≤0.025
	En41 B	0.35～0.42				1.50～1.80	0.25～0.40	
日本 JIS G4202	SACM645	0.45～0.50	0.15～0.50	0.60	0.70～1.20	1.30～1.70	0.25～0.30	S,P 含量≤0.030
原苏联 ГОСТ 4543	38X2MoIOA	0.35～0.43	0.20～0.40	0.20～0.50	0.50～0.80	1.50～1.80	0.15～0.25	S,P 含量≤0.025 Cu 含量≤0.30
意大利 UNI	38CrAlMo7	0.35～0.41	0.40	0.50～0.70	0.80～1.30	1.50～1.80	0.25～0.40	S,P 含量≤0.035

4.1.1.6　易切削结构钢

通过加入易切削元素提高钢的切削性能的钢。主要易切削元素有硫、磷、铅、硒、钙、碲、铋等。这些元素可以单独加入，也可以复合加入钢中，如硫与磷，硫与铅等。

按钢中易切削结构钢的力学性能要求较高，多用于制造负荷较大的重要零件，如齿轮、连杆、轴等汽车部件、各种渗碳件及重要标准件。

由于易切钢要适应各种不同要求，因此品种较多。为了便于分析和比较，可按钢中含易切元素不同或按用途进行分类。

（1）按含有的易切削元素分类

① 硫易切削钢　众所周知，硫是使钢产生热脆性的元素，但钢中加入锰时形成 MnS，可以减轻其危害性，同时有利于改善钢的切削性。通常硫易切钢中含硫量范围为 0.05%～0.33%不等。国外有些硫易切钢含硫量可高达 0.60%，钢中硫化物主要以（FeMn）S 固溶体形式存在。一般来说，硫含量越高则切削性越好，硫含量越低其力学性能越佳，以此适应不同用途需要。

② 铅易切削钢　为提高钢材切削性，在碳聚结构钢、合金结构钢、不锈钢内加 0.10%～0.35%铅。由于铅不溶于固态钢中，它以微粒质点分布于钢的基体组织中，从而提高切削性能。铅易切削钢主要用于制造各种重要机械零件。

③ 钙易切削钢　这类钢是以钙控制脱氧的碳素结构钢与合金结构钢，钙在钢中以复合氧化物形式存在。钙的总含量为 0.0005%～0.01%。此类钢主要用于受载荷较重的各种机械零件。

④ 复合易切削钢　将易切削元素以多元复合方式加入钢中，从而达到进一步提高切削性能的目的。常用硫-磷、硫-铅、硫-碲（硒）、硫-磷-铅-碲、钙-硫等复合加入钢中。其中以硫-铅、硫-磷-铅-碲复合易切钢切削性能最佳，被称为"超易切削钢"或"超超易切削钢"。此类钢一般均为低碳钢，多用于自动机床加工各种小型零件或标准件等。

常用合金元素对钢切削性能的影响如图 4-13 所示。

（2）按用途分类

① 自动机用钢　这类钢要求切削性能比要求力学性能要高，因此类钢多采用自动机床加工成零件而得名。自动机用钢多属于低碳钢，含磷量较高，约为 0.05%～0.10%，因此自动机钢又称为低碳易切削钢，主要用于制造负荷较小的零件，如螺钉螺帽等标准件、通用

机械零件。

② 结构用易切钢　此类钢对力学性能要求较高，而对切削性能相对要求较低，多用于制造负荷较大的重要零件，如齿轮、连杆、轴等汽车部件，各种渗碳件及重要标准件。这类钢品种较多，大部分为中碳结构钢或中低碳合金结构钢。

③ 特殊易切削钢　具有特殊性能的不锈钢、轴承钢等同样存在提高切削性能问题，尤其是不锈钢，一向以难切削著称。因此，国内外开发了很多易切削不锈钢品种，主要用于化工、水泵等零件。

对易切削结构钢而言，切削前显微组织一般为铁素体加珠光体，而铁素体与珠

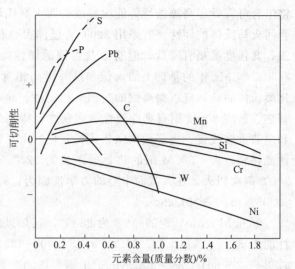

图 4-13　常用合金元素对钢切削性能的影响

光体相对量对切削性有明显影响。若铁素体过多，由于其硬度低（HB50～90），韧塑性好，虽然切削力不高，但刀具热磨损严重，同时容易生成积屑瘤，增加表面粗糙度，而且切屑长而不易碎断，所以低碳钢与铁素体钢切削性能差。如果珠光体相对量过多，将引起切削力增加，促使刀具磨损。经验表明，珠光体量在 15％～20％ 时最适宜，最多不应超过 30％。

4.1.1.7　超高强度钢

超高强度钢的定义是相对于时代要求的技术进步程度而在变化的。一般来说，屈服强度在 1370MPa（140kgf/mm²）以上，抗拉强度在 1620MPa（165kgf/mm²）以上的合金钢称超高强度钢。按其合金化程度和显微组织分为低合金中碳马氏体强化超高强度钢、中合金中碳二次沉淀硬化型超高强度钢、高合金中碳 Ni-Co 型超高强度钢、超低碳马氏体时效硬化型超高强度钢、半奥氏体沉淀硬化型不锈钢等。

低合金中碳马氏体强化型超高强度钢是在低合金调质钢的基础上发展起来的，合金元素总量一般不超过 6％。主要牌号包括传统的镍铬钼调质钢 4340（40CrNiMo），碳含量 0.45％ 的镍铬钼钒钢 D6AC（45CrNiMoV），碳含量 0.30％ 的铬锰硅镍钢（30CrMnSiNi2A），在 4340 钢基础上通过加入硅（1.6％）和钒（0.1％）而研制成的 300M 钢（43CrNiSiMoV）以及不含镍的硅锰钼钒或硅锰铬钼钒等。低合金超高强度钢的牌号及化学成分见表 4-3。

表 4-3　国内外主要低合金超高强度钢的牌号及化学成分（质量分数）　　单位：%

钢号	C	Si	Mn	Cr	Ni	Mo	V
10CrNiMo	0.38～0.42	0.20～0.35	0.65～0.85	0.70～0.90	1.65～2.00	0.20～0.30	
35Si2Mn2MoV	0.32～0.38	1.40～1.70	1.60～1.90			0.35～0.45	0.15～0.25
30CrMnSiNi	0.27～0.34	0.90～1.20	1.00～1.30	0.90～1.20	1.40～1.80		
D6AC	0.42～0.48	0.15～0.30	0.60～0.90	0.80～1.05	0.40～0.70	0.90～1.10	0.05～0.10
300M	0.40～0.46	1.45～1.80	0.65～0.90	0.70～0.95	1.65～2.00	0.35～0.45	0.05～0.10

40CrNiMo 钢中合金元素的配合有效地提高钢的淬透性和较好的韧性，经 900℃ 淬火和 200℃ 回火，$\sigma_{0.2} \geqslant 1628$MPa，$\sigma_b \geqslant 1884$MPa，$\delta \geqslant 10$％。钢中铬和锰主要提高淬透性，镍和

铬组合可有效提高淬透性并能很好改善回火马氏体的韧性。钼除有效提高淬透性外，还可改善回火马氏体的韧性。若采用 320℃ 等温淬火，获得下贝氏体或掺杂有回火马氏体的混合组织，其强度虽稍有降低，但有效改善钢的韧性，冲击韧性提高 34%，断裂韧性提高 10%。在 40CrNiMo 钢的基础上加入钒和硅并提高钼含量的 300M 钢（40CrNiCrMo）中，钒可细化奥氏体晶粒；硅可提高钢的抗回火稳定性，将回火温度由 200℃ 提高到 300℃ 以上，以改善韧性。故 300M 钢有高淬透性和强韧性，特别是大截面钢材更明显。经过真空感应炉冶炼和电渣重熔成锭，再经两次镦粗拔长开坯，由于钢的纯净度大大提高，在大截面上钢的横向性能得到改善。300M 钢的热处理工艺为 927℃ 正火，870℃ 淬火，淬火介质为油，最后经 300℃ 两次回火。在大截面中心的力学性能为：$\sigma_{0.2} \geqslant 1520\text{MPa}$，$\sigma_b \geqslant 1860\text{MPa}$，$\delta \geqslant 8\%$，$\psi \geqslant 30\%$，$\alpha_{KV} \geqslant 39\text{J/cm}^2$。

35Si2Mn2MoV 钢的 AC3 为 880℃，其热处理工艺为 920℃ 淬火和 320℃ 回火，其力学性能为 $\sigma_{0.2} \geqslant 1500 \sim 1650\text{MPa}$，$\sigma_b \geqslant 1800 \sim 1950\text{MPa}$，$\delta \geqslant 10\% \sim 12\%$，$\psi \geqslant 40\% \sim 50\%$，$\alpha_{KV} \geqslant 50 \sim 60\text{J/cm}^2$。30CrMnSiNi 钢经 900℃ 淬火和 250℃ 回火，其力学性能为 $\sigma_{0.2} \geqslant 1370 \sim 14700\text{MPa}$，$\sigma_b \geqslant 1500 \sim 1765\text{MPa}$，$\delta \geqslant 9\%$，$\psi \geqslant 40\%$，$\alpha_{KV} \geqslant 60\text{J/cm}^2$。

可通过真空熔炼降低钢中杂质元素含量，改善钢的横向塑性和韧性。由于钢中合金元素含量较低，成本低，生产工艺简单，广泛用于飞机大梁、起落架、发动机轴、高强度螺栓、固体火箭发动机壳体和化工高压容器等。

中合金中碳二次沉淀硬化型超高强度钢是从含 5%Cr 型模具钢移而来的。由于它在高温回火状态下有很高的强度和较令人满意的塑性和韧性，抗热性好，组织稳定，用于飞机起落架、火箭壳体等。典型钢种为 H11 和 H13 等。其主要成分为 C 0.32% ～ 0.45%；Cr 4.75% ～ 5.5%；Mo 1.1% ～ 1.75%；Si 0.8% ～ 1.2%。

高合金中碳 Ni-Co 型超高强度钢，是在具有高韧性、低脆性转变温度的 Ni 含量为 9% 型低温钢的基础上发展起来的。在 Ni 含量为 9% 钢中添加钴是为了提高钢的 Ms（马氏体转变）温度，减少钢中的残余奥氏体，同时，钴在镍钢中起固溶强化作用，还通过加钴来获得钢的自回火特性，从而使这类钢具有优良的焊接性能。碳在这类钢中起强化作用。钢中还含有少量铬和钼，以便在回火时产生弥散强化效应。主要牌号有 HP9-4-25，HP9-4-30，HP9-4-45 以及改型的 AF1410（0.16%C-10%Ni-14%Co-1%Mo-2%Cr-0.05%V）等。这类钢综合力学性能高。抗应力腐蚀性好，具有良好的工艺性能和焊接性能，广泛用于航空、航天和潜艇壳体等产品上。

超低碳马氏体时效硬化型超高强度钢，通常称马氏体时效钢。

钢的基体为超低碳的铁镍或铁镍钴马氏体。其特点是，马氏体形成时不需要快冷，可变温及等温形成；具有体心立方结构；硬度约为 HRC20，塑性很好；再加热时不出现像在低碳马氏体中发生的回火现象，并有很大的逆转变温度迟滞，因而可以在较高温度进行马氏体基体内的时效硬化。在这样的高镍马氏体中含有能引起时效强化的合金元素，借助于时效强化，从过饱和的马氏体中析出弥散分布的金属间化合物，使钢获得高强度和高韧性。

18Ni 马氏体时效钢的热处理工艺见图 4-14。当钢加热到 800℃ 以上形成全部奥氏体后，由于合金度高，即使冷却速度较慢也能在低温下转变为马氏体，一般采用空冷。发生马氏体转变的温度范围为 100 ～ 155℃，冷却到室温时，除马氏体外，只含少量残留奥氏体。此时硬度为 HRC26 ～ 32。钢的时效温度为 480℃，时效 3h，然后空冷，此时硬度为 HRC52。

不同冶炼工艺对 18Ni 马氏体时效钢的力学性能，特别是韧性和缺口强度有明显差别，经真空熔炼后明显提高。18Ni(250) 钢经大气熔炼后，$\sigma_{0.2}$ 为 1668～1844MPa，σ_b 为 1717～1913MPa，δ 为 10%～12%，φ 为 48%～58%，缺口拉伸强度 $\sigma_N(K_t>10)$ 为 2158～2403MPa，21℃冲击值为 16～20J。而真空熔炼后，缺口拉伸 $\sigma_N(K_t>10)$ 上升到 2698～2845MPa，21℃冲击值为 34～40J。所以，对 18Ni(250) 和以上级别的马氏体时效钢采用真空熔炼加真空自耗重熔的双真空熔炼工艺。与低合金超高强度钢相比，马氏体时效钢不仅有高强度，而且同时有更好的范性、韧性和缺口强度。即在高强度服役条件下，仍有良好的安全可靠性。

马氏体时效钢是通过金属间化合物的析出使钢强化。通过无碳马氏体基体取得高塑性，最后达到很高的强度塑性配合。这类钢具有良好的成形性能、焊接性能和尺寸稳定性，热处理工艺也较简单，用于航空、航天器构件和冷挤、冷冲压模具等。

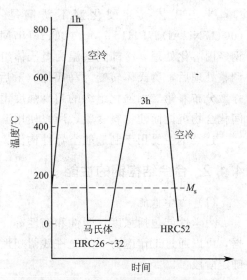

图 4-14　18Ni 马氏体时效钢的热处理

为了提高马氏体时效钢的塑性和韧性，必须严格控制钢中的杂质元素含量。首先控制碳含量是关键。碳与钼、钛、铌形成稳定碳化物在晶界析出，使韧性和 σ_N 缺口强度即降低。并减少其有效含量，使强化效应减少。若碳固溶于马氏体中，就会钉扎位错，降低马氏体的范性。氮在钢中形成 TiN 和 NbN，是裂纹源。少量硅对韧性有害，硅的总量控制在 $w(Si)$ 不超过 0.1%。硫和磷也控制得很低，$w(S)<0.008\%$；$w(P)<0.005\%$。铬和锰可用来部分代替镍的作用。另外，微合金元素硼、锆、钙、镁和稀土金属可以改善马氏体时效钢的性能。

按镍含量不同，马氏体时效钢分为 25%Ni、20%Ni、18%Ni 和 12%Ni 等类型。18% 型应用较广，为含有钼、钛等强化元素的超低碳铁-镍（18%）-钴（8.5%）合金，包括 3 个牌号：18%Ni (200)、18%Ni (250)、和 18%Ni (300)，（200、250、300）为抗拉强度等级。

马氏体时效钢按强度进行分类：18Ni (200) 的屈服强度为 1400MPa（200ksi）❶，18Ni (250) 的屈服强度为 1700MPa（250ksi），18Ni(300) 的屈服强度为 1900MPa（300ksi），18Ni (350) 屈服强度为 2400MPa（350ksi）。此外，还有 400 级（2800MPa，400ksi）。500 级（3500MPa，500ksi）以及无钴的马氏体时效钢。主要马氏体时效钢的化学成分见表 4-4。

表 4-4　主要马氏体时效钢的化学成分（质量分数）　　　　单位：%

标准牌号	Ni	Mo	Co	Ti	Al	其他	无 Co 牌号	Ni	Mo	Ti	Al
18Ni(200)	18	3.3	8.5	0.2	0.1		无 Co 18Ni(200)	18.5	3.0	0.7	0.1
18Ni(250)	18	5.0	8.5	0.4	0.1		无 Co 18Ni(250)	18.5	3.0	1.4	0.1
18Ni(300)	18	5.0	9.0	0.7	0.1		无 Co 18Ni(300)	18.5	3.0	0.85	0.1
18Ni350	18	4.2	12.5	1.6	0.1						
12-5-3(180)	18	3	—	0.2	0.3	5Cr					

❶　1ksi=1000psi=6.9MPa。

半奥氏体沉淀硬化型不锈钢是一类高合金的超高强度钢，如常见的 17-7PH（0Cr17Ni7Al）、PH15-7Mo（0Cr15Ni7Mo2Al）和 AFC-77（15Cr15Mo5Co14V）等。这类钢经固溶化处理，冷却到室温为奥氏体组织，再经过冷加工、冷处理或者加热到 750℃进行调整处理后，奥氏体转变为马氏体。最后在 400～550℃时效，便得到在回火马氏体基体上弥散分布着第二相强化组织的超高强度钢。这类钢在 315℃以上长时间使用时，会因为金属间化合物沉淀而使材料变脆，所以使用温度要限制在 315℃以下。

这类钢主要用于制造航空器件构件、高压容器和高应力腐蚀化工设备零件等。

4.1.2 合金结构钢的性能

（1）力学性能

力学性能包括强度、塑性和韧性等。其中强度是第一位的，是工件设计和选材的主要依据，可以通过工作应力下的允许残留塑性变形量而计算确定。而塑性和韧性目前仍处于经验确定阶段。

材料的成分不同，则强度不同。而处理状态不同，强度的变化也明显不同。合金结构钢的强度水平见表 4-5。

表 4-5　合金结构钢的强度水平

材　料	状　态	力　学　性　能	
		σ_b/MPa	$\sigma_{0.2}$/MPa
低碳钢（C 含量＜0.2%）	热轧	400	250
低碳低合金钢：16Г2АФ	正火	600	400
16Г2АФ	淬火＋高温回火	750	580
09Г2ФВ	控扎	680	600
06MnMoNb	控扎	670	560
15CMnMoVB	正火＋回火	750	650
中碳钢：40,40Г	淬火＋回火	800	600
中碳合金钢：40ХН,30ХГСА	淬火＋高温回火	1300	1000
40ХН,30ХГСА	淬火＋低温回火	1800	1500
45ХНМФ(Д5)	淬火＋低温回火	2500	1800
40Х5МФ	淬火＋高温回火	2200	2000
30Н12К10М6	淬火＋高温回火	2450	2250
超低碳马氏体时效钢：00Н18К9М5Т	淬火＋高温时效	2100	1900
00Н18К12М4Т2	淬火＋高温时效	2400	2350
00Н13К15М10	淬火＋高温时效	2800	2700

提高强度的主要方法有：位错强化、固溶强化、沉淀强化、细晶粒强化、马氏体强化和马氏体时效强化。但是随着强度的提高，一般要影响钢的脆性破坏倾向。晶界强化和沉淀强化相结合的强化方法对低碳低合金钢十分有利，这就是现代控轧微合金化（Nb、V 等）相结合的方法。

表 4-6 所示为淬火和回火合金结构钢等强度下的塑韧性变化。可见，随着强度的增加，钢的塑、韧性降低，且表现较大波动性。这种波动性的产生是多因素作用的结果，除了钢的

成分因素外，冶金质量的变化也是重要原因，它反映在钢的纯度、组织结构、晶粒度和内应力等方面的变化上。

表 4-6 等强度下结构钢的塑性和韧性变化

σ_b/MPa	$\sigma_{0.2}$/MPa	δ/%	α_k/(J/cm^2)
800	700~750	65~75	180~240
900	800~850	60~70	120~180
1000	900~950	55~70	90~150
1100	100~1050	55~65	70~120
1200	1050~1150	50~60	50~1100
1300	1100~1250	45~62	40~90
1400	1200~1350	45~60	40~80
1500	1250~1400	45~58	30~80
1600	1300~1500	43~57	25~80
1700	1350~1600	43~56	25~70
1800	1400~1700	40~55	20~66
1900	1400~1700	35~52	20~66
2000	1400~1800	35~50	20~66
2100	1400~1800	30~45	20~60
2200	1400~1800	25~40	20~50

结构钢属亚共析钢范畴，其中碳含量大多数在 0.5％ 以下，而建筑结构用钢多在 0.2％ 以下，机器设备等用钢多在 0.2％~0.5％ 之间。碳是决定强度的最主要而又最经济的元素，只是伴有对钢塑韧性的不利影响以及对焊接性等的严重不利作用，其用量受到综合性能要求的制约。合金元素的主要作用有：提高淬透性，调节强度——塑性、韧性配合，满足某些特殊性能要求，改善工艺性能。它们的相应作用是通过钢的显微组织结构的变化来实现的，因此显微组织结构决定了钢的性能。热处理是引起钢显微组织变化的核心，实际上决定了成分、组织和性能三者之间的关系。

(2) 磨损性能

磨损失效是最普遍而直观的，目前几乎是不可避免的，因此带来的零件修理和储备使机器的使用效益大大降低。

实践表明：钢的表面硬度越高，一般则磨损越小。因此，提高表面硬度的方法，像表面化学热处理、表面淬火、表面加工强化等，都能提高表面的耐磨性。

为适用于表面化学热处理的要求，出现了渗碳（包括碳氮共渗）钢和渗氮钢。前者碳含量多在 0.11％~0.24％ 之间，决定于合金化程度和工件尺寸；也有含碳量在 0.25％~0.35％ 之间的低合金化钢，但脆性较大。后者适用于所有调质钢（包括各种专用型渗氮钢）、马氏体时效钢、工具钢和耐蚀钢等，属于渗氮和回火（或时效）同步型。从耐磨性来说，渗碳钢提高 3~10 倍，而渗氮钢又比渗碳钢提高 1.5~4 倍。在特殊情况下，例如高压下，干磨时采用表面硼化处理及耐蚀、耐热和耐磨下采用表面硅化处理等。

当工作条件下同时存在磨损和激烈冲击时，渗碳型合金钢工件的寿命不长，这与强化层较脆有关。渗层碳量越高、渗层越深，则脆性越大。为了提高渗层的塑韧性，近年来除了采用钒铌微合金化以细化晶粒和沉淀强化外，出现了高质量和高效益的非渗碳型的高强韧耐磨钢。

（3）疲劳破坏

疲劳破坏是结构钢常见的失效形式。它由疲劳裂纹形成、裂纹扩展和最终破坏三个阶段组成；其中后两个阶段可以以韧性和脆性两种机制进行。当钢有足够韧性储备时，其疲劳抗力会更好。

影响钢的疲劳抗力因素很多，诸如其化学成分、纯度、组织结构、表面状态（粗糙度、强韧性、残留应力性质和大小等）和介质性质等，都能明显影响钢的疲劳抗力。由于在拉应力作用下疲劳裂纹产生于表层，因此表层的性能、纯度和粗糙度就显得特别重要。尤其要避免缺陷或缺口的存在，否则会因应力集中而使疲劳裂纹迅速发展，大大降低疲劳抗力，甚至导致工件发生灾难性的破坏。

4.2 合金结构钢中的合金元素

合金元素在结构钢中的作用主要表现在以下三个方面。

（1）增大钢的淬透性

淬透性是指钢淬火时，从表层起淬成马氏体层的深度，是取得良好综合性能的主要参数。除 Co 外，几乎所有合金元素如 Mn、Mo、Cr、Ni、Si 和 C、N、B 等都能提高钢的淬透性，其中，Mn、Mo、Cr、B 的作用最强，其次是 Ni、Si、Cu。而强碳化物形成元素，如 V、Ti、Nb 等，只有溶于奥氏体中时才能增大钢的淬透性。

（2）影响钢的回火过程

由于合金元素在回火时能阻碍钢中各种原子的扩散，因而在同样温度下和碳素钢相比，一般均起到延迟马氏体的分解和碳化物的聚集长大作用，从而提高钢的回火稳定性，即提高钢的抗回火软化能力，V、W、Ti、Cr、Mo、Si 的作用比较显著，Al、Mn、Ni 的作用不明显。含有较高含量的碳化物形成元素如 V、W、Mo 等的钢，在 $500 \sim 600 ℃$ 回火时，析出细小弥散的特殊碳化物质点如 V_4C_3、Mo_2C、W_2C 等，代替部分较粗大的合金渗碳体，使钢的强度不再下降反而升高，即出现二次硬化。Mo 对钢的回火脆性有阻止或减弱的作用。

（3）影响钢的强化和韧化

Ni 以固溶强化方式强化铁素体。Mo、V、Nb 等碳化物形成元素，既以弥散硬化方式又以固溶强化方式提高钢的屈服强度。碳的强化作用也非常显著。此外，加入这些合金元素，一般都起细化奥氏体晶粒，增加晶界的强化作用。影响钢的韧性因素比较复杂，Ni 改善钢的韧性；Mn 易使奥氏体晶粒粗化，对回火脆性敏感；降低 P、S 含量，提高钢的纯净度，对改善钢的韧性有重要作用。

合金结构钢中元素的含量及主要作用见表 4-7。

表 4-7 合金结构钢中元素的含量及主要作用

合金元素	含量（质量分数）/%	主要作用
C	0.10～0.65	使钢获得足够的强度和硬度
Mn	0.50～0.20	显著提高淬透性,降低脆性转变温度,改善热加工
Si	0.5～1.5	提高强度和硬度

续表

合金元素	含量(质量分数)/%	主要作用
Cr	0.4~3.0	显著提高淬透性和耐腐蚀性能
Ni	0.3~5.0	提高淬透性和耐腐蚀性能,降低脆性转变温度
Mo	0.15~0.6	显著提高淬透性和强度,提高耐磨性和抗回火稳定性
W	0.5~1.2	显著提高强度和韧性,提高淬透性和耐磨性
V	0.1~0.3	细化晶粒,改善焊接性
Ti	0.05~0.2	细化晶粒,提高强度
Nb	0.05~0.15	细化晶粒,提高强度,改善焊接性
Al	0.7~1.2	提高氮化钢的耐磨性、硬度和疲劳强度
B	0.0015~0.005	显著提高淬透性

4.3 合金结构钢的冶金工艺特点

根据合金结构钢的质量要求,合金结构钢的冶炼,可采用氧气顶吹转炉、电弧炉加炉外精炼或进行电渣重熔。铸锭可采用连铸或模铸。钢锭应缓慢冷却或热送锻造、轧制。钢锭加热时,应力求温度均匀并有足够的保温时间,以改善偏析缺陷和避免锻、轧时变形不均匀;锻、轧后的钢材,尺寸小的、特别是含碳量在 0.2% 左右的渗碳钢,在 600℃ 以上时应快速冷却,以免加重带状组织;截面较大的锻件,应采取措施消除内应力和白点。调质钢应尽可能淬火成马氏体组织,然后回火成索氏体组织;渗碳钢在渗碳过程中,渗层浓度梯度不宜过大,以免在渗层晶界上出现连续网状碳化物;氮化钢必需先经热处理得到所需的性能,再经最后精加工才能进行氮化。氮化处理后除将脆薄的"白层"研磨除去外,不再加工。

随着使用性能的提高,对合金结构钢纯洁度要求越来越高。高纯洁度主要是指钢中的氧、硫、磷、氧、氮等含量 $\leqslant 100 \times 10^{-6}$。其中,$[H] \leqslant 1 \times 10^{-6}$、$[O] \leqslant 15 \times 10^{-6}$、$[S] \leqslant 10 \times 10^{-6}$、$[N] \leqslant (15 \sim 30) \times 10^{-6}$、$[P] \leqslant 10 \times 10^{-6}$,从而使一系列高强和超高强材料的塑韧性问题得到解决,组织的超细化可以提高强度、改善韧性。

目前对于工业化商业性生产来说,合金结构钢的生产水平:$[O] \leqslant 15 \times 10^{-6}$、$[S] \leqslant 10 \times 10^{-6}$、$[N] \leqslant 20 \times 10^{-6}$、$[P] \leqslant 20 \times 10^{-6}$。日本生产清洁钢的工艺流程如图 4-15 所示。电炉短流程合金结构钢长型材生产工艺流程如图 4-16 所示。

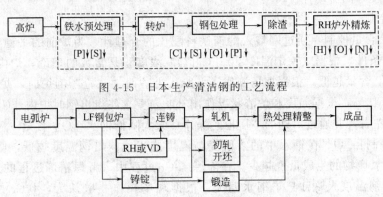

图 4-15 日本生产清洁钢的工艺流程

图 4-16 电炉短流程合金结构钢长型材生产工艺流程

4.3.1 40Cr 的冶炼工艺

40Cr 系列钢种用途广泛，主要用作机械零件、轴、五金工具、齿轮用钢、标准件用钢等；螺铆、螺栓、轴、销、自行车、摩托车等配件。市场较广，但是市场对钢材的质量、热处理性能的要求也高。因此对冶炼 40Cr 的操作过程的研究十分重要，稳定的冶炼过程是钢材质量的保证。

4.3.1.1 转炉+LF 冶炼过程

（1）转炉冶炼 40Cr

40Cr 钢转炉冶炼时，成分控制、降低钢水氧含量和夹杂物是关键因素，40Cr 钢成分如表 4-8 所示。必须做好的工作是稳定冶炼过程，降低出钢温度，降低终点钢水氧含量，减少钢包渣量，完善脱氧合金化和吹氩操作。

表 4-8　40Cr 钢成分

成分	C	Si	Mn	Cr	P	S	Ni	Cu
含量/%	0.37～0.44	0.17～0.37	0.50～0.80	0.80～1.11	≤0.035	≤0.035	≤0.30	≤0.30

① 吹炼过程控制　转炉的主要功能是造氧化性碱性渣，脱去铁水、废钢中的 [P]、[S] 等有害元素，而考虑 40Cr 在精炼过程的脱硫作用，转炉冶炼过程的成分控制主要是造渣脱去 [P] 以及吹氧脱 [C]。如何控制脱磷和脱碳的相对速度是转炉控制磷的关键。因脱碳速度保持在较高水平，难以形成高碱度、高氧化性和流动性良好的炉渣，不利于转炉后期脱磷。

$$2[P]+5(FeO)+4(CaO) = 4CaO \cdot P_2O_5 + 5Fe + Q$$

依据脱磷的热力学条件，去磷的基本条件是高（FeO）、高（CaO）和较低的温度。从冶炼时期的特性上看，吹炼前期 [Si]、[Mn] 大量氧化，炉渣中氧化铁含量高、碱度高、温度相对较低均可以满足脱磷的条件；吹炼中期碳氧反应激烈，渣中氧化铁减少，炉渣容易出现"返干"现象，炉渣流动性差，不利于脱磷反应进行；吹炼后期碳含量控制较低，导致渣中的氧化铁较高，温度高接近出钢温度，只能利用高（FeO）、高碱度进行脱磷反应。因此要做到在脱碳的同时去除磷，必须在吹炼前期尽早形成高碱度、流动性良好的炉渣；在冶炼中期防止炉渣返干；在冶炼后期，控制炉渣中的（FeO）、碱度和较低的温度。为此，转炉在操作上应适当提高枪位，在提枪化渣的同时减缓 C-O 反应速度，提高渣中氧化铁含量，保持炉渣具有良好的流动性。

② 终点控制

a. 终点 C 含量控制：通过调整入炉钢铁料配比的合理性，为炉前的平稳吹炼、减少后吹创造基本的条件。根据（一定温度下）[C][O] 浓度积是常数的理论，炉内终点碳越高，则钢中的 [O] 含量越低。根据现场操作，一般认为炉前"一枪"倒炉时，炉内 [C] 基本在 0.15%～0.18%，根据温度和炉渣状况作出补吹，要求终点出钢时炉内 [C] 含量基本上控制在 0.1% 左右，并通过后期的"压枪"操作，大大降低钢水 [O] 含量。

b. 温度控制：[O] 在钢水中的溶解度与温度成正比，出钢温度越低，则钢水中 [O] 含量越低，脱氧产物的生成量也越少。在冶炼 40Cr 过程中，考虑精炼过程的升温作用，严格控制炉前出钢温度及送 LF 炉钢水温度；根据现场操作一般认为，40Cr 的出钢温度为 1630～1650℃，送 LF 炉钢水温度控制在 1545～1565℃ 是比较合理的。

③ 挡渣操作　减少转炉出钢过程中的下渣量是改善钢水质量的一个重要方面。在转炉出钢过程中进行有效的挡渣操作，不仅可以减少钢水回磷，提高合金收得率，还能减少钢中夹杂物含量，提高钢水清洁度，并可减少钢包黏渣，延长钢包使用寿命，还可以为钢水 LF 精炼提供良好的精炼条件。为采用二次挡渣出钢，先用木塞挡出钢前的炉渣子，再用挡渣锥挡出钢后期的炉渣，要求钢水上精炼前钢包中的顶渣不大于 50mm。如出钢下渣量大于 100mm 时，因采用"吊包逼渣"的办法，去除部分炉渣，防止精炼回磷。

④ 完善脱氧合金方式　减少钢水中夹杂物含量的一种重要措施是完善脱氧合金化方式，在脱氧合金化过程中尽量生成液态的脱氧产物，有利于脱氧产物的聚合、上浮。为此在出钢过程中采用先弱脱氧后强脱氧的方式，严格控制合金加入时间，并适当加大吹氩强度，有利于脱氧产物的聚合和上浮；在出钢完毕后，则严格控制吹氩量，以防钢水二次氧化，在生产节奏允许的条件下，尽量延长弱吹氩时间，以利于夹杂物上浮。

(2) LF 精炼过程

① 造渣制度　精炼炉操作主要是在短时间内将钢包顶渣"白渣化"，希望把炉渣中的 (FeO+MnO) 含量控制在 0.5% 以下，同时把钢水中的氧活度脱到 10×10^{-6} 以下。这种"白渣"具有较好吸附杂质能力，又有很好的脱硫效果。在精炼过程中采用适量的预熔渣和石灰，加入适量的含 Al 脱氧剂，快速提高炉渣的 Al_2O_3 的浓度，改善钢包顶渣的熔化特性，加快成渣速度，使顶渣的铺展性能好，吸附夹杂能力强。LF 精炼后的炉渣主要成分见表 4-9。

表 4-9　LF 精炼后的炉渣主要成分

成分	Al_2O_3	CaO	SiO_2	MgO	FeO+MnO	碱度
质量分数/%	15~25	45~55	10~15	4~6	≤0.5	3.5~5

② 脱氧控制（增加酸溶铝）　铝在钢中不仅能脱氧，还有细化晶粒、改善韧性、防止时效的作用，因此有效控制酸溶铝有利于提高成材质量。

在前期白渣的基础上，向钢包内加入含铝合金（铝锰铁、铝钙合金），进一步脱除钢中的氧。增铝时最好是炉内精炼白渣已形成，炉内有良好的还原性气氛，炉渣已发泡，这说明渣中的氧已基本被去除，各项反应基本到位，增铝剂加入不易被二次氧化，脱氧产物也能及时上浮。就目前转炉精炼炉的生产模式，最好在通电 13~15min 加入，此时加铝合金已完全用来增酸溶铝，增铝量的多少可视要达到酸溶铝的要求来加，要达到 120×10^{-6} 以上要加铝锰铁 1.5~2.0kg/t。

实际生产数据统计表明，40Cr 酸溶铝大于 120×10^{-6} 的比例可占到 85% 以上，达到质量的要求。

③ 成分控制

a. [C] 的控制：保证产品热处理性能的一个最重要方面就是铸坯成分的稳定，而 40Cr 钢各成分的控制，重点放在 [C] 成分的稳定上，提出 [C] 成分的内控概念，即每炉钢保证 [C] 在 0.39%~0.41%。精炼炉在通电 20min 时取出钢水精炼"近终点样"作为参考，根据参考值在通电结束后通过喂入碳线微调成分，达到内控目的。目前 40Cr 钢 [C] 内控水平达到 90% 以上。

b. [S] 的控制：由于精炼过程能有效地造出具有高还原性能的"白渣"，该渣系具有高脱硫效果，因此，对于 [S] 的控制变得较容易。规定 40Cr 钢 [S] 达到 0.01% 以下，目前达标率已在 90% 以上。

④ 钙化处理　40Cr 冶炼脱氧采取了铝沉淀脱氧，所以在浇注过程中可能出现流动性差的问题，因此，在精炼结束喂入 Si-Ca 包芯线进行钙化处理。一是可将铝脱氧产生的高熔点脆性 Al_2O_3 夹杂物变性为含钙量较高的低中有害的沿晶界分布的 Ⅱ 类硫化物数量，改变其组成和性质，从而有利于洁净钢水，改善钢的质量，解决流动性问题；二是对钢水进行增硅处理，通过喂入一定量的 Si-Ca 包芯线来调整钢水成分。

⑤ 吹氩制度　吹氩是去除夹杂的一个重要手段。为了达到吹氩的目的，吹氩必须避免钢水过多裸露在空气中，并尽量减少钢液与钢包表面熔渣接触。转炉在出钢时采用全程吹氩工艺，让一次脱氧产物在第一时间上浮，精炼过程按精炼要求控制，在精炼结束时，按工艺要求控制吹氩（保证吹氩面直径不大于 150mm），取样后进行 3min 以上的弱吹氩（吹氩面直径在 35mm 以下）。

4.3.1.2　电炉＋LF 冶炼 40Cr

(1) 电炉冶炼工艺要点

冶炼过程采用高功率、高电压、长电弧，可使电炉功率因素大大增强，促使炉料快速熔化。

泡沫渣长弧埋弧操作保证了高功率、高电压、长电弧的顺利实现，使电能热利用率高；屏闭电弧辐射，提高炉体寿命；自动流渣，减轻工人劳动强度。炉渣发泡良好。该过程使钢水的初炼及脱磷顺利地完成。

采用偏心底出钢可以采用全部留渣、部分留钢操作技术，可以达到下述目的：

① 实现无渣出钢，为精炼创造条件。

② 冶炼形成热周转，前一炉全部留渣部分留钢，装料后可立即吹氧助熔，缩短冶炼时间、提高生产率及热利用率。

③ 出钢流程短，扣包盖出钢，二次氧化减少，减少了钢渣飞溅和烟尘、噪声污染，出钢时间短（0.5~1min）。

④ 炉后合金化。

⑤ 钢包活性渣料脱硫。

⑥ 钢包铝沉淀脱氧。

⑦ 氧化性钢水出钢，取消还原期。

⑧ 从出钢至浇注前的全过程钢包底吹氩。

(2) LF 工艺要点

LF 具有五个独特的精炼功能：①保持炉内还原气氛；②白渣精炼；③埋弧加热；④氩气搅拌；⑤微合金化。

经过偏心炉底初炼炉氧化后的钢水，通过钢包初合金化，进入 LF 工位进行精炼，以脱氧、脱硫、去除夹杂和调节钢液温度及组成。

造渣采用 $CaO\text{-}SiO_2\text{-}Al_2O_3$ 渣系，碱度为 $R=2.5~3.0$；加热则根据具体钢种确定具体的加热参数；微合金化过程是根据钢种和微量元素合金化特点而采用特殊的处理方法。

由于 LF 的上述功能可使炉内保持还原气氛。电极埋弧加热不仅可加速渣中氧化物的还原，并且热效率高、辐射热小，有利于炉衬寿命的提高；加上氩气搅拌，白渣精炼能力就更强。以上各功能配合的结果，可精确地控制成分与温度，且重现性强。不仅可冶炼出质量很高的钢液，还可以大大提高生产率。

4.3.2 20CrMnTi 齿轮钢的冶炼工艺

20CrMnTi 是含 Ti 钢的一种，由于铬锰钛钢经渗碳和适当热处理后，可获得良好的力学性能，构件表面硬而耐磨，中心强度高而韧性好，并具有变形量小及加工性能良好等优点。所以可用来制造形状复杂的零件，如汽车、拖拉机上的齿轮和轴，能够代替某些铬镍钢和铬镍铝钢，因而得到广泛的应用。20CrMnTi 作为典型齿轮钢，在结构钢产量中占有较大比重，其化学成分见表 4-10。

表 4-10　20CrMnTi 的化学成分

成分	C	Si	Mn	Cr	Ti	P	S
质量分数/%	0.17~0.23	0.17~0.37	0.80~1.10	1.0~1.3	0.04~0.10	≤0.035	≤0.035

4.3.2.1 转炉冶炼工艺要点

（1）转炉冶炼

转炉入炉铁水条件要求 [S]≤0.015%，采用高拉碳工艺，防止钢水过氧化，终点出钢 C 大于 0.08%，冶炼末期底吹搅拌，促进钢、渣平衡。严格控制转炉下渣，采用挡渣出钢，钢包渣层厚度要求控制在 50mm 以下。采用炉外合金化，控制 [C] 在 0.15%~0.20%（含合金带入的碳），Mn、Si、Cr 含量在标准中下限；出钢过程保持连续吹氩，按吨钢 0.8kg 随钢流加入铝块脱氧，每炉钢加入石灰 700kg，萤石 100kg 在钢包造新渣。

（2）吹氩工艺

钢包吹氩技术能有效地均匀钢水温度和成分，去除有害气体和夹杂物，改善钢液质量，因此被广泛应用。一般吹氩时间控制在 20~30min。钢包到站吹氩 3min 后，测温、取样，为了更好地脱氧和细化晶粒，根据出钢碳，采用精炼喂铝线方式，喂入铝线 150m 左右，再吹氩 3min 后起吊至 LF 炉。

（3）LF 精炼

精炼过程采用铝沉淀脱氧加渣面扩散脱氧的方式，根据出钢碳，按吨钢 0.4kg 左右喂铝线，保证脱氧充分，钢中 Al 含量在 0.01%~0.03% 为宜。渣系采用 $CaO\text{-}SiO_2\text{-}Al_2O_3$，碱度 R 控制在 3.0~4.0，LF 精炼渣成分和碱度见表 4-11，精炼后期采用 Ca 处理。适当加入活性石灰、萤石调整熔渣，渣量控制在 1.5%~2.0%，渣量适中。按内控及目标成分要求调整化学成分，调好成分后，严禁大氩量搅拌使钢水裸露。在精炼中后期加入钛铁或采用喂钛线工艺以提高钛的收得率。

表 4-11　LF 精炼渣成分和碱度

成分（质量分数）/%							碱度 R
SiO_2	MnO	P_2O_5	CaO	MgO	Al_2O_3	FeO	
9.03~12.75	0.18~0.33	0.07~0.24	35.58~44.88	5.53~6.24	15.2~16.4	0.84~2.71	3.52~3.94

（4）连铸工艺

严格控制钢水过热度，过热度目标值 15~30℃，采用低碳钢结晶器保持渣，铸机拉速控制在 1.2~1.5m/min。浸入式水口插入结晶器钢水表面深度要适中，以 120~140mm 深为佳，损坏的浸入式水口要及时更换，以减少卷渣。连铸过程中，使用结晶器电磁搅拌，确保结晶器液面自动控制，同时采用氩封长水口保护浇铸，防止钢水二次氧化。

4.3.2.2 电炉冶炼工艺要点

（1）电炉冶炼

① 氧化期 氧化加矿温度≥1550℃，采用矿氧结合脱碳。脱碳量≥0.3%，脱碳速度在0.01%/min并做到高温均匀沸腾，自动流渣，使之能充分脱磷，去气体和去除杂质。由于该钢种含碳量较低应防止过氧化，净沸腾时间应>10min，并保持钢中含锰量>0.20%，达到部分预脱氧目的。

② 还原期

a. 扒渣条件：温度 1620～1640℃，[P]<0.015%，[C]0.06%～0.08%，其他元素应符合条件。

b. 脱氧还原：在裸露钢水下加硅-钙合金 0.5kg/t，进行预脱氧，稀薄渣下插 Al 0.5～0.8kg/t，并用碳化硅扩散脱氧，白渣保持时间>30min。

c. 合金化：锰铁在稀薄渣下加入，铬铁应在还原初期加入，钛铁应在出钢前 5～8min 加入，加钛铁前钢液插 Al 0.8kg/t。目的是进一步脱氧固氮。加入钛铁后，由于钛和氧的亲和力很强，使得炉渣中 SiO_2 进一步还原，再加上钛铁本身含有一定量的硅，结果钢中含 Si 量大大增加。通常加钛铁后，"回 Si" 0.08%～0.10% 左右，所以钢中 Si 量一定要按下限控制。

实践表明，为了保证钛铁回收率的稳定，加钛前必须做到：

a. 炉渣不能过稀，还原期渣量为钢水量 3%～4%，碱度 3.5 左右。

b. 炉渣流动性要良好，白渣稳定，不能发黄或发灰。同时必须做到（FeO）≤0.5%。

c. 出钢温度控制在 1620～1640℃，比相同含碳量的钢要稍高一些。这是由于钛铁加入后钢水发黏，夹杂物难以上浮的缘故。

d. 钛铁块度和加入的方法、时间要固定。钛铁块度以 50～150min 为宜，加入钛铁前，先插 Al，加钛铁 5～8min 必须出钢，做到钢渣同出。一般钛的回收率在 40%～60% 之间。

③ 出钢条件 出钢温度 1620～1640℃，化学成分进入可控范围。

（2）LF 炉精炼

LF 炉是钢水加热和缓冲装置，并在还原气氛和氩气搅拌条件下，完成脱氧、脱硫，去除夹杂物，成分和温度精调等多项精炼任务。因此 LF 炉必须造好还原渣，炉盖密封良好，保持还原气氛，在白渣下精炼时间>15min。还原渣以石灰＋火砖块（代替萤石）造 CaO-SiO_2-Al_2O_3 三元渣系，加 C、Si 粉或 SiC 还原。三元渣系成分控制在 CaO 含量为 38%～42%，SiO_2 含量为 17%～21%，Al_2O_3 含量为 12%～14%，碱度 2.0～2.4，该渣系具有成渣快、熔点低、吸附夹杂物能力强等特点，而高碱度渣由于其熔点高、成渣慢且流动性差，易造成卷渣。为了进一步提高钢水质量，改善 LF 炉还原渣系，增加脱氧和发泡功能，在 LF 炉采用脱氧泡沫还原剂（见表 4-12）替代 C、Si 粉及 SiC 对钢液脱氧。实践证明，其脱氧、发泡效果优于 C、Si 粉还原剂，实现埋弧精炼，降低了钢中气体含量，基本不增 C 和 Si，提高了升温速度，该 LF 炉脱氧泡沫还原剂已成功应用于 20CrMnTi 钢连铸一火成材生产中。LF 炉终脱氧采用喂 Al 线和 CaSi 线复合脱氧，向钢中加入 Ca，可使串簇状 Al_2O_3 变为球状低熔点的 CaO-Al_2O_3 系夹杂物。后者易从钢中分离出去，净化钢水，而且改善钢水的浇铸性能。LF 炉处理时间控制为 40～120min，为有效去除钢中夹杂物，终脱氧后采用软吹氩净化沸腾 15～20min。为保证 20CrMnTi 钢连铸过热度<35℃，根据中间罐温降情况，LF′炉处理结束温度精确控制在规定温度±5℃。

表 4-12 LF 炉专业脱氧泡沫还原剂化学成分

成分	C(固)	Al	Mg	CaO	活性物 A	活性物 B	H₂O
质量分数/%	≥15	≥10	≥4.0	5～10	≥10	≥10	≤0.5

为了保证 20CrMnTi 连铸钢水的质量，成品成分严格按内控标准控制 C 0.19%～0.23%，Si 0.24%～0.33%，Mn 0.95%～1.05%，Cr 1.05%～1.20%，P≤0.025%，S≤0.010%，Ti 0.050%～0.075%，Al 0.015%～0.035%。为保证 20CrMnTi 钢的力学性能，若 C<0.20%，(Mn+Cr)≥2.1%，必须重点控制的成品成分是 Ti 和 Al；若 Ti>0.08%，Al>0.035%，会产生大量氧化物夹杂严重污染钢水，造成夹杂物不合格、热塑性差，是锻打开裂的主要原因。同时，由于 TiO_2、Al_2O_3 等析出，使钢水黏度增大，浇注时极易堵水口，使浇注失控。连铸时结晶器液面出现"冷皮"，铸坯表面质量差，"冷皮"是 TiN、Al_2O_3 和冷钢、保护渣及其他夹杂物裹在一起形成，出现"冷皮"使保护渣不能通过弯月面均匀流入铸坯与结晶器壁之间良好润滑，铸坯表面出现振痕异常、凹坑和皮下夹杂，严重时会发生漏钢事故。根据生产实践，一般成品控制 Ti 含量为 0.050%～0.075%，Al 含量为 0.015%～0.035%为佳。为有效控制成品 Al 含量，稳定 Ti 的收得率，缩短 LF 炉处理时间，先喂 Al 线 1.5～2.5m/t，开大 Ar 气吹破渣，Ti-Fe 线加入吹 Ar 部位（Ti-Fe 按 0.090%加入），减少 Ar 气，再软吹净化 15～20min，可有效地使钢中夹杂物上浮去除。

（3）连铸工艺参数控制

过热度<35℃，拉速 0.8～1.0m/min，拉速与过热度匹配并稳定。一冷和二冷水控制均采用弱冷工艺，二冷采用气雾冷却，比水量为 0.30L/kg。严格无氧化保护浇注，钢包长水口插入钢水深度>50mm，下水口对中良好，并且严格密封。

严格控制进出水温差 6～8℃，对消除铸坯内部裂纹效果明显。结晶器振动参数以小振幅、高频率为原则进行调整，振幅±3mm、负滑脱率 35%、振动频率 $f=112.5 \times V_c$（V_c 为拉坯速度），三流振动频率调整一致，对改善表面质量，减小振痕深度和异常的效果明显，表面质量大幅度提高。

4.3.3　65Mn 弹簧钢的冶炼工艺

弹簧钢主要用于制造各种弹性元件，如在汽车、拖拉机、机车车辆上制作减震板簧和螺旋弹簧、大炮的缓冲弹簧、钟表的发条等。弹簧钢除了应具有优良的综合性能，如力学性能、抗弹减性能、疲劳性能、淬透性、物理化学性能之外，还应考虑成形和热处理等工艺性能。为了满足上述所有性能要求，弹簧钢应具有优良的冶金质量（高的纯洁度和均匀性）、良好的表面质量（严格控制表面缺陷和脱碳）、精确的外形和尺寸。

65Mn 弹簧钢的含碳量一般为 0.5%～0.7%，碳的质量分数过高时，塑性和韧性差，疲劳强度下降。常加入以硅、锰为主的提高淬透性的元素。由于具有较高的碳及合金元素含量，这种钢在转炉冶炼工艺中称作"双高"品种钢。硅、锰能显著提高铁素体强度、硬度，但当 Si>0.6%，Mn>1.5%时，将降低其韧性。而铬、镍在适量范围内（Cr≤2%，Ni≤5%），可提高铁素体的硬度和韧性。为此，在合金结构中，为了获得良好强化效果，对铬、镍、硅、锰等合金元素要控制在一定含量范围内。65Mn 弹簧钢的化学成分见表 4-13。

成分	C	Si	Mn	P	S	Ni	Cu	Cr
质量分数/%	0.62~0.70	0.17~0.37	0.90~1.20	≤0.035	≤0.035	0.30	0.25	0.25

（1）转炉冶炼

铁水要求 [P] ≤0.12%，采用脱硫铁水、优质废钢，废钢比参考铁水成分进行调整，以确保 C-T 协调。采用"高拉补吹"工艺，早、中期重点作好造渣脱磷，终点控制要求：[C] ≥0.08%，[P] ≤0.015%，[S] ≤0.003%。

终点碳控制可采用高拉碳补吹法或低拉碳增碳法，二者各有优缺点。低拉碳增碳法将钢水一次拉碳到 0.15%~0.25%，出钢时加碳锰合金增碳。采用方法具有以下优点：转炉终点控制简单；转炉作业率高（高拉碳补吹法需要多次倒炉，每多倒一次炉增加冶炼时间 3min。而采用一次拉碳到 0.15%~0.25% 后再增碳的方法可以节省这部分时间，提高转炉作业率）；对原料 P 含量要求不高。

为保证增碳的有效性和稳定性，转炉增碳方式尽量以碳锰合金增碳为主，将 C-Mn 合金增碳量确定在 0.4% 左右，以减少碳粉增碳；为改善脱氧产物类别，可采用硅钙钡等复合脱氧剂，并加入精炼预熔渣对进入钢包的转炉渣进行渣变性操作。出钢时进行渣变性操作，不仅可以有效地减少精炼时间，而且可提高精炼效果，下渣的变性处理就是要减少渣中（FeO＋MnO）量，使氧化渣转变成还原渣。出钢渣变性的过程中，在强调减少渣中不稳定氧化物的同时，还要降低钢液中的溶解氧，要求进 LF 钢水氧活度 a_O ≤20×10^{-6}。为此，用硅铝钡加大出钢过程的沉淀脱氧，同时加渣料形成有利于吸附夹杂物的顶渣。随着精炼过程的进行，钢液中的溶解氧会有所降低，但是在出精炼到铸机中间包的过程中，钢液中的溶解氧有升高趋势。

因此，必须保证出钢时钢液脱氧良好，入 LF 时钢液中的溶解氧尽可能全部转变成氧化物夹杂。同时采用挡渣帽、挡渣堆出钢。

（2）LF 精炼

炉渣碱度控制在 3.0~3.5 内，使用专用材料造白渣，调整炉渣流动性，要求出 LF 钢水氧活度 a_O ≤5×10^{-6}。

在钢水离开 LF 站前，用含 Ca 包芯线对钢水进行钙处理，钙处理后软吹氩。

（3）连铸

由于其碳含量高，钢水在结晶器内形成的有效坯壳较薄，且相对应力较大，易形成内裂纹，为得到合格的连铸坯，采用全程保护浇铸。控制要求：①强调低过热度恒速浇铸，过热度严格控制在 15~30℃。②弱的二次冷却能够减少中心偏析和改善铸坯结晶组织，抑制柱状晶生长，增加等轴晶区。

65Mn 钢生产采用弱的冷却制度，比水量较 Q235 约低 0.2L/kg，采用 M-EMS 单搅拌工艺技术来减轻中心疏松和偏析，搅拌参数与 75 钢相同。

连铸保护浇铸方式是：钢包-中间包采用长水口＋密封环、中间包加覆盖剂，中间包-结晶器之间采用浸入式水口，连铸采用 M-EMS 搅拌工艺技术。

4.4 合金结构钢的连铸

连铸采用全保护浇铸，连铸工艺控制以三个方面作为重点：一是中间包温度制度，即过热度的控制；二是拉速制度；三是配水制度。

① 中间包温度 中间包温度制度亦即过热度的控制。过热度过高不仅增加了拉漏的危险，而且使铸坯柱状晶发达，中心偏析和中心疏松加重，影响钢材的性能。根据 40Cr 合金结构钢的液相线要求及现实条件，中间包过热度控制在 15～25℃ 是合理的。

② 浇铸温度 根据 40Cr 的液相线温度、浇铸断面和浇铸时间，要求浇铸温度的过热度控制在 30～40℃，故温度制度控制为，吹氩前 1620～1635℃，吹氩后 1600～1610℃，中间包 1520～1530℃。

③ 保护浇铸 为了防止钢水在浇铸过程中的二次氧化，钢包至中间包用长水口，中间包加覆盖剂，中间包到结晶器之间用浸入式水口，结晶器用保护渣。这些措施的实现，避免了钢水的一次氧化，有效减少了连铸坯中的非金属夹杂物。

④ 拉速制度 拉速高低直接决定连铸机的生产效率，但拉速太高，铸坯在结晶器内停留时间变短，从而使钢水凝固速度降低，其结果是延长了铸坯的液芯，这不但推迟了等轴晶的形核和长大，扩大了柱状晶区，而且铸坯出结晶器太薄，容易漏钢，同时铸坯温度升高，在辊间鼓肚量增大，对铸坯质量不利。

根据 42Cr 钢的特点，采用大方坯连铸生产时，既要保证铸坯的表面和内部的质量，又要将浇注周期控制在 45min 左右，以求各工序间的节奏匹配，其拉速控制在 0.7～0.9m/min。

由凝固定律公式可计算出最佳拉速，即：

$$V=L(k/e)^2$$

式中 V——工作拉速，m/min；

k——凝固系数，小方坯取 20～24mm/min$^{1/2}$；

L——结晶器长度，mm；

e——坯壳厚度，mm，小方坯取 8～12mm。

通过计算可以看出，40Cr 合金结构钢的工作拉速控制在 1.5～1.7m/min 的范围内是合理的。

⑤ 二次冷却 根据 40Cr 钢的高温塑性特点，其方坯连铸的二冷方式一般有两种：一种是抑制柱状晶生长，即采用弱冷，比水量 0.25～0.45L/kg，铸坯形成的中心疏松、偏析采用电磁搅拌或轻压下来解决；另一种是采用高压水强冷（比水量可达 1.0～2.0L/kg）促进柱状晶生长以减轻铸坯中心缺陷。

结晶器电磁搅拌使凝固前沿强制对流运动，该部位的树枝晶被打碎，其碎片重新熔化，则降低了钢水温度、增加了等轴晶核心、封锁了柱状晶在前沿的发展，形成了宽大的等轴晶区；钢水的搅动使液芯由外向内的温度梯度减小，四周结晶均匀发展，有效降低缩孔、疏松、偏析等中心缺陷级别；结晶器内钢水的旋转运动，使钢水中的夹杂物集中在弯月面的底部，被液渣层捕集，提高了钢水的纯净度。随钢水的运动，凝固时放出的气体及时排出，避免了皮下针孔、气泡的产生，改善了铸坯表面质量。根据结晶器的尺寸，最佳冶金效果由调节频率和电流强度获得。

凝固末端轻压下是指，在铸坯液相穴末端对铸坯实施轻微的压下量，基本补偿或抵消铸坯凝固的收缩量，抑制凝固收缩引起的富含偏析元素的残余钢水向铸坯中心流动，从而达到改善铸坯中心偏析的目的。

参考文献

[1] 项程云.合金结构钢.北京：冶金工业出版社，1999.

[2] 徐华良，黄周华，陈安方.20CrMnTi 生产工艺的调整.江苏冶金，2006，34（5）：63-64.

[3] 肖洪文，罗立波，毛高禄.20CrMnTi 生产工艺实践.江西冶金，2006，26（3）：8-10.

[4] 李俊国，曾亚南，王树华等.20CrMnTi 冶炼过程中夹杂物行为研究.钢铁钒钛，2010，31（1）：56-61.

[5] 王立君，翟正龙，郑桂莲等，40Cr 合金结构钢连铸工艺研究与应用.山东冶金，2003，25（增刊）：72-74.

[6] 蒲学坤.42CrMo 合金结构钢大方坯连铸工艺研究与应用.中国冶金，2007，17（9）：11-13.

[7] 邓楚平.45 钢、40Cr 钢调质热处理新工艺研究.湖南有色金属，2004，20（6）：25-26.

[8] 陈文满，文敏，廖明等.80t 复吹转炉·LF-CC 流程生产 65Mn 弹簧钢的工艺实践.特殊钢，2009，30（1）：52-53.

[9] 丁礼权，范植金，罗国华等.120tBOF-LF-CC 流程生产 20CrMnTi 齿轮钢旳工艺实践.特殊钢，2014，35（2）：40-42.

[10] 李家征，祁立国，王宏斌等.BOF＋LF＋CC（EMS）生产 65Mn 的工艺实践.河北冶金，2007（1）：54-56.

[11] 王成杰，朱荣，林腾昌等.电弧炉流程 20CrMnTi 齿轮钢洁净度研究.工业加热，2013，42（5）：29-32.

[12] 胡守瑶.电炉冶炼 20CrMnTi 齿轮钢的试验研究.2002，30（3）：15-16.

[13] 陈锋.短流程生产 20CrMnTi 齿轮钢.特殊钢，2000，21（2）：50-51.

[14] 王学清.连铸生产 20CrMnTi 钢及一火成材工艺的优化与实践.连铸，2003（3）：5-7.

[15] 周蕾，程维玮.南钢合金结构钢工艺改进实践.物理测试，2012，30（3）：22-26.

[16] 周建男.特殊钢生产工艺技术概述.山东冶金，2008，30（2）：1-7.

[17] 赵东伟，包燕平，胡文豪等.转炉工艺冶炼 40Cr 钢的关键技术.钢铁，2012，28（6）：33-36.

[18] 谈彪，任元和，吴建林.转炉冶炼 40Cr 钢的生产工艺实践.炼钢，2007，23（4）：11-13.

[19] 肖瑢，赵敏森.转炉冶炼 65Mn 钢的工艺控制.江西冶金，2005，25（3）：1-4.

[20] 阎凤义.转炉冶炼特殊钢工艺研究.本钢技术，2004（3）：6-13.

[21] 段飞虎，林腾昌，申景霞等.转炉与电炉冶炼特殊钢的对比研究.工业加热，2012，41（2）：57-60.

[22] 梁海明.转炉冶炼特殊钢工艺简述.科技情报开发与经济，2007，17（4）：284-285.

[23] 曹志刚、杜忠泽、许伟阳.20CrMnTi 齿轮钢生产工艺改进.钢铁钒钛，2011，3（4）：92-96.

5

高速钢

高速钢（High-speed steels，HSS）是工具钢中的一类，是一种含多量碳（C）、钨（W）、钼（Mo）、铬（Cr）、钒（V），有时还有钴为主要合金元素的高碳高合金莱氏体钢。热处理后具有高热硬性。当切削温度高达 600℃ 以上时，硬度仍无明显下降，仍能使硬度保持 HRC50 以上。用其制造的刀具切削速度可达 60m/min 以上，因而被称为高速工具钢，简称为高速钢，俗称锋钢（或风钢）。

高速钢刀具的切削速度可比碳素工具钢和低合金工具钢增加 1～3 倍，而耐用性增加 7～14 倍，因此，高速钢在机械制造工业中被广泛地采用。

5.1 高速工具钢的分类及用途

5.1.1 高速钢发展简史

工具钢是自人类掌握铁器以来具有悠久使用历史的一类特殊钢。人类在长期的生产发展过程中，逐步了解到铁的硬度或强度、加工性的不同取决于其中的含碳量。现代工具钢可追溯至 1740 年，英国的谢菲尔德由坩埚炉熔化得到成分均匀的高碳钢，碳含量为 0.75%～1.50%，制成机床切削工具，切削速度不超过 5m/min。根据钢中含碳量的不同，生产出了包括锉刀钢、模具钢等多种工具钢。

1868 年发展了马谢特（Mushet）自硬钢，属 Mn-W 系工具钢，使切削低碳钢的速度达到了 8m/min，典型成分为 C 2.0%、W 7%、Mn 2.5%。它是将不同成分的镜铁、生铁、三氧化钨混合物在坩埚炉中冶炼制造的。所谓自硬钢，是指在高温加热后无需特殊热处理过程，仅用缓慢冷却表现出的硬化现象。Mushet 自硬钢的化学成分至 1890 年前有各种各样的变化，一般认为含 C 2.0%、Mn 2.5%、W 7.0%。那时，Mushet 自硬钢是唯一的合金钢。

随着 19 世纪工业革命的发展，需要生产大量工业用钢，这就迫切要求机床和工具必须跟上。因此，如何提高 Mushet 钢的性能，使其所制工具的切削速度能大幅度提高，已成为当时客观迫切的要求。Mushet 钢的锰含量较高，降低了临界点 A_{c1}，使其很难软化退火，而且热脆性大，可锻性很差，淬火时易过热。

19 世纪末，在美国纽约出现了低锰含铬的 Cr-W 系自硬钢。1898 年，泰勒（Fred W. Taylor）及助手怀特（M. White）等人通过几百次切削试验，筛选出两种成分的钢，一种是 Mushet 的 Mn-W 钢（C 2.15%、Mn 1.58%、W 5.44%），另一种是 Cr-W 钢（C 1.44%、Cr 1.83%、W 7.72%、Mn 0.18%、Si 0.24%），并且发现 Cr-W 钢经过接近熔化温度的淬火后得到最高的切削性能。在 1900 年的巴黎世界博览会上，经过 Taylor-White 工艺处理的 Cr-W 钢（C 1.85％，W 8％，Cr 3.8％）制造的工具进行切削表演时，虽然高速切削过程中，刀具刃部变成了红色，但是还能继续切削。切削速度、吃刀深度和进刀量均可成倍提高，使生产能力提高 3.4 倍。这一伟大发明，引起当时机床与工具业的革命性变革。因此迄今公认高速钢正式诞生于 1900 年（巴黎世界博览会表演时间）。

泰勒和怀特之所以取得成功，在于其对自硬钢进行了高温淬火处理。高钨钢经高温淬火后，钨固溶，550～570℃回火时析出极为细小的钨碳化物 W_2C 而被硬化（析出硬化、二次硬化），这便是泰勒发明的本质。高速钢的发展简史见表 5-1。

表 5-1 高速钢发展简史

年份	重要事件
1870～1898	英国 Mushet 自硬钢(C 2.0％，W 7％，Mn 2.5％)，切削中碳钢速度达到 8m/min
1898～1900	美国 F. W. Taylor 和英国 M. White 发明接近钢熔点的高温淬火和高温回火，并以 Cr-W 钢(C 1.85％，W 8％，Cr 3.8％)取代 Mushet 的 Mn-W 自硬钢，从而创立了高速钢。切削中碳钢的切削速度可达 20m/min。1900 年在巴黎世界博览会上成功表演高速切削
1903	出现现代高速钢的原始成分：C 0.7％，W 14％，Cr 4％
1904	美国 John Mathew 向高速钢中加入 0.3％V
1906	试用电炉冶炼高速钢
1910	确立 T1(W18Cr4V)钢成分(C 0.75％，W 18％，Cr 4.0％，V 1.0％)，切削中碳钢速度达 30m/min
1912	德国 Becker 向钢中加入 3％～5％Co，提高了钢的热硬度
1918	3t 电弧炉试炼高速钢成功，替代了坩埚炉，得以生产较大尺寸的钢锭和钢材
1923	加入钴量达 12％～15％，切削速度达 40m/min 以上
1932	美国 J. V. Emmons 发明以 Mo 代替 W 的高钼钢 M1
1937	美国 W. Breelor 发明 W-Mo 系列钢 M2
1939	美国 J. P. Gill 发明高碳高钒钢，称 Super HSS，含钒 3％～5％，淬回火硬度达 HRC67～68，耐磨性好，但可磨削性差
1953	出现加硫(0.05％～0.2％)易切削高速钢
1958～1963	平衡碳原理提出与应用，美国发明 M40 系列钢，硬度达到 HRC70 的超硬(Extra-hard)钢，最早为 M41 和 M42
1965	美国 Crucible Steels 公司发明粉末冶金法生产高速钢
1970	瑞典 Stora-ASEA 粉末冶金高速钢投产，电渣重熔高速钢开始用于大截面材生产，高速钢用于高载荷冷作模具日益增多
1980	氮化钛涂层的物理气相沉积法(PVD)成功用于部分高速钢刀具，使用寿命成倍提高，对高速钢的应用和发展具有重要意义
1990	粉末高速钢新钢种热处理硬度达 HRC70～72，综合性能优良的低合金高速钢重新受到重视和发展，替代部分通用高速钢，以节约合金资源

5.1.2 高速工具钢的分类、化学成分及基本要求

5.1.2.1 合金工具钢的分类

高速钢是工具钢中的一种，工具钢按照其合金元素含量的多少分为碳素工具钢及合金工具钢，合金工具钢的分类如图 5-1 所示。

作为工具钢，应能满足以下力学性能及工艺性能基本要求：

（1）力学性能

① 刃具钢 高硬度、高耐磨性、一定的塑性和韧性。有的还要求高的红硬性。

② 热作模具钢 高温下具有一定的强度和硬度、抗热疲劳性和良好的韧性。

③ 冷作模具钢 高硬度、高耐磨性、一定的塑性和韧性。

④ 量具钢 高硬度、高耐磨性和良好的尺寸稳定性。

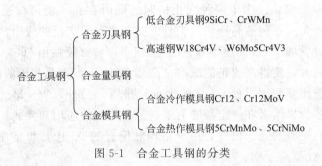

图 5-1　合金工具钢的分类

（2）工艺性能要求

① 一定的淬透性；

② 变形与开裂倾向小；

③ 降低脱碳敏感性；

④ 良好的切削加工性能。

5.1.2.2　高速工具钢的分类、牌号及用途

高速钢按照合金元素分类，曾经细分为钨系高速钢、钨钼系高速钢、高钼系高速钢；铬系高速钢，又可按含 V 量的高低分为一般含 V 量（1%～2%）和高 V 含量（2.5%～5%）高速钢；任何高速钢如含 Co（5%～10%），又可归入钴系高速钢。

GB/T 9943—2008《高速工具钢》中，把高速工具钢按照化学成分分为两类：钨系高速钢、钨钼系高速钢。

高速钢按用途可分为三种基本系列，分别是：低合金高速工具钢（HSS-L）、普通高速工具钢（HSS）、高性能高速工具钢（HSS-E）。

根据制造工艺的不同，高速工具钢又可分为熔炼高速钢及粉末冶金高速钢（PMHSS），如图 5-2 所示。

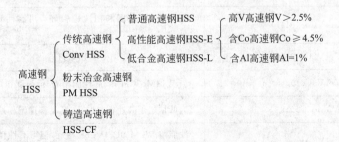

图 5-2　高速钢分类（根据制造工艺不同）

常见高速钢的类别、钢号及用途见表 5-2，GB/T 9943—2008《高速工具钢》中规定的高速工具钢牌号及化学成分见表 5-3。表 5-4 说明了交货状态高速钢棒的硬度及试样淬回火硬度情况。

高速钢之所以得到广泛的应用，是由于它在 550～600℃ 之间具有高的红硬性，在高速切削时，刀具不易软化。其强化机制主要为固溶强化、析出强化、弥散强化。为了使高速钢得到较好的红硬性，通常要加入大量的 W、Mo、Cr、V 等合金元素，这些合金元素及碳固溶在基体中，使晶格产生畸变，对位错起到钉扎作用，即产生固溶强化。在淬火后的回火过程中，合金元素以高硬度合金碳化物的形式析出，这些析出物细小、弥散地分布在基体中，即产生析出强化和弥散强化。由于多种强化机制的同时存在，使得高速钢具有很高的强韧性，在工业生产中，尤其在制造高速切削工具方面，得到了广泛的应用。为了进一步提高高速钢的红硬性，先后发展了 Co 高速钢和 Al 高速钢，可将红硬性由 560℃ 提高到 600℃ 以上。但合金元素的大量加入，使得高速钢的成本过高，尤其 Co 元素是我国的稀有元素，Co 资源多集中在扎伊尔和赞比亚两国，使 Co 高速钢价格昂贵。另外，W、Mo 等合金元素近几年价格涨幅很大，这些价格因素在一定程度上限制了高速钢的应用和发展。从降低成本，节省贵重金属资源，节约能源的观念出发，用价格相对便宜的 Al 代替价格昂贵的 Co 作为添加元素，开发出了加 Al 型高速钢。

表 5-2　常见高速钢类别、钢号及用途

类别		钢号	用途
通用高速钢		W18Cr4V(W18)	耐热性中等,可磨性好(可用普通砂轮磨削),淬火范围较宽,不易过热,强度较好,热塑性差
		W6Mo5Cr4V2(M2)	强度高,热塑性好、韧性高、耐热性稍次于 W18Cr4V,脱碳敏感性较大
		W14Cr4VMnXt	与 W18Cr4V 相当,但改善了热塑性
		W9Mo3Cr4V	耐热性、热塑性、热处理性能均较好,综合性能优于 W12 和 M2
高性能高速钢	高碳高钒	W12Cr4V4Mo(EV4)	因含钒量高,故硬度及耐磨性高,但强度及韧性较低,耐热性比通用型高速钢高。可磨性差,需用单晶刚玉砂磨削
		W6Mo5Cr4V3(M3)	
		W9Cr4V5	
	含钴	W6Mo5Cr4V2Co8(M36)	加钴后高温硬度显著提高,但强度及冲击韧性较低,不宜受冲击。可磨性好
	高碳高钒含钴	W12Cr4V5Co5(T15)	综合了含钒钢耐磨性好与含钴钢耐热性高的优点。但可磨性差,需用单晶刚玉砂轮磨削
		W9Cr4V5Co3	
	含钴超硬型	W2Mo9Cr4VCo8(M41)	耐热性高,强度和韧性也较好。可磨性好。综合性能好,但价格贵
		W7Mo4Cr4V2Co5(M41)	可磨性次于 W2Mo9Cr4VCo8
		W9Mo3Cr4V3Co10	与 W12Mo9Cr4VCo8 性能相当,但强度和韧性较低,可磨性差
		W12Cr4V3Mo3Co5Si	为低钴超硬高速钢,性能与高钴高速钢相近,可磨性差
	无钴超硬型	W6Mo5Cr4V2Al	性能与 W2Mo9Cr4VCo8 相近,但可磨性稍差,过热敏感性稍大。价格便宜
		W6Mo5Cr4V5SiNbAl	耐磨性高、耐热性高、可磨性差
		W10Mo4Cr4V3Al	耐磨性高、耐热性高、可磨性稍差
		9W18Cr4V(9W18)	

5 高速钢 145

表5-3 高速工具钢牌号及化学成分（熔炼分析）

统一数字代号	牌号	化学成分（质量分数）/%									
		C	Mn	Si	S	P	Cr	V	W	Mo	Co
T63342	W3Mo3Cr4V2	0.95~1.03	≤0.40	≤0.45	≤0.030	≤0.030	3.80~4.50	2.20~2.50	2.70~3.00	2.50~2.90	—
T64340	W4Mo3Cr4VSi	0.83~0.93	0.20~0.40	0.70~1.00	≤0.030	≤0.030	3.80~4.40	1.20~1.80	3.50~4.580	2.50~3.50	—
T51841	W18Cr4V	0.73~0.83	0.10~0.40	0.20~0.40	≤0.030	≤0.030	3.80~4.50	1.00~1.20	17.20~18.70	—	—
T62841	W2Mo8Cr4V	0.77~0.87	≤0.40	≤0.70	≤0.030	≤0.030	3.50~4.50	1.00~1.40	1.40~2.00	8.00~9.00	—
T62942	W2Mo9Cr4V2	0.95~1.05	0.15~0.40	≤0.70	≤0.030	≤0.030	3.50~4.50	1.75~2.20	1.50~2.10	8.20~9.20	—
T66541	W6Mo5Cr4V2	0.80~0.90	0.15~0.40	0.20~0.45	≤0.030	≤0.030	3.80~4.40	1.75~2.20	5.50~6.75	4.50~5.50	—
T66542	CW6Mo5Cr4V2	0.86~0.94	0.15~0.40	0.20~0.45	≤0.030	≤0.030	3.80~4.50	1.75~2.10	5.90~6.70	4.70~5.20	—
T66642	W6Mo6Cr4V2	1.00~1.10	≤0.40	≤0.45	≤0.030	≤0.030	3.80~4.50	2.30~2.60	5.90~6.70	5.50~6.50	—
T69341	W9Mo3Cr4V	0.77~0.87	0.20~0.40	0.20~0.40	≤0.030	≤0.030	3.80~4.40	1.30~1.70	8.50~9.50	2.70~3.30	—
T66543	W6Mo5Cr4V3	1.15~1.25	0.15~0.40	0.20~0.45	≤0.030	≤0.030	3.80~4.50	2.70~3.20	5.90~6.70	4.70~5.20	—
T66545	CW6Mo5Cr4V3	1.25~1.32	0.15~0.40	≤0.70	≤0.030	≤0.030	3.75~4.50	2.70~3.20	5.90~6.70	4.70~5.20	—
T66544	W6Mo5Cr4V4	1.25~1.40	≤0.40	≤0.45	≤0.030	≤0.030	3.80~4.50	3.70~4.20	5.20~6.00	4.20~5.00	—
T66546	W6Mo5Cr4V2Al	1.05~1.15	0.15~0.40	0.20~0.60	≤0.030	≤0.030	3.80~4.40	1.75~2.20	5.50~6.75	4.50~5.50	Al:0.80~1.20
T71245	W12Cr4V5Co5	1.50~1.60	0.15~0.40	0.15~0.40	≤0.030	≤0.030	3.75~5.50	4.50~5.25	11.75~13.00	—	4.75~5.25
T76545	W6Mo5Cr4V2Co5	0.87~0.95	0.15~0.40	0.20~0.45	≤0.030	≤0.030	3.80~4.50	1.70~2.10	5.90~6.70	4.70~5.20	4.50~5.00
T76438	W6Mo5Cr4V3Co8	1.23~1.33	≤0.40	≤0.70	≤0.030	≤0.030	3.80~4.50	2.70~3.20	5.90~6.70	4.70~5.30	8.00~8.80
T77445	W7Mo4Cr4V2Co5	1.05~1.15	0.20~0.60	0.15~0.50	≤0.030	≤0.030	3.75~4.50	1.75~2.25	6.25~7.00	3.25~4.25	4.75~5.75
T72948	W2Mo9Cr4VCo8	1.05~1.15	0.15~0.40	0.15~0.65	≤0.030	≤0.030	3.50~4.25	0.95~1.35	1.15~1.85	9.00~10.00	7.75~8.75
T71010	W10Mo4Cr4V3Co10	1.20~1.35	≤0.40	≤0.45	≤0.030	≤0.030	3.80~4.50	3.00~3.50	9.00~10.00	3.20~3.90	9.50~10.50

注：1. 本表中牌号 W18Cr4V、W12Cr4V5Co5 为钨系高速工具钢，其他牌号为钨钼系高速工具钢。

2. 电渣钢的 Si 含量下限不限。

3. 根据需方要求，为改善钢的切削加工性能，其硫含量可规定为 0.06%~0.15%。

表 5-4　交货状态高速钢棒的硬度及试样淬回火硬度规定

序号	牌号	交货硬度（退火态）（HBW）不大于	试样热处理制度及淬回火硬度					
			预热温度/℃	淬火温度/℃		淬火介质	回火温度/℃	硬度（HRC）不小于
				盐浴炉	箱式炉			
1	W3Mo3Cr4V2	255		1180~1120	1180~1120		540~560	63
2	W4Mo3Cr4VSi	255		1170~1190	1170~1190		540~560	63
3	W18Cr4V	255		1250~1270	1260~1280		550~570	63
4	W2Mo8Cr4V	255		1180~1120	1180~1120		550~570	63
5	W2Mo9Cr4V2	255		1190~1210	1200~1220		540~560	64
6	W6Mo5Cr4V2	255		1200~1220	1210~1230		540~560	64
7	CW6Mo5Cr4V2	255		1190~1210	1200~1220		540~560	64
8	W6Mo65Cr4V2	262		1190~1210	1190~1210		550~570	64
9	W9Mo3Cr4V	255		1200~1220	1220~1240		540~560	64
10	W6Mo5Cr4V3	262	800~900	1190~1210	1200~1220	油或盐浴	540~560	64
11	CW6Mo5Cr4V3	262		1180~1200	1190~1210		540~560	64
12	W6Mo5Cr4V4	269		1200~1220	1200~1220		550~570	64
13	W6Mo5Cr4V2Al	269		1200~1220	1230~1240		550~570	65
14	W12Cr4V5Co5	277		1220~1240	1230~1250		540~560	65
15	W6Mo5Cr4V2Co5	269		1190~1210	1200~1220		540~560	64
16	W6Mo5Cr4V3Co8	285		1170~1190	1170~1190		550~570	65
17	W7Mo4Cr4V2Co5	269		1180~1200	1190~1210		540~560	66
18	W2Mo9Cr4VCo8	269		1170~1190	1180~1200		540~560	66
19	W10Mo4Cr4V3Co10	285		1220~1240	1220~1240		550~570	66

注：1. 退火＋冷拉态的硬度，允许比退火态指标增加 50HBW。

2. 试样淬回火硬度供方若能保证可不检验。

3. 回火温度为 550~570℃时，回火 2 次，每次 1h；回火温度为 540~560℃时，回火 2 次，每次 2h。

5.2　高速钢的性能和合金元素的作用

5.2.1　高速钢的性能特点

除一般刃具钢所应具有的高硬度、高耐磨性和一定韧性之外，还要求高速钢具有红硬性。

① 高的硬度。硬度是衡量高速工具钢质量的主要指标之一，淬火回火后，高速工具钢的硬度 HRC 都应大于 62。钢号不同，硬度值不同。特殊用途的含 Co 和高 C、高 V 系高速钢的硬度更大些，HRC 都超过 65；而 W 系高速钢的硬度低些，HRC 常在 62~65 之间。

② 高的红硬性。红硬性是衡量高速工具钢性能的又一主要指标，是高速工具钢区别于其他类工具钢的主要特性。红硬性是指刀具（钢）在切削过程中产生高温时，仍能保持高的硬度和耐磨性。高速钢之所以具有高的切削性能，就是因为它具有红硬性这一特点。高速钢

的红硬性主要取决于钢中 Co、W、C、V 等元素的含量，如含 Co 高的高速工具钢的红硬性就高，HRC 可达 65 以上；而 W 系高速工具钢的红硬性则较低，HRC 在 62 左右。

③ 高耐磨性和可磨削性。耐磨性是刀具在切削工件时的耐磨程度。高速工具钢应具有良好的耐磨性能，实际上，高速钢的耐磨性是红硬性、硬度、韧性等指标在切削工件时的综合反映。可磨削性是指钢被加工磨削时的难易程度。这是一个不能忽视的指标，因为可磨削性差，刀具在制作时，特别是制造复杂刀具就会遇到困难。W 系高速工具钢的可磨削性较好，而高 V、高 C 高速工具钢的可磨削性较差。

高速工具钢的耐磨性除与钢中形成碳化物的元素 W、Mo、V、Cr 含量有关外，还可通过改善钢中碳化物的均匀度、降低钢中 S、O 及非金属夹杂物的含量来加以提高。

④ 足够的韧性和抗弯强度。高速工具钢应具有一定的冲击韧性和抗弯强度，如果这方面的性能差，刀具在切削时就会发生崩刃现象，从而降低刀具的使用寿命。高速工具钢的冲击韧性一般在 $20J/cm^2$（$2kg \cdot cm/cm^2$）左右，抗弯强度为 3000MPa（$300kgf/mm^2$）。

⑤ 好的工艺性能。它是高速工具钢的重要指标。工艺性能首先是指良好的热塑性，以便能在热变形中充分破碎共晶碳化物和加工成型；其次是低的退火硬度，以便在生成过程中进行冷成型和切削加工。其他工艺性能还有如热处理的过热敏感性、脱碳不敏感性、低的淬火变形性以及焊接性能等。

5.2.2 合金元素在高速钢中的作用

高速钢中的化学元素是高速钢获得理想性能的基本条件，只有认识到合金元素的作用，在炼钢过程中准确地予以控制，才能获得性能和质量满意的高速钢。

高速钢中主要合金元素 C、W、Mo、Cr、V、Co 等的作用：

(1) 碳

C 是高速工具钢中的基本元素，它与钢中的 W、Mo、V、Cr 等合金元素形成碳化物，提高钢的硬度、耐磨性、红硬性，C 还能提高钢的淬透性，使钢获得马氏体组织。随着碳含量进一步增高，淬火回火后的硬度和热硬性都增高。

一般高速工具钢含 C 量为 0.70%～1.65%，以保证与各种形成碳化物的元素相配合。若碳和碳化物形成元素满足碳化物分子式中的定比关系，可以获得最大的二次硬化效应。

$$C = 0.033\%W + 0.063\%Mo + 0.20\%V + 0.060\%Cr$$

碳与合金元素含量的定比碳规律（平衡碳）也可写作：

$$w_C = 0.033w_W + 0.059w_{Mo} + 0.20w_V + 0.055w_{Cr}$$

若碳含量很高，碳化物总量增多，碳化物不均匀性增加；淬火后残余奥氏体量增多，需多次回火，使固相线温度降低，淬火温度下降。对 W-Mo 系，增加碳含量将使钢的抗弯强度和韧性明显下降。

公认的结论是：提高淬火温度，使更多的碳化物溶入奥氏体中可以提高红硬性。但随淬火温度提高，奥氏体晶粒将长大、性能将变坏，故提高淬火温度有一限度。为尽可能提高淬火温度，细化碳化物是主要途径。表 5-5 列出了两种高速钢的平衡碳含量。

(2) 钨和钼

W 和 Mo 能提高高速钢的热硬性、回火稳定性，具有细化晶粒、改善韧性的作用，是高速工具钢回火产生二次硬化的最基本元素。

表 5-5　两种高速钢的平衡碳含量

钢号	C/%	平衡碳量/%	碳饱和度 A
M42（W2Mo9Cr4VCo8）	1.05～1.15	0.95～1.15	0.91～1.20
M2（W6Mo5Cr4V2）	0.80～0.90	1.008～1.23	0.65～0.89

注：1. 平衡碳量 $w_C = 0.033 w_W + 0.059 w_{Mo} + 0.20 w_V + 0.055 w_{Cr}$。

　　2. 碳饱和度 A＝实际碳量、平衡碳量。

高速钢中最主要的碳化物 M_6C（M 代表金属），是以 Fe、Mo、W 为主的复合碳化物。它在淬火时部分固溶，回火时又以 M_2C 碳化物弥散析出，使钢硬化，提高硬度和耐磨性，剩下未溶的 M_6C 碳化物（主要来自共晶碳化物），可阻碍淬火加热时晶粒长大和增减耐磨性。

含 Mo 的高速钢铸态共晶碳化物网较细薄，易于加工破碎，分布较均匀，颗粒较小，热塑性和韧性较高；但含 Mo 的钢易脱碳，淬火的热敏感性也较大，而 W 系钢在此方面正好与之相反。固溶在奥氏体中的 7%～8%W 淬火后提高回火稳定性；回火时析出 W_2C，产生弥散硬化，提高热硬性。因此，W 和 Mo 适当的配合才能获得综合性能好的钢种。

钼使共晶碳化物由鱼骨状变成细鸟巢状，减小碳化物的不均匀性；热硬性略低；脱碳倾向大；钼系抗弯强度和韧性远高于钨系。

将钼系高速钢与钨系进行比较会发现：钼的原子量约为钨的 1/2，因此 1%Mo 与 2%W 几乎具有同等的作用。钼具有与钨相似的原子半径，在高速工具钢中形成类似的碳化物 M_6C。实际中 1%Mo 替代 1.6%～2.0%W，高速工具钢的组织和性能显示出明显的类似性。

一般来说，钨系高速钢耐热性高，钼系高速钢韧性高。耐磨性因温度而变化，对于磨料磨损，钼系高速钢的耐磨性大。为了确保钼系高速钢对钨系高速钢的优越性，在保持韧性优越性的同时，提高碳与钒含量，可改善钼系高速钢的硬度和耐磨性，随着盐浴炉的普及，其脱碳敏感性也得到解决。

（3）铬

对高速工具钢的主要作用是保证钢的高淬透性，为此，各种高速钢都含 4%左右的 Cr。Cr 在钢中形成以 Fe、Cr 为主的 $M_{23}C_6$ 碳化物，Cr 还可溶于 M_6C 与 MC 中形成合金碳化物。促进这些难熔碳化物淬火时较多地固溶，使淬火马氏体具有足够的 C 和合金元素，有利于回火时大量析出 M_2C 和 MC，所以 Cr 对二次硬化也有间接作用。此外，含 4%Cr 对高速钢的抗氧化性也起着重要作用。

（4）钒

通常所有高速钢均含有 1%以上的 V，高速钢中含 V 量增多，热硬性明显提高。

碳化钒淬火加热时可部分固溶，回火时析出弥散的 MC 型碳化钒，有利于增强二次硬化作用；未溶的 VC 有助于阻止淬火加热时晶粒长大；回火时析出弥散 VC 产生二次硬化，提高热硬性。而且由于硬度极高，能显著地提高钢的耐磨性，但降低了可磨削性。

高 V 高速钢属于高热硬性高耐磨性钢。高 V 高速钢中，鸟巢状的共晶碳化物 VC 增多，可达 10%左右，提高钢的耐磨性，但也使切削加工性能降低。如能采取措施细化一次碳化物 MC 颗粒，可改善磨削性。目前最有效的办法是用雾化法快速冷却钢液得到合金粉末，制成粉末冶金高速钢，使一次碳化物细化。

（5）钴

Co 本身不形成碳化物，其主要作用是增加回火时析出 MC、M_2C 的形核率，减小其聚集长大速度，是提高高速工具钢硬度和切削性能的最有效的元素，此外，Co 可以提高高速工具钢的晶界熔化温度，因而提高了钢的淬火温度，使奥氏体钢的合金度增大。淬火加热时 Co 溶于奥氏体中，提高马氏体的回火稳定性。Co 与 W 和 Mo 原子间结合力强，可减轻 W 和 Mo 原子扩散速率，减慢合金碳化物析出和聚集长大速度，增加热硬性。但 Co 含量过高时也会降低钢的韧性，含 Co 量在 1.8% 以下时对钢的性能几乎无影响，当 Co 含量大于 2.4% 时，即开始对钢的性能产生影响。通常是 Co 含量越高，钢的性能越好，但随着 Co 含量的增加，钢的韧性下降，当 Co 含量 ≥12% 时，钢就变得很脆，稍受冲击就会折断，所以目前 Co 高速钢的 Co 含量多控制在 5%～10%。

有学者认为，在高速钢中加入价格昂贵的 Co 可以进一步提高其红硬性，例如世界闻名的 M42 即 Co-Mo 高速钢，价格是 M2 的 5 倍。但戚正风等人研究后认为，Co 能显著提高二次硬化效应，也有可能提高高温硬度，但不能提高红硬性。

（6）硅、铝

由于合金元素钨、钼和钴的短缺及昂贵，如何节省高速钢中贵重合金元素的用量，用价格低廉的 Al、Si 等替代，成为高速钢发展过程中一个重要课题。

① Si 一直以来 Si 被当作杂质元素加以限制，并规定其含量不得高于 0.4%。20 世纪 70 年代初，Codden 等人的偶然发现，开始改变了对 Si 的认识。

硅的作用主要表现在以下几个方面：细化峰值温度附近回火析出的二次硬化碳化物；进入 M_6C 中，形成 $(M_5Si)C$，增加 M_6C 的稳定性，增加未溶碳化物的数量；促进非共格的 M_6C 在较高的回火温度下形成；抑制 M_3C 在回火中的形成，细化 M_3C，并加速 M_3C 向 MC 和 M_7C_3 转化；增加钢的脱碳程度。

基于上述作用原理，Si 的使用应该注意以下原则：如期望提高回火硬度，则 Si 可以加入钨含量不大于 6% 的钼系高速钢中，且 [Si]≤2%；如期望改善钢的抗弯性能，Si 加入高速钢基体中的含量约为 1%，同时需要注意 Si 虽能提高韧性，却对红硬性有损害。

② Al 多人研究表明，Al 对高速钢的作用原理为：a. 由于 Al 原子半径较大，在点阵中，Al 阻碍钢中 C 的扩散和钉扎位错，并延缓其消失，故 Al 对高速钢回火时碳化物的聚集与长大有抑制作用，并延缓马氏体的分解和软化，因而提高了钢的红硬性；b. Al 使高速钢中 M_2C 共晶碳化物的分解温度降低，在 900℃加热 3h 即可分解，有利于提高奥氏体的合金化程度和碳的过饱和度，在淬火后的回火中析出更多的碳化物，提高二次硬化效果；c. Al 和 N 形成 AlN，稳定性高，加热时阻碍奥氏体晶粒长大，可细化晶粒，提高钢的强韧性。

Al 在高速钢中的加入量，一般不大于 1.5%，因为当 Al>1.5% 时，将会降低其对高速工具钢性能所起的作用。

李超等人的实验表明：Al 在高速钢中可以细化晶粒，降低钢的过热敏感性；可以提高钢的硬度、红硬性、高温拉伸强度和韧性；还可以提高高速钢的切削性能；Al 在高速钢中不改变碳化物类型，而改变淬、回火态的碳化物颗粒大小和分布。一般对淬火、回火的碳化物形核有促进作用，而对碳化物长大没有什么影响，但能增加碳化物弥散度。

铝高速钢虽然性能较普通高速钢有所提高，但尚未有证据表明可以达到钴高速钢的同等性能。因此，进一步了解 Al 对高速钢红硬性的影响，将对 Al 高速钢的发展起到推动作用。

（7）微合金元素

① 氮　N 能提高高速钢的热硬性，同时也提高抗弯强度和挠度，改善韧性。N 溶于碳化物中，形成合金碳氮化物，使 M_6C 碳化物稳定性提高，减小聚集倾向。N 细化奥氏体晶粒，提高晶界开始熔化温度，因而提高了淬火温度和合金元素溶解量，增加回火硬度和热硬性。

② 稀土元素（RE）　a. RE 具有较强的脱氧和脱硫作用；稀土氧化物 Ce_2O_3 可以成为结晶核心并强烈地促进形核，促使奥氏体细化。RE 在凝固过程中富集在碳化物周围，阻止碳化物沿晶界长大，使碳化物细化，碳化物形态变为不连续网状和颗粒状；b. RE 变质处理高碳高速钢加热温度为 1000℃ 时，多数碳化物已断网，并出现了数量较多的颗粒状碳化物，加热温度为 1050℃ 时，碳化物网状组织全部消失，大部分碳化物变成了团球状组织；c. RE 变质处理可以明显改善高碳高速钢力学性能，特别是冲击韧性提高钢在 900～1150℃ 间的热塑性。另外，加入稀土元素能降低硫在晶界的偏聚，提高热塑性。

5.3　高速钢的金相组织和热处理制度

高速工具钢性能的变化取决于它的化学成分和热处理工艺。因此在明了各主要合金元素在钢中所起的作用外，还应当了解并掌握高速钢的金相组织、热处理制度等，为得到理想的性能打下良好的基础。

（1）高速钢的铸态组织

高速钢的铸态组织常常由鱼骨状莱氏体（Ld）、中心黑色的共析体、白亮的马氏体和残余奥氏体组成。高速钢的铸态组织如图 5-3 所示。

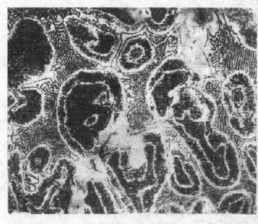

(a) 18-4-1钢　　　　　　　　　　　　　　　　(b) 6-5-4-2钢

图 5-3　高速钢的铸态组织

① 低倍。断口晶粒应均匀、细致，低倍组织中不应有缩孔、气泡、夹杂、分层和白点。

② 高倍。主要检验碳化物的不均匀度。高速钢属于高合金莱氏体钢，钢中 W、Mo、V、Cr 等合金元素与 C 形成碳化物。钢凝固时，在钢锭中呈网格状分布，经热加工便形成不同程度的碳化物不均匀性。分布不均匀时，会降低钢材的力学性能，表现出明显的各向异性，会增加淬火过程的过热敏感性，并易形成裂纹；刀具在使用过程中容易产生脆性崩刃和断裂，从而降低刀具的使用寿命。所以高速钢材出厂时，碳化物的不均匀性是钢材的主要检

验项目。按 GB/T 14979—1994 标准，碳化物不均匀性评级共分 8 级，碳化物不均匀程度严重时级别增高。保证碳化物充分破碎、细化并均匀分布历来是高速钢生产工艺和提高质量的关键。碳化物的不均匀度与冶炼、浇注工艺、化学成分及热加工变形程度等有关。

碳化物的不均匀度依其钢材的截面尺寸不同，必须符合表 5-6 的规定。

③ 特殊要求，除以上质量要求外，在生成高速工具钢时，有时还可以根据用户要求，如对碳化物不均匀度提出更严格的要求等。

表 5-6 钢材碳化物不均匀度的要求

钢材尺寸(直径或边长)/mm	碳化物不均匀度
≤40	≤4 级
>40~60	≤5.5 级
>60~80	≤7 级

(2) 高速钢的碳化物

所有的高速钢中，在退火状态下都含有 M_6C、$M_{23}C_6$、MC 三种碳化物。18-4-1 高速钢退火状态的碳化物总量约为 30%，其中 M_6C 型碳化物约占 18%，$M_{23}C_6$ 型碳化物约占 8%。MC 型碳化物约占 1%。在淬火状态下，只有 M_6C 和 MC，在回火（650℃）状态有 M_2C、MC 析出。

① M_6C 型碳化物 典型的 M_6C 型碳化物是 Fe_4W_2C，其中 Fe 和 W 可以相互置换，形成 Fe_3W_3C 或 Fe_2W_4C。钢中含有的 Cr、Mo、V 可溶解在 M_6C 中，Mo、V 可置换 W；Cr 可置换 Fe、W，这就使 M_6C 稳定性不同。如 Cr 溶入 M_6C 中，使 M_6C 稳定性下降。M_6C 的硬度为 HRC 73.5~77。

② $M_{23}C_6$ 型碳化物 是以 Cr、W、Mo 为主，并溶有铁等元素的碳化物（Cr，Fe，W，Mo，V）$_{23}C_6$。典型碳化物是 $Cr_{23}C_6$，其稳定性较差，淬火加热时，全部溶于奥氏体中，增加钢的淬透性。

③ MC 型碳化物 是以 V 为主的 VC，也能溶解少量的 W、Mo、Cr 等元素。碳化物 VC 的稳定性最高，即使在淬火加热温度下，也不能全部溶解。VC 的最高硬度可达 83~85HRC。在高温回火过程中析出，使高速钢产生弥散强化，从而使钢具有高的耐磨性。

④ M_2C 和 M_7C_3 型碳化物 高速钢在回火过程中，当温度超过 500℃ 时，自马氏体中析出 W_2C、Mo_2C，引起钢的弥散硬化。当回火温度超过 650℃ 时，则析出 M_6C 及 M_7C_3，它们容易聚集长大，使钢的硬度下降。

(3) 高速钢的锻造和热处理

① 锻造 高速钢的铸态组织很不均匀。大量不均匀分布的粗大碳化物，将造成强度及韧性的下降。这种缺陷不能用热处理工艺来矫正，必须借助于反复压力热加工（锻、轧），将粗大的共晶碳化物和二次碳化物破碎，并使其均匀分布在基体内。

高速钢在空气中冷却即可进行马氏体转变，所以锻造或轧制以后，钢坯应缓慢冷却，防止产生过高的应力导致开裂。

② 退火 高速钢锻造以后，必须进行球化退火，其目的不仅在于降低钢的硬度，以利于切削加工，而且也为以后的淬火做组织上的准备。

18-4-1 钢的 A_{c1} 温度是 820~860℃，故退火温度为 860~880℃，在该温度保温 2~3h，大部分合金碳化物未溶入奥氏体中，此时奥氏体中合金元素含量不多，冷却时易于转变为粒状珠光体和剩余碳化物（见图 5-4）。

③ 淬火 18-4-1 钢的淬火温度是 1280℃。

淬火温度越高，合金元素溶入奥氏体的数量越多，淬火之后马氏体的合金浓度越高。只有合金含量高的马氏体才具有高的回火稳定性，在高温回火时析出弥散合金碳化物产生二次硬化，使钢具有高的硬度和红硬性。

高速钢中的合金碳化物 M_6C、$M_{23}C_6$ 和 MC 比较稳定，必须在高温下将其溶解。三者中 $M_{23}C_6$ 稳定性最差，在 900℃大量溶解，1090℃溶解完毕；M_6C 在 1037℃以上开始溶解，1250℃以上溶解量逐渐减小；MC 在 1100℃以上逐渐溶解，溶解速度比 M_6C 缓慢。由图 5-5 可知，在 1280℃淬火温度下，18-4-1 钢奥氏体中合金元素的质量分数，Cr 基本溶解，W 溶解 7%～8%，V 溶解 0.5%～1.0%。

图 5-4　18-4-1 高速钢退火后的组织

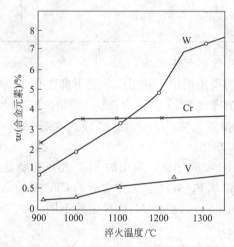

图 5-5　18-4-1 钢奥氏体成分与淬火温度的关系

温度超过 1300℃时，各元素的溶解量虽还有增加，但奥氏体晶粒则急剧长大，甚至在晶界处发生熔化现象。使淬火钢的韧性大大下降。所以，常选用 1280℃作为淬火温度。

由于高速钢的导热性差，而淬火温度又极高，为减少工件在加热时的变形开裂和缩短高温保持时间，减少脱碳，可采用预热。一次预热在 800～850℃，二次预热在 800～850℃前加一次 500～600℃预热。

淬火一般采用油淬空冷，对细长件和薄片刀具采用分级淬火，一般在 580～620℃一次

图 5-6　18-4-1 高速钢 1280℃淬火后的组织

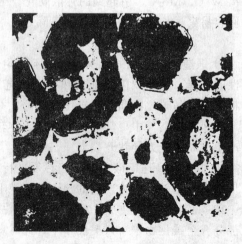

图 5-7　W18Cr4V 钢 1350℃油淬后的过烧组织

分级或在 350～400℃ 做第二次分级。

钢的正常淬火组织是马氏体＋碳化物＋残余奥氏体（30％ 左右）。图 5-6 为 18-4-1 高速钢 1280℃ 淬火后的组织，图 5-7 为 1350℃ 油淬后的过烧组织。

④ 回火　高速钢一般需进行三次 560℃ 保温 1h 的回火处理。图 5-8 和图 5-9 示出了回火温度和回火次数对 18-4-1 高速钢强度、硬度和塑性的影响。

回火温度在 500～600℃ 之间，钢的硬度、强度和塑性均有提高，而在 550～570℃ 时可达到硬度、强度的最大值。在此温度区间，自马氏体中析出弥散的钨（钼）及钒的碳化物（W_2C、Mo_2C、VC），使钢的硬度大大提高，这种现象称为二次硬化。

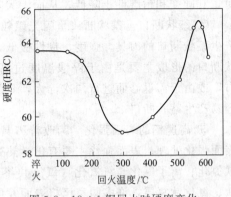

图 5-8　18-4-1 钢回火时硬度变化
（1280℃ 淬火）

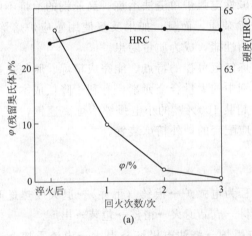

(a)

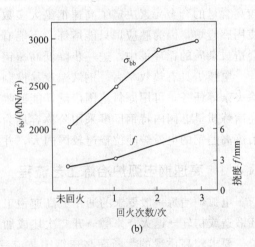

(b)

图 5-9　18-4-1 钢回火次数与残留奥氏体量（A）和性能的关系

当回火温度在 500～600℃ 之间时，残余应力松弛，基体中析出了部分碳化物，使残余奥氏体中合金元素及碳含量下降，M_s 点升高。这种贫化的残余奥氏体，在回火后的冷却过程中，转变为马氏体，使钢的硬度也有所提高。为了降低残余奥氏体量，需增加回火冷却次数，三次回火后残余奥氏体量完全转变。

正常回火后硬度为 HRC 63～66，其组织为回火马氏体加碳化物。

（4）高速钢刀具的热处理缺陷

① 过热　由于淬火温度过高等原因，造成晶粒过大，剩余碳化物数量减少，碳化物出现粘连、拖尾、角状或沿晶界呈网状分布的现象称为过热。

② 过烧　淬火温度接近钢的熔化温度，晶界熔化，出现莱氏体及黑色组织，称为过烧（图 5-7）。过烧的刀具，常常出现严重的变形或皱皮现象，这种缺陷是不可挽救的。

③ 脱碳　表面脱碳使工具的硬度降低，金相组织中出现明显的铁素体，在其基体上还有碳化物存在。钢的表层脱碳，使 M_s 点升高，在淬火时，表层先转变为马氏体，形成一层薄的硬壳，随后心部进行马氏体转变时，体积膨胀，表层受到张应力，易于引起开裂，同

时，其硬度和耐磨性也降低，从而大大降低刃具寿命。

④ 萘状断口　萘状断口呈闪光粗粒状，有如萘光，故得名。其金相组织为粗大的晶粒。产生萘状断口的刀具，强度、韧性极低，使用时易崩刃或折断，是一种不可挽救的缺陷。萘状断口的形成主要是由于停锻温度过高（1050～1100℃），而且变形量又在 10％～15％ 左右，或由于需返修而进行两次淬火，其间未经退火造成的。如果淬火前不进行充分退火，也容易产生萘状断口。

⑤ 高速钢的表面强化　为改善刃具的切削效率和提高耐用性，生产上经常对刃具进行表面强化处理。表面强化主要有化学热处理和表面复层处理两类。前者包括蒸汽处理、气体软氮化、离子氮化、氧氮化（氧氮共渗）等。表面复层处理则使金属表面形成耐磨的碳化钛、氮化钛复层，许多国家已将表面复层处理用于生产。

5.4　电弧炉冶炼高速钢

高速钢是含有大量 W、Cr 等合金元素的高合金钢，W 和 Cr 是以铁合金形式加入的，较高含量的合金元素决定了高速钢绝大多数采用碱性电弧炉单渣法冶炼。高速钢的冶炼不能使用感应炉，因为感应炉只能熔炼，不能有效去除杂质，而且，如果反复使用感应炉熔炼，会造成杂质的循环集中，进一步降低高速钢的使用性能，成为质量隐患。

电弧炉具有热效率高、钢液温度易控制、冶炼气氛可控的特点，能完成精炼、脱气、去除夹杂等任务，可用原料范围广泛，能回收返回钢中的大量合金元素，有利于降低成本，提高冶炼质量。国内特钢厂多采用公称容量为 5t（超装 100％）的小电弧炉冶炼高速钢，国外冶炼高速钢的电弧炉吨位普遍较国内大，并有相应配套的炉外精炼装置。

5.4.1　高速钢电弧炉冶炼工艺流程

电弧炉冶炼一般要求的通用型高速钢工艺流程为电弧炉→模铸（下注）→退火或热送开坯锻造或初轧→退火→修磨→开二次坯或加工成材→成品退火→精整→包装→出厂。

要求较高质量的大断面高速钢工艺流程为电弧炉→浇注电极坯→退火→电渣重熔→退火→开坯→退火→修磨→退火→精整检查→包装→入库。

棒-棒银亮材生产工艺流程为矫直→两端切齐倒棱→修磨→无芯磨床粗磨、精磨→抛光→精矫→防腐处理→包装→入库。

线-棒银亮材生产工艺流程为盘条喷丸去鳞→开卷、矫直→冷拔→精矫→剪断→矫直、抛光→涡流探伤→精磨→防腐处理→包装→入库。

线-线银亮材生产工艺流程为盘卷酸洗或抛丸去鳞 ϕ5.5～10mm→冷拔→真空退火→冷拔→真空退火→直至成品→涡流探伤→包装入库。

我国某特殊钢厂高速钢生产工艺流程为 30t 电炉熔炼→注锭（或铸电极→退火→电渣重熔）→2000t 快锻机开坯（大圆）或 1000t 精锻机开坯（小圆）→退火→修磨→1000t 精锻机成材或轧制成材→退火→精整检查→包装→入库。

国际上高速钢生产绝大多数都用电弧炉（15～30t，带有电磁搅拌装置），模铸钢锭仍是各国普遍采用的。电渣重熔对于大断面高速钢材不仅能改善钢的纯洁度，更重要的是保证大钢锭有较快的凝固速度，避免共晶碳化物粗化，获得大断面成材时，既能保证足够的锻压比，又能保证内部冶金质量，有的国家习惯于 ϕ100mm 以上用电渣重熔，有的则定为

$\phi150mm$ 以上。为了使高速钢碳化物破碎更有效，控制变形量和变形温度，通常用快锻机与精锻机联合生产高质量要求的大断面材。中小型材和钢丝生产已普遍采用高精度无扭连轧机。

棒材退火用保护气氛连续辊底式炉，可以得到组织均匀、硬度波动范围小、不脱碳、氧化烧损小的效果。盘圆退火用保护气氛或真空罩式炉（或井式炉），可以得到上述效果。特殊钢厂对钢材精整十分重视，尤其是对高速钢，精整作业线的场地通常是成材轧制线的 1～1.5 倍。高速钢材的精整线包括：初矫、喷丸、精矫、倒棱、剥皮、精矫、抛光、光谱分析、超声和涡流探伤、分检、测径、分析、自动打印、称重、自动打捆包装。

炉外精炼装备逐步用于高速钢生产，主要用 LF（V），也有 SKF 钢包炉。国外有的厂可以用连铸生产高速钢，但仅限于通用型钢种和小断面材。世界先进的高速钢生产工艺流程如下：

① 通用型钢种、中小型材及钢丝生产流程 电炉（UHP）→精炼炉 LF（V）→连铸→退火→修磨→棒、线连轧。a. 棒材（$>\phi20mm$）→保护气氛连续退火→精整剥皮→在线检测→成品包装（$\phi20\sim40mm$ 光亮材）；b. 线材（$\phi5.5\sim20mm$）→保护气氛或真空罩式退火→连续拉拔开卷或磨光、抛光→在线检测→成品包装（$\phi5\sim20mm$ 冷拔材、光亮材）；c. 线材（$\phi5.5mm$）→保护气氛或真空罩式退火→温拉或温轧→真空退火→矫直或磨光→在线检测→成品包装（$<\phi5mm$ 冷拔磨光钢丝）。

② 大断面材及高牌号钢材生产流程 电炉（UHP）→精炼炉 LF（V）→铸锭（或铸电极→电渣重熔）→退火→快锻或精锻开坯→退火、修磨→精锻成材→退火→精整→在线检测→成品包装。

5.4.2 电炉冶炼高速钢工艺过程

从电弧炉冶炼方法看，高速钢的冶炼一般都采用电炉返回吹氧法，在返回废钢不足时才采用装入法。采用返回吹氧法或装入法，合金可以随炉料一同装入，这样可大大简化还原期操作，同时还可以回收返回废钢中的贵重合金元素。如果采用氧化法，炉料中就不能配入大量合金料和含贵重合金元素的返回废钢，合金元素 W、Cr、Mo、V 等都必须在还原期加入；铁合金的加入量约占钢水量的 1/3，这样势必增加还原期合金化的任务，使熔池温度大幅度下降，造成冶炼上的困难，还原期拖得很长，使钢液吸气，电极消耗增加，炉体寿命缩短。钨铁熔点高，密度大，极易沉积炉底，在熔池内分布不均匀，造成成分出格，所以高速钢不宜采用氧化法冶炼。

高速钢冶炼时，化学成分 C、W 不易合格，所以在冶炼操作中应慎重控制。在保证化学成分合格的基础上，尽量把 W、Cr、V、Mo、Co 等元素控制在中下限，既有利于改善碳化物不均匀度，又能节约贵重铁合金。

高速钢在锻造加工过程中易出现裂纹倾向，经低倍检验发现是碳化物剥落和断口夹杂缺陷所致。因此，在冶炼时必须注意加强去气、脱氧操作，严格控制好各期温度，使出钢、浇注温度不能过高。

下面以目前大量生产的通用性高速钢 W6Mo5Cr4V2（M2）钢种为例说明返回吹氧法的冶炼工艺特点。

（1）原料

入炉原料中同钢种返回钢约占 40%，其余配工具钢和轴承钢的返回废钢，低磷、低硫软钢（C 0.20%～0.30%的低碳钢）、钨铁合金、钼铁合金、铬铁合金等。同钢种返回钢占比增大有利于降低冶炼成本，在能保证有效控制有害元素、杂质含量的前提下，废钢、废高速钢切屑、磨屑等机械加工废料都是很好的原料。

（2）工艺流程

以国内 5t EAF 为例，高速钢的白渣法冶炼工艺流程为修补炉衬→炉底装入石灰→装料→起弧、穿井，熔化→取样分析→吹氧脱碳（脱碳量＞0.1%）至碳含量规格下限→停止吹氧、测温（1630～1670℃）→搅拌、取样分析→预还原，分两批加入 FeSi75 粉（4～8kg/t 钢）→除渣 70%～80%，补加薄渣料→吹氧 5min，加入部分 FeMn、FeCr→加入还原剂电石（6～8kg/t 钢）→调整炉渣的流动性、还原性，加入适量 FeSi 粉、C 粉→调整合金成分进入规格→测温、取样分析→成分合格、温度适宜→插 Al（0.3kg/t 钢）终脱氧→钢渣混出。

冶炼过程中，在熔化约 60%时，开始吹氧助熔约 50min，可以加速炉料熔化，缩短冶炼时间。冶炼过程中要特别注意控制好成分，因为高速钢化学成分的控制是其质量控制的基础，更是保证技术标准要求的起码条件。成分中要求特别注意碳含量的控制。

（3）电弧炉冶炼高速钢冶炼注意事项

① 严格控制含碳量。虽然高速钢的国家标准规定了成分的规格范围，但为了有利于稳定热处理工艺及最终产品的性能，希望能得到成分规格范围更窄，波动范围更小的钢材。在高速钢化学成分控制问题中，碳含量的控制尤显重要。与国外相比，我国冶炼的高速钢碳含量波动范围较大。

② 按定比碳关系控制碳和强碳化物形成元素的含量，以获得最佳二次硬化效果。

③ 适当添加合金元素，为改善高速钢的质量，曾先后添加过多种元素。概括起来有四类：a. 钴、硅、铝、锰、镍；b. 钛、锆、铪、钽、铌；c. 氮、硼；d. 镁、钙、钡、稀土。针对上述合金元素的实验室研究工作有很多，实际应用的仅仅是一小部分，如钴、铝、氮、硅等。目前的研究重点是稀土元素在高速钢中的作用及添加。

④ 严格控制有害元素含量，例如：我国 GB/T 9943—2008 中规定 S≤0.030%，法国 S≤0.01%，日本要求 S 含量在 0.005%以下；其他有害元素，如 Pb、Sn、As 等，国标中并无规定，但过高会影响加工及使用性能。通常实际水平为 Pb 0.001%、Sn 0.010%、As 0.006%，日本 Sn 0.0016%、As 0.0035%。

（4）氧化物替代铁合金

电弧炉冶炼高速钢中需要添加多种铁合金，铁合金是从矿石中还原精炼而来。由于电弧炉冶炼过程中能够提供还原性条件，于是，在 EAF 炉冶炼中用精矿或氧化物团块替代铁合金从而实现钢液的合金化，在理论上具有很高的可行性。

铁合金相较同种氧化矿物团块来讲，价格昂贵，从经济角度，研发氧化物替代铁合金势在必行。

早在 20 世纪 40 年代初，加拿大就开始试验用白钨精矿冶炼含钨钢。到 1977 年，美国钢铁工业合金化用钨，一半以上直接使用白钨矿，美国的炼钢用钼，75%是以氧化钼的形式加入的。事实证明，电炉冶炼使用 W、Mo 氧化物代替其同种铁合金是可行的。

① 白钨矿（scheelite）　白钨精矿也称白钨砂，无色或白色，一般多呈灰色、浅黄、浅紫或浅褐色。化学组成为 $Ca(WO_4)$，晶体属四方晶系的钨酸盐矿物。英文中以白钨矿中的钨酸的发现者 C. W. 舍勒（Scheele）姓氏命名。

选用白钨精矿做合金原料直接熔炼高速钢，主要应注意控制有害元素、夹杂物的含量。通常，1级以上白钨矿均可使用。其化学成分见表 5-7。

表 5-7 白钨矿化学成分

品种	WO₃/% (不小于)	杂质含量(不大于)/%									
		S	P	As	Mn	Cu	Sn	SiO₂	Fe	Pb	Sn
白钨1级1类	65	0.7	0.05	0.15	1.0	0.13	0.20	7.0	—	—	—
白钨特-1-3	72	0.2	0.03	0.02	0.3	0.01	0.01	0.01	1.0	0.02	0.03

大连钢厂与钢研总院的研究表明，使用白钨矿配加硅铁作还原剂，在电弧炉中冶炼高速钢工艺简单、操作容易、回收率高、成分稳定、质量可靠，所得高速钢产品与使用钨铁进行合金化的产品质量相当。

② 氧化钼（molybdenum oxide） 我国的 Mo 储量居世界前列，我国多地有钼矿，且储量大，开发条件好。具有工业价值的钼矿物主要是辉钼矿（MoS_2），约有 99% 的钼矿是以辉钼矿（MoS_2）状态开采出来的。浮选法是 MoS_2 精选的主要方法。用浮选法可得到含钼量为 85%～95% 的钼精矿，总回收率达 90%。

以硫化物为主的钼精矿也叫生钼矿，必须经氧化焙烧，得到三氧化钼（MoO_3），即熟钼精矿才能用于冶金。生钼矿的焙烧反应为

$$2MoS_2 + 7O_2 \longrightarrow 2MoO_3 + 4SO_2$$

制得的 MoO_3 为绿白色粉末，加热时呈鲜黄色，650℃升华，熔点为 795℃。直接炼钢用氧化钼，最主要是控制杂质元素及有害元素，以避免其对钢的生产工艺性能和使用性能带来不利影响。表 5-8 为氧化钼块（molybdenum oxide lump）的技术标准。

氧化钼在电弧炉中的还原过程与 Si 密切相关，因为有以下反应：

$$2MoO_3 + 3Si \longrightarrow 2Mo + 3SiO_2$$

在用返回法冶炼时，通常上一炉出钢后，应当将氧化钼矿与硅铁（Fe-Si）混合装入炉底，利用炉内的余热，促使 Si 提早还原 Mo，待下一炉冶炼，电极到达底部形成熔池时，Mo 会很快进入钢水，实现合金化。

批量实验证明，使用氧化钼代替钼铁合金，钢的性能、成分无变化，Mo 的收得率相当。

表 5-8 氧化钼块技术标准（YB/T 5046—2012）

牌号	化学成分/%							
	Mo ≥	S		Cu ≤	P ≤	C ≤	Sn ≤	Sb ≤
		L	H					
Ymo59.0-A	59.0	0.10	—	0.20	0.04	0.10	0.05	0.04
Ymo57.0-A	57.0	0.10	—	0.25	0.04	0.15	0.05	0.06
Ymo55.0-A	55.0	0.10	0.15	0.25	0.04	0.10	0.05	0.04
Ymo52.0-A	52.0	0.15	0.15	0.25	0.05	0.15	0.07	0.06
Ymo55.0-B	55.0	0.10	0.15	0.40	0.04	0.10	0.05	0.04
Ymo52.0-B	52.0	0.15	0.25	0.50	0.05	0.15	0.07	0.06
Ymo50.0	50.0	0.15	0.25	0.50	0.05	0.15	0.07	0.06
Ymo48.0	48.0	0.25	0.30	0.80	0.07	0.15	0.07	0.06

使用氧化物代替合金冶炼高速钢，其直接经济效益体现在降低合金元素的使用成本，初步估算，应用白钨矿做合金添加剂吨钢合金成本仅相当于使用钨铁合金的 63.4%。一般来说，氧化物替代铁合金使用量越多，效益也越大。但上限量的前提是保证安全操作，防止因入炉原料中氧含量过多而引起碳氧反应喷溅，同时要根据具体情况分别对待，精算成本，以确定合理的配入量。

（5）高速钢的精炼

我国高速钢炉外精炼至今开展不是很广泛，除极少数特殊要求外，基本不采用炉外精炼。原因之一是对于高速钢而言，高纯净度的问题不十分突出。对高速钢质量影响居首位的是碳化物，与碳化物相比，钢中氧化物夹杂等的数量要少得多，颗粒尺寸也小得多。在传统的生产工艺上，除大断面材采用电渣重熔工艺外，高速钢对于炉外精炼工艺的依赖性并不是很强。

伴随着时代的发展，人们对于高速钢的性能提出了更高的要求，针对高速钢中夹杂物及气体有害作用的认识也不断加深。例如：约·盖勒认为，共晶碳化物对高速钢力学性能的不利影响要比非金属夹杂物的影响小；用于热扭轧钻头的钢丝的表面微裂纹，就是由夹杂物拉裂形成的；含铝高速钢中的夹杂物较多，尺寸较大，对钢的强韧性会产生一定的影响。因此，提高高速钢的纯净度也势在必行。

高速钢中 $[H]$、$[O]$、$[N]$ 的含量已经分别降低到 5×10^{-6}、30×10^{-6}、100×10^{-6} 以下，要实现这一成分要求，一般采用某种含有真空手段的炉外精炼。如瑞典的 Soderfors 厂采用 30t SKF 炉、法国的 Commentryenne 厂采用 30t AOD 炉、美国 Vasco 合金钢公司采用 20t AOD 炉、德国 Thyssen 公司采用 25t AOD 炉、日本大同特殊钢公司采用 30t VD 炉、奥地利 Bohler 公司采用 50t VD 炉等。

（6）高速钢的浇注

浇注是钢水完成凝固结晶的过程。高速钢凝固过程中形成的碳化物的数量、种类、分布、形态、大小，直接影响其性能，例如：热塑性、冷塑性、热处理稳定性、韧性、磨削性能、耐磨性、强度、红硬性等等。事实上，钢的成分有冶炼过程加以保证后，凝固过程则成为影响钢质量的主要因素。冷却快、凝固快、过冷度大，则形核数目多、晶粒细小，形成的碳化物网络也细小、弥散，容易破碎分解，钢的质量好。同时，成材率也高。因此，浇注是高速钢电炉冶炼生产过程中的第二个重要环节。

目前，我国高速钢的浇注仍以模铸为主，但连铸已经开始在世界各地应用。

高速钢模铸的主要工艺流程为钢水镇静→下注（或上注）→脱模→缓冷→退火→修磨。

出于改善钢锭铸态组织的需要，高速钢要求低温快浇，浇注温度尽量接近钢水的凝固温度。一般工艺条件下，高速钢锭型、锭盘数、浇注方法等实际条件变化以及考虑到出钢、浇注过程中的温降，高速钢的实际出钢温度高于其液相线温度，我们称之为过热度，一般浇注温度高出钢水凝固温度 $80 \sim 100℃$。

为提高钢锭内部及表面质量，防止或减轻钢液在浇注过程中的二次氧化带来的危害，浇注时，多采用保护渣、发热剂及轻质绝热帽口。

高速钢模铸锭型的选择也十分关键。锭型与钢种、成材规格、初轧开坯设备能力有关，对冶金质量和成材率影响较大。我国高速钢的浇注锭型有扁锭型（如 245mm×85mm）和方锭型（如 245mm×245mm）两种。扁锭型本是用于板坯生产的，相较于方锭型来说，在钢锭截面积相同的情况下，扁锭型的表面积更大，轴心距离钢锭表面的距离更小，也即其散热、冷却效果更好，正好符合高速钢低温快浇、快速凝固的要求。金相实验证明，在相同条件下，扁锭成材的高速钢碳化物、低倍质量更好。扁锭型的缺点在于变形不均匀、方向性明显、碳化物不均匀度波动较大等，这也是扁锭型的使用受限制的原因之一。尽管如此，扁锭型仍是主导锭型。国内重庆特钢、抚顺特钢亦有使用多边形截面（如八角）锭型的报道。

高速钢的连铸在我国至今尚属空白，究其原因，首先，与我国特殊钢整体连铸技术水平偏低有关；其次，高速钢自身特性（空冷自硬、延展性差、组织偏析等）导致拉漏、断裂、裂纹等问题，连铸成功率及收得率较低；最后，同其他钢种相比，高速钢的需求数量不多，批量不大，对连铸实现多炉连浇是有困难的，如果不能实现多炉连浇将很大程度上削弱连铸的优势。

但是，从特殊钢生产技术的发展，从提高质量、降低成本的趋势来看，如果我国能整合资源，加速电弧炉大型化、超高功率化，高速钢的连铸就会极具发展前途。随着世界经济全球化的进展，要发挥我国特有的生产高速钢的合金资源优势，实现高速钢的连铸或许是最佳的选择。

事实上，早在 20 世纪 60 年代，德国冶金工作者就已经开始了高速钢连铸的研究，1979 年，奥钢联已经实现了高速钢立弯式连铸机连铸；1989 年，奥地利 Bohler 公司实现了水平连铸机连铸高速钢；1996 年日本大同特殊钢公司利用弧形连铸机对生产高速钢用的电渣重熔电极坯实现了全连铸。从实际情况来看，连铸高速钢的质量不比模铸成才的刀具差，并且其碳化物质量相对颗粒更细小、分布更均匀。

5.5 粉末冶金高速钢

粉末冶金高速钢（High Speed Steel Produced by Power Metallurgy，PMHSS），简称粉冶高速钢，或 PM 高速钢。是指采用粉末冶金方法（雾化粉末在热态下进行等静压处理）制得致密的钢坯，再经锻、轧等热变形而得到的高速钢型材。

传统高速钢通过电弧炉或感应熔炼炉熔炼，并添加所需或不足的合金原料后，直接将钢液浇注成钢锭，然后再通过锻造、轧制加工成钢材。但由于钢液浇注冷凝成钢锭时，从钢液中析出大量的合金碳化物，形成鱼骨状的莱氏体和团块状的粗大共晶碳化物，并产生碳化物偏析，碳化物尺寸为 $2 \sim 12 \mu m$，严重影响其使用寿命的进一步提高，并直接影响到钢材的力学性能，特别是使钢的韧性降低。虽然，通过后续的锻打和轧制等，钢材可达到一定的变形比率，但是无法消除原先的铸造组织中的缺陷，因而对物理及力学性能有负面的影响。

粉末冶金高速钢是高速钢研究中的一个重要里程碑，它消除了一般铸锻高速钢常有的粗大碳化物偏析，能容纳更高含量的碳原子形成碳化物合金元素，因而呈现出高耐磨性、高韧性和高可磨削性，备受成型模具和切削工具行业的青睐。

5.5.1 粉末冶金高速钢的研发简史

关于粉末冶金生产高速钢的研究，最早可以追溯到 1958 年英国的 Oliver。他通过钢液注入水或气体的喷射流的方法制作微细粉末（雾化法），在实验室中制造粉末高速钢获得了细小均匀的碳化物组织。传统高速钢因在制成合金钢锭时碳化物太早析出，造成结晶颗粒粗大化和大小不均匀的现象，相应的组织如图 5-10 所示。冶金技术较先进的国家发展研发合金粉末的制成技术，距今已逾 60 年历史，在这期间不断地改良及突破，最终制得粉末冶金

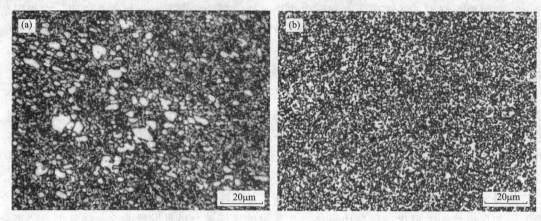

(a) 传统高速钢18-4-1　　　　　　　　　　　　　(b) 粉末冶金高速钢S390

图 5-10　高速钢退火显微组织

高速钢。采用粉末冶金工艺生产的高速钢的碳化物平均尺寸为 $2\mu m$，最大 $5\mu m$，可以从根本上解决高速钢碳化物较粗大及分布不均匀的问题。

　　由于粉末冶金高速钢具有优越的性能，自 20 世纪 70 年代美国 Crucible 厂和瑞典 Stora 厂相继工业化生产第一代的 PMHSS 以来，制造设备和生产工艺经不断改进，目前已有三代粉末冶金高速钢问世。

　　第一代 PMHSS，其钢材夹杂物含量相当于电弧炉＋LF 钢包精炼钢的水平。

　　1994 年，法国 Erasteel 公司采用电渣加热法对制备气雾化前钢液的熔炼工艺作了改进，称 ESH 法（Electro-Slag-Heating）。相应的产品称为第二代 PMHSS，产品商标为 ASP2000 系列，它比第一代的产品纯净度提高，各种尺寸（$0.6\sim22\mu m$）非金属夹杂物含量减少 90％（如图 5-11 所示），淬回火后的材料韧性提高了 20％。

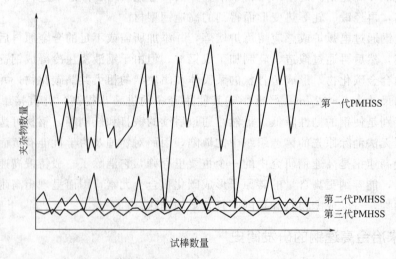

图 5-11　三代粉末冶金高速钢中非金属夹杂物数量示意图

　　2000 年，奥地利伯乐（Bohler-Uddeholm）集团 PMHSS 全线制造设备投产，新工艺推出了以"Micro-Clean"为商标的第三代 PMHSS，如 S390、S590 等。生产线在钢的熔炼工艺上也是 ESH 法，但其喷粉设备已做了改进，可进一步细化氮气雾化后的粉末颗粒尺寸。据报道，其粉末尺寸为 $45\sim250\mu m$，即 D_{50} 为 $60\mu m$，最大钢粉尺寸为 $500\mu m$，二次枝晶臂

距约为 $1\mu m$；非金属夹杂物含量更少，其最大尺寸减小；与第二代的 S390 Isomatrix 产品相比，材料的韧性和强度大约提高 20%。

2004 年，经过两年的努力，法国 Erasteel 公司完成了其对第二代 PMHSS 生产工艺的进一步改进，推出了以 Dvalin™ 为商标的第三代 PMHSS。第三代 Dvalin™ PMHSS 比第二代的夹杂物又减少 90%。若以每 $1cm^3$ 钢中尺寸为 $50\mu m$ 的夹杂物数目计，则传统或第一代 PMHSS 约含 0.6 个，第二代的含 0.03 个，而第三代 Dvalin™ 的则仅含 0.002 个。夹杂物的大量减少，使 PMHSS 的抗弯强度逐代增加；以从 <100mm 材上取样测定的横向抗弯强度为例，通常的 M42 钢（S1.5-9.5-1.2-8）为 1.3GPa，第一代 PMHSS ASP30（S6.4-5-3.1-8）为 3.0GPa，第二代 PMHSS ESHASP2030 为 3.5GPa，而第三代 PMHSS Dvalin™ ASP2030 为 4.2GPa，第三代 PMHSS 的抗弯强度比第二代的抗弯强度又提高 20%。

第三代 PMHSS 带动了高合金高硬度新钢种的发展，第三代 PMHSS 因夹杂物减少而钢的强度和韧性提高，可克服高速钢合金含量愈高，韧性愈低的问题。法国 Erasteel 公司开发了 Dvalin™ ASP2080 高硬粉末冶金高速钢，淬回火硬度最高可达 71HRC，Bohler-Uddeholm 也开发了 S290Microclean 超硬粉冶高速钢，淬回火硬度最高可达 70HRC，化学成分见表 5-9。

表 5-9　新开发的超硬 PMHSS 成分

钢种	C	W	Mo	Cr	V	Co	淬回火硬度	热处理规范
Dvalin™ ASP2080	2.45	11.0	5.0	4.0	6.3	16.0	71	1180℃,560℃×1 h×3
S290Microclean	2.0	14.3	2.5	3.8	5.1	11.0	70	1180℃,540℃×1 h×3

由于生产 PMHSS 具有较高的技术要求，生产成本也高，目前全世界粉末冶金高速钢的生产厂家并不是很多。表 5-10 为世界上生产粉末冶金高速钢的主要公司及其产量。

表 5-10　主要粉末冶金高速钢的生产公司及其产量

公司	国别	牌号	产量/(t/a)
Crucible Materials Corp.	美国	CPM	约8000
Carpenter Technology Corp.	美国	Micromelt PM	约4000
Bohler-Uddeholm Corp.	奥地利	Vanadish/Isomatrix PM	约4000
Erasteel Kloser Ab	瑞典	ASP	约2000
Bodycote Powerment Ab	瑞典	APM	约2000
Bitachi Metals	日本	HAP	约1000
Daido Steel	日本	DEX	约500
Nachi Fujikoch	日本	FAX	—
Kobe Steel	日本	KHA	约2000

5.5.2　粉末冶金高速钢钢液制备和喷粉工艺技术变革

几代 PMHSS 钢的生产工艺技术的进步主要体现在钢液制备和喷粉工艺技术的变革，核心是雾化制粉设备的变化、中间钢水包结构的改进，目的是精确控制钢水温度和洁净度。从 20 世纪 70 年代的第一代进化到 90 年代的第二代，再进一步发展到 21 世纪初的第三代，总的趋势是向超细、超纯、粉末特性可控、更高含量合金元素方向发展，使 PMHSS 性能大大提升。第一、二、三代钢雾化制粉工艺的技术进步如图 5-12 所示。表 5-11 给出了三代粉末冶金高速钢的具体比较。

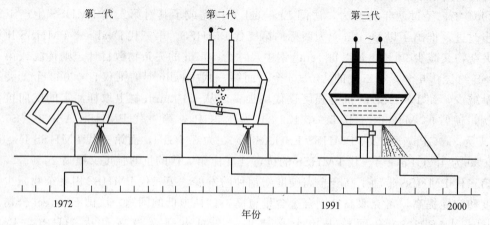

图 5-12　几代 PMHSS 钢雾化制粉工艺进展示意图

表 5-11　三代粉末冶金高速钢的对比

项目	第一代粉末冶金高速钢 Trad PMHSS	第二代粉末冶金高速钢 ESH PMHSS	第三代粉末冶金高速钢 Dvalin™ PMHSS
代表产品	乌克兰 DSS 厂 GPM 系列	法国 Erasteel 公司 ASP2000 系列	奥伯乐钢厂 Microclean PMHSS
制备工艺	小的坩埚炉和中间包需常注入钢水	较大中间钢包、ESH	最大中间包、ESH 加电磁
粒度分布	其过筛累积百分数为 50%,所对应的平均颗粒尺寸为 140μm,最大尺寸可达 1000μm	相对宽广,但比第一代分布窄	钢粉尺寸要细得多,尺寸分布较均匀,过筛累积百分数为 50%,所对应的平均颗粒尺寸为 60μm,最大钢粉尺寸为 500μm,二次枝晶臂距约为 1μm
化学成分波动范围	较大	比第一代缩小约 50%	控制精确,波动范围进一步缩小
非金属夹杂物含量	非金属夹杂物的尺寸较大并且数量较多,1cm³ 钢中以 50μm 尺寸计数,约有 0.6 个非金属夹杂物。	非金属夹杂物比第一代减少了 90%,1cm³ 钢中以 50μm 尺寸计数,约有 0.03 个非金属夹杂物。	非金属夹杂物比第二代又减少 90%,1cm³ 钢中以 50μm 尺寸计数,约有 0.02 个非金属夹杂物。
抗弯强度	比普通熔炼 HSS 提高约 1 倍,第一代 PMHSS ASP30(S614-5-311-8)抗弯强度为 3.0GPa	第二代 PMHSS ES-HASP2030 抗弯强度为 3.5GPa,比第一袋提高约 20%	第三代 PMHSS Dvalin™ ASP2030 抗弯强度 4.2GPa,比第二代又提高 20%

第一代 PMHSS,采用较小的坩埚炉和 1~2t 的中间钢包,因此需要经常注入钢水,生产效率低,钢水氧含量较高 $[(100～150)×10^{-6}]$。

第二代 PMHSS 设备以法国 Erasteel 公司为代表,其中间钢包容量为 7t,采用 ESH 技术,也就是带有电渣加热和吹 Ar 设备的中间钢包系统。两个石墨电极浸入碱性电渣内,电流通过钢水表面的活性渣产生热量,可保证在 3h 内高速钢钢水雾化过程中温度稳定,并可使钢水进行脱硫和脱氧处理,同时钢包采用底吹 Ar 进行搅拌。从而达到既使中间钢包钢水温度均匀化,又可促进钢水净化效果。

第三代 PMHSS 设备以 2000 年后奥地利 Bohler-Uddeholm 公司为代表。改技术采用最大达 8t 中间钢包及 ESH 技术,基于改进炉底吹氩搅拌能力较弱的目的,开发了更强搅拌动能的电磁搅拌技术。同时，气雾喷粉装置的喷嘴位置由紧接钢包渗孔的喷雾室顶部改到了喷雾室顶侧面。

传统的第一代和第二代 PMHSS 钢粉粉末颗粒有一个相对宽广的尺寸分布，直径大体分布在 $10\sim1000\mu m$ 范围内。其过筛累积百分数为 50%，所对应的平均颗粒尺寸为 $140\mu m$，最大尺寸可达 $1000\mu m$。奥伯乐钢厂的第三代 PMHSS "Microclean"，由于优化了喷粉雾化工艺，其过筛累积百分数为 50%，所对应的平均颗粒尺寸为 $60\mu m$，其最大钢粉尺寸为 $500\mu m$。钢粉尺寸要细得多，并有一个较均匀的尺寸分布，三代制粉工艺所得的钢粉颗粒尺寸比较见图 5-13。由于钢水液滴的快速凝固，形成的铸造组织很细，其二次枝晶臂距为 $1\mu m$。PMHSS 的微粉使普通铸造高速钢的 400kg 钢锭，下降为 4mg 微锭（粉）（Erasteel 公司）或为 2mg 微锭（Boehler 厂）。Boehler 厂的较细微粉使热等静压后的 PMHSS 锭具有较高的强度，可不经锻轧直供用户的特殊订货。

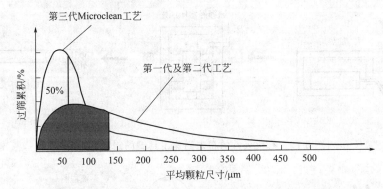

图 5-13 不同雾化制粉工艺所得的钢粉颗粒尺寸比较图

5.5.3 粉末冶金高速钢的工艺流程

（1）典型粉末冶金高速钢生产工艺流程

目前粉末冶金生产高速钢有两种基本工艺，一种是采用高压水雾化制粉→压制→烧结工艺；一种是氮气雾化制粉→装包套→热等静压成坯。高速钢采用粉末冶金技术，避免了熔炼法带来的碳化物偏析而引起力学性能下降和热处理变性。图 5-14 给出了这两种基本工艺流程框图，图 5-15 给出了有代表性的制造流程图，图 5-16 为 Bohler-Uddeholm 厂粉末冶金高速钢工艺流程图。

图 5-14 两种基本高速钢粉末冶金工艺流程图

（2）粉末制备

高压水雾化制粉工艺如下：通常都使用较小的熔炉，经过精细的二次精炼，熔炼出所需要的成分稳定的钢水，此钢水经细浇孔流出，用高压气体使其吹成雾化，瞬间急速形成极微细近似圆形的钢粒粉末。

气体雾化技术是生产金属及合金粉末的主要方法。雾化粉末具有球形度高、粉末粒度可

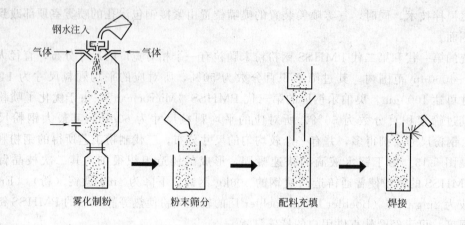

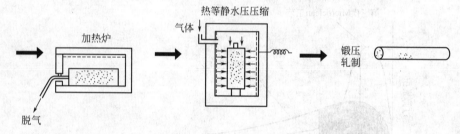

图 5-15　有代表性的粉末高速工具钢的制造工序图

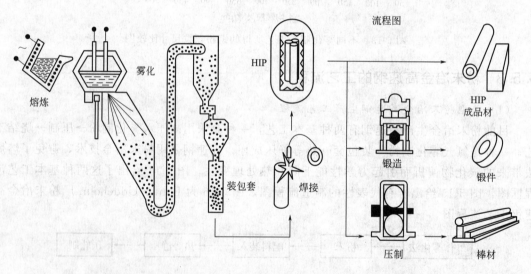

图 5-16　Bohler-Uddeholm 厂粉末冶金高速钢工艺流程图

控、氧含量低、生产成本低以及适应多种金属及合金粉末的优点，已经成为高性能和特种合金粉末制备技术的主要发展方向。

气体雾化的基本原理是用高速气流将液态金属流粉碎成小液滴并凝固成粉末的过程。其核心是控制气体对金属液流的作用过程，使气流的动能最大限度地转化为新生粉末表面能。因此，这一控制部件即喷嘴成为气体雾化的关键技术，喷嘴的结构和性能决定了雾化粉末的性能和效率。国外发达国家相继出现许多新型的雾化技术，如高压气体雾化技术、超声紧耦合雾化技术、层流雾化技术、热气体雾化技术等，使雾化制粉技术向微细化粉末方面跨进了一大步。

雾化过程是一个十分复杂的物理、化学过程，其作用机理至今仍不十分清楚，其研究没有现成的理论指导。有研究表明，雾化介质的能量转换率极低，是雾化效率不能有效提高的主要原因，如果能从理论上描述各种作用机理，进而实现理论指导雾化喷枪的设计，必将是雾化技术有一个大的突破。

（3）致密化

① 热等静压成型工艺　利用热等静压成型工艺制备的粉末冶金高速钢中的碳化物颗粒非常细小，而且不管其合金含量为多少，这些碳化物颗粒都可均匀分布于整个高速钢基体中，因此越来越多的冶金产品都采用热等静压工艺。

热等静压（Hot Isostatic Pressing，HIP），是在高温下利用各向均等的静压力进行压制的工艺方法。加热温度通常为 1000~2000℃，通过以密闭容器中的高压惰性气体或氮气为传压介质，工作压力可达 200MPa。在高温高压的共同作用下，被加工件的各向均衡受压。故加工产品的致密度高、均匀性好、性能优异。同时该技术具有生产周期短、工序少、能耗低、材料损耗小等特点。

PMHSS 热等静压工艺所需的雾化球形粉经干燥、过筛后，装入包套内，振动至尽可能紧密，经热等静压至完全致密，最后钢锭可用普通锻造和轧制方法加工成所需尺寸。

奥伯乐钢厂的现代化 HIP 设备有一个高功率的加热器，装罐的钢粉无需预热便可在热等静压机的高压容器中被同时加热（1150~1180℃）及加压（＞100MPa）制成钢锭，整个压制过程小于 3h。美国 Crucible 厂采用新型的 HIP 设备，装钢粉的包套是在 HIP 设备外先预热到 1100℃，再移入高温高压的 HIP 内腔，HIP 每炉的循环周期为 40min，生产效率远远高于老式的 HIP 设备，因此，该厂生产的 PMHSS 价格远低于日本安来钢厂价格，在美国得到更广泛的使用。

我国 T15 粉末冶金高速钢最早是由钢铁研究总院采用粉末热挤压工艺制成的，随后设计制造了平板式热等静压机和国内第一台预应力钢丝缠绕式热等静压机用于粉末冶金高速钢的热致密化，并且用热等静压技术研制成功大尺寸粉末冶金高速钢。

热等静压工艺可以生产的产品质量从几千克到十几吨，其技术本身已经发展得相当成熟，尽管其费用高昂，但是，它给粉末冶金高速钢性能带来的保障是其他工艺无可替代的，因此，热等静压工艺仍然是粉末冶金高速钢最主要、应用最多的致密化工艺。

② 喷射成型　喷射成型技术是在传统快速凝固剂粉末冶金工艺基础上发展起来的一种全新的材料制备、成型与加工技术。喷射成型技术的基本原理是用高压惰性气体将金属液流雾化成细小液滴，并使其沿喷嘴的轴线方向高速飞行，在这些液滴尚未完全凝固之前，将其沉积到一定形状的接收体上成形，图 5-17 为喷射成型原理图。由于表面张力的作用，液滴有形成光滑球形颗粒的趋势。在气体射流的作用下，液滴加速飞行并迅速冷却，当高速飞行的液滴在沉积容器内碰撞时，球形颗粒受到冲击作用而变成为扁平状，形成溅射片，通过沉积器的冷却作用，沉积物中将产生合适的温度梯度，颗粒将迅速达到凝固状态。液滴连续溅落，顺序凝固，并在自熔性作用下聚积成形，最终得到所需尺寸和形状的刀具或模具。

德国 EWK 公司的研究表明，喷射成型高速钢具有高的纯洁度和良好的组织均匀性，其内部碳化物接近球状均匀分布，较热等静压工艺制备的粉末高速钢含氧量低，夹杂含量及外来污染较少，而且由于简化了后续加工，充分利用了能源，缩短了生产周期，因此设备投资更少，生产成本更低。

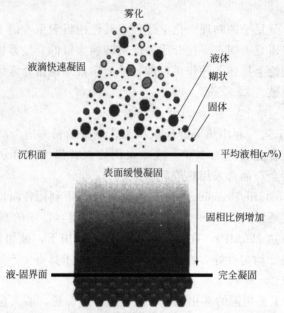

图 5-17　喷射成型原理示意图

英国 Sandvik OspreyLtd 采用倾斜双喷扫描方式进一步改进了喷射成型工艺。这种喷射方式改善了沉积时沉积坯的温度分布和沉积坯形状，使微观组织更均匀，成品率增加，扩大了工业应用范围。

③ 其他成型工艺　在日本，有少量的 PMHSS 棒材，是用惰性气体雾化的 HSS 粉末装包套后进行热挤压生产的；英国的 Powerx 公司采用水雾化-直接烧结法生产粉末冶金高速钢，此法较适用于含钒量较高的高速钢；葛昌纯等将高速钢废屑重新喷雾，再经粉末锻造的方法制成插齿刀，取得了不错的效果；另外，SPS 烧结、低压热压法、高速压制法等也是粉末冶金高速钢致密化的有效途径。不同工艺生产的粉末冶金高速钢制品各有特色，它们可以很好地相互补充，而且各自有其应用的技术经济可行领域，为新产品的开发提供了条件。

5.5.4　粉末冶金高速钢的性能

粉末冶金高速钢的主要特征是碳化物细小且均匀分散，基于此组织特征，与传统冶炼高速钢相比，粉末冶金高速钢具有以下特性。

① 无方向性　粉末高速钢经由极细的钢粒加压烧结而成，所以各个点的压缩强度、冲击性、抗折力、韧性都相同。在同一块材料中没有俗称"直丝"及"横丝"的差异，以及网状组织和水纹组织的产生。

② 结晶颗粒细致均匀　粉末高速钢经由极细的钢粒粉末组成，再经由 HIP 烧结，内部组织细致均匀。传统高速钢因在制成合金钢锭时碳化物过早析出，造成结晶颗粒粗大化和大小不均匀的现象。

③ 热处理能提高硬度　以同系种的高速钢为例：传统高速钢（JISSKH-51；AISIM2）一般热处理后硬度为 HRC 62～64，而同为 Mo（钼）系粉末高速钢热处理后硬度为 HRC 63～66，以 25mm×100mm×100mm 为例，热处理时淬火温度（沃斯田铁化温度），粉末高速钢比传统高速钢低 30～80℃，且淬火容许冷却时间较传统高速钢为长，接近空冷也有优异的高硬度值。

④ 热处理变形减少　粉末高速钢由极细小的钢粒粉末结合，热处理后材料尺寸会比原先尺寸大一点，且会从四面八方同时加大，而传统高速钢因有方向性，热处理后的尺寸加大不一致，甚至有些地方尺寸会缩小，使原形体变形。

⑤ 没有偏析的现象　传统高速钢因在熔炼过程中各元素的分布情形不是很均匀，所以当热处理时各金属元素与碳结合成碳化物时，分布的位置不均衡而产生偏析现象，在加工或使用上寿命不一，质量及寿命较难掌握。粉末高速钢则没有此种情形。所以粉末高速钢与传统高速钢硬度相同时，粉末高速钢的被加工性较好，且不易变形。

⑥ 没有非金属夹杂物　因粉末高速钢的每一颗细钢粒（粉末）都经过严格的筛选，内含的杂质及非金属物趋近于零，成型后成分很稳定。

⑦ 耐磨性　在热处理淬火温度相同时，粉末高速钢的硬度高于传统高速钢，故其耐磨性亦优于传统高速钢，且颗粒细小均匀，没有偏析，耐磨性依使用情形不同可增加50%～200%。

⑧ 韧性　当传统高速钢要达到粉末高速钢相同硬度时，势必提高其淬火温度，致使内部碳化物颗粒粗大化，导致韧性降低。粉末高速钢结晶颗粒细致均匀，无方向性，故韧性较佳，工具使用时不易发生碎裂或崩刃。图 5-18 比较了粉末冶金高速钢、工具钢和硬质合金等刀具材料对应的硬度和抗弯强度的关系。

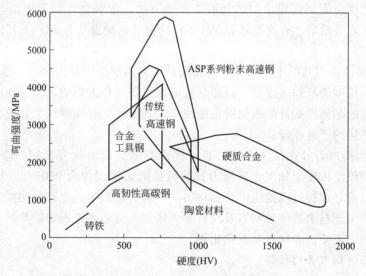

图 5-18　粉末冶金高速钢、工具钢和硬质合金等刀具材料
对应的硬度和抗弯强度的关系

以上这些特性是由于粉末高速钢的碳化物细小且均匀分散分布，同时碳化物尺寸因生产条件而变化，其性能也会发生变化。如粉末粒度、热等静压加热温度及保温时间、热作加工条件的变化。

5.6　铸造高速钢

在高速钢的凝固过程中，由于碳及碳化物形成元素钨、钼、铬、钒等的偏析，在高速钢铸锭凝固组织中形成大量的粗大晶界网状共晶碳化物，使高速钢晶界脆化严重，韧性降低。传统的消除方法是通过高温反复轧制或锻造，将铸锭中的网状共晶碳化物打碎。但因锻压比的限制，对大尺寸铸坯芯部的碳化物则无法打碎，在锻造后的组织中经常出现带状碳化物偏析；且由于晶界网状共晶莱氏体的存在，锻造时易产生开裂、过烧等废品。从铸锭到刀具的整个生产过程中，材料的利用率仅为24%~36%。

用铸造方法生产高速钢刀具则可以充分发挥铸造工艺的优势，使刀具毛坯最大限度地接近刀具的最终形状，以提高材料利用率，简化生产工艺，节约劳动力，从而大大降低刀具成本。如采用砂型铸造和精密铸造时，材料的利用率可分别达到65%和85%以上。而且采用铸造方法生产高速钢刀具还可实现高速钢废料的重熔再利用。

铸造高碳高速钢是20世纪80年代末发展起来的一类抗高温磨损材料，用于制造热轧辊获得了良好的使用效果。用普通铸造方法制造高碳高速钢轧辊，共晶组织粗大，轧辊使用中易产生裂纹甚至发生剥落，影响轧钢正常生产。为解决这一难题，国外开发了带水冷结晶器的CPC工艺制造高碳高速钢轧辊技术，获得了良好的效果。

(1) 铸造高速钢刀具的生产工艺

① 熔炼和浇注　铸造高速钢一般是将高速钢废料头、废刀具及废屑在电炉中重熔得到的。在熔炼过程中，为了减少烧损，须向炉中添加一定量的合金元素。根据报道，在一吨电弧炉中重熔高速钢切屑时，钨几乎无烧损，钒的烧损率为15%~20%，铬为20%；在15kg酸性炉衬的高频炉中重熔时，各元素的平均烧损率为钨1%、钒14%、铬2.5%、碳10%。铸造高速钢的浇注应采用高温出炉、低温浇注的方法，如果浇注温度太高，会引起晶粒粗大、冲击韧性下降等后果。有文献推荐W18Cr4V钢的出炉温度为1570~1550℃，浇注温度为1480~1460℃。

② 铸型　高速钢刀具的生产通常采用普通砂型铸造和熔模精密铸造，也可采用陶瓷型、金属型铸造等。铸型的冷却速度对于高速钢的凝固组织有较大影响，冷却速度越快，枝晶组织越细，所形成的晶界网状共晶碳化物也越细小。基于此，有文献认为，应当尽量避免像热模或熔模铸造那样的缓慢冷却。

③ 热处理　铸造刀具在加工之前，必须先进行退火以消除刀具的内应力，避免开裂，同时降低刀具的硬度以便于加工。铸造刀具的最佳退火温度约为950~980℃，高于轧制或锻造钢的退火温度，这样可以使组织更加均匀，并具有较细的共晶碳化物网。铸造高速钢刀具的淬火、回火工艺与锻造高速钢刀具没有太大区别。铸造高速钢中的共晶碳化物热稳定性很高，淬火处理也不能消除网状共析碳化物。

(2) 铸造高速钢刀具的性能

铸造高速钢刀具经热处理后的硬度和红硬性一般不低于锻造高速钢刀具。对于W18Cr4V钢，经适当热处理，其硬度和红硬性在大多数情况下均高于锻造W18Cr4V钢。

铸造高速钢的韧性则大大低于锻造高速钢，铸造W18Cr4V钢的抗弯强度仅为锻造高速钢的50%左右，冲击韧性则还要小得多。

许多研究结果表明，铸造刀具的寿命并不比锻造刀具低，有时甚至高于锻造刀具。这是由于铸造高速钢的热硬性和耐磨性都不低于锻造高速钢，在刀刃受热程度较高、但所受载荷不大的情况下，铸造刀具可以具有较好的切削性能，但是在冲击较大的工况下，铸造刀具则由于韧性差而容易发生崩刃、折断等破损。

(3) 铸造高速工具钢展望

铸造高速钢刀具生产工艺简单，成本低廉，具有较好的切削性能，因而受到人们的高度重视。但是，铸造高速钢中存在着粗大的晶界网状共晶碳化物，使其韧性大大降低，从而限制了铸造高速钢刀具的发展。通过电渣重熔、孕育、变质及合金化以及高温预球化退火、高温淬火等热处理手段，可以在较大程度上改善铸造高速钢中共晶碳化物的形貌和分布，提高铸造高速钢刀具的性能。

（4）刀具的硬度和韧性的关系

硬度和韧性是集中在刀具上一对最为突出的矛盾，刀具材料从碳素工具钢、合金工具钢、高速钢、硬质合金发展到当前的陶瓷、立方氮化硼等超硬材料，刀具的硬度越来越高，韧性却越来越差。从某种意义上讲，谋求刀具的高韧性比高硬度难得多。

在高速钢刀具产品中，只对硬度作具体规定，用 HSS 制造的刀具，除钻头、中心钻有下限硬度（HRCP63）要求外，其余产品一律为 63～66HRC，而对韧性未作任何要求。

几十年的实践证明，过高的硬度反而使刀具的寿命下降。20 世纪 60 年代初，全国工具行业总工程师会议曾决定，高速钢刀具硬度超过 66.5HRC 不得出厂。由于当时超硬高速钢和粉末高速钢还未应用，那样的规定对促进刀具业的发展有指导意义。到了 70 年代，日本学者提出"对于一般刀具把硬度控制在 65～66HRC"的观点。从全国历年刀具行评结果可知，凡获一等品、优等品的高速钢刀具，其硬度都在 65HRC 以上，足以说明，低硬度不可能高寿命。国家规定的硬度下限指标，笔者认为只是合格品的最低水平，如果连合格品标准都达不到，在市场竞争中就没有立足之地。

参考文献

[1] 李竺怡. 对国内铁合金市场的动态分析. 经济研究导刊, 2011, 123 (13): 202-203.

[2] 宋学全. 张万祥. 不同冶炼工艺对高速钢刀具的性能影响. 工具技术, 2004, 38 (10): 79-80.

[3] 李正邦. 发展我国高速钢的战略分析. 特殊钢, 2006, 27 (1): 1-6.

[4] 吴元昌. 粉末冶金高速钢生产工艺的发展. 粉末冶金工业, 2007, 17 (2): 30-36.

[5] 戚正风. 冯屈原, 吴立志, 谢志彬. 高速钢的红硬性. 金属热处理, 2001, 26 (12): 8-10.

[6] 夏期成. 高速钢碳饱和度与二次硬度关系的回归分析及其应用. 金属热处理, 1993, 2: 8-12.

[7] 俞峰, 许达, 罗迪. 高速钢中的碳化物缺陷. 钢铁研究学报, 2008, 20 (6): 1-6, 52.

[8] 潘复生, 周守则, 丁培道. 硅在高速钢中的使用原则及含硅高速钢的发展. 钢铁, 1996, 31 (9): 75-79.

[9] 邹静, 吴刚, 王春霞. 近年高速钢的发展状况研究. 六盘水师范学院学报, 2013, 25 (3): 19-22.

[10] 郑双七, 王豫. 铝对高速钢（HSS）红硬性的影响. 热处理, 2005, 20 (3): 3-5, 10.

[11] 李超, 王博文, 张静贤. 铝在高速钢中的作用. 沈阳机电学院学报, 1983 (3): 139-149.

[12] 李正邦. 熔融还原法冶炼高速钢. 钢铁研究学报, 2004, 16 (4): 11-17.

[13] 李响妹, 卢军, 王琦, 朱组长. 世界粉末冶金高速钢的研究和生产现状. 热处理技术与装备, 2011, 32 (5): 34-39.

[14] 周建男. 特殊钢生产工艺技术概述. 山东冶金, 2008, 30 (2): 1-7.

[15] 许达, 俞峰, 罗迪. 影响高速钢韧性的因素. 钢铁研究学报, 2006, 18 (11): 1-6.

[16] 蒋志强, 冯锡兰, 符寒光. 稀土对高碳高速钢组织和性能的影响. 航空材料学报, 2007, 27 (1): 6-10.

6

轴承钢

　　轴承是机械设备的基础件，随着工业技术的发展，对轴承不断地提出新的要求。作为滚动轴承材料的高碳铬轴承钢 GCr15，在 20 世纪初的 1901 年问世，经过发展，现已形成了完整的高碳铬轴承钢系列。由于它具有高的抗疲劳性能、高的延展性能、良好的耐磨性，合适的弹性和韧性，有一定的防锈能力，以及良好的冷热加工性能，热处理方法简单，合金元素含量不高，价格便宜等一系列优点，在国际上得到广泛使用。

6.1　轴承钢的类型及其性能

6.1.1　轴承钢的类型

　　由于轴承的工作环境、使用条件不同，除了大宗使用的高碳铬轴承钢外，还发展了其他特殊用途的轴承材料，如高温、不锈、无磁轴承钢，其中绝大部分是借用现成的结构钢、工具钢、高工钢、镍基、钴基合金等作为特殊轴承用材料。

　　一般将轴承钢分为高碳铬轴承钢（即全淬透型轴承钢）、渗碳轴承钢（即表面硬化型轴承钢）、不锈耐蚀轴承钢、高温轴承钢四大类。

　　（1）高碳铬轴承钢

　　含 C 1.0%、Cr 1.5% 的高碳铬轴承钢，由于合金元素 Cr 含量不高，价格便宜，而且有较高的接触疲劳强度和耐磨性，从 1901 年诞生至今 100 多年来，主要成分基本没有改变。随着轴承尺寸的增大，要求钢具有足够的淬透性。为满足这一要求，提高了铬轴承钢中的 Si、Mn 含量，形成了铬锰轴承钢。加入少量的 Mo 可提高铬轴承钢的淬透性，形成了铬锰钢或铬锰钼轴承钢。到目前为止，世界许多国家已研制出在铬钢和铬锰硅钢中加入少量 Mo、V、W 的新钢种，以解决零件淬透性和耐热性不高的问题。

　　① 铬钢　含 C 1.0%、Cr 1.5% 的轴承钢，其代表性钢号有 GCr15。一个具体轴承型号所选用的钢种一股应根据尺寸大小和使用条件而定。表 6-1 为高碳铬轴承钢（GCr15）常温下的物理性能。

表 6-1　GCr15 常温下的物理性能

硬度(HV)	抗拉强度/MPa	纵向弹性模数/MPa	平均线膨胀系数 α/℃$^{-1}$	密度/(g/cm³)	材料热处理
770	1569~1861	2.1	1×10^{-6}	7.85	淬火

　　② 铬钼钢　在高碳铸钢 GCr15 中加入少量的 Mo（0.10%~0.40%），用以提高钢的淬透性和抗回火稳定性。

　　③ 铬锰硅钢、铬锰钼钢和铬硅钼钢　对在 -60~300℃ 范围内工作的轴承，选用铬钢还

是铬锰硅钢，应根据套圈的壁厚或滚动体直径来定。当套圈壁厚超过 10mm 和滚子直径超过 22mm 时，可用 GCr15SiMn 代替 GCr15，以保证完全淬透。如果套圈壁厚超过 30mm，一般应选用适合制造大型轴承零件的钢号。GCr15SiMo 钢可代替 GCr15SiMn 钢制造大型轴承零件。与 GCr15SiMn 相比，淬透性、热处理过程中的尺寸稳定性和疲劳寿命都有所提高。

（2）表面硬化轴承钢

由于表面硬化技术的发展，工业上已能成功地采用多种方法使机器零件表面硬化。因此，表面硬化轴承钢也得到相应的发展，常见的有表面渗碳轴承钢、表面淬火轴承钢及低淬透性轴承钢三类。

① 渗碳轴承钢　渗碳轴承钢是优质低碳或中碳合金钢，它具有切削、冷加工性能良好、耐冲击、渗碳后耐磨、接触疲劳寿命高等优点。用于制造承受冲击负荷较大的轴承，如轧机、重型车辆、铁路机车、矿山机械轴承。用渗碳轴承钢制造的轴承，除表面具有高的硬度、耐磨，高的疲劳强度，良好的尺寸稳定性外，轴承内部还具有高的韧性。故用此类低碳钢制造轴承，需要进行表面渗碳处理，渗碳浓度及其梯度和渗碳深度可以调节，一般渗碳层深度在 0.4mm 以下。轴承经渗碳后表面形成残余压应力，有利于提高轴承寿命及耐冲击性能，但是渗碳工艺复杂。为了进行表面渗碳，轴承需在 900℃ 以上保持较长时间，导致晶粒长大，力学性能降低。为了满足性能要求，并防止渗碳过程中带来的晶粒粗大，此类钢中均添加铬、镍、钼、锰等元素。镍、钼的加入可提高钢的韧性，再添加微量的铝、钒、铌等元素，使之析出细小的氮化物和碳化物，以阻止晶粒长大。

为了加快渗碳速度，缩短渗碳时间，人们进行了大量的研究工作，如提高渗碳温度，但往往使晶粒粗大。表 6-2 为钢中碳含量和渗碳时间的关系。

表 6-2　钢中碳含量和渗碳时间的关系

钢号	化学成分/%				渗碳温度/℃	渗碳时间
	C	Si	Mn	Cr		
SCr420	0.18	0.21	0.62	0.94	920	7h
SCr420A	0.36	0.26	0.50	0.50	920	2h
SCr420B	0.41	0.26	0.55	0.53	920	1h
SCr420C	0.49	0.26	0.60	0.55	920	50min

渗碳轴承钢与高碳铬轴承钢一样，轴承实际使用温度都在 170℃ 以下。

渗碳轴承钢除用于制造冲击负荷较大的轴承外，也是制作轴及齿轮的材料，但此类钢的白点敏感性较强，并有回火脆性等缺点，选用时应特别注意。

② 表面淬火轴承钢　表面淬火一般是采用高频淬火法，使轴承零件表面硬化，获得高耐磨性，它与表面渗碳或其他硬化方法比较具有明显的优越性。用等级较低的钢可代替高等级的钢制造轴承，例如用锰钢或碳素钢代替镍-铬-铝合金钢（表面渗碳），可以去掉渗碳处理，简化工艺，节约能源，高频表面淬火的热处理时间大大缩短，有可能实行在线连续生产。

③ 低淬透性轴承钢　低淬透性轴承钢与渗碳或高频淬火表面硬化轴承钢比较，是一种设计思想更为先进的表面硬化轴承钢，它只需经一般的淬回火处理，沿零件横截面的硬度分布、有效淬透层及表面硬度都能达到渗碳钢及高频淬火钢同等水平，而且芯部有足够的韧性。低淬透性、耐冲击轴承钢，其成分见表 6-3。

表 6-3 低淬透性、耐冲击轴承钢的化学成分

钢种	化学成分/%					
	C	Si	Mn	Cr	Nb	Mo
低淬钢	0.70～1.20	1.25～2.60	0.30～1.20	0.70～1.60		0.04～0.60
低淬钢	0.70～1.20	1.25～2.60	0.30～1.20	0.70～1.60	0.01～0.13	0.04～0.60

（3）中碳轴承钢

挖掘机、起重机、大型机床等重型机械设备上的特大型轴承，一般转速不高，但承受较大的轴向、径向载荷及大弯曲力矩，由于这些性能要求和尺寸过大等原因，轴承的内外套圈多选用中碳合金钢，加 5CrNiMo、50CrNi、SAE8660、55SiMoVA 等钢种制造，一般经调质、表面淬火或中频淬火及回火处理，而轴承的滚动体通常仍采用 GCr15SiMn 钢制造。

此外，冶金、矿山用牙轮钻头的滚动体、石油钻井涡轮钻具上的滚动轴承以及要求耐大冲击负荷的其他轴承或滚动体，除采用渗碳轴承钢外，不少时候也选用弹簧钢、工具钢类制造，如 65Mn、50CrV、55SiMoV 等。这些钢的共同特点是：淬回火处理后具有高的屈强比，较高弹性极限和耐磨性能，良好的抗疲劳和抗多次冲击性能。

（4）不锈耐蚀轴承钢

为适应化工、石油、造船、食品工业等的需要而发展起来的不锈耐蚀轴承钢，用于制造在腐蚀环境下工作的轴承及某些部件，即使不在腐蚀环境下工作的低摩擦、低扭矩仪器、仪表的微型精密轴承也采用此类轴承材料。不锈耐蚀轴承钢主要有中、高碳马氏体不锈钢、奥氏体不锈钢、沉淀硬化型不锈钢等。为满足轴承的硬度要求，多采用马氏体不锈钢。表 6-4 为国内外常用不锈轴承钢钢号及其用途。

表 6-4 国内外常用不锈轴承钢钢号及其用途

钢号	用途
9Cr18；9Cr18Mo；ISO20；ISO21；440C	制造在海水、河水、蒸馏水、硝酸蒸气，以及在海洋性等腐蚀介质中工作的轴承，工作温度可达 253～350℃；还可用于制造某些仪器、仪表上的微型精密轴承
1Cr17Ni2；0Cr17Ni9Cu4Nb 1Cr18Ni9（Ti）；0Cr17Ni7Al	制造耐腐蚀轴承套圈、钢球及保持器等，1Cr18Ni9（Ti）还可作磁轴承；1Cr18Ni9Ti 经渗氮处理后，可用于高温、高真空、低负荷、高转速条件下工作的轴承

（5）高温轴承钢

随着航空、航天工业的发展，轴承的工作温度越来越高，而硬度随着温度的升高而降低，因而，在高温下工作的轴承钢首先要求具有高的硬度外，还要根据不同用途、不同类型的轴承对材料提出不同的要求，见表 6-5。

表 6-5 对高温轴承材料的性能要求

高温滚动轴承材料	高温滑动轴承材料	高温气体轴承材料
高温下的硬度值高	中等的高温硬度	高的尺寸稳定性
尺寸稳定性好	耐过度氧化或锈蚀	气孔率最低
耐氧化组织稳定残余应力小	导热性能良好	热膨胀系数小
抗热震性能好	抗热震性高	弹性模数高
抗蠕变强度高		能进行表面精加工

由表 6-5 可知，高温轴承材料的选择，取决于轴承的最高运转温度。它们应具有良好的

耐氧化性能、高的热抗张强度、高温硬度高。高温硬度和尺寸稳定性是选择高温轴承材料的两个主要指标。引起尺寸稳定性变化的因素有两个，对于高碳轴承钢而言，由于在淬回火后的组织中，残留着一定量的不稳定相-残余奥氏体，在常温下长时间存放或运转，残余奥氏体转变为马氏体，比体积发生变化，从而使轴承零件尺寸发生变化；同时还会因应力和组织转变的作用产生塑性形变，这种塑性形变也会导致轴承零件尺寸发生变化。滚动轴承耐高温是一个特别重要的性能，滑动轴承要求有高的热屈服强度，气体轴承则主要是尺寸稳定性，陶瓷及金属陶瓷材料热导率和抗震性显得特别重要。

高温轴承钢主要有三类钢种：高温不锈钢、高速工具钢和渗碳高温钢。前两类为高碳钢，后者为低碳钢。

① 高温不锈钢（或称高温不锈耐蚀钢） 一般不锈轴承钢无法满足工作温度进一步提高的要求，因而发展了高温不锈轴承钢（或高温不锈耐蚀轴承钢）。表 6-6 为国内外常用高温不锈耐蚀轴承钢的成分及其使用温度。

表 6-6 国内外常用高温不锈耐蚀轴承钢成分及其使用温度

钢号	化学成分(质量分数)/%								最高使用温度/℃	备注
	C	Mn	Si	Cr	V	Mo	W	Co		
440C	0.95~1.10	≤1.00	≤1.00	16.000~18.00	—	0.40~0.65	—	—	149	典型的不锈轴承钢
14-4	0.95~1.20	≤1.00	≤1.00	13.00~16.00	≤0.15	3.75~4.25	—	—	480	高温不锈
Al-129	0.70	0.30	1.00	12.00	—	5.20	—	—	480	
BG42	1.15	0.30	0.30	14.50	2.00	4.00	—	—	480	
WD65	1.10~1.15	≤0.15	≤0.15	14.00~16.00	2.50~3.00	3.75~4.25	2.00~2.50	5.0~5.50	540	高温不锈
NM100	1.25	—	—	17.50	—	—	10.50	9.50	540	高温不锈

② 高速工具钢 世界各国高温轴承钢大都是根据使用条件的要求和资源特点，选用适当的高速工具钢来代用。因为高速钢具有良好的高温硬度和疲劳性能。Cr4Mo4V 的成分如表 6-7 所示。

表 6-7 Cr4Mo4V 的成分（质量分数）   单位：%

C	Mn	Si	Cr	V	Mo	最高使用温度/℃
0.75~0.85	0.35	0.35	3.75~4.25	0.90~1.10	4.00~4.50	350~400

用高速钢作为高温轴承材料也有诸多不足之处，如合金元素含量高，不能生产管材，而棒材切削加工量大，价格昂贵，退火硬度高，一般 HB 在 235~277 之间，切削及磨削加工都较困难。高速钢类高温轴承钢属于完全硬化钢，淬火表面层残留拉应力，中心部为压应力，表层拉应力使接触疲劳性能和弯曲疲劳大大降低。热处理困难，它的淬火温度必须高于锻造加工温度，一般在 1204℃ 以上，同时还需严格控制热处理气氛，特别是钼系钢类加热时容易脱 C。

③ 渗碳高温钢 作为高温轴承材料，高碳类高温不锈轴承钢、高速钢在目前情况下，仍然是不可替代的。但是，这两类钢种都因合金元素含量高而价格昂贵，特别是高速钢类高温轴承钢的车削、磨削加工以及热处理都给轴承制造带来一定的困难。表 6-8 是目前国外常

用的渗碳高温轴承钢钢号及其使用温度。

表 6-8 目前国外常用的渗碳高温轴承钢钢号及其使用温度

钢号	化学成分(质量分数)/%						使用温度/℃
	C	Mn	Si	Cr	Ni	Mo	
CBS600	0.16~0.23	0.50~0.70	0.90~1.25	1.25~1.65	0.90~1.10		≤232
CBS1000	0.16~0.23	0.40~0.60	0.40	0.90	—	—	≤316
M315	0.10~0.15	0.40~0.60	0.15~0.30	1.35~1.75	2.00~3.00	4.90~5.90	≤420

（6）防磁轴承钢

无磁性轴承钢 70MnAl3Cr2V2WMo 是我国 20 世纪 70 年代研制的一种特殊用途防磁轴承钢，属奥氏体型沉淀硬化不锈钢，具有磁导率低、硬度高、耐磨性好等优点，是一种较好的防磁轴承材料及模具材料。该钢在退火状态的机械加工性能良好，车、刨、铣均能顺利进行，但在钻孔时应选择合适的钻头、转速和冷却液。此钢还可用于制造要求强度高、耐磨性能好、无磁性等的电子工业零件。

（7）其他轴承材料

随着科学技术的发展，对轴承材料的要求日益提高，尤其是在特殊环境下工作的轴承材料，减轻比重、提高强度、提高工作温度显得特别重要。如重返大气层火箭的头部外表温度可达 2200℃左右，在这种火箭上以及在涡轮机、喷气发动机助燃器上工作的轴承，都在427℃以上，甚至在 1300℃以上的高温下运转。如果要求更高的使用温度，就必须研制和采用其他的高温材料。例如，用于轴承的镍基、钴基合金，它具有较高的高温强度、抗氧化及耐腐蚀性能；难熔合金具有很高的高温强度，但抗氧化性能差；金属陶瓷材料具有比任何金属材料都高的高温硬度和较为良好的抗氧化性能，但其质地坚硬且脆，抗热震性能较差。

6.1.2 对轴承钢的性能要求

作为机械设备基础零件之一的轴承，必须具备下列性能：高的疲劳强度、弹性强度、屈服强度和韧性，高的耐磨性能，高且均匀的硬度，一定的抗腐蚀能力。对在特殊介质下工作的轴承，还应该具有相应的特殊性能。人们长期以来将上述要求归纳为两个与冶金因素有关的问题，即材料的纯洁度和均匀性。所谓纯洁度是指材料中央杂物的含量、夹杂物的类型、气体含量及有害元素的种类及其含量。均匀性是指材料的化学成分、内部组织，包括基体组织，特别是析出相碳化物颗粒度及其间距、夹杂物颗粒和分布等均匀程度。

（1）轴承钢的纯洁度

材料中的夹杂物含量、类型及其分布对轴承钢的质量都会造成一定的影响。轴承材料中的夹杂物破坏了钢的连续性并产生应力集中，成为轴承剥落的裂纹源。因此，应尽可能降低轴承钢中的夹杂物含量。但要完全消除材料中的夹杂物是不可能的。因为钢中夹杂物一部分来自炉体剥落的耐火材料和炉渣，另一部分来自未能完全排出的早期脱氧产物以及凝固结晶过程中溶解氧析出的脱氧产物（后者是完全没有条件排除）。再加上冶炼过程中未能完全去除的有害杂质元素（包括气体）以及形成的夹杂物，如硫化物、氮化物等。

随着科研工作的深入开展，人们发现，钢在压力加工过程中或零件热处理加热时，由于金属和夹杂物的热膨胀系数不同，在夹杂物和金属中产生符号相反的微观应力。英国 D. Brook Sbank根据弹性理论的原理，假设金属基体被夹杂物质点分隔成若干碎块，这些碎块用半径相同的若干球代替，形成镶嵌结构。在夹杂物与金属基体结合处产生的微观应力称为镶嵌应力。根据"镶嵌理论"，人们系统地测定了钢中各种类型夹杂物的热膨胀系数，并对镶嵌应力进行了计算，认为危害最大的是热膨胀系数小的夹杂物（氧化铝和尖晶石）。它们造成的应力最大，因而大大降低了钢的接触疲劳强度。GCr15 钢的线膨胀系数 $\alpha_2 = 12.5 \times 10^{-6} \, ℃^{-1}$（0～800℃），钢中夹杂物线膨胀系数 α_1 值（平均值）列于表 6-9（0～800℃）。从表中提供的数据，我们大致可以理解为不同类型夹杂物的存在对轴承疲劳寿命有不同程度的影响，即当 $\alpha_1 < \alpha_2$ 时，夹杂物对疲劳寿命是有害的。因此，在我们努力提高钢的纯洁度、降低夹杂物含量的同时，还应该重视改善夹杂物的性质和形态。

表 6-9　0～800℃ 范围内各类夹杂物的线膨胀系数

夹杂物类型	成分	线膨胀系数 $\alpha_1/℃^{-1}$	泊松比 μ
基体		12.5×10^{-6}	0.290
硫化物	MnS	18.1×10^{-6}	0.300
	CaS	14.7×10^{-6}	
铝酸钙	$CaO \cdot 6Al_2O_3$	8.8×10^{-6}	
	$CaO \cdot 2Al_2O_3$	5.0×10^{-6}	0.234
	$CaO \cdot Al_2O_3$	6.5×10^{-6}	
	$12CaO \cdot 7Al_2O_3$	7.6×10^{-6}	
	$3CaO \cdot Al_2O_3$	10.0×10^{-6}	
尖晶石	$MgO \cdot Al_2O_3$	8.4×10^{-6}	0.260
	$MnO \cdot Al_2O_3$	8.0×10^{-6}	
	$FeO \cdot Al_2O_3$	8.0×10^{-6}	
硅酸铝	$Al_2O_3 \cdot SiO_2$	5.0×10^{-6}	0.240
	$2MnO \cdot 2Al_2O_3 \cdot 5SiO_2$	$\leqslant 2.0 \times 10^{-6}$	
氮化物	TiN	9.4×10^{-6}	0.192
氧化物	MnO	14.1×10^{-6}	0.306
	MgO	13.5×10^{-6}	0.178
	CaO	13.5×10^{-6}	0.210
	FeO	14.2×10^{-6}	
	Fe_2O_3	12.2×10^{-6}	
	Fe_3O_4	15.3×10^{-6}	0.260
	Al_2O_3	8.0×10^{-6}	0.250
	Cr_2O_3	7.9×10^{-6}	

夹杂物对轴承钢疲劳寿命的影响有以下三个方面：

① 夹杂物破坏了钢的连续性。在外加变形力（轧制、锻造、冲压变形、使用过程中的交变负荷）的情况下，在非金属夹杂物处容易产生应力集中。

② 钢在压力加工过程中或零件热处理加热时，由于金属（基体）和夹杂物的热膨胀系数不同，在夹杂物和金属界面处产生符号相反的微观应力，即所谓的镶嵌应力，形成初始裂纹，初始裂纹则是金属进一步疲劳破坏的疲劳源。不同类型的夹杂物，其热膨胀系数各不相同，因而对轴承疲劳破坏的危害程度也就各不相同。危害最大的是热膨胀系数小的氧化铝和

尖晶石之类的夹杂物，它们造成的应力最大，严重地降低接触疲劳强度。

③ 单独的硫化物夹杂同样破坏了钢的连续性。当硫化物把钢中单独存在的氧化物（特别是热膨胀系数小的 Al_2O_3 夹杂）包围起来，形成硫氧化物共生夹杂物，大大减轻了氧化物单独存在时的危害。为了抵消氧化物对轴承钢疲劳强度的有害影响，应该根据钢中氧含量来控制硫含量。

轴承钢中气体（氧、氮、氢）含量的多少也是衡量纯洁度的一个重要指标，它们在钢中的溶解度都很小，例如氧在铁素体中的溶解度小于 0.003%。溶解在钢中的氧，随着温度的降低，在凝固结晶过程中析出并与铝、钙、硅、锰等元素形成氧化物，这是钢中非金属夹杂物的主要来源。氮在钢中形成非常弥散的氮化铝夹杂和较粗大的氮化钛及碳氮化钛夹杂。氢在钢液温度降低到结晶温度时，溶解度急剧降低，析出的氢在固态下扩散并聚集到非金属夹杂物等缺陷形成的孔洞、缝隙中。当聚集的氢原子结合成氢分子后产生极大的压力，一旦超过钢的强度极限，就会产生内裂，形成白点。白点在任何钢中都是不允许存在的。降低气体含量，是提高轴承钢纯洁度的重要一环。在普遍采用钢包二次精炼的条件下，轴承钢中的氧含量已降低到 10×10^{-6} 以下，甚至 $(5\sim6)\times10^{-6}$；氢含量已降到 2×10^{-6} 以下，甚至 1×10^{-6} 以下；但要将碱性电弧炉轴承钢的氮含量降低到 50×10^{-6} 以下，甚至降低到 $(20\sim30)\times10^{-6}$，达到转炉钢的含氮水平，还有一定的难度。这是当前冶金工作者研究的重点课题之一。

（2）轴承钢的均匀性

轴承钢的均匀性是指化学成分的均匀性及碳化物的均匀性。化学成分的均匀性主要指钢中合金元素，特别是碳、硫、磷的宏观及微观偏析程度。碳化物均匀性包括：碳化物颗粒大小、间距、形态分布等。影响均匀性的因素很多，钢锭结构、锭重、浇铸温度、铸锭方法等影响钢中化学成分的分布状态。钢锭和钢坯在热加工前的加热工艺、钢材热加工终止温度及随后的冷却方法、球化退火工艺等影响碳化物的均匀性。液析碳化物、带状碳化物、网状碳化物评级的级别是衡量碳化物均匀性的指标。大量的研究认为：

① 液析碳化物的危害性相当于钢中的夹杂物；

② 带状碳化物评级达到 3～4 级可使钢材疲劳寿命降低 30%；

③ 网状碳化物每升高 1 级，可使轴承寿命降低 1/3；

④ 碳化物颗粒大小，影响轴承寿命。高碳铬轴承经淬回火处理，约有 7% 的残余粒状碳化物存在。残余碳化物的数量随钢的化学成分、碳化物颗粒的大小和形态不同而发生变化。即碳化物颗粒大小直接或间接影响轴承寿命。国内外研究工作者一致认为：马氏体基体组织中含碳量为一定值时（一般为 $0.4\%\sim0.5\%$），碳化物平均粒度愈小则疲劳寿命愈高，具体数据见表 6-10。甚至有的研究结果认为：碳化物为 $0.56\mu m$ 比 $1\mu m$ 的疲劳寿命提高 2.5 倍。

表 6-10　淬回火后碳化物颗粒大小对疲劳寿命的影响

碳化物平均直径/μm	疲劳寿命	
	L_{10}/次	L_{50}/次
0.785	0.49×10^6	6.0×10^6
0.655	0.86×10^6	8.0×10^6
0.090	4.00×10^6	13.0×10^6

6.2　轴承钢中的合金元素

轴承钢的性能主要取决于化学成分、纯净度和组织结构三个方面，其中化学成分的影响最大。轴承钢中的主要合金元素及其作用如下：

(1) 碳

在高碳铬轴承钢中，为了保证钢的淬透性、硬度及耐磨性，碳的含量一般控制在 $0.95\%\sim1.10\%$。为了使淬回火后轴承钢的 HRC 大于 60，碳含量要求大于 0.80%，但碳含量过多，对硬度的影响不大，反而会产生大量的碳化物，降低轴承钢的综合性能。

在高温轴承钢中，碳除保证室温下有足够的硬度之外，还要保证有足够的高温硬度、强度和耐磨性能。在高温轴承钢中，碳易与其他合金元素形成碳化物，如 MoC、$(Fe,Cr)_3C$、Cr_7C_3 等，在回火过程中，由于合金碳化物的析出而产生二次硬化效应，能使钢的硬度进一步提高，从而具有较好的高温强度和耐磨性能。所以在高温轴承钢中可适当降低碳、铬含量，提高轴承钢的韧性和可加工性。

(2) 铬

铬易与碳形成碳化物，可提高轴承钢的淬透性和耐腐蚀性能，并可提高强度、硬度、耐磨性、弹性极限和屈服极限。高碳铬轴承钢中铬含量在 $0.5\%\sim1.65\%$ 之间，铬含量过高会因残余奥氏体量的增加而降低硬度。同时易生成大块碳化物降低轴承钢的韧性，使轴承寿命下降。

铬使高碳铬轴承钢碳化物变得细小、分布均匀，并可扩大球化退火的温度范围。部分铬溶于奥氏体中，可提高马氏体的回火稳定性。铬还能减小钢的过热倾向和表面脱碳速度。

在高温轴承钢中，铬含量一般控制在 4.00% 左右。在退火状态下，铬多以 $M_{23}C_6$ 型碳化物存在，淬火后，此种碳化物几乎全部固溶于基体中，这对于提高钢的淬透性、抗回火稳定性、红硬性和防锈性能都是有利的。然而，为了提高钢或合金的抗腐蚀性能，必须将铬含量提高到 14% 以上。在高温轴承钢中，铬还能起到减小淬火变形和细化晶粒提高韧性的作用。

(3) 锰

锰能代替部分铁原子形成 $(Fe,Mn)_3C$ 型碳化物，加热时，碳化物易溶于奥氏体，但回火时也易析出和聚集。

在高碳铬轴承钢 GCr15 中，添加锰主要是为了脱氧，降低钢中的氧含量。而在 GCr15SiMn 中才是作为合金元素加入。锰能显著提高钢的淬透性，部分锰溶于铁素体中，提高铁素体的硬度和强度。此外，锰与硫能形成 MnS 和 $(Fe,Mn)S$，可减少或抑制 FeS 的生成，降低硫的危害。锰的含量在 $0.10\%\sim0.60\%$ 时对钢性能有良好的作用，当锰含量达 $1.00\%\sim1.20\%$ 时，钢的强度随锰含量的增加而继续提高，且塑性不受影响。若含锰量过高，会使钢中残余奥氏体量增加，钢的过热敏感性和裂纹倾向性增强，且尺寸稳定性降低。故在一般高碳铬轴承钢中，锰含量应控制在 2.00% 以下。

在高温轴承钢中，锰不是重要的合金元素，含量多在 0.40% 以下。锰对高温轴承钢的耐磨性、韧性、热硬性，减少淬火变形倾向等影响和作用都不大。

(4) 硅

钢中加入硅，可以强化铁素体，提高强度、弹性极限和淬透性，改善抗回火软化性能。

在高碳铬轴承钢中，硅使钢的过热敏感性、裂纹和脱碳倾向性增大。一般应把硅控制在0.80%以下，最好不超过0.50%。

在一般的高温轴承钢中，硅不是作为主要合金化元素加入，所以含量的上限规定为0.50%。但在一些使用温度低于316℃的高温轴承钢中，硅含量上限控制在1.00%或1.20%，这主要是利用硅提高抗回火稳定性，从而提高使用温度，使轴承在较高的温度下能保持所需要的硬度。

(5) 镍

镍在高碳铬轴承钢中作为残余元素受到限制，它的存在主要是增加淬回火后残余奥氏体量，降低硬度。

在渗碳轴承钢，主要是 Cr-Ni-Mo 系合金钢或低合金钢，均含一定数量的镍。镍在钢中能降低表面吸收碳原子的能力，加速碳原子在奥氏体中的扩散，减少渗碳层中碳的浓度，所以镍能减慢渗碳速度，镍的加入提高了钢的韧性。从淬透性角度考虑，碳、锰、硅、钼等元素的含量越少，镍的加入量则应提高。渗碳轴承钢中，镍加入量在5.00%以下。

(6) 钼

钼在高碳铬轴承钢中的作用是提高淬透性和抗回火稳定性，细化退火组织，减小淬火变形，提高疲劳强度，改善力学性能。

钼在渗碳轴承钢中，其主要作用是提高淬透性，改善力学性能，特别是具有提高韧性的效果。此外，还可以提高钢的耐磨性和渗碳性能，钼含量一般控制在1.00%以下。

钼在高温轴承钢中可提高钢的抗回火稳定性，提高高温强度、耐磨性、淬透性，细化晶粒提高韧性，减小淬火变形。当钼含量较高，回火时有可能产生二次硬化效应，使钢的硬度进一步提高。

(7) 钒

钒在一般高碳铬轴承钢中为残余元素，但在特殊高碳铬轴承钢中，钒是提高耐磨性最有效的元素之一，它能扩大球化退火的温度范围，促进退火时粒状珠光体的形成。钒能细化晶粒，提高钢的致密度和韧性，钒的含量一般为0.20%～0.30%。

在高温轴承钢中，钒的作用是提高耐磨性。钒在钢中形成的碳化物 V_4C_3、VC，是钢中最硬的相，其硬度 HRC 可达 83.5～85。钒的细小氮化物、碳化物在加热时可阻止晶粒长大。在回火时析出细小弥散的钒碳化物，具有二次硬化的效果，并能提高红硬性和韧性。但随含钒量的增加，钢的磨削加工性能随之变坏，因此，高温轴承钢含钒量大多在2.00%以下。

(8) 钨

在一般高碳铬轴承钢和渗碳轴承钢中均不含钨，但在高温轴承钢中钨几乎是不可缺少的元素，它可提高钢的高温硬度。钨能形成碳化物又能部分固溶于钢中。溶于马氏体中的钨原子与碳原子有着强烈的结合力，能阻碍钨在回火时的析出，从而使钢具有良好的抗回火稳定性。在510～610℃回火时，钨才能形成碳化物从马氏体中析出并产生二次硬化，析出物为 W_2C。加热时未溶解的 M_6C 能抑制晶粒长大。此外，在高温轴承钢中，钨还有提高耐磨性、细化晶粒提高钢的韧性的作用。

(9) 铝

在高碳铬轴承钢中，铝主要是作为脱氧剂加入。此外，铝与氮形成弥散细小的氮化铝夹杂物可以细化晶粒。铝作为合金元素添加，具有较强的固溶强化作用，能提高钢的抗回火稳定性和高温硬度。当铝含量在 $0.50\%\sim1.00\%$ 时，能提高钢的淬透性，降低过热敏感性，但当含铝量超过 1.00%，加热时反而使晶粒剧烈长大。含铝钢的抗氧化性能和在氧化性酸中的耐蚀性能得到改善。

在渗碳轴承钢中，铝用于脱氧和细化晶粒，氧化铝可以防止钢在加热时的晶粒长大，特别是在较高温度下长时间渗碳加热所造成的晶粒长大。

6.3 轴承钢的冶金工艺特点

高碳铬轴承钢是专用钢中质量要求最为苛刻的钢种。钢中夹杂物的数量、性质和形态以及残留合金元素等，无不与冶金因素有关。因此，对用于轴承钢生产的各种原材料提出要求是完全必要的。例如，钢中硫化物夹杂的数量与硫含量有着直接的关系；磷含量的高低，影响钢锭结晶过程的偏析程度；铁合金带入的有害元素，特别是铬铁中的钛，会形成含钛的碳氮化物夹杂物。废钢中带入的有色金属会增加钢中有害元素的含量，如 Pb、Sb、Ti、As、Sn、Cu 等。

不同的冶炼方法对原材料的要求各不相同。酸性平炉严格限制硫、磷含量；转炉冶炼要求对高炉铁水进行顶处理，将硫、磷含量降到 0.010% 以下。各种冶炼方法都需要对铁合金的含钛量进行限制。

优选辅助材料也是获得高纯度轴承钢的必要条件，特别是精炼钢包、浇铸系统用耐火材料。钢液的二次氧化物除大气和炉渣以外，钢包及浇铸系统的耐火材料是其重要的来源之一。因此，精炼钢包的渣线部位要求采用高质量的镁碳砖。包壁、包底、模铸中注管、汤道系统采用高铝砖。

目前，我国轴承钢仍有相当大的部分采用传统的电弧炉冶炼技术生产。氧化法生产时的炉料应由少锈的碳素钢切头、废钢和低磷、硫生铁组成、轻薄废钢所占的比例应尽可能少，配入的含碳量应比规格上限高 $0.5\%\sim0.6\%$，并确保全熔后 P、S 各不大于 0.06%，Si 不大于 0.15%，Mn 不大于 0.4%。返回法冶炼时，炉料应由本钢种或相近的废钢组成，配料成分应为 C 约等于 1.3%、P 不大于 0.020%、S 不大于 0.030%、Mn 不大于规格下限、Cr $0.8\%\sim1.0\%$。炉料中不足的碳量，可用碎电极块或其他增碳剂补充。在有炉外精炼装置的条件下，初炼炉炉料含碳量要求可不那么严格，因为在精炼炉中可适当调整钢液成分，包括碳含量。精炼炉加入的各种材料必须清洁干燥。

6.3.1 电弧炉冶炼轴承钢

轴承钢的冶炼大部分采用电炉冶炼，工艺一般为 EAF-LF-VD-CC，采用电炉冶炼在控制全氧含量和夹杂物数量等方面有一定优势，通过控制电炉终点碳以降低初始氧含量，采用 LF 全程脱氧、改变精炼渣系和扩散脱氧，VD 真空脱气及弱搅拌等措施，对轴承钢的生产工艺进行优化，能实现低氧高纯净轴承钢的冶炼。

电弧炉熔炼工艺的熔化期以最大的输入功率供电，尽快使固体炉料熔化，并在熔化末期提前造渣，可以减轻氧化期脱磷的负担。

氧化期的主要任务是脱碳、脱磷和去除气体。脱碳同时也有利于脱磷和去气。当炉料熔化完毕，钢液中磷高时，应及时采取扒渣操作，重新造就碱度较高、氧化性强、流动性良好的炉渣，以利于快速脱磷。氧化期要有足够的脱碳量和合适的脱碳速度，金属熔池在高温下剧烈沸腾。要做到这一点，可采用矿石-氧气综合氧化法或全部矿石氧化法操作。脱碳量过大，会延长氧化期时间，脱碳速度过快，不但不能纯净钢液，反而会将钢液暴露在炉气中，增大吸气量。氧化末期终点碳应控制在 0.80%~0.85% 范围之内，过高或过低都会造成还原后重新氧化或增碳的不正常操作，带来夹杂物、气体含量的增加。

电炉冶炼时，通过连续不断的激烈碳氧反应和较大的渣量生成厚泡沫渣，有效地屏蔽和吸收了电弧辐射能，传递给熔池提高加热效率，并减少了长电弧对炉壁、炉衬等造成的损害。电弧炉好的泡沫渣有利于减少冶炼过程中钢水吸气，并会起到脱磷脱碳的效果，但对于电炉来说，终点碳含量太低，会造成钢水氧化严重，以及增碳量大导致钢液氧含量增加的负面效果。因此，如何做到泡沫渣操作时既降磷又保碳，是电炉冶炼轴承钢的重点，从现阶段电弧炉工艺看，增加电炉热装铁水量是解决泡沫渣降磷和保碳矛盾的一个有效手段。

氧化渣必须扒除干净，才能进行还原操作，否则还原期的回磷是不可避免的。

还原期的主要任务是脱氧、脱硫、去除夹杂物、调整钢液成分和温度。

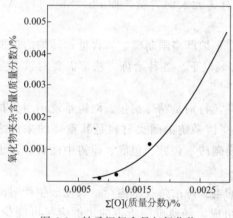

图 6-1　轴承钢氧含量与氧化物
夹杂含量的关系

脱氧的目的在于降低钢液中的溶解氧，并排出其脱氧产物，以保证获得细晶粒结构的正常钢锭表面及钢的各项性能。降低氧含量、减少夹杂物的数量，提高其纯净度，是获得高可靠性、长寿命轴承钢必不可少的条件。随着氧含量的降低，钢中氧化物夹杂的数量随之减少，如图 6-1 所示。因此，最大限度地降低溶解在钢液中的氧含量，并将其脱氧产物排出，是确定脱氧制度的基本前提。电弧炉传统操作工艺的脱氧制度大都采用如下模式：沉淀脱氧-扩散脱氧-沉淀脱氧，即熔池插 Al 预脱氧-电石、碳粉、硅铁粉或碳化硅粉白渣扩散脱氧-插 Al 终脱氧。还原期开始，用 Al 对钢液进行强制性脱氧。铝是一种强的脱氧元素，生成云团状脱氧产物，其整体尺寸可达 $500\mu m$，上浮速度很快，可使钢液总氧量迅速下降；即便是一部分残存的 Al_2O_3 夹杂，也能在紧接着的扩散脱氧过程中上浮排出。

扩散脱氧是根据分配定律将溶解于钢液中的氧从熔渣中转移，而与渣中脱氧元素 C、Si 等进行的脱氧反应。这种脱氧方法的优点在于，脱氧反应是在钢-渣界面或渣的下层进行，反应产物不会成为非金属夹杂物污染钢液。但由于钢-渣接触面积受到限制，致使反应速度缓慢，冶炼时间长。

还原期的炉渣是影响钢液精炼效果的重要因素，它应具有良好的物理、化学性质，如碱度较高、黏度不大、流动性良好、较少玷污钢液，达到脱氧、脱硫、去除夹杂物的目的。冶炼轴承钢采用 4:1:1 的石灰、萤石、硅石配制渣料，按钢液重量的 3%~4% 加入熔池。待渣料熔化后，用电石、碳粉、硅铁粉或碳化硅粉对炉渣脱氧。随着脱氧反应的进行，渣色逐渐变白，这就是所谓的白渣操作法。有时，为了提高炉渣的脱氧和脱硫能力，适当增加一些扩散脱氧剂用量，使炉渣呈灰色或灰白色（即所谓的弱电石渣）。这种弱电石渣在短时间内（出钢前）即能转变成白色。按上述比例配制的渣料，出钢时炉渣的化学成分大致为 CaO 55%~65%、SiO_2 15%~20%、MgO 4%~7%、Al_2O_3 5%~10%、FeO 0.4%~0.6%。FeO 含量是炉渣脱氧能力的标志。降低 FeO 含量，不仅提高了炉渣的脱硫能力，同时也提高了扩散脱氧的能力，有利于减少钢中夹杂物含量。电石渣或弱电石渣的脱氧能力比白渣强，但是渣中 CaC_2 含量增加，降低钢渣界面张力，使出钢过程中混入钢液的炉渣难于分离上浮。流动性良好的高碱度还原炉渣，有利于钢液的脱硫、脱氧。但是，过高的 CaO 含量（以及 MgO 含量），在出钢过程中，溶解于钢液中的 C、Si、Al 还原炉渣，使 Ca、Mg 等元素进入钢液而形成点状夹杂物。调整和控制还原期的炉渣，充满着矛盾。为了强化脱氧和脱硫，在高碱度渣下还原精炼钢液，伴随而来的是，钢液在出钢过程中含 Ca 量的增加，点状夹杂物出现率升高。

电炉终点氧含量控制直接关系到 LF 控制全氧的难易，而控制终点氧和终点碳是有密切联系的。图 6-2 为钢水在 1600℃下的碳氧关系曲线，从图 6-2 可以看出，如果将电炉终点碳控制在 0.2% 以上，钢中的溶解氧会低于 0.02%，这是很有意义的。因为降低电炉钢水中的溶解氧不仅可以减轻精炼过程的脱氧负担，减少脱氧产物的生成量（夹杂物的主要来源），同时减少了脱氧剂的用量，可以降低冶炼成本。

目前，电弧炉的操作已经发展为熔氧期合并，在强氧的操作下，脱碳速度也大大增加，这使得终点碳的准确控制变得困难，如果配碳量较低的话，那么熔池很容易过氧化，因此，应该保证在有足够配碳量的情况下，通过合理的供氧制度，来控制终点碳含量。

电炉在出钢过程对钢水进行预脱氧时，根据钢水终点氧含量的不同调整 Al 的加入量，一次性将钢中的酸溶铝的质量分数调整至不低于 0.02%。但过高的酸溶铝又会导致浇注时二次氧化，增加 Al_2O_3 夹杂，造成水口结瘤堵塞等现象。图 6-3 为 1600℃下的铝氧平衡曲线，由图可知，0.02%～0.04% 的含铝量是比较合适的。

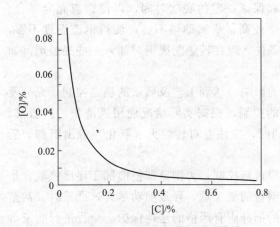

图 6-2　钢水 1600℃下的碳氧关系曲线

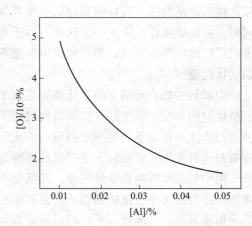

图 6-3　1600℃下的铝氧平衡曲线

6.3.2　转炉冶炼轴承钢

传统的轴承钢冶炼采用电弧炉炼钢工艺，原料为废钢铁料或兑入部分铁水，入炉原材料常带入杂质元素（如 Ti、Ca），从影响轴承钢质量的因素分析可知，钢中残余元素对钢质量有很大的影响，使钢的质量往往不能满足高寿命的使用要求。而在转炉冶炼过程中，铁水比例达到 80%～90%，对降低钢中残余元素十分有利。国内转炉冶炼轴承钢一般工艺为高炉→转炉→LF（VD）→连铸→轧钢。

由于转炉冶炼生产节奏较快，精炼脱硫的时间相对较少，为减轻 LF 炉脱硫的负担，高炉来的铁水必须采用脱硫剂进行充分的脱硫处理，以满足入炉铁水中硫小于 0.005% 的要求，在铁水温度下，脱硫产物呈固态，容易被渣所吸收，所以铁水预处理后要将渣100%扒出。

根据铁水成分和温度进行适时调整废钢装入量和种类，由于本钢种对S、P含量要求比较高，所以对废钢要求相应提高，应尽可能采用硫、磷等含量低的板坯坯头和精炼调温用的废钢，总体装入量按炉容量的±2%控制。

以双渣高拉碳工艺为基础，合理平衡过程热量。铁水热量允许时多用矿石，吹炼过程保持较高枪位，强化渣金传氧，相对弱化金属中自由氧及溶解氧，确保吹炼初期迅速化渣及过程渣的充分活跃，从而保证钢水成分及温度合适。

采用前期双渣操作，力争尽早化渣去磷。吹炼4~6min倒渣，终渣碱度按大于3.2控制。氧气工作氧压1.0~1.1MPa，氧流量40000~43000m³/h，底吹氮氩切换时间为吹炼9min，流量为120m³/h。

轴承钢中氧含量是衡量轴承钢质量极为重要的指标。钢中氧含量愈低，轴承寿命愈高，因为A、B、C和D类夹杂物中后3种都是氧化物所组成，钢中氧含量直接影响了夹杂物的组成。实践表明，减少轴承钢夹杂物含量的根本途径是降低钢中氧含量。

脱氧剂的加入顺序可以大大提高并稳定Si和Mn元素的吸收率，相应减少合金用量，脱氧产物上浮困难的弊端可以通过精炼满足质量要求。

为适应转炉的快节奏，减轻精炼炉脱氧压力，同时减少炉后增碳的加入量，降低生产成本，转炉采用高拉碳的方法冶炼，根据C-O平衡的原理，控制终点碳含量较高，以最大限度地降低钢中氧含量。从冶金动力学条件分析，为了使冶炼终点钢水碳氧积的实际测定值更接近碳氧平衡曲线，应加强钢包底吹搅拌强度和保证一定的底吹时间，以使钢渣充分混合。同时，高拉碳操作也带来一个问题，由于终点碳较高，吹氧助熔不够，使得钢液温度不够，影响了后续冶炼，所以，为了使出钢温度满足条件，应在转炉配废钢时加入一些提温剂，如铝锰钛提温剂等。

为减轻初炼炉出钢下的氧化渣对精炼工艺的影响，达到工艺及质量的稳定控制，充分发挥精炼炉的作用，须加强对转炉出钢过程下渣的控制，根据实际情况使用挡渣帽、挡渣塞、多面挡渣体，保证下渣量小于钢量的5kg/t。同时，应注意对转炉无（氧化）渣出钢和炉后除渣技术的应用，以减轻下渣带来的影响。

钢中氧含量控制是系统工程，需从整个流程进行控制，否则，即使前部工序已将氧含量降低，还会因为保护浇铸做得不好而影响成品钢材的氧含量，导致前功尽弃，严重时，甚至影响钢水可浇性，因此，生产轴承钢等高质量的钢种应有严格的连铸保护。全程进行吹氩等保护浇注措施，减少连铸过程中二次氧化。

6.3.3 电渣重熔轴承钢

电渣重熔（简称ESR）是利用电流通过熔渣时产生的电阻热作为热源进行熔炼的方法，其主要目的是提纯金属并获得洁净、组织均匀、致密的钢锭。电渣重熔原理如图6-4所示。

电流从变压器经短网至自耗电极、渣池、电渣锭、底水箱返回变压器形成回路。强大的电流在熔渣中放出电阻热、渣池达1700~1800℃的高温过热状态，使浸入渣池内的自耗电极熔化、细小的金属熔滴与高温渣发生一系列物理化学反应后，滴落于金属熔池内，由于四周水冷结晶器的强制冷却，钢液逐渐凝固成型。

整个重熔过程分为自耗电极末端形成液滴、液滴向渣池过渡、液滴进入金属熔池。其中，去除夹杂物的主要阶段是在自耗电极末端形成液滴的过程，在此过程中通过液滴与渣池的充分渣洗达到了吸附去除夹杂的提纯作用，精炼效果好，钢液极为纯净。

电渣重熔过程夹杂物的去除可分为 3 个阶段：一是钢中夹杂物从电极端头通过液态金属薄膜层向钢渣界面转移；二是突破钢渣界面的非金属夹杂物为炉渣吸附及溶解；三是溶解于渣池的物质离开钢渣界面在渣池内部扩散均匀。

夹杂物在金属电极端头的薄膜层中扩散至渣钢界面是整个过程的限制环节。因为，金属电极端头的熔化是液态金属沿锭头滑移（层流运动）聚集成熔滴下落，液态金属薄膜有 $50\sim200\mu m$ 厚，夹杂物靠扩散才能通过这一薄膜层到达钢渣界面，除了浓

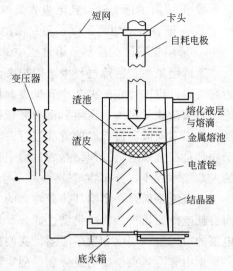

图 6-4　电渣重熔原理图

度梯度造成的扩散动力外，别无其他自发因素，然而，夹杂物在液态金属薄膜内因其密度远小于钢液，受到向上的浮力，不利于其向边界扩散。到达钢渣界面上的夹杂物通过界面被熔渣吸附和溶解的自发进行的热力学条件是存在的，电渣过程渣池内部强烈的电磁力搅拌及热对流运动，溶解于渣池内物质的均质扩散，也是相当容易完成的。

因此，通过电渣过程的 3 个阶段，金属中的大部分夹杂物已被去除，少部分残留在金属熔滴中的夹杂物在通过渣池进入金属熔池的过程中，熔渣对残留夹杂物发生作用，形成电渣钢特有的复杂结构的夹杂物（边缘与核心具有不同组成和结构）。在金属熔池的凝固过程中，由于溶解氧含量的变化，还会发生受控于钢中活泼元素（如 Al、Si、Ti 等）的活度与氧的亲和力的新生夹杂物。

金属熔池处于四周及底部水冷却的结晶器中，周围是一层渣壳，上部是一个过热的渣池，这就是电渣铸锭特别的凝固方式。渣壳的隔热作用，热流由上至下向水箱底传导，钢液在凝固结晶过程中，形成沿轴向长大、以柱状晶为主、致密而均匀的铸态组织。强制冷却使凝固过程中的偏析程度大为减轻，枝晶偏析及合金元素的显微偏析得到明显改善（见表 6-11）。由此可见，电渣重熔锭的枝晶偏析优于真空自耗及电子束重熔。由于钢锭与结晶器壁之间的渣壳、头部的渣帽使电渣锭的缩孔、疏松大为改善。

表 6-11　不同冶炼方法 GCr15 锭中的枝晶偏析系数

冶炼方法	电炉→电渣	电炉→真空自耗	电炉→感应炉→电子束重熔	真空感应→电渣
钢锭直径/mm	260	220	230	260
Cr 枝晶偏析系数	1.91	1.93	1.97	1.39
Mn 枝晶偏析系数	1.50	1.69	1.75	1.41

在 ESR 工艺冶炼轴承钢时，氧的含量与钢液原始条件的关系不大。电渣钢的氧含量一般保持在 $(15\sim30)\times10^{-6}$ 的水平，影响电渣钢中氧含量的决定因素是渣中的 α_{FeO} 值，自耗电极中的原始氧含量影响较小。为了有效控制电渣钢中的氧含量，可以从以下四个方面着手：

① 使用复合脱氧剂对自耗电极进行终脱氧，并在重熔过程中不断向渣中加入适量脱氧剂。

② 重熔前尽量去除自耗电极表面的氧化铁皮，同时减少造渣材料中的不稳定氧化物。

③ 保证合适的电力制度，避免渣池中的部分氧化物在重熔过程中发生电解。

④ 采用氩气保护控制重熔过程中的氧。

连铸钢虽然在精炼过程中可以把夹杂降得很低，但绝不意味着大颗粒夹杂完全消失，因为在凝固过程中，它的夹杂物有聚集、长大的条件。而电渣钢虽然在重熔前夹杂较多，但无论原始夹杂数量多少，重熔后钢中夹杂都能稳定在一定范围内，因为原始夹杂会通过熔滴向自耗电极末端向渣池过渡时的渣洗进行去除，而且大颗粒夹杂都是最先被去除的。电渣钢的夹杂物都是在金属熔池冷却结晶的过程中新生成的，其聚集、长大的可能性很小，所以电渣钢的夹杂尺寸细小、分布均匀。

对电渣钢而言，影响其疲劳寿命的主要因素是钢中夹杂物的性质、形态、尺寸和分布，而自耗电极原始夹杂物的类型、成分、尺寸对夹杂提纯过程有很大影响，那么通过选择自耗电极的冶炼脱氧制度和重熔渣系，我们可以有目的地对原始夹杂成分和类型进行控制。

钢中非金属夹杂物的成分和类型，取决于自耗电极，即电渣母材冶炼的终脱氧制度。采用 Al 脱氧的电渣母材，重熔钢中的夹杂物都以脆性的 Al_2O_3 为主；而以 Ca-Si、Fe-Si 等脱氧的电渣母材，经酸性渣系重熔后，重熔钢中的夹杂物变成以硫化物和硅酸盐为主的塑性夹杂物，钢材的疲劳寿命提高。

电渣冶炼的关键在于熔渣的类别与性能。熔渣起着发生电阻热的作用，同时有提纯、净化、精炼金属的功能；结晶器壁与钢锭之间的渣壳厚薄不但影响电渣锭的表面质量，同时也影响冶炼过程的热分布（即对钢锭的显微组织产生影响）。因此，采用何种熔渣将直接影响重熔的效果。

熔渣的组元有萤石（CaF_2）、Al_2O_3、石灰（CaO）、镁砂（MgO）、硅石（SiO_2）等。对熔渣的要求主要是控制不稳定氧化物含量和石灰中的水分。萤石要求含 CaF_2 量不小于 95%、SiO_2 量小于 1%，如果将 SiO_2 作为一个组元，则萤石中的 SiO_2 含量可放宽至 3%～5%。

电渣冶炼采用含 TiO_2 量为 40%～50% 的导电渣作为引弧剂，利用其固体状态下的导电性能启动冶炼过程。这种引弧方法对于轴承钢是不可取的，用碳质引弧剂可避免增加钢中的含 Ti 夹杂物。

重熔渣系一般选用 CaO-Al_2O_3-CaF_2 渣系，并适当增加渣系中 Al_2O_3 的含量。因为自耗电极原始夹杂物成分主要是 Al_2O_3，渣中 Al_2O_3 增加，使钢中夹杂物和炉渣界面张力减少，故有利于炉渣对夹杂的吸附。

二次或多次重熔在一定程度上对夹杂物的去除没有作用，因为当钢中夹杂物含量降到 0.005% 以下时，再次重熔已经没有必要了，冶炼提纯过程已趋向平衡。

电渣重熔冶炼工艺：

为使重熔锭的化学成分符合标准要求，或达到最优化的性能，生产厂家往往根据各自的实践经验，对自耗电极的化学成分进行控制。现以 GCr15 及 G20CrNi2MoA 为例，对自耗电极的化学成分要求列于表 6-12。

表 6-12　自耗电极化学成分（质量分数）控制　　　　　　　单位：%

钢种	C	Mn	Si	P	S	Cr	Ni	Mo
GCr15	0.98～1.03	0.25～0.35	0.21～0.33	0.015	0.015	1.38～1.60		
G20CrNi2MoA	0.18～0.22	0.48～0.55	0.23～0.40	0.020	0.018	0.45~0.60	1.65～1.95	0.22～0.28

电渣冶炼工艺主要根据冶炼钢种选择合适的渣系和供电制度。高碳铬轴承钢的工艺特点与高碳模具钢有相似之处，选用较小的输入功率，以得到浅平的金属熔池有利于金属液的提纯和改善显微组织等。渗碳轴承钢则应采用结构钢的冶炼工艺。不同的钢种选用合适的工作参数是至关重要的。

(1) 充填比

自耗电极平均截面积与结晶器平均截面积之比（在圆形结晶器上，也有采用直径比的），称为充填比。一般来说，充填比的范围在 $0.20\sim0.60$。早期制定的工艺采用小的充填比 0.20，较大的充填比 0.60 仅在进口的电渣炉上或在交替式采用高电阻渣冶炼时使用，我国目前现有的电渣炉使用 0.60 的充填比还有某些困难，大多采用 $0.30\sim0.50$。

(2) 渣量

电渣重熔所需要的热量及提纯金属的作用都要通过一定的熔渣量才能显示出来，熔渣量的多少还会对金属熔池的开头及过程热损失产生直接的影响。对于一定的锭型及充填比常以渣层厚度表示熔渣量。

一般地讲，在其他条件固定的情况下，厚渣层得到浅平的金属熔池，反之则熔池变深。因此，要求显微组织均匀、偏析程度小的高碳铬轴承钢，应采用稍厚的渣层。然而，厚渣层增大热损失。因此，在保证冶金质量的前提下，可减少渣量来降低热损失。在生产实践中，一般以结晶器直径的 $1/3\sim1/2$ 为较合理的渣层厚度。大的结晶器，如直径 350mm 以上的结晶器宜选用 $1/3$。同样的锭型，当增加充填比时，应适当减小渣层厚度。目前，随着电渣锭型的增大，渣层厚度有倾向一个定值的趋势。在选定渣层厚度计算配渣量时，可采用生产中的熔渣密度为 $2.50g/cm^3$，这一近似值其误差在实际生产的允许范围之内。

(3) 电制度

电渣冶炼工艺制度中，电制度的制定是最为关键的。电渣过程是一个纯电阻过程，对于一台电阻炉而言，可把它视为一个电阻电感的串联交流电路，看来非常简单，但在冶炼过程中，电阻尤其是电感（包括自感和互感）的变化，使得计算相当困难。现在仅把电渣冶炼的工作部分，即渣池部分作为一个纯电阻电路，利用欧姆定律进行定性及定量计算，确定冶炼电制度。然后再根据电渣炉的工况，考虑实际用于冶炼的电压等参数。

表 6-13 为轴承钢冶炼工艺的典型制度。

表 6-13 轴承钢冶炼工艺的典型制度

锭型	充填比	渣量/kg	工作电压/V	冶炼电流/kA	备注
1.2t	0.20	72	43～48	8.0	高碳铬轴承钢
	0.40	60	34～38	9.0～10.0	高碳铬轴承钢
2.5t	0.40	120	44～48	15.0	渗碳轴承钢

6.3.4 真空电弧炉熔炼

真空电弧炉熔炼的电极，可以是自耗型的，也可以是非自耗型的。非自耗型的电极在熔炼过程不起反应，只是按一定规程向熔池供热。轴承钢均采用真空自耗电极重熔。

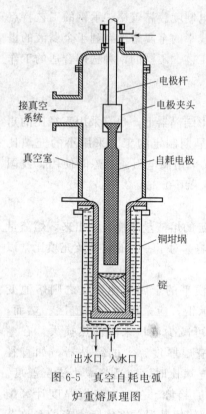

电极杆

电极夹头

接真空系统

真空室

自耗电极

铜坩埚

锭

出水口 入水口

图 6-5 真空自耗电弧
炉重熔原理图

真空自耗电弧炉重熔原理见图 6-5。炉子主要由装有水冷结晶器的抽锭系统、电极密封升降系统和真空系统构成。熔炼是在真空度 1.33～0.0133Pa 低电压、大电流作用下，使自耗电极熔化的过程。首先，在结晶器内自耗电极端部与引锭板之间触发电弧，电极端部与熔池间形成所谓的等离子场，在此处产生高温区，自耗电极端部表面被逐层熔化，形成熔滴，然后滴落到熔池。从熔滴形成、滴落到凝固的过程中，发生一系列冶金物理化学反应，去除气体和夹杂物，使重熔钢得到净化。水冷结晶提高了冷却强度，改善了钢锭的结晶条件，将结晶前沿所有的非金属夹杂物驱赶到钢锭上部，为获得致密、均匀的铸态组织提供了良好的条件，且缩孔很小，目前工业用大型真空电弧炉的容量已达 100t。

真空自耗重熔轴承钢的化学成分，除锰烧损 20%～25%外，其他成分变化不大。熔炼过程中，真空度为 13.3Pa 或 0.133～0.0133Pa，都能有效地去除气体和非金属夹杂物，氧含量减少一半左右。

夹杂物去除程度不仅受冶炼工艺参数的影响，也与自耗电极原始夹杂物的数量和属性有关，如表 6-14 所示。

气体和电解夹杂物分析结果指出，自耗电极中，气体和夹杂物含量高的，重熔后，钢材中气体相夹杂物总量也高，反之，则低。夹杂物组成的变化表明，Al_2O_3 去除效果优于 SiO_2。应该特别指出的是，自耗电极中点状夹杂物高者，重熔钢中仍存在点状夹杂物。所以对有重要用途的精密轴承用钢应严格控制自耗电极中的夹杂物数量、属性及点状的出现率。为提高钢材的纯洁度和致密度，可采用真空感应熔炼制备自耗电极，再经真空自耗重熔，或采用多次真空自耗重熔方法生产。经多次真空自耗电弧炉重熔的轴承钢中气体、夹杂物分析结果见表 6-15。

表 6-14 真空自耗电弧炉重熔 GCr15 钢夹杂物的变化（质量分数）

自耗电极制备	夹杂物总量/%	尖晶石/%	硅酸盐/%
电弧炉熔炼自耗电极	0.0065	42.1	57.9
	0.0055	40.5	59.5
	0.0064	42.7	57.3
普通炉料真空感应炉熔炼	0.0031	31.2	68.8
	0.0044	20.4	79.6
	0.0031	34.2	65.8
	0.0035	22.1	77.9
	0.0032	23.3	76.7

强制水冷加快了钢液的凝固速度，对固相、液相共存的温度区间较宽的高碳铬轴承钢改善宏观组织、减少偏析、提高钢的致密度都显示出较好的效果。真空自耗重熔水冷结晶器铸成的钢锭很少产生一般浇注过程出现的缺陷。但有时因熔炼工艺参数选择不当，也产生一些

如点状偏析、方框偏析等严重缺陷。

表 6-15　多次真空自耗重熔钢中结果分析

名称	自耗电极	一次	二次	三次	四次	五次
电解夹杂(质量分数)/%	0.0024	0.0012	0.0012	0.0007	0.0009	0.0010
氧含量(质量分数)/%	25×10^{-6}	24×10^{-6}	18×10^{-6}	10×10^{-6}	10×10^{-6}	10×10^{-6}
氮含量(质量分数)/%	0.022	0.011	0.005	0.003	0.0027	0.0024
密度/(g/cm³)	7.8349	7.8327	7.8329	7.8356	7.8369	7.8428

钢液在熔池中的运动是由于温度梯度产生的对流，带有非补偿的杂散磁场及电流通过熔池与附近存在的铁磁物质相互影响的结果。所以稳定供电参数，去除铁磁物质、不用螺线圈外加磁场的作用，可以完全熔炼出无点状偏析的高碳铬轴承钢。

随着空间技术、精密机械的飞快发展，对精密轴承、航空轴承及其材料的质量水平要求越来越高，尤其是对轴承用钢性能的稳定性、均匀性、可靠性及使用寿命的要求更加严格。目前一般真空一次熔炼或重熔方法已难以满足其综合性能的要求。为适应这一发展趋势，国内外广泛采用和研究各种真空双联熔炼工艺和多次真空自耗重熔方法，生产高纯度轴承钢。其中最佳配合之一是用真空感应炉熔炼自耗电极坯，再经真空自耗重熔，简称"双真空熔炼"。这种方法的优点：

① 充分发挥了真空感应炉熔炼去除气体、非金属夹杂物及有害元素的能力、获得高纯度的电极。

② 利用真空自耗重熔二次提纯去除稳定夹杂物能力强、水冷结晶器快速凝固及避免耐火材料玷污的特点，获得高纯度、高致密度及化学成分和显微组织均匀的轴承钢。

6.4　轴承钢的炉外精炼

轴承钢的炉外精炼工艺，根据对硫的不同控制要求，分为"高碱度渣"和"低碱度渣"两种精炼工艺。

高碱度渣精炼工艺：控制渣中碱度 $(CaO+MgO)/(SiO_2+Al_2O_3)\geqslant3.0$，渣中 TFe$<$1.0%。其特点是具有很高的脱硫能力，可生产 $[S]\leqslant20\times10^{-6}$ 的超低硫轴承钢。同时，高碱度渣的脱氧能力强，可大量吸附 Al_2O_3 夹杂，使钢中基本找不到 B 类夹杂物。但由于渣中 CaO 含量高，容易被钢中 [Al] 还原生成 D 类球形夹杂物，对轴承钢的质量危害甚大。因此，对钢中铝含量要严格控制，尽可能避免 D 类夹杂物的生成。

低碱度渣精炼工艺：控制炉渣碱度 $(CaO+MgO)/(SiO_2+Al_2O_3)=1.2$，渣中 TFe$<$1.0%。该渣系由于碱度低，消除含 CaO 的 D 类夹杂物，对 Al_2O_3 夹杂物也有较强的吸附能力和一定的脱硫能力。并有利于改变钢中夹杂物的形态，大幅度提高塑性夹杂的比例，有利于提高钢材质量。

轴承钢炉外精炼的处理工艺，可细分为以下三种类型：

① LF＋VD 精炼工艺　是最传统的精炼工艺，适用于电炉生产。其优点在于进行充分的渣-钢精炼，可以有效地降低钢中氧含量并改变夹杂物形态，实现高效脱硫。

LF 的主要任务是脱硫和脱氧，为了将钢中氧含量尽量降到最低，应采用多种脱氧方式结合的方法。在电炉出钢时进行预脱氧，此时应采用高效的脱氧剂，Al 是最好的选择，可以迅速将含氧量降低。终脱氧根据前期脱氧的程度可以选择 Si 或 Al 脱氧，若前期脱氧很多，应采用 Si 终脱氧，若前期脱氧不够，则采用 Al 终脱氧，但要注意加入的量，避免 Al_2O_3 夹杂的生成。同时在渣面添加 Si-C 粉造白渣进行扩散脱氧，加快钢中溶解氧向渣中的扩散，并降低渣中 FeO 的活度。

精炼渣的主要作用是脱氧、脱硫、防止二次氧化、吸附夹杂及保护炉衬的作用，在渣系的选择上必须满足高的硫容、适宜的碱度、低氧化性、好的发泡性和高流动性等条件。

高碱度的精炼渣有利于降低钢中的溶解氧，具有最强的脱硫能力，但其点状夹杂物较多；低碱度的精炼渣具有较低的点状夹杂物含量，但其降低氧含量和脱硫能力不如高碱度渣。国内轴承钢的冶炼一般采用高碱度的渣系，碱度在 3.0～4.5 比较合适。

$CaO-CaF_2$ 渣具有很强的脱硫、脱氧能力，但 CaF_2 对钢包耐材侵蚀严重，埋弧操作不理想，形成的挥发物影响人体健康。现很多钢厂都在 $CaO-CaF_2$ 渣系的基础上加入适量的 Al_2O_3 形成 $CaO-CaF_2-Al_2O_3$ 渣系，但由于炉衬受到侵蚀等原因会带入一定的 MgO，作为脱氧产物和精炼渣原料也会带入部分 SiO_2，因而实际渣系为 $CaO-Al_2O_3-CaF_2-SiO_2-MgO$ 五元渣系。同时，为提高脱氧能力，均希望渣中的 FeO<1% 或更低。

使用转炉冶炼轴承钢时，因转炉生产节奏较快，精炼时间有所缩短，LF 一般最佳时间在 45～50min 左右，而脱氧、脱硫、去夹杂等精炼任务便受到了一定限制，为了得到尽可能多的时间完成这些任务，应该使用快速化渣的精炼渣系，并配合一定的底吹氩。

另外，炉渣的氧势对脱氧过程影响极大，而降低炉渣氧势的可靠措施就是降低炉渣的（FeO+MnO）含量。在精炼渣保持（FeO+MnO）含量低于 1.0% 的前提下提高碱度，既保证了较低的氧势又保证了硫的有效脱除和夹杂的吸附去除。

渣系一般采用高碱度的 $CaO-SiO_2-Al_2O_3$ 渣系，其常见渣系组成为 CaO 50%～60%，SiO_2 3%～18%，Al_2O_3 15%～20%。由此可知，渣系中保持了较高的 Al_2O_3 含量，以保证与脱氧产物有一致的组分，两者界面张力小，易于结合成低熔点的化合物，具有较强的吸收钢液中 Al_2O_3 的能力，起到了较好的脱氧去夹杂物作用。

VD 精炼脱氧的效果已经十分明显，但如欲进一步降低钢中氧含量，真空处理是一个非常有效的手段，而且在真空处理过程中还可以去除钢中的氮、氢等有害气体。在操作上需要注意以下三点。

一是入 VD 前应先扒渣，然后在渣面加入铝矾土以获得流动性好的薄渣层，有利于钢中的气体溢出。二是在真空脱气时进行强氩气搅拌，但采用小氩气量就足够，因为在真空条件下小氩气量就可以达到较强的搅拌效果。三是保证合适的真空度及真空保持时间，有利于脱气和夹杂的去除。

在 VD 真空脱气时进行大强度氩气搅拌，由于真空条件下不用担心钢水的二次氧化，所以可以在钢水不发生溢出的情况下，加大搅拌强度，获得很好的脱气、脱氧的效果。

在 VD 结束以后进行弱吹氩搅拌以保证夹杂物的有效上浮。弱搅拌处理是小流量的吹氩方式，氩气搅拌的强度很低，仅使渣面微动且不裸露钢水。有研究表明，小流量吹氩，钢中氩气泡呈均匀细小分散的稳定气泡流，这种小气泡要比大气泡捕获夹杂物的概率高，对钢包进行超声处理就是细化气泡以提高夹杂捕捉概率的一种技术。

大多数轴承钢冶炼工艺为了提高脱氧和脱硫的能力，会采用高碱度的精炼渣，但势必会带来点状不变形夹杂物、氧化铝夹杂物等的增加。因此，为了减轻夹杂物带来的影响，对夹杂物进行变性处理便成为一个必要手段。

采用钙处理对钢中 MnS 和 Al_2O_3 夹杂进行变性。通过增加钢中有效钙含量，一方面使大颗粒脆性 Al_2O_3 夹杂变性成低熔点的球形复合夹杂物，促进其上浮，同时减少了浇注时水口堵塞的问题；另一方面在钢水凝固过程中，提前形成高熔点的 CaS 质点，可以抑制此过程中条带状 MnS 的生成和聚集。

采用钡处理，可以显著降低 Al_2O_3 和 SiO_2 等夹杂。在初期会生成少量含钡的大颗粒硅酸盐和硅铝酸盐夹杂，以及大量不含钡的硅酸盐和硅铝酸盐夹杂，但镇静一定时间后，大颗粒夹杂就已经很难发现了，仅剩细小、均匀分布的球状夹杂。

② RH 精炼工艺 多用于转炉轴承钢精炼，其特点是在真空下强化钢中碳氧反应，利用碳脱氧和铝深脱氧。吹 Ar 弱搅拌上浮夹杂物，并具备一定的脱硫能力。该工艺的优点是铝的利用率提高，Al_2O_3 夹杂可以充分上浮，钢中不存在含 Ca 的 D 类夹杂物。

转炉冶炼轴承钢，选择 RH 精炼，对脱氢、脱氮具有非常明显的效果，试验表明，RH 循环脱气可使含氢量降至 $w(H)0.9\times10^{-6}$，氮降至 $w(N)36\times10^{-6}$，脱氢率为 68%、脱氮率为 41%。

生产 GCr15 前，RH 真空罐必须预先"清洗"，采用 2 炉普通钢种走 RH 路径，进行清洗 RH 真空罐，不得有残钢残渣，以防 GCr15 钢在 RH 真空循环脱气时，造成 GCr15 钢水温度和成分的波动。

RH 预真空，采用小泵达到最高真空度进行脱气处理，真空压力达 100Pa 时，循环时间要保持 15min 以上，以确保脱气的效果。在 RH 钢水循环过程中，将化学成分调整至目标，合金元素调整合格后，保证 RH 循环时间大于 25min。当成分温度合格后，软吹氩搅拌 15min 以上。

③ SKF 炉电磁+吹 Ar 搅拌工艺 是非真空冶炼，这是 SKF 近几年开发成功的新工艺，采用出钢时大量加 Al 深脱氧和强搅拌促进夹杂物上浮的精炼工艺，代替真空冶炼生产轴承钢。其优点是操作成本低，适宜生产超低硫、氧含量的轴承钢。

6.5 轴承钢的连铸

6.5.1 轴承钢连铸工艺

对轴承钢来说，由于钢水清洁度要求较为苛刻，生产的铸坯容易产生裂纹、偏析和缩孔等缺陷，所以，轴承钢连铸工艺，发展较为缓慢。轴承钢连铸始于 20 世纪 70 年代，目前在世界范围已广泛使用。

为了满足轴承钢的生产要求，降低钢中的残余有害元素及夹杂物的含量，改善钢中碳化物不均匀性，轴承钢连铸工艺应采取以下技术。

（1）大断面连铸坯

方坯铸机浇注合金钢、特殊钢均趋向于采用大断面。增大断面不仅可以减轻浇注水口的阻塞，而且能改善钢材的性能和质量。借助压缩比可明显改善中心偏析和中心疏松，这是连铸技术的发展趋向。

（2）电磁搅拌（EMS）

电磁搅拌器在电流频率较低时，磁场的穿透深度大，频率较高时穿透深度浅，搅拌强度随着线圈电流的增加而增强。只有在低过热度浇注时，使用搅拌才有好的效果，否则铸坯内部等轴晶区难以扩大，中心偏析改善效果差。

① 液芯运动使钢液的温度均匀，减小温度梯度，有利于消除过热，提高坯壳凝固的均匀性。

② 靠近固相界面上的液体运动，使凝固前沿大量不稳定的树枝状晶被转入钢液内，一部分被重熔，一部分形成等轴晶的生长核心使铸坯的等轴晶区扩大，改善中心疏松和中心偏析。

③ 电磁力可增强结晶器中的向上流股，将高温钢流带到上部，使弯月面的初始凝固壳缩短，从而使振痕变浅；向上流股造成结晶器内"热顶端"的条件，也有利于保护渣的重熔和润滑，防止表面裂纹。

④ 搅拌还能不断地将处于表层区域的夹渣和大型夹杂物向上清洗，带入保护渣中，从而获得洁净的表层。

（3）保护浇铸

为防止中间包、结晶器钢液面与空气直接接触吸氧，钢水与耐火材料、保护渣相互作用，液面卷渣等造成二次氧化，采用全程保护浇注：钢包大包盖和精炼渣防止钢水在钢包内二次氧化；钢包和中间包之间的长水口可以防止钢水在浇注过程中钢流的二次氧化；中间包覆盖剂可以防止钢水在中间包内的二次氧化；浸入式水口和结晶器保护渣可以防止钢水在结晶器内的二次氧化；大包除采用长水口外，还进行氩气保护，同时尽可能减少钢包开浇时的非保护时间。

（4）低过热度浇注

低过热度浇注使结晶器内钢水过热减少，缩短柱状晶区长度、扩展等轴晶区、使坯芯成分均匀，避免中心偏析、疏松和裂纹等低倍缺陷的发生，还可提高生产率和钢水收得率，因此，在操作过程中把过热度定在 20℃ 左右。

实践表明，降低过热度有利于提高等轴晶率，改善铸坯内部质量，低过热和拉速应合理匹配。更重要的是，要确保中间罐钢温的连续稳定，需尽可能降低浇注过程钢液的降温速度。经过摸索，掌握了钢包和中间罐的烘烤，钢包和中间罐加盖，并加足合适的覆盖剂，红包出钢等措施，现已做到钢水从开浇到浇注结束，中间罐钢温波动极小。这样确保拉速稳定，也保证了铸坯质量。

（5）合理的冷却制度

当前对连铸二次冷却有两种观点：一种是采用弱冷却抑制柱状晶生长，对铸坯形成的中心疏松、偏析采用 EMS 或轻压下技术来解决。另一种是采用高压水冷却，水量可达 2～3L/t，促进柱状晶生长以减轻铸坯中心缺陷。因为轴承钢属于易裂钢种，可采用二次弱冷，采用气雾冷却系统，系统采用的压缩空气压力一般为 0.15～0.20MPa，二次水量很小，确保铸坯矫直时坯温＞900℃。

与二次弱冷工艺相匹配，必须选择适当的拉速。为了抑制柱状晶长大、中心偏析缺陷，要适当降低拉坯速度。

（6）压下技术

动态软压下技术，即在二冷区对未完全凝固铸坯施加压力，使铸坯有一定的减薄；同时可将铸坯中心偏析的钢水挤出去，达到改善中心组织，消除或减轻中心偏析的目的。

日本、意大利和韩国等有关厂家采用"轻压下"技术，用于补偿铸坯最后凝固时的收缩，防止浓化钢液的流动，避免中心偏析和中心疏松的发生。法国 SOLLAC 公司大方坯连铸拉速为 0.70～1.10m/min 时，在 4m 长区域内压下量在 0～12mm 之间调节，铸坯中心碳偏析指数由 1.15～1.30 降到 0.1～1.2。

6.5.2 轴承钢连铸坯质量

轴承钢最重要的性能是接触疲劳寿命。用作轴套的轴承钢铸坯中心部位将成为轴承摩擦的表面。因此，铸坯中心偏析、裂纹和夹杂等质量缺陷对轴承的疲劳寿命有着重要的影响。用作滚珠的轴承钢，钢材的中心部位将成为滚珠的表面，上述质量缺陷对其疲劳寿命影响则更大。另外，铸坯表面缺陷如针孔、龟裂和横裂等也直接影响轴承的寿命。因此，分析其缺陷形成的原因，采取针对性的技术措施，才能获得改善铸坯质量的效果。

6.5.2.1 主要质量缺陷

偏析是凝固过程中溶质元素在固相和液相中再分配的结果，可分为显微偏析（晶间偏析）和宏观偏析（主要表现为中心偏析）两种。尽管形成中心偏析的原因有多种不同的理论解释，但凝固时，树枝晶间富集溶质残余母液的流动是造成中心偏析的主要原因。

对于轴承钢等高碳钢铸坯，中心偏析区还有 V 形偏析形成。这是因为在凝固末期，中心区液体的温降速率大于周围液体，导致糊状区枝晶间拉应力引起裂纹，周围的偏析液体渗入其中而形成 V 形偏析。

一般以测定中心偏析区马氏体的面积来评价中心偏析的严重程度。中心区马氏体面积（M）与碳当量（C_{eq}）和钢水过热度（ΔT）有关

$$M = 81(C_{eq}) + 0.177(\Delta T) - 96.7$$

上式表明，钢水碳当量和过热度越大，则中心偏析越严重。根据"凝固桥"理论，"桥"的间距与中心偏析大小有关。高碳钢在高拉速及高过热度浇注时，"桥"的间距就大，中心偏析就严重。

铸坯内部裂纹起源于固液界面并伴随有偏析线。铸坯裂纹一般是由于热应力的机械力作用所致。研究证明，钢的高温力学性能与铸坯裂纹有直接关系。当固液界面所承受的外力（如热应力、鼓肚力、矫直力和弯曲力等）和由此产生的塑性变形超过了所允许的高温强度和极限应变值时，就形成树枝晶间裂纹。柱状晶发达促使裂纹扩展。S、P 等有害元素含量越高，产生裂纹的概率就越大。

铸坯夹杂物与钢水洁净度及铸机机型有关。夹杂物组成绝大部分为簇状 Al_2O_3 及其析出的铝酸盐（Al-Si 镇静钢）。如果夹杂物中（$SiO_2 + MnO$）含量在 60% 以上，则是由于钢液二次氧化所致。通过对弧形连铸机铸坯夹杂物的示踪试验得出，浇注过程中构成铸坯夹杂物的因素是出钢氧化占 10%、脱氧产物占 15%、炉渣卷入占 5%、浇注二次氧化占 40%、耐火材料侵蚀占 20%、中间罐渣占 10%。这说明铸坯中夹杂物基本是外来物。

6.5.2.2 改善轴承钢连铸坯质量的措施

（1）采用低过热度洁净钢水浇注模式

① 强化钢水精炼，使钢水成分、温度符合浇注要求，有害元素和气体含量控制在最低水平。根据国内外浇注高质量钢的经验，采用较长时间吹氩调温，不仅能够均匀化学成分，促使钢液中非金属夹杂物充分上浮，而且能有效地均匀钢水温度，稳定过热度。

② 采用无氧化浇注系统。钢包至中间罐、中间罐至结晶器采用保护浇注，并用氢气封闭保护。

③ 充分发挥中间罐的冶金功能，采用较大容量的梯形中间罐，并采用双渣保护，使钢

水中夹杂物充分上浮，中间罐内温度分布均匀，实现各流稳定浇注。

④ 选用具有合适性能的保护渣，并均匀添加。

⑤ 钢包、中间罐加盖保温，以减少热量散失，实现低温浇注。

⑥ 有条件时，还可采用中间罐加热技术，把浇注钢水的过热度控制在±5℃以内。

（2）优化铸坯冷却系统

① 强化结晶器冷却系统，提高结晶器冷却水流速度，避免局部沸腾现象。采用合适的结晶器锥度，减少阻碍热传导的气隙，增强传热效果。

② 优化铸坯二冷系统，在二冷区采用多段雾化冷却方式，并注意喷嘴对中，提高冷却的均匀性。根据二冷区内铸坯的表面温度、受水量、拉坯速度及中间罐钢水过热度等因素对每流的冷却强度进行动态控制，以达到最佳的冷却效果，减少铸坯表面裂纹、内部裂纹和翘曲现象，提高其表面质量和力学性能。

二次冷却的目的是使铸坯尽快形成均匀厚度的凝固壳，防止发生漏钢事故；同时通过均匀的冷却，保证铸坯到矫直点前全部凝固。为防止铸坯冷却过快产生拉应力，导致裂纹的产生和扩展，应将铸坯表面的降温速度限制在200℃/m以内；为防止铸坯表面温度回升，引起凝固前沿出现拉应力导致裂纹产生，应将温度回升控制在100℃/m以内；通过二次冷却均匀弱冷，使铸坯进入拉矫机时的温度避开钢的高温脆性区，可减少裂纹的产生；为保证均匀冷却，可对二冷区进行分段喷水冷却，使二冷区的喷水量沿铸坯从上到下逐渐减少。二次冷却效果取决于二次冷却水喷嘴的布置方式、喷嘴的结构、喷水量及喷水量在各段的分布比例等。

（3）降低铸坯的机械应力和应变率

严格控制弧形段设备的对弧对中，减小机械应力。采用多点或连续矫直，降低铸坯表面和两相区的变形率。

（4）结晶器液面控制

采用结晶器液面控制系统，配合小振幅、高频率的振动（振幅±4mm、频率300℃/min），使结晶器液面波动小（静态＜±2mm、动态＜±5mm），以减小振痕，避免卷渣。

（5）电磁搅拌和轻压下

采用结晶器电磁搅拌，改善了钢液的流动性，使钢液呈紊流流动。在切应力作用下，柱状晶晶臂被切断，充当着等轴晶的晶核；同时流动的钢水加速了传热过程，使过热较快消失，加速了柱状晶向等轴晶转变，从而保证铸坯有较高的等轴晶率，有效地控制"搭桥"现象，改善高碳钢铸坯表面和内部质量，增加等轴晶比率，减少铸坯中心偏析及中心疏松、缩孔。

另外，还可利用拉矫机对铸坯进行轻压下来减小中心偏析。通过严格控制拉坯速度和钢水过热度，使压下点位于固相率为0.2～0.4的糊状区。

6.6 国外轴承钢的生产技术

发达国家对轴承钢的生产及科研极为重视，其中瑞典、日本、德国等国家表现突出。这些国家的轴承钢生产状况体现了当今世界轴承钢的质量水平和发展方向。

瑞典SKF公司在20世纪80年代创建了SKF-MR法（MR表示熔炼加精炼），使轴承钢的氧含量达到10×10^{-6}左右；日本山阳特殊钢公司从60年代起经过30～40年的努力，到

80 年代末，最终采用 90t EAF-LF-RH-CC 工艺生产轴承钢，其氧含量仅为 5.0×10^{-6} 左右。

国际上轴承钢质量水平处于领先地位的瑞典、日本和德国的轴承钢生产厂、工艺流程和工艺装备如下。

瑞典 SKF 公司 OVAKO 厂：高功率电炉初炼（100t）→除渣→加铝脱氧→合金化→加热→脱硫→真空或非真空电磁搅拌加吹氢搅拌→钢锭模铸 4.2t 锭→钢锭均热→初轧机开坯→行星轧机、精轧机→在线无损检测→连续炉球化退火→检验入库。

神户制钢是日本五大钢铁公司中生产规模最小的，但它的特殊钢比例最高，也是世界上特殊钢的主要生产厂之一。神户制钢下属的钢铁厂主要有加古川厂、神户厂。该公司生产特钢的工艺流程如下。

① 高炉→铁水预处理→转炉复合吹炼→除渣→LF 精炼→RH 处理→连铸→轧制。此工艺所炼轴承钢中微量元素含量为 $O_总 = 9 \times 10^{-6}$，$Ti = 15 \times 10^{-6}$。该工艺首先通过炉外铁水预处理进行除硫磷，铁水中的磷和硫含量被预先降低到 0.010% 以下。随后在顶吹转炉中脱碳和除钛，减少钢中的总氧量和钛含量。脱碳后，将钢水倒入钢包，尽可能地从钢包中除掉含有较多 $FeO\text{-}MnO\text{-}Al_2O_3$ 的炉渣，然后在 LF 炉中进行精炼和脱气。连铸机中间包处安装了一台感应加热器，以保证合适的浇注温度，进一步减少氧含量和偏析。在连铸机出口处钢水完全凝固之前，采用在线轻压下的方法进一步降低中心偏析。

② 高炉→铁水预处理→转炉→除渣→真空电弧脱气（VAD）→连铸→轧制。所炼轴承钢中微量元素含量为 $O_总 = 6.3 \times 10^{-6}$，$Ti = 8.4 \times 10^{-6}$。

③ 高炉→铁水预处理→转炉→除渣→精炼（ASEM-SKF）→连铸→轧制。所炼轴承钢中微量元素含量为 $O_总 \leqslant 10 \times 10^{-6}$，$Ti \leqslant 15 \times 10^{-6}$，$P < 0.0040\%$，$S < 0.0050\%$。

JFE 钢铁公司川崎制铁厂转炉生产轴承钢的工艺流程为高炉→铁水预处理（脱硫、磷）→转炉吹炼（顶底复吹每次装载 180t）→除渣→钢包精炼→真空处理（RH）→连铸（四流，400mm×560mm）→均热→开坯（150mm 方坯）→钢坯修磨（研磨修理）→棒材轧制。该公司在铁水预处理阶段分别将 P 含量和 S 含量降至小于或等于 0.015% 和 0.005% 的超低水平，故在随后的转炉吹炼中可确保最终 C = 0.90% 左右的高水平，从而尽可能减少钢中的氧（和氧化物夹杂）含量，确保钢的高纯净度；此外，采用挡渣出钢技术，尽量使渣不流入钢包中。在钢包精炼中，加入 $CaO\text{-}SiO_2\text{-}Al_2O_3$ 精炼渣实现碱度、黏度和熔点的最佳化；随后吹入氩气进行强搅拌，再在 RH 炉中进行大循环量的脱气，使钢液中非金属夹杂物上浮，提高钢的洁净度；然后实施密封连铸，铸出 400mm×560mm 的大断面连铸坯。

新日铁公司：

高炉→铁水预处理→氧气顶吹转炉（270t）→RH 脱气→连铸（350mm×500mm）→开坯（162mm×162mm、120mm×120mm）→精整→线材轧制→检测→退火→涂装→打包。

山阳公司：

高功率电炉初炼（90～150t）→钢包炉精炼→RH 精炼→连铸 CC/模铸 IC→均热→初轧开坯→钢坯清理→行星轧机、连轧精轧→无损在线检测→连续炉球化退火→检验入库。

德国蒂森克虏伯公司：

① UPH（110t）→钢包精炼 LF→连铸 CC（6 流，260mm×330mm）。

② BOF（140t）→TBM→钢包精炼 LF→连铸 CC（6 流，265mm×385mm）。

③ EAF（110t，EPT）→钢包精炼 LF→VD→连铸 CC（2 流，265mm×385mm）。

该公司采用的高炉→140tBOF→TBM-RH→喂线→连铸（或模铸）（连铸机是六流，断面尺寸为 260mm×330mm、160mm×160mm）。其工艺的特点是：①由于没有铁水预处理，为降低钢水中磷的含量，140t 转炉采用低碳出钢，吹炼后期脱磷，终点碳控制在 0.03%～0.04%；②转炉无渣出钢至白云石衬钢包内；③出钢过程合金化，加少量铝脱氧；④RH 脱气处理。产品质量：$O_总≤(7～12)×10^{-6}$，$H≤2×10^{-6}$。

20 世纪 80 年代初，我国宝钢公司等才考虑采用炉外精炼工艺生产轴承钢，比国外至少落后了 20 多年，且生产设备和工艺落后，生产厂家较多，质量很不稳定。经过近 30 年的建设和发展，宝钢特殊钢事业部（原上海五钢公司）已有两条工艺和装备均现代化的轴承钢生产线：

① 30t 高功率电炉初炼→LFV 钢包精炼→模铸→钢锭均热→初轧机开坯→探伤→精整→横列式机组加高刚度轧机或 17 机架粗轧、中轧、精轧机组精轧→连续炉球化退火→无损检测→检验入库。

② 100t 超高功率电炉初炼（EBT）→LF→VD 钢包精炼→连铸→17 机架粗轧、中轧、精轧机组精轧→连续炉球化退火→无损检测→检验入库，或 100t 超高功率电炉初炼（EBT）→LF→VD 钢包精炼→模铸→钢锭均热→初轧机开坯→酸洗→探伤→精整→横列式机组加高刚度轧机或 17 机架粗轧、中轧、精轧机组→连续炉球化退火→无损检测→检验入库。产品质量：$O_总=(7～8)×10^{-6}$，$Ti=(12～25)×10^{-6}$。

参考文献

[1] 钟顺思，王昌生. 轴承钢. 北京：冶金工业出版社，2000.

[2] 左秀荣，张庆才，顾文俊等. 30tEAF-LF-VD 冶炼轴承钢的工艺优化. 特殊钢，1999，20（5）：48-50.

[3] 顾文俊，王秀兰，付云峰等. 45tEAF（EBT）-60tLF 冶炼轴承钢. 特殊钢，1997，18（5）：49-51.

[4] 刘跃，吴伟，刘浏等. 100t 转炉-LF（VD）工艺冶炼轴承钢的氧含量控制. 特殊钢，2005，26（6）：47-49.

[5] 刘明，柯晓涛，邓通武等. 120t 转炉-LF-RH-CC 流程生产 GCr15 轴承钢的工艺和冶金质量，特殊钢，2009，30（3）：38-39.

[6] 房彩松，EAF-CAB 法精炼轴承钢工艺研究. 本钢技术，1996（3）：9-12.

[7] 王忠英，张鉴，刘来君等. EAF-LF 冶炼轴承钢的理论与实践. 炼钢，1998（1）：25-28.

[8] 黄伟涛，肖任敬，姚顺强. EF+VD 冶炼高碳铬轴承钢的工艺研究. 南方钢铁，1997（3）：16-19.

[9] 廖海滨，徐文渊，毕浩. GCr15 轴承钢钢锭的生产. 金属加工，2010（15）：29-31.

[10] 范建通，李荣祥. GCr15 轴承钢连铸生产实践. 河北冶金，2013（5）：28-31.

[11] 王治钧，袁守谦，姚成功. 轴承钢冶炼工艺的对比与浅析. 金属材料与冶金工程，2011，39（3）：58-63.

[12] 吴巍，吴伟. 转炉冶炼轴承钢 GCr15 的生产工艺研究. 河南冶金，2007，15（5）：3-5.

[13] 刘浏，轴承钢产品质量与生产工艺研究. 河南冶金，2008，11（3）：11-16.

[14] 孙丽娜，吴国玺，宋满堂等. 转炉冶炼轴承钢生产工艺研究. 辽宁科技学院学报，2010，12（1）：4-5.

[15] 宋留成，张文明. 轴承钢连铸工艺技术的探讨. 黑龙江冶金，2003（4）：9-12.

[16] 秦添艳. 轴承钢的生产和发展. 热处理，2011，26（2）：9-13.

[17] 周建男. 特殊钢生产工艺技术概述. 山东冶金，2008，30（2）：1-7.

[18] 王忠英，张兴中，干勇等. 轴承钢大方坯连铸工艺研究. 钢铁研究学报，2002，14（5）：16-20.

[19] 余希芳，郑才翔，张晓东. 改善轴承连铸坯质量的主要技术措施. 连铸，2000（3）：33-34.

[20] 叶婷，肖爱平，李德胜等. GCr15 轴承钢铸坯冶金质量的分析. 特殊钢，2002，23（3）：35-37.

[21] 王超，袁守谦，陈列等. GCr15 轴承钢冶炼工艺优化. 炼钢，2009，25（4）：20-23.

[22] 姚志超，吕成洵. GCr15 轴承钢转炉冶炼工艺的研究. 钢铁研究，2009，37（3）：45-47.

[23] 宋留成，孙文泽，李军业. LF+VD 精炼工艺对轴承钢氧含量的控制. 黑龙江冶金，2004（1）：15-17.

[24] 虞明全，王治政，徐明华等. 超纯轴承钢的精炼工艺. 钢铁，2006，41（9）：26-29.

[25] 周德光，傅杰，王平等，电弧炉（EBT）-钢包炉（VD)-连铸生产轴承钢的工艺和质量. 特殊钢，1998，19（5）：17-20.

[26] 付云峰，崔连进，刘雅琳等. 国内轴承钢的生产现状及发展. 重型机械科技，2003（4）：37-40.

[27] 钟传珍，姚玉东，孙启斌等. 连铸轴承钢质量的研究. 理化检验-物理分册，2005，41（11）：559-561.

[28] 王昌生，谢亚庆，周德光. 我国轴承钢生产的发展. 特殊钢，1996，17（1）：9-14.

[29] 宋志敏，张虹. 我国轴承钢生产及质量现状. 钢铁研究学报，2000，12（4）：59-63.

7 硅钢

7.1 硅钢的发展及分类

7.1.1 硅钢的发展

硅钢是在工业纯铁基础上发展起来的一类铁硅二元合金，它是电力、电子和军事工业不可缺少的重要软磁合金，占磁性材料总量的 90%～95%，也是产量最大的金属功能材料，主要用于制作各种电动机、发电机和变压器的铁芯。

硅钢在电工用钢中占有极为重要的地位，是发展电力和电信工业的基础材料之一。硅钢的需求量与电能消耗量、国民生产总值、发电量的增长率均成正比。若按发电量计算，每增加 100kW·h 电能就需相应增加 1kg 硅钢片用以制造发电机、电动机和变压器。因此，硅钢是国民经济中不可缺少的主要材料。硅钢板的制造技术和产品质量已成为衡量一个国家特殊钢生产技术和科技发展水平的重要标志之一。

普通热轧低碳钢板是工业上应用最早的铁芯软磁材料。1886 年，美国西屋（Westinghouse）电器公司开始用热轧低碳钢板制作变压器叠片铁芯；到 1890 年，0.35mm 厚的热轧低碳钢板已广泛用于制造电机和变压器。这类低碳钢电阻率低、铁芯损耗大、磁时效严重。

1882 年英国哈德菲尔德（R. A. Hadfield）等开始研究硅钢，首先发现含 Si4% 的 Si-Fe 合金有良好磁性。1903 年德国和美国相继生产含 Si 1.0%～4.5% 的热轧硅钢片，钢中碳含量逐渐从 0.2% 降低至 0.1% 以下，磁性能得到了进一步的提高。1906 年硅钢已大量生产，并逐渐代替低碳钢用来制造电机和变压器铁芯。

1930 年美国人高斯（N. P. Goss）研制冷轧取向硅钢并取得了成功，并于 1934 年采用两次冷轧法和退火工艺相结合制成 (110) [001] 晶粒择优取向的含 Si 3% 的冷轧硅钢片。1935 年，美国阿姆柯（Armco）公司开始按高斯专利生产冷轧硅钢。这种硅钢沿轧制方向磁化时磁性高，而横向较难磁化，所以被称为单取向硅钢或高斯取向硅钢。此后，美国长期垄断了冷轧取向硅钢的市场，至 20 世纪 50 年代，主要工业发达国家陆续引进阿姆柯专利。

20 世纪 50 年代末，由于氧气顶吹转炉和钢水真空处理等冶炼技术的发展，硅钢中的有害元素碳、氮和氧的质量分数均可降到 0.005% 以下，磁时效明显减轻，磁性也大幅度提高。

1953 年，日本新日铁的田口悟等发现含 Si3% 的硅钢按照某种特定工艺生产可获得更为优异的晶粒取向度和磁性，这种工艺被命名为 Hi-B 生产制造工艺，并于 1961 年在引进美国阿姆柯专利的基础上开始试生产含有 AlN＋MnS 有利夹杂物的高磁性的取向硅钢。之后，又通过控制硅钢晶粒的 [001] 方向与钢带轧向仅有 2°～3°的偏离以及细化磁畴、降低铁损等措施，使 Hi-B 硅钢性能进一步提高。1968 年，新日铁正式生产 Z8H 牌号的硅钢。1979年，新日铁又生产了厚度为 0.27mm 的 Z6H 牌号的硅钢，这种材料的晶粒取向更加准确，铁损和磁性进一步改善。

在冷轧无取向硅钢方面，从 1978 年川崎和新日铁公司采用顶底复吹转炉和三次脱硫工艺冶炼出杂质含量极低的纯净钢水后，陆续生产出 H8（RM8）和 H7（RM7）高牌号含Si3％的无取向硅钢。随后又生产出 NC-M3 和 NC-M4 更高牌号的大取向硅钢，基本解决了无取向硅钢铁损与磁感应强度这两个参数相互矛盾的问题。

中国于 1953 年开始生产热轧低硅硅钢片（Si 1％～2％）；1955 年开始生产热轧高硅硅钢片（Si 3.0％～4.5％）；1962 年开始生产冷轧取向薄硅钢带，20 世纪 70 年代开始生产冷轧取向硅钢带。

硅钢主要用氧气转炉冶炼（也可用电弧炉冶炼），配合钢水真空处理和 AOD 技术，采用模铸或连铸进行浇铸成型。根据不同的用途，冶炼时改变硅（0.5％～4.5％）和铝（0.2％～0.5％）含量以满足不同磁性的要求。高牌号硅钢片的硅和铝量相应提高。碳、硫和夹杂物尽量减少。

冷轧硅钢片的磁性、表面质量、填充系数和冲片性比热轧硅钢片好，并可成卷生产，所以从 20 世纪 60 年代开始有些国家已停止生产热轧硅钢片。中国采用约 900℃低温一次快速热轧和氢气保护下成垛退火方法制造热轧硅钢片，成材率较高，成品表面质量和磁性都较好。

7.1.2 硅钢的分类

硅钢是一种电工用钢，是电力、电子和军事工业不可缺少的重要软磁合金，主要用于制作各种变压器、发电机和电动机的铁芯。

根据生产工艺，硅钢片可分为热轧硅钢片和冷轧硅钢片。

（1）热轧硅钢片

是将 Fe-Si 合金用电炉冶炼，采用热轧工艺制成薄板，然后通过 800～850℃的退火处理。热轧硅钢片主要用于发电机的制造，所以又称为热轧电机硅钢片，但其利用率低、能量损耗大。

（2）冷轧硅钢片

包括冷轧无取向硅钢片、冷轧取向硅钢片和高磁感冷轧取向硅钢片。

① 冷轧无取向硅钢片通过冷轧制成钢带，主要用于发电机制造，所以又称为冷轧电机硅钢片。其硅含量为 0.5％～3.0％，厚度一般为 0.35mm 和 0.5mm。冷轧无取向硅钢片的饱和磁感应强度高于取向硅钢，与热轧硅钢片相比，其厚度均匀、尺寸精度高、表面光滑平整，从而提高了填充系数和材料的磁性能。

无取向硅钢要求具有超低碳、超低硫、高铝含量的纯净钢质，从而获得具有各向同性的高磁感、低铁损无取向硅钢。

② 冷轧取向硅钢片主要用于变压器的制造，所以又称为冷轧变压器硅钢片。取向硅钢对常规元素的含量要求极为严格，同时对加入的合金元素要严格控制在一定范围之内，从而获得晶粒取向度高、方向性强的高磁感、低铁损的取向硅钢。与冷轧无取向硅钢相比，冷轧取向硅钢的磁性具有强烈的方向性，在易磁化的轧制方向上具有优越的高磁导率与低损耗特

性。冷轧取向硅钢带在轧制方向的铁损仅为横向的 1/3，磁导率之比为 6：1，其铁损约为热轧硅钢带的 1/2，磁导率为热轧硅钢带的 2.5 倍。

③ 高磁感冷轧取向硅钢片为单取向钢片，主要用于电信与仪表工业中的各种变压器、扼流圈等电磁元件的制造。其应用场合有两个主要特点：一是小电流，即弱磁场条件下，要求材料在弱磁场范围内具有高的磁性能；二是使用频率高，通常都在 400Hz 以上，甚至高达 2MHz。为减小涡流损耗和交变磁场下的有效磁导率，一般使用 0.05～0.20mm 的薄带。

无论是取向硅钢还是无取向硅钢，均要求尽可能地减少和去除钢中的有害元素和夹杂，尽可能地使钢中的残余元素和夹杂均匀地分布在钢中，还要求铸坯的内部质量和外部质量均能满足轧制的要求。

表 7-1 为冷轧硅钢和热轧硅钢的比较。冷轧硅钢片与热轧硅钢片相比，无论是在厚度控制和板形控制方面，还是在其磁性、力学性能及节能方面，均有无可争议的优点。因此，发展冷轧硅钢技术，在满足当代电器设备大型化、电机铁芯微型化、节约用料、节省能源以及科技飞速发展要求方面，有着极为重要的意义。

表 7-1　冷轧硅钢和热轧硅钢的比较

分类依据	硅钢类别		
化学成分	低硅钢：$w(Si)=0.8\%\sim1.8\%$	中硅钢：$w(Si)=1.8\%\sim2.8\%$	高硅钢：$w(Si)=2.8\%\sim3.8\%$
生产工艺	冷轧硅钢		热轧硅钢
组织结构	无取向硅钢：热轧硅钢、冷轧无取向硅钢		晶粒取向硅钢：普通取向硅钢、高磁感取向硅钢
产品厚度	一般硅钢片：常用厚度为 0.3～0.5mm		薄硅钢片（冷轧）：厚度为 0.025～0.2mm
用途	电机（发电机、电动机）用硅钢片		变压器（电力工业、电信工业）用硅钢片

此外，硅钢还有多种不同的分类方法。根据化学成分可分为低硅钢（Si 0.8%～1.8%）、中硅钢（Si 1.8%～2.8%）和高硅钢（Si 2.8%～3.8%）；根据组织结构可分为无取向硅钢和晶粒取向硅钢；根据产品厚度可分为一般硅钢片（厚度为 0.3～0.5mm）和薄硅钢片（厚度为 0.0.25～0.2mm）；根据用途可分为电机用硅钢片和变压器用硅钢片。

硅钢片的牌号表示方法：

① 冷轧无取向硅钢带（片）表示方法：DW＋铁损值（在频率为 50Hz，波形为正弦的磁感峰值为 1.5T 的单位重量铁损值）的 100 倍＋厚度值的 100 倍。如 DW470-50 表示铁损值为 4.7W/kg，厚度为 0.5mm 的冷轧无取向硅钢，现新型号表示为 50W470。

② 冷轧取向硅钢带（片）表示方法：DQ＋铁损值（在频率为 50Hz，波形为正弦的磁感峰值为 1.7T 的单位重量铁损值。）的 100 倍＋厚度值的 100 倍。有时铁损值后加 G 表示高磁感。如 DQ133-30 表示铁损值为 1.33，厚度为 0.3mm 的冷轧取向硅钢带（片），现新型号表示为 30Q133。

③ 热轧硅钢板热轧硅钢板用 DR 表示，按硅含量的多少分成低硅钢（含硅量≤2.8%）、高硅钢（含硅量＞2.8%）。表示方法：DR＋铁损值（用 50Hz 反复磁化和按正弦形变化的磁感应强度最大值为 1.5T 时的单位重量铁损值）的 100 倍＋厚度值的 100 倍。如 DR510-50 表示铁损值为 5.1，厚度为 0.5mm 的热轧硅钢板。家用电器用热轧硅钢薄板的牌号用 JDR＋铁损值＋厚度值来表示，如 JDR540-50。

取向硅钢牌号及磁特性见表 7-2，无取向硅钢牌号及磁特性见表 7-3。

表 7-2 取向硅钢牌号及磁特性

牌号	公称厚度/mm	理论密度/(kg/cm³)	50Hz		最小弯曲次数/次	最小叠装系数/%
			最大铁损/(W/kg)	最小磁感/T		
			P17	B800		
27QG100			1.00	1.85		
27QG110			1.10	1.85		
27Q120	0.27	7.65	1.20	1.78	1	95
27Q130			1.30	1.78		
27Q140			1.40	1.75		
30QG110			1.10	1.85		
30QG120			1.20	1.85		
30QG130			1.30	1.85		
30Q130	0.30	7.65	1.30	1.78	1	95.5
30Q140			1.40	1.78		
30Q150			1.40	1.75		
35QG125			1.25	1.85		
35QG135			1.35	1.85		
35Q135			1.35	1.78		
35Q145	0.35	7.65	1.45	1.78	1	96
35Q155			1.55	1.78		
35Q165			1.65	1.76		

表 7-3 无取向硅钢牌号及磁特性

牌号	公称厚度/mm	理论密度/(kg/cm³)	50Hz		最小弯曲次数/次	最小叠装系数/%
			最大铁损/(W/kg)	最小磁感/T		
			P17	B800		
35W230		7.60	2.30	1.60	2	
35W250		7.60	2.50	1.60	2	
35W270		7.65	2.70	1.60	2	
35W300	0.27	7.65	3.00	1.60	3	95
35W330		7.65	3.30	1.60	3	
35W360		7.65	3.60	1.61	5	
35W400		7.65	4.00	1.62	5	
35W440		7.70	4.40	1.64	5	
50W230		7.60	2.30	1.60	2	
50W250		7.60	2.50	1.60	2	
50W270		7.60	2.70	1.60	2	
50W290	0.50	7.60	2.90	1.60	2	97
50W310		7.65	3.10	1.60	3	
50W330		7.65	3.30	1.60	3	

牌号	公称厚度/mm	理论密度/(kg/cm³)	50Hz		最小弯曲次数/次	最小叠装系数/%
			最大铁损/(W/kg)	最小磁感/T		
			P17	B800		
50W350		7.65	3.50	1.60	5	
50W400		7.65	4.00	1.61	5	
50W470		7.70	4.70	1.62	10	
50W540		7.70	5.40	1.65	10	
50W600	0.50	7.75	6.00	1.65	10	97
50W700		7.80	7.00	1.68	10	
50W800		7.80	8.00	1.68	10	
50W1000		7.85	10.00	1.69	10	
50W1300		7.85	13.00	1.69	10	
65W600		7.75	6.00	1.64	1.64	
65W700		7.75	7.00	1.65	1.65	
65W800	0.65	7.80	8.00	1.68	1.68	97
65W1000		7.80	10.00	1.68	1.68	
65W1300		7.85	13.00	1.69	1.69	
65W1600		7.85	16.00	1.69	1.69	

7.1.3 硅钢的性能

7.1.3.1 硅钢的物理性能和力学性能

硅钢的密度与硅的含量有关，随着硅含量的增大，硅钢的点阵常数和密度越小（如图 7-1 和图 7-2 所示），在硅的含量为 5% 左右时，会产生 Fe_3Si 有序转变。

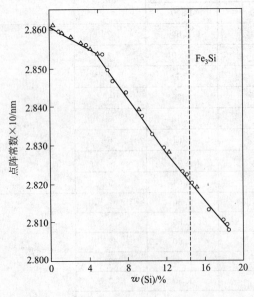

图 7-1 Fe-Si 合金的点阵常数

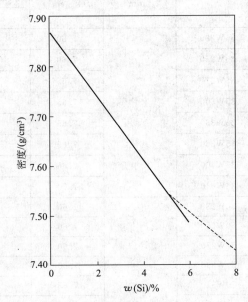

图 7-2 Fe-Si 合金的密度

硅钢的实际密度可按下列经验公式计算：
$$\rho = 7.865 - 0.065[w(\text{Si}) + 1.7w(\text{Al})]$$

纯铁在910℃时发生 α→γ 相变，在1394℃左右时发生 γ→δ 相变。添加硅可使 Fe-C 相图中 γ 相区缩小。在纯 Fe-Si 合金中，Si>1.7% 时无 γ 相变。硅在 α-Fe 中的溶解度能达到 4%，Si>4.5% 时，产生脆性的 DO₃ 型有序相（Fe₃Si 金属间化合物）和 B2 型有序相（Fe-Si）。低于540℃时 B2 有序相共析分解为 DO₃ 有序相和 α-Fe 无序相。

硅铁合金的电阻率是各向同性的，硅是提高铁的电阻率的最有效元素（如图 7-3 所示），铁中加硅的一个重要目的就是提高电阻率（ρ）值和降低涡流损耗（P_e）值。硅钢的电阻率可按经验公式 $\rho_0 = 12 + 11w(\text{Si})$ 或 $\rho_0 = 13.25 + 11.3w(\text{Si} + \text{Al})$ 计算。

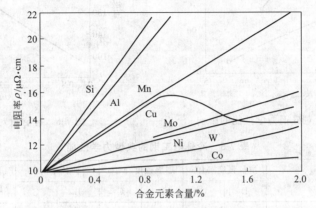

图 7-3　不同合金元素含量对硅钢电阻率的影响

表 7-4 为纯铁在室温下的力学性能。铁的弹性模量（E）和切变模量（G）是各向异性的。[111] 晶向的 E 值比 [100] 晶向 E 值约大一倍。图 7-4 为硅含量对硅钢力学性能的影响，从图中可以看出，随着硅量的增大，硅钢的屈服强度和抗拉强度明显增高，在 3.5%～4.0% 的 Si 时达到最大值。而伸长率和面收缩率当 Si>2.5% 时急剧下降，Si>4.5% 时迅速降低到零，此时屈服强度和抗拉强度也急剧下降。硅含量对硬度的影响如图 7-5 所示，从图中可以看出，硬度随硅量增加而增大。因此 Si>4.5% 时材料变得既硬又脆，无法进行冷加工。由于这个原因。热轧硅钢板的硅含量上限定为 4.5%，冷轧硅钢则定为 3.3%。表 7-5 为冷轧电工钢的典型力学性能。

表 7-4　纯铁在室温下的力学性能

名称	参数	名称	参数
压缩率×10⁶(30℃)/(cm²/kg)	0.566	真空冶炼电解铁	242～276
弹性模量×10³(E)/MPa	197	羰基铁	193～276
E[100]	131	屈服强度(完全退火状态)/MPa	
E[110]	283	真空冶炼电解铁	69～138
切变模量×10³(G)/MPa		羰基铁	104～166
G[100]	112	伸长率(完全退火状态)/%	
G[110]	66	真空冶炼电解铁	40～60
G[111]	59	羰基铁	30～40
抗拉强度(完全退火状态)/MPa			

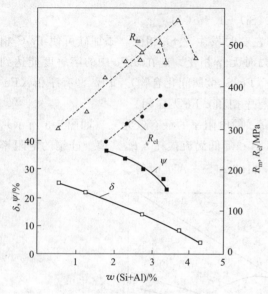

图 7-4　硅含量对硅钢力学性能的影响　　　图 7-5　硅含量对硬度的影响

表 7-5　冷轧电工钢的典型力学性能

Si 含量 /%	板厚 /mm	抗拉强度/MPa		屈服强度/MPa		伸长率/%		硬度 (HV)	弯曲数	
		L	C	L	C	L	C		L	C
<0.5	0.50(无取向)	373	382	275	284	35	35	115	36	31
0.8~1.0	0.50(无取向)	392	402	275	284	33	34	120	35	28
1.5	0.50(无取向)	431	441	284	294	32	34	136	30	27
2.0	0.50(无取向)	451	460	304	314	32	34	155	30	27
3.0	0.50(无取向)	539	549	412	431	23	26	192	13	12
3.5~4.0	0.50(无取向)	539	549	441	451	15	17	200	7	6
Si+Al										
3.0	0.20(无取向)	490	500	392	422	18	18	198		
3.0	0.30(无取向)	343	402	333	363	10	33	181	23	15
3.0	0.10(无取向)	392				20				
3.0	0.05(无取向)	333				8				
3.0	0.025(无取向)	314				8				

注：L—轧向试样；C—横向试样。

　　硅含量增高使铁的热导率（表 7-6）和热膨胀系数（表 7-7）降低。硅钢在平行于板面和垂立于板面的热导率也不同。再者，硅含量增高，铸态晶粒尺寸增大。因此 Si≥1.5％的钢锭或连铸坯在 700℃ 以下冷却或加热速度应当慢，否则易产生内裂。

表 7-6　硅钢的热导率

Si(质量分数)/%	0	0.6	1.5	3.0	4.2
热导率/[W/(cm·℃)]	0.544	0.461	0.322	0.230	0.167

表 7-7　硅钢的热膨胀系数　　　　　　　单位：$10^{-6}℃^{-1}$

温度/℃	Si(质量分数)/%			
	0.08	1.03	2.40	3.37
2~100	12.51	12.29	12.30	11.31
100~300	13.64	13.41	13.32	12.71
300~350	15.01	15.00	14.76	14.19

7.1.3.2　硅钢的磁性能

铁磁性材料的磁性分组织不敏感磁性（也称固有磁性和内禀磁性）和组织敏感磁性。

用闭合环状样品通过实验可测出磁性材料的磁化强度（或磁感应强度）与磁场强度的关系曲线，即磁化曲线。因为 $B=\mu_m(H+M)$，在 CGS 制中 $B=H+4\pi M$，所以已知 $M\text{-}H$ 曲线便可得到 $B\text{-}H$ 曲线，反之亦然。$M\text{-}H$ 曲线称为内禀磁化曲线，它表示材料的内禀特性；而 $B\text{-}H$ 曲线称为技术磁化曲线，它表示材料的应用性能。图 7-6 中 $OABB_s$ 曲线为 $B\text{-}H$ 磁化曲线。OA 部分是起始磁化部分，磁化过程近似为可逆的。也就是说去掉磁场后磁化又回到 O 点。AB 部分是磁化急剧变化阶段，是不可逆的。BB_s 部分是磁化变化趋于缓慢并逐步达到磁饱和状态。B（或 M）与 H 不是单值函数关系。当磁场达到饱和磁感应强

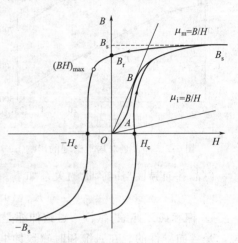

图 7-6　$B\text{-}H$ 磁化曲线和磁滞回线

度 B_s 点对应的饱和磁场 H_s 后，将磁场再逐渐降低到零时，B 不按原磁化曲线降为零，而按 $B_s\text{-}B_r$ 曲线降到 B_r 点（剩余磁感应强度）。当磁场 H 以相反方向逐渐增加到 $-H$（矫顽力）时，磁感应强度才变为零，这称为磁滞现象。反向磁场 $-H$ 继续增大到与 $-B_s$ 对应的 $-H_s$ 点后，再改变为正向磁场 $+H$ 并增大到 B_s 点，就形成图 7-6 所示的回线，称为磁滞回线。只有铁磁性和亚铁磁性物质才具有这样的磁化曲线和磁滞回线。抗磁性和顺磁性物质的磁化曲线为直线，而且没有磁滞现象。

（1）组织不敏感磁性

当化学成分和温度不改变时，这些磁性参量不随材料的组织改变而变化。这些参量主要有饱和磁感应强度（B_s）、居里温度（T_c）、磁晶各向异性（K_1）和饱和磁致伸缩（λ_s）。

① 饱和磁感应强度（B_s）（电工钢）　饱和磁场下相对应的磁感应强度为 B_s。由于 $B\text{-}H$ 磁化曲线即使在很强磁场中也不可能成为水平线，因此 B_s 往往是指某一共同商定的较强磁场下的 B。B_s 与硅含量的关系如下式所示，随着硅含量的增加，B_s 降低。

$$B_s(\text{T})=2.158-0.048[\text{Si}]$$

② 居里温度（T_c）　居里温度也称居里点或磁转变温度。在居里温度以下铁磁材料才具有强的铁磁性。铁的居里温度很高，$T_c=770℃$。随硅含量增高，T_c 降低（见图 7-7）。

③ 磁晶各向异性（K_1）　磁晶各向异性是由于电子轨道和磁矩与晶体点阵的耦合作用，使磁矩沿一定晶轴择优排列的现象，这导致各晶轴方向的磁化特性不同。铁的 $K_1=48.1\times10^3\text{J/m}^3$。随硅含量和温度升高，$K_1$ 值降低（见图 7-8）。

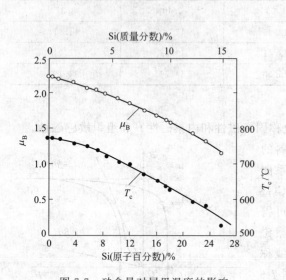

图 7-7 硅含量对居里温度的影响

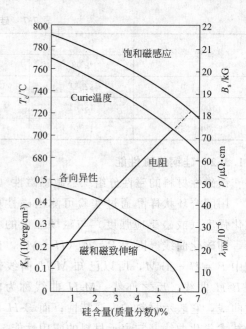

图 7-8 Si 含量对硅钢物理性能

磁晶各向异性与硅含量的关系如下。

$$K_1(10^4) = 5.2 - 0.5[Si]$$

④ 饱和磁致伸缩（λ_s） 磁致伸缩是铁磁材料磁化时长度变化的效应。它与晶体方向有关，是各向异性的。在磁饱和时磁致伸缩达到最大值 λ_s。

（2）组织敏感磁性

组织敏感磁性参量主要有起始磁导率（μ_0）、最大磁导率（μ_m）、矫顽力（H_c）、磁滞损耗（P_h）、涡流损耗（P_e）、铁损（P_T）和不同磁场下的磁感应强度。这些磁性参量除与化学成分和温度有关外，还受下列一些组织因素的影响：如晶粒取向、晶粒尺寸、晶体缺陷、析出物和夹杂物、内应力等。另外钢板的厚度、表面粗糙度、辐射和外加应力等对它们也有影响。这些因素主要影响了磁畴结构和磁化行为。

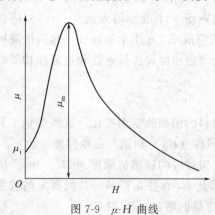

图 7-9 μ-H 曲线

① 起始磁导率（μ_0） 起始磁导率为 H 趋于零时的磁导率极限值（见图 7-9）。它是 B-H 曲线上起始处的斜率。

② 最大磁导率（μ_m） 最大磁导率为 μ-H 曲线上的最大值（见图 7-9）。也就是沿磁化曲线上的磁导率最大值，它相当于从磁化曲线的原点对磁化曲线的切线点。

线的切线点。

③ 矫顽力（H_c） 矫顽力 H_c 是在 B-H 饱和磁滞回线上使 B 变为零时所需的反磁化的磁场强度。

④ 铁损（P_T） 磁性材料本身在磁化和反磁化过程中所损耗的能量，称为磁损耗或铁芯损耗，简称铁损。铁损主要包括磁滞损耗和涡流损耗两部分。铁损既决定于材料，也决定

于该材料在交变磁场中的工作频率和磁感应强度的大小。

⑤ 磁滞损耗（P_h）　单位体积的铁磁体在磁化一周时，由于磁滞的原因而损耗能量，称为磁滞损耗 P_h。其值大小可表示为：

$$P_h \propto fS \propto \frac{BH_c f \times 10^{-4}}{8\pi}$$

式中　f——频率；

S——回线面积；

H_c——矫顽力；

B——磁感应强度。

⑥ 涡流损耗（P_e）　在交变磁场中反复磁化时，由于磁通量的反复变化，在环绕磁通量的变化方向上出现感应电动势，因此出现涡流效应。涡电流不像导线中的电流那样输送出去，只是使铁芯发热而造成能量损耗，称为涡流损耗 P_e。其值大小可表示为：

$$P_e \propto \frac{KB^2 f^2 d^2}{\rho}$$

式中　P_e——涡流损失；

d——硅钢片厚度；

ρ——硅钢片电阻率。

⑦ 磁感应强度（B）　磁感应强度是指在外磁场作用下物体能够被磁化的程度，即磁体中单位面积内通过的磁力线，也称磁通密度，单位为 T 或 Wb/m²。设铁芯面积为 S，通过该断面的磁力线总数为 ϕ，则：

$$B = \frac{\phi}{S}$$

⑧ 剩余磁感应强度 B_r（简称剩磁）　剩磁 B_r 是在 B-H 饱和磁滞回线上且变为零时所对应的磁感应强度。

7.1.3.3　对硅钢性能的要求

对硅钢性能的要求主要是：

① 铁损低　这是硅钢片质量的最重要指标。各国都根据铁损值划分牌号，铁损愈低，牌号愈高。

② 磁感应强度（磁感）高　这使电机和变压器的铁芯体积与重量减小，节约硅钢片、铜线和绝缘材料等。

③ 表面光滑、平整和厚度均匀　这可以提高铁芯的填充系数。

④ 冲片性好　这对制造微型、小型电动机更为重要。

⑤ 表面绝缘膜的附着性和焊接性良好　这能防蚀和改善冲片性。

⑥ 磁时效现象小。

硅钢片一般随硅含量提高，铁损、冲片性和磁感降低，硬度增高。工作频率愈高，涡流损耗愈大，选用的硅钢片应当愈薄。

7.1.3.4　硅钢的使用性能要求

硅钢的使用性能包括电磁性能和工艺性能等多项指标，主要有：

（1）铁芯损耗 P_T

铁芯损耗简称为铁损，其单位为 W/kg，是指铁芯于交变磁场中磁化时，磁通量变化受到各种阻碍而消耗掉部分电能。这种损耗使铁芯发热，引起电机和变压器的温度升高。硅钢的总铁损 P_T 包括三部分：

① 磁滞损耗 P_h　指磁性材料在磁化和反磁化过程中，由于材料中夹杂物、晶体缺陷、内应力和晶粒位向等因素阻碍畴壁移动，使磁通变化受阻，磁感应强度落后磁场强度。产生磁滞现象引起的能量损耗。在中低牌号的无取向低碳硅钢中，P_h 占 P_T 的 $75\%\sim80\%$。

② 涡流损耗 P_e　指磁性材料在交变磁化过程中，感生出局部电动势而引起涡流所造成电能的损耗。

③ 反常损耗 P_a　指总铁损 P_T 实际值与 P_h 和 P_e 的差值。高牌号无取向冷轧硅钢中的 P_a 占总铁损 P_T 的 $10\%\sim13\%$。

（2）磁感应强度 B

磁感应强度是铁芯单位截面面积上通过的磁力线数，也称为磁通密度，代表材料的磁化能力，单位为 T。使用磁感应强度高的硅钢片，铁芯质量可相应减少。一般变压器铁芯约占设备总质量的 $1/3\sim1/2$。冷轧硅钢片的磁感应强度比热轧硅钢片的高 $20\%\sim30\%$，变压器铁芯体积和质量也相应减少 30%。

（3）磁各向异性

电机转子在运转状态下工作，铁芯是用带齿圆形冲片叠成的定子和转子组成的，要求硅钢板为磁各向同性，一般要求纵横向铁损差值小于 8%、磁感差值小于 10%，因此适合用无取向冷轧硅钢或热轧硅钢制造。

（4）冲片性能

冲片性能对钢材生产厂家和用户都很重要，它涉及冲片速度、质量和效率。影响冲片的因素有许多，主要是冲模的材料、冲头与冲模的间距、润滑性、钢板的硬度（合金元素等）、钢板的厚度。

（5）钢板表面光滑、平整和厚度均匀

为了保证铁芯的叠片系数，要求硅钢板表面光滑、平整且厚度均匀。叠片系数高意味着对于一定的铁芯表观体积，实际硅钢用量更多、单位面积内磁通量更大。叠片系数提高 1%，相当于铁损降低 2%，磁感应强度提高 1%。

（6）绝缘薄膜性

为防止铁芯叠片间短路而增大涡流损耗，现代冷轧硅钢片表面涂有特殊性能的半有机绝缘膜。

（7）磁时效效应

铁磁材料的磁性随使用时间而恶化的现象称为磁时效现象，特别是当铁芯长期在 $50\sim80\text{℃}$工作时，磁时效效应更为明显。对磁时效影响最大的元素是钢中的碳和氧。

7.2　硅钢的化学成分

电工硅钢中含有硅、铝、锰、磷、硫、碳等元素和气体，它们的含量和相互关系对硅钢片的性能影响很大。

（1）硅

硅是硅钢中最主要的合金元素，对组织和电磁性能具有决定性的影响。

当纯铁的含硅量在 2.5% 左右时，它的组织全部为单相铁素体，在加热后冷却时没有相变。这对于获得完善的二次再结晶并保留着铁素体的优良磁性是十分重要的。

硅能显著减少硅钢内的涡流损失，从而总铁芯损失减少，如表 7-8 所示。硅还可以提高相图中 A_3 线和降低 A_4 线临界温度，在 Fe-Si 相图中形成闭合的 γ 圈。当含硅 2.5%～15% 时为单相 α-Fe。所以高硅硅钢片多经高温退火来使钢组织均匀，晶粒粗化，夹杂聚集。硅可以减少晶体各向异性，使磁化容易，磁阻减少。硅对电阻率及其它固有磁性的影响如图 7-8 所示。硅能显著提高 α-Fe 比电阻，因而减少涡流损失。在强磁场作用下，硅使硅钢片的磁导率 F 下降。硅还能减轻钢中其他杂质的危害，使碳石墨化，降低对磁性的有害影响。硅和氧有强亲和力，有脱氧作用。硅可减少碳、氧和氮在 α-Fe 中脱溶引起的磁时效现象。硅与氮化合成氮化硅，硅高时可降低氮在钢中的溶解度。

表 7-8　硅含量对各种损失的影响

Si(质量分数)/%	10000Gs 下损失/（W/kg）		
	磁滞损失 P_h	涡流损失 P_e	总铁芯损失 P_T
0.5	2.20	1.15	3.35
1.0	1.90	0.78	2.68
2.5	1.68	0.38	2.06
4.0	1.06	0.16	1.22

虽然硅对钢的电磁性能有利，但随着硅含量的提高，钢的强度和硬度增加，脆性也显著变差，使得轧制和加工相当困难。此外，硅易氧化而使硅钢片生锈。因此，不能无限制地提高硅含量。在热轧硅钢中硅一般不超过 4.6%，而冷轧硅钢中不超过 3.5%。但是近年来由于真空冶炼和热加工技术的发展，已经出现了含硅量高达 6.5% 的高硅钢。

（2）碳

碳使硅钢片的磁感应强度下降，铁损显著增加，对硅钢片和其他软磁材料的磁性极为有害，因此冷轧硅钢片成品的含碳量要求低于 0.005%，热轧硅钢片成品的含碳量要求低于 0.012%～0.015%。

碳在钢中存在的不同形态对磁性的影响也不同。熔解成间隙固溶体的碳使晶格产生扭曲，造成钢的内应力，有害影响最甚，其次是与铁元素形成碳化物的碳。如果碳在钢中呈石墨状态，集中于少数地方，则对磁性的影响最小。

硅钢片的后步退火工序有很强的脱碳能力，如果冶炼时钢中含碳量控制在 0.06% 以下，那么经过连续的脱碳退火，成品硅钢片碳含量可低于 0.005%。

图 7-10 表示碳对不同硅含量的硅钢片磁滞损失的影响。

如果成品中残留碳，则出现磁时效，磁时效的发生取决于含碳量。如果磁时效在马达或其它电气设备中产生，那么铁损值就可增加到初始值的 2 倍，设备就会受到损坏，因此碳对软磁材料的磁性极为有害。碳会增大 α-Fe 的矫顽力，加大磁滞损失，降低磁感应强度，所以高级优质硅钢片中碳含量要求在 0.020%，甚至 0.010% 以下。

碳对磁性的影响程度，随钢中硅含量的不同而不同。碳存在的形态不同，对磁性的影响也不同。碳以球状石墨形态存在时，所占体积最小，分散度也小，对磁性影响不显著。有人认为晶界上渗碳体对磁性影响较晶粒内部小，但会使钢片塑性显著变坏。碳使硅钢片磁导率降低，而且又是形成磁时效的主要元素之一。

碳对铁-硅相图也有显著影响，碳会扩大铁-硅相图中的 γ 相区（如图 7-11 所示），影响

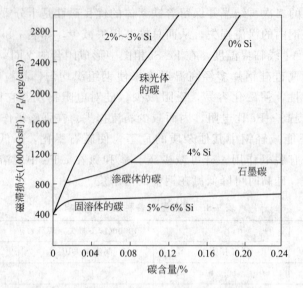

图 7-10　碳对不同硅含量的硅钢片磁滞损失的影响

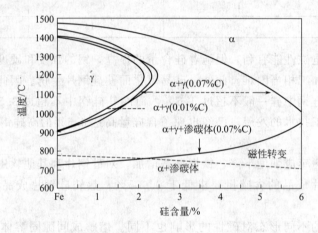

图 7-11　碳对硅钢 α＋γ 相区的影响

硅钢片的退火作用；且退火时如有 α-γ 转变，即无从获得粗晶粒。相变还会破坏冷轧硅钢片高温退火时的晶粒取向程度，使冷轧硅钢片难以轧制。

（3）硫

一般说来，硫是硅钢中的有害元素之一，不但增加钢的热脆性，同时也对电磁性能危害较大。在钢液凝固时，硫几乎全部以夹杂物的形式析出，造成组织不均匀，退火时阻碍铁素体晶粒长大，显著增加硅钢片的磁滞损失。因此，成品硅钢片中的硫含量应控制在 0.003% 以下。达到这样低的含量后，硫的有害作用才会消除。

但是，研究与实践也表明，适量的 MnS 夹杂对获得单取向冷轧硅钢片是有利的，有助于二次再结晶时得到粗大的晶粒，通过冷轧后的热处理时可获得有利的晶粒取向。

生产冷轧取向硅钢片时，有时将硫含量控制在 0.010%～0.020% 范围内。总之，对硫的影响应该有一个全面的分析。

（4）磷

磷和硅一样也能使 γ 区缩小，促使晶粒长大并使钢的电阻率升高，从而降低铁损，提高硅钢的电磁性能。但是，磷会提高钢的冷脆性，使冷加工困难。故对于冷轧取向硅钢，磷应作为有害元素而去除。一般要求钢中磷＜0.015％。

但对电机用的含硅量较低的热轧硅钢来说，钢的脆性不是主要矛盾，而电磁性能差显得比较突出，因而对磷的控制放宽，甚至专门加入磷，以达到改善电磁性能的目的。我国有的工厂小批量生产的高磁导率电工钢 GD1 和 GD2，就是发挥磷对磁性有益作用的低硅高磷钢种。

（5）铝

铝的作用与硅相似，能提高钢的电阻系数，缩小 γ 相区，促进晶粒长大，促使碳石墨化和脱氧等，有利于改善电磁性能。目前，硅钢中常常加入适量的铝，以保证硅钢片有低的铁损，如图 7-12 所示。

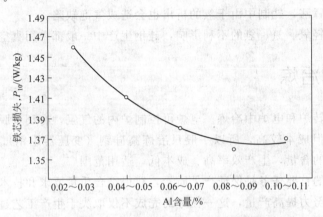

图 7-12　铝对硅钢铁芯损失的影响

铝含量达到一定数量时，会使钢粗化并促使碳石墨化。铝有很强的脱氧能力，可减少钢中氧的含量，并能固定钢中的氮，减少磁时效现象，所以无取向硅钢中铝含量较高（酸溶铝量为 0.15％～0.65％）。虽然铝对磁性有利，但钢中铝的氧化物又会影响磁性。

铝和硅一样，能使材料变脆，铝含量大于 0.5％时，硅钢变脆更见突出，但与高硅钢比较则仍显有较好的塑性。

在一定条件下，铝的加入也有助于形成对磁性有利的织构，根据近十多年的研究结果，若硅钢中酸镕铝含量为 0.001％～0.030％，氮含量为 0.004％～0.010％，此时形成的细小而弥散的 AlN 有利夹杂不仅能够抑制一次再结晶晶粒长大和促进二次再结晶的发展，而且还有调整二次再结晶织构的作用，即弥散的 AlN 有促使特定取向的晶粒择优长大的能力，从而严格控制二次再结晶晶粒粗大的取向，获得高的磁感应强度。

（6）锰

锰是扩大 γ 区元素，Mn 含量高时使钢出现 α＋γ 双相组织，退火时造成相变应力和奥氏体，对磁性不利。高硅钢中锰含量在 0.15％～0.25％范围时，对磁性的影响不显著。如果锰含量继续增加，将使钢的磁导率减小。

硅钢中的锰主要保证硫起有利作用，生成的 MnS 夹杂沿晶界析出可以阻碍初次晶粒长大，以利于发展二次再结晶，获得晶粒取向。一般钢中 Mn/S 为 8～10 时，这种效果更为显著。

（7）钢中气体的影响

钢中的氧大多以夹杂物状态存在，极少部分溶于 α 铁中。这两种形式的氧对电磁性能的危害都很大，使铁损增加，磁导率和磁感应强度下降。溶于 α 铁中的氧是产生磁时效现象的原因之一。所谓磁时效，是指硅钢使用一段时间后，铁损增加，磁感应强度下降的现象。

氮和氧的作用相似，也是有害元素。固溶体中的氮会提高矫顽力，降低磁导率。当形成细针状氮化物时，对磁性的影响比以球状存在的碳化物要大。氮也是引起磁时效的原因之一。

所以在生产中最大限度地去氮是十分必要的，如果将氮由 0.005％ 降至 0.002％，就能使铁损降低 15％。

但是，在冷轧取向变压器硅钢生产中，也可利用适量的 AlN 等细小夹杂，来获得完善的取向织构，得到优良的磁性。

氢会提高硅钢片的铁损，并会使硅钢片发生氢脆现象，合硅量高的钢液能吸收大量的氢，在浇注过程中冒涨，轧制中由于氢的析出也会造成气泡缺陷。

为了消除或减轻氧、氮、氢的不利影响，硅钢生产中一般都采用真空处理。

7.3　硅钢的冶炼

硅钢可在氧气转炉和电炉中冶炼。电炉可控制炉内的气氛，有利于脱磷、脱硫、脱碳和去除气体及夹杂物但成本较高，所以一般只冶炼高硅钢（变压器用钢）。氧气转炉脱碳快，可有效控制氮和氢的含量，生产效率高、成本低，适用范围广。

冷轧硅钢生产的首要任务是保证产品质量，获得符合质量要求和技术要求的产品。硅钢生产的另一任务是努力提高产量，这一任务的完成不仅取决于生产工艺过程的合理性，而且取决于时间和设备是否充分利用及操作者的技术素质。此外，在提高产量和质量的同时，还要努力降低成本。

无取向电工钢的生产组织包括原材料的组织与准备，设备的使用与维护以及技术规程的制定。各种冷轧无取向硅钢根据用途的不同，其生产工艺和操作方法也不尽相同。

转炉冶炼无取向硅钢的一般生产工艺流程如图 7-13 所示。

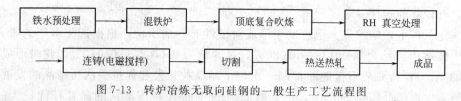

图 7-13　转炉冶炼无取向硅钢的一般生产工艺流程图

取向硅钢的制造工艺和设备复杂，对化学成分的要求极严格，规定的成分范围很窄，要求极低杂质含量，影响性能因素很多。图 7-14 是目前取向硅钢的典型生产工艺流程图。

7.3.1　硅钢的冶金工艺特点

冷轧无取向电工钢的生产主要有两种基本类型：一次冷轧法和二次冷轧法。一次冷轧法一般用于低牌号（含硅量小于 2.0％）的无取向电工钢的生产。其特点是利用冷轧制度与热处理退火工艺适当配合的方法来获得（111）[112] 类型或者（110）[hkl] 类型的磁各向异性好的钢板。这种方法的优点是减少一个轧程，工艺设备简单。但由于没有中间退火，脱碳能力差，所以必须选用钢中含碳量低的电工钢原料卷，才能获得良好的磁性与高的生产率。二次冷轧法包括调质轧制法（临界变形法）和中间压下率法，以前主要是用来生产高牌号无

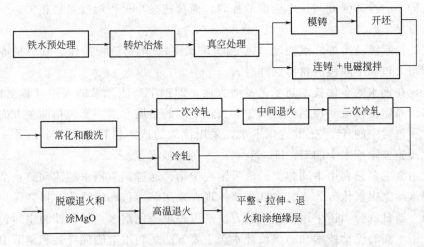

图 7-14 取向硅钢的典型生产工艺流程图

取向电工钢。此种方法的特点是多了一个中间退火工艺和一个轧程，因而脱碳能力强。临界变形法的目的在于破坏冷轧或中间退火过程中所引起的取向织构，以获得无取向的钢板。

近年来，由于炼钢技术的发展，炼钢工序已经可以生产出碳质量分数小于 3.0×10^{-6} 的超低碳钢水，同时由于电磁搅拌技术在连铸中的成功应用，高牌号无取向电工钢的二次冷轧法逐渐被一次冷轧法所取代。

硅钢冶炼过程中的主要特点介绍如下。

（1）超低碳

从转炉冶炼来看，转炉的终点 [C] 控制水平可以到 0.04% 以下，但是终点 [C] 控制太低，势必造成钢水的氧化性增强，即钢中的氧含量过高。这样不仅造成吹损增大，而且使钢中夹杂物增加，影响钢的质量。另外，在冶炼后期如果终点 [C] 控制过低，冶炼后期炉内碳氧反应减弱，甚至停滞，就会造成炉内产生的废气量减少，炉内形成负压，造成钢水增氮。所以终点 [C] 不宜控制过低。

超低碳的获得主要是采用 RH 真空装置进行脱碳。真空脱碳的程度主要取决于钢水的初始含碳量、真空度、循环流量、插入管的内径和插入管的氩气流量。超低碳的控制主要包括大包和中间包的材质、结晶器和中间包保护渣以及全程保护浇铸等。

（2）超低硫

传统的无取向电工钢冶炼工艺仅通过铁水深脱硫，转炉冶炼降低回硫来控制无取向电工钢的硫含量。

然而铁水经深脱硫处理后，硫含量虽可以降至 0.003% 以下，但在转炉冶炼过程进一步降低硫含量已经极为困难，而且由于冶炼过程使用的原料中含有较多的硫，所以钢液中的硫会增加 0.001%～0.003%。

目前超低硫的获得主要是利用三次脱硫技术，即铁水脱硫、转炉脱硫与真空脱硫。超低硫的控制主要是控制钢包渣量以及中间包顶渣改质，以防止回硫。

（3）等轴晶

高等轴晶率的获得，主要采取以下两个措施：一个是采用低过热度浇铸，采取低过热度浇铸的前提是过程温度的稳定，这里主要有工序温度的控制和大包、中间包的隔热与保温。

另一个重要的措施就是电磁搅拌，充分发挥电磁搅拌作用的关键点是凝固末端的控制，这里面涉及铸坯的冷却强度与拉坯速度的控制，而拉速又与过程温度紧密相关。

（4）纯净度

纯净度的控制涉及冶炼终点控制（碳-温协调出钢）、出钢过程操作、真空精炼、连铸全程保护浇铸与大包和中间包的材质选择等。

主要表现在钢水的净化技术与工艺发展方面，即钢中杂质元素的去除（真空精炼）、中间包冶金和结晶器流体流动控制等。减少和去除钢中的杂质元素主要包括两个方面：一方面是防止炉衬和包衬中的 Ti、Zr 等进入钢水，采用优质的造渣材料和铁合金；另一方面是利用真空精炼设施去除钢水中的 C、H、N、O、S 等杂质元素。

中间包冶金主要是利用中间包保护渣吸附夹杂物、通过调节钢水的流动防止杂质的卷入以及防止钢水的二次氧化等。工艺进展主要体现在采用碱性包和碱性渣、提高保护渣吸附夹杂物的能力。新日铁公司还采用吹氩气的方法来进一步净化钢水。目前控制中间包内钢水流动的方法有钢水离心流动技术和防涡流技术。主要方法是利用电磁搅拌器和调节中间包挡墙的高度和位置等。防止钢水二次氧化主要是采用全程保护浇注。

结晶器技术主要是钢水的电磁制动和浸入式水口的出口形状和插入深度的调节。结晶器电磁制动可减小钢流的冲击深度和减少钢流对初生坯壳的冲击，有利于夹杂物的上浮和初生坯壳的均匀生长，减少表面裂纹。浸入式水口的出口形状和插入深度的调节可改变钢水的流动形态，防止卷渣和改善结晶器保护渣的状况，有利于夹杂物的吸收和浇注操作的稳定。高牌号无取向电工钢由于含碳低，结晶器保护渣向无碳化方向发展。高牌号无取向电工钢由于含铝高，浇铸容易造成水口堵塞，采用浸入式水口吹氩气方法。对于无取向电工钢，正在研究和开发结晶器喂稀土技术，以进一步改进无取向电工钢的磁性。

7.3.2　转炉冶炼无取向硅钢

转炉冶炼无取向硅钢的基本工艺流程为：铁水预处理→顶底复吹转炉冶炼→RH 精炼→薄板坯连铸连轧。

（1）冶炼条件

冶炼硅钢时，炉子条件要好，一般要在炉役 10 炉以后进行冶炼。因为新炉子温度低，炉衬潮湿，会使钢中气体增加，易造成冒涨事故。如果遇到补炉，应该在补炉后冶炼几炉一般钢种再冶炼硅钢，否则补炉材料进入炉渣和钢水，致使炉渣黏稠，降低反应能力，对脱P、脱S不利，钢中气体和夹杂物也会增高。

对铁水的要求：S，P 含量要低，一般 S≤0.05%，P≤0.25%，冶炼高硅钢时，S≤0.07%。铁水 S 含量高时，应该采取铁水预脱硫的措施。脱硫剂多采用 CaO 系和镁系，经铁水预处理后，S 含量可降至 0.03%～0.05% 以下。铁水预脱硫后，应将罐内的脱硫渣尽量扒除干净，以减少高硫渣进入转炉，减轻转炉的脱硫任务。

对废钢的要求：S≤0.01%，Ti 含量越低越好，避免 Ti 含量高给硅钢片脱碳造成困难，影响产品磁性。

对石灰的要求：采用活性石灰，CaO 90%～95%，S≤0.032%，夹杂物≤2.0%，烧损≤1.0%，粒度在 5～40mm。作为造渣剂要求成渣速度要快，有利于去除有害元素和气体。

冶炼硅钢时氧气纯度要高，水分要低，氧气纯度＞98.5%，水分＜5g/m³，因为氧气中的氮气和水分是钢中 [N] 和 [H] 的主要来源。此外，硅钢冶炼中去 P、S 和夹杂物的要求严格，这就要求氧枪的冶炼枪位较高而且要有足够的搅拌能力，因此氧气压力应该足够大，氧压小时不能进行硅钢的冶炼。

（2）造渣和供氧操作

由于硅钢要求 P、S 含量很低，而且合金化时加入的大量硅铁会产生严重的回磷，所以应尽早形成高碱度，有适当（FeO）和流动性良好的炉渣，并做到全程化渣，以便最大限度地脱 P。转炉冶炼终点时，渣中含有较高的（FeO），这是因为出钢碳含量较低，一般为 0.03%～0.05%，造成钢水氧含量高，使炉渣中的（FeO）升高。

终点时，炉渣中的（MnO）和（Al_2O_3）含量较低，碱度的提高是以炉渣流动性良好为前提，一般终渣碱度控制在 3～4。

出钢采用挡渣措施，严格控制进入钢包中的渣量，一般要求控制在 60～100mm，从而减少钢包中氧的来源，提高合金收得率，减少夹杂物，纯净钢质，提高成分命中率。

氧枪操作上，目前基本采用"恒压变枪位"操作，吹炼枪位比普碳钢高，这样可以提高渣中（FeO）的含量，防止炉渣返干，保持炉渣有良好的流动性。吹炼硅钢的后期，由于熔池中碳已降得很低，降碳速度较慢，应适当提前降枪，以防止钢水过氧化，并缩短吹炼时间。

（3）温度和终点控制

温度控制是控制硅钢冶金质量的重要环节。脱氧和合金化过程中，需要加入大量硅铁，硅熔解和氧化所产生的大量热量，抵偿了出钢过程的热损失，甚至温度还略有上升。所以冶炼硅钢时过程温度不宜过高。确定出钢温度时，必须考虑炉子吨位和浇注时间的长短。

出钢温度不能过高，否则使终点 P 增加，钢中气体增加，还会加剧钢液对炉衬的侵蚀，使钢中外来夹杂物增加。温度过高，也会造成浇注后钢锭中应力过大而产生裂纹。但是，如果采用真空处理时，因为处理过程中钢液的温降较大，出钢温度可以高一些。连铸硅钢的出钢温度也要高一些。

由于硅钢冶炼终点碳低，过程剩余热量较多，需要加入冷却剂来调整过程温度，操作中应尽量准确控制前、中期温度不过高，防止后期加入过多的冷却剂调温。这是因为后期脱碳速度低，熔池搅拌差，加入冷却剂势必带入大量气体，使钢中气体含量增加。

硅钢片退火处理过程有很好的气相脱碳能力，因此一般不把吹炼终点碳控制得过低（不小于 0.03%），以避免钢中含氧量和气体量增加，恶化钢的质量。目前热轧电机硅钢终点碳多控制在 0.05%～0.07%，冷轧变压器硅钢终点碳一般控制在 0.04%～0.05%。终点 S 高者，可在包内加入适量干燥的苏打进行炉外脱 S。

（4）脱氧和合金化

取向硅钢的合金化一般是在钢水罐中进行的。首先加入钢芯铝预脱氧，使用钢芯铝（Fe：Al=1：1）是为了防止铝上浮。加入量一般为 1.5～2.4kg/t，终点碳含量较高则加入钢芯铝量取下限，否则取上限，以便控制钢中酸溶铝≤0.003%。铝收得率约为 3%。金属硅（含 Si 量 98%）从出钢开始加入，至出 70% 钢水时加完。金属硅应在 600℃下烘烤 6h，硅收得率约为 94%。

加入钢芯铝和金属硅的顺序很重要，铝与氧的亲和力很强，Al_2O_3 容易上浮至钢渣中，既能脱氧，又能降低钢中的夹杂物。如果先加硅，不仅大量金属硅用于脱氧，而且生成的 SiO_2 黏度大，不易上浮，残留在钢中使夹杂物增多，恶化电磁性能。

由于脱氧和合金化时加入大量铁合金，所以防止回磷十分重要，可采用挡渣球防止出钢时炉渣进入钢水罐中。合金成分微调在随后的 RH 真空处理时进行。

在冶炼无取向硅钢时，对钢中残余铝量的要求显著高于取向硅钢，为了充分发挥 RH 真空碳脱氧的作用，提高金属收得率，合金化在 RH 真空碳脱氧后进行。真空碳脱氧 10～15min 后加铝丸，搅拌 3min 再加硅铁或金属硅，再搅拌 3min。合金添加速度控制在 3～4kg/t·min。

(5) 成分控制

① 硫含量的控制　一般来说，钢中硫是有害元素，对于硅钢更是如此。

在硅钢的冶炼生产中，一般采用铁水预处理、转炉造渣及炉外精炼来控制和减少钢中的硫含量。

日本广畑二炼钢厂采用 KR 法对铁水进行预处理，搅拌时间 20min 左右，铁水降温 40℃。脱碳处理后，铁水温度为 1330℃，含硫量为 0.003% 以下，脱硫效率一般为 85% 以上。脱碳剂成分为 CaO 90%，CaF_2 5%，C 5%。

经预处理的铁水进入转炉后，在冶炼过程中，钢中的硫含量增加不大。采用高碱度及复合造渣方法时，冶炼终点时的硫含量基本与入炉前铁水中的硫含量一致。如果铁水未经预处理脱硫，在转炉冶炼过程中，脱硫率一般在 40% 以上。

目前，多功能的炉外精炼设备，如 RH 系列、钢包炉等，得到了广泛的应用。我国武汉钢铁公司采用 RH 真空脱硫技术，其脱硫率在 50% 以上，脱硫处理后的钢水硫含量最低可达到 0.001%。

② 钢中 Mn 含量的控制　在生产取向硅钢时，需对铁水进行预脱 Mn 处理。日本广畑厂采用 CLDS 工艺，在铁水中间罐中加入脱 Mn 剂，对铁水进行吹 Ar 脱锰处理。脱 Mn 剂主料为氧化铁皮，脱锰效率在 85% 左右，处理前铁水含 Mn 0.3%～0.4%，处理后铁水含 Mn 0.02%～0.06%，脱 Mn 剂的用量取决于铁水中 [Si] + [Mn] 的含量，一般在 20kg/t 铁左右。

在用转炉生产无取向硅钢时，用锰（0.8%～1.6%）和铝（0.4%～0.6%）进行脱氧合金化，对硅钢的性能有良好的作用，不仅可促进晶粒的生长，使组织达到最佳化，减少磁损，而且还可以使钢的塑性得到改善，电阻系数增大。

③ 钢中碳含量的控制　硅钢中的碳对硅钢的磁损影响很大。硅钢的脱碳主要在冶炼、精炼和退火三个阶段进行。一般要求硅钢中的碳含量至少应控制在 0.06% 以下，最好能将其控制在 0.015% 以下，这样不仅可以减少硅钢片的电能损失和动力消耗，还可以使轧制时的退火时间大为减少，从而提高生产率和降低生产成本。

通常，在转炉生产中，钢中的碳在吹炼终点时只能达到 0.10% 左右，如果再继续降碳，也可达到 0.04% 左右，但此时，钢的氧化性极高，对炉子的寿命，脱氧合金的消耗均极为不利。因此，通常都需要在炉外精炼设备上进行再脱碳或深度脱碳处理。

德国某钢铁公司采用 RH 真空脱碳法，可使钢水中的碳含量降到 0.005% 以下。生产高牌号无取向硅钢时，碳含量一般要求控制在 0.003% 以下，其控制环节主要在 RH、中间罐及结晶器保护渣上。日本广畑厂结晶器保护渣碳含量在 1% 以下，中间罐采用的是无碳保护渣。

日本八幡厂采用 RH 处理设备，可使钢中碳脱至 0.002% 以下，[H] 脱至 0.00015% 以下，[O] 脱至 0.002% 以下，其真空度为 0.1Torr（1Torr＝133.322Pa），升降速度 15m/min，钢水提升量 350t/min（最大值）。

④ 钢中 N 含量的控制　对于无取向硅钢，钢中 N 的含量已有标准要求，一般应在

0.002%以下。日本新日铁公司在生产中，在 RH 精炼之前，均不分析钢中的 N 含量。RH
处理之后，钢中的 N 含量均在 0.001%左右

目前，有关人员认为，钢中的 N 主要来源于出钢及浇铸过程，因此在这两个环节上，
应采取保护措施。

⑤ 硅钢中 Ti 对硅钢片磁性的影响 Ti 作为强氮化物和碳化物的形成元素，在钢中除了
与氮结合成 TiN 外，还与钢中的碳结合生成 Ti(CN) 化合物，从而导致在以后的 RH 及退
火过程中脱碳困难。而且，Ti 含量越高，析出的 Ti 夹杂越多，造成晶界移动困难，晶粒得
不到充分长大，特别是抑制了非 {111} 晶粒的正常长大，因此，难磁化晶粒比例增大，磁
化更为困难，使硅钢片的铁损增大。

硅钢中的其他成分，如 P 应控制在 0.03%以下，Al 应控制在 0.1%～1.0%范围内。硅
钢中的硅，无论是对铁损，还是对磁通密度，都起着重要作用。

7.3.3 电弧炉冶炼硅钢

电弧炉适合于冶炼高牌号变压器硅钢。

电弧炉冶炼变压器硅钢的工艺关键是：

① 在短时间内将钢液中碳含量降至要求的水平，是保证有效地去除气体和夹杂物，从
而保证成品电磁性能的关键，为此要求做到"高温薄渣、快速脱碳"；

② 适当控制氧化末期碳含量，扒渣时碳含量应控制≤0.05%，控制过低（≤0.03%）
并没有好处，不但操作难度增加，而且造成钢液过氧化，炉衬损坏严重；

③ 冶炼硅钢时还原期容易增碳，因此还原期要做到不掉电极块、不加电石；

④ 高碱度、大渣量、大口深坑出钢、快速去硫，充分发挥电炉有利于脱 S 的优点。

（1）冶炼条件

炉料应由低 P、S 的返回钢、生铁及废钢组成，全熔后钢液中 P、S≤0.08%，C
0.3%～0.5%。

通常在有电磁搅拌或容量较小的电弧炉中冶炼硅钢，以保证硅在钢液中均匀分布。新炉
体 5～10 炉之内不准冶炼硅钢；冶炼过含 Cr、Ni、Cu、W、Mo 的合金钢之后，也不得立
即冶炼硅钢，防止这些元素进入硅钢中恶化电磁性能。为了防止增碳，补炉时不能使用沥青
作为黏结剂。

装料时先装入 1%～2%的石灰，以便提前成渣脱磷。

（2）熔化和氧化工艺

炉料熔化 70%以上时，就开始吹氧助熔，及时造好有一定碱度（1.5～2.5）、一定氧化
性（FeO 15%～20%）的熔化渣，进行熔化期脱 P。

氧化期采用矿石-氧气综合氧化法，尽量去除 P、Cr。硅钢的去 S 任务重，应从氧
化期着手。氧化期保持高温和高碱度，有利于脱 S，氧化期的脱 S 量可占全炉脱 S 量的
35%～60%，因此不可忽视。当冶炼 P<0.007%或 S<0.005%的钢种时，氧化期应换
渣 2～3 次。

氧化末期的扒渣条件是：C≤0.05%，P≤0.008%，温度≥1650℃。当冶炼规格 C≤
0.06%的钢种时，除渣时 C 应≤0.04%。

（3）还原工艺

冶炼硅钢时采用综合脱氧法。扒净氧化渣后，先加入 4～5kg/t Si-Ca 合金预脱氧，随即

加入 10~15kg/t 石灰和少量萤石造稀薄渣。待稀薄渣形成之后，立即加入烤红的硅铁（回收率按 95％计算）。硅铁密度小，加入后常漂浮在液面，应及时用耙子敲打和搅拌，使硅在钢液中均匀分布。

硅铁全熔后，加入 20~30kg/t 石灰，调整好炉渣的流动性和碱度，分两批加入硅铁粉扩散脱氧，硅铁粉总用量为 8~10kg/t。还原期始终应保持白渣。为防止还原期吸气，白渣保持时间不作限制，整个还原期控制在 40min 之内。

用铝预脱氧和终脱氧会产生 Al_2O_3 夹杂并使晶粒度变小，造成电磁性能下降，因此通常冷轧硅钢不采用铝脱氧工艺，而采用 Ca-Si 块。用 Ca-Si 作脱氧剂还可以加速还原期的脱 S。

出钢温度一般为 1590~1620℃，包中温度为 1570~1600℃。钢液温度过高会引起皮下气泡，严重时会使钢锭上涨。

7.3.4　硅钢的炉外精炼

硅钢的炉外精炼包括炉外脱硫、真空吹氩、真空滴流、RH 真空循环脱气和 DH 真空提升脱气等多种方法。

（1）炉外脱硫

硅钢的炉外脱硫包括铁水脱硫和钢液脱硫两个方面，冶炼硅钢时可根据本厂实际情况制定合适的炉外脱硫工艺路线。

铁水预脱硫有多种形式，例如铁流搅拌法、气体搅拌法、摇包法、混铁车法、机械搅拌法、机械搅拌卷入法（KR）、搅拌式连续脱硫法等。

武钢公司从日本引进了全套 KR 铁水预处理生产线，脱硫率高达 90％。生产流程为

炼铁厂铁水流入 100t 铁水罐→火车运至铁水预处理车间，兑入 100t 专用铁水罐→扒渣测温→进入 KR 脱硫系统，加脱硫剂，搅拌 16min→二次扒渣→兑入 600t 混铁炉→需要时倒入 100t 专用铁水罐，称量测温→顶底复合吹炼转炉。

采用 KR 机械卷入搅拌，粉剂从顶部料仓进入铁水罐。处理一罐铁水的周期大约为 56min。脱硫剂用量为 CaC_2 粉 3~5kg/t，石灰粉 9kg/t。脱硫全过程温降约为 30~50℃。铁水经 KR 法预处理后，含硫量可以≤0.005％。

钢水炉外脱硫法使用石灰 4~6kg/t（粒度 5~15mm），苏打粉 4~5kg/t 和适量萤石，加入前均应烘烤至 100℃以上，出钢时加入盛钢桶中。

使用苏打脱硫的反应式如下：

$$Na_2CO_3 + FeS \longrightarrow Na_2S + FeO + CO_2 \uparrow$$
$$Na_2CO_3 + MnS \longrightarrow Na_2S + MnO + CO_2 \uparrow$$

脱硫剂中的 CaO 成渣后会与 S 及 SiO_2 相结合，萤石的加入则是为了调整炉渣的流动性，以便使 CaO 与 S 更好地结合。脱硫率可达 40％~50％，可以缩短电炉还原期 30~50min，从而提高生产率，降低硅钢成本。

（2）真空吹氩和真空滴流

由于加入大量硅铁，容易带入和吸收氢气，浇注中容易上涨，钢锭或钢坯中也容易存在气泡，以致在轧制中出现裂纹和龟裂废品。因此，硅钢必须经过真空处理。经过处理之后，钢中 [C] 可降至 0.02％，[S] 可降至 0.003％以下，[H] 可降至 2×10^{-6} 以下，[O] 可降至 40×10^{-6} 以下，铁损随之下降，磁感应强度和塑性也略有提高。

我国电弧炉钢厂多采用真空吹氩或滴流处理。

真空吹氩之前应扒除全都炉渣，吹氩强度一般为 $2\sim4m^3/h$，压力 $0.20\sim0.29MPa$，处理时间 $8\sim12min$，钢液在 $\leq4kPa$ 的真空度下应保持 $4min$ 以上。处理结束前造渣 $1\%\sim2\%$，防止液面大量散热和吸气。

滴流脱气法有很好的脱氢效果，脱氢率一般在 60% 左右，脱氢效果与真空度、钢液原始含氢量等因素有关。真空滴流（倒包）前，真空室应预先抽至 $130\sim400Pa$，盛钢桶坐到专用罐上时必须对正，倒包过程中钢流应散开，处理时间约 $3\sim5min$。

须经真空吹氧的硅钢，出钢温度提高到 $1630\sim1650℃$；须经真空滴流的硅钢，出钢温度则要提高到 $1670\sim1690℃$。

（3）RH 真空循环脱气

大批量生产硅钢的转炉钢厂，常常采用 RH 或 DH 法进行真空处理。RH 具有真空、吹氩和钢液循环等特点，有利于脱碳、脱气、脱氧、脱硫以及添加少量合金微调成分。

RH 真空处理脱碳的关键是控制钢水在真空室内的喷溅。操作时既要利于迅速脱碳又不损害真空室的设备（即不堵拱顶和合金溜槽又不烧损其他部位）。主要调节驱动气（Ar）量及掌握各级泵的启动时间。脱碳时间一般为 $15\sim20min$。

高纯度冷轧无取向硅钢生产过程中要在 RH 真空处理进行补充脱硫，达到超低硫的目的。在钢水温度一定的条件下，脱硫量与脱硫剂耗量呈直线关系，脱硫率可达 $50\%\sim70\%$。

武汉钢铁公司采用单室旋转式 RH 装置，处理能力为 $68300t/a$，钢液循环量 $20t/min$，每次处理钢水 $60t$，处理周期 $24min$，抽气泵能力 $200kg/h$，工作真空度 $66.7Pa$，极限真空度 $<20Pa$。此外，另一座双室平移式 RH 装置也已经投产。

转炉出钢后，钢水罐车开至炉后，由 $125t$ 吊车将钢包吊至真空处理钢水罐车上，罐车开到处理位置后，RH 装置的真空室（预热至 $1200\sim1500℃$）旋转到位并下降，上升管和下降管插入钢液后开始抽气。真空室达到 $66.7Pa$ 后处理开始，在上升管通入氩气作为驱动气体，使钢液以 $2\sim5m/s$ 的速度进入真空室并立即被分散为细小液滴，加剧脱气作用，RH 处置配有合金微调，可在处理过程中加入脱氧剂和微调成分。

日本川崎公司用 RH 法处理低铁损无取向硅钢时，采用了新的工艺。首先加入硅和铝脱氧，然后添加稀土元素和脱硫合成渣。稀土元素可使钢中熔解硫大幅度降低，生成 CeS、LaS 等硫化物或 Ce_2O_2S、La_2O_2S 等硫化物，这些产物因其密度较大，不易上浮，而是悬浮在钢液中。此时，添加脱硫合成渣（CaO 80%，CaF_2 20%）既可以吸附悬浮状的硫化物和硫氧化物，也能和未与稀土元素反应的熔解硫结合进行脱硫。

7.4 硅钢的浇注

7.4.1 硅钢的模铸工艺

硅钢冶炼过程温度高，并有大量硅铁加入，容易吸收气体而导致浇注过程中钢锭冒涨。钢锭冒涨的主要原因是凝固时氢气析出所致。

为了防止冒涨，出钢温度勿过高，出钢后必须真空处理，处理后应进行较长时间（$7\sim15min$）镇静，再进行浇注。

一般采用上大下小带帽的扁锭模。硅钢流动性较好，整模、座模时要仔细，防止浇注时跑钢。

注温应控制在 $1520\sim1550℃$ 范围，注温过高会出现粘模和钢锭角部纵裂，注温过低则会出现翻皮等缺陷。快速控注可以改善钢锭的表面质量，对于 $0.5\sim1.2t$ 的钢锭，注速为 $0.6\sim0.85m/min$，保持液面呈薄膜或亮圈平稳上升。

浇注时，为了得到良好的钢锭表面，小锭型采用石蜡草圈，大锭型采用石墨保护渣（$1.5kg/t$）。

浇注硅钢时容易发生结瘤，经分析发现，结瘤成分为 $3CaO \cdot 5Al_2O_3$ 和 $3Al_2O_3 \cdot 2SiO_2$。这与冶炼时加入大量 Fe-Si 有关，因为 Fe-Si 中含有 $2\%\sim3\%$ 的 Al，氧化生成 Al_2O_3。真空处理和成分微调，都是消除结瘤的有效措施。浇注硅钢时采用大水口（$\phi50\sim60mm$）和大孔径的汤道砖。

含硅量越高的钢种导热性越差，浇注后钢锭内外温差大，产生较大的热应力，容易出现内裂，甚至使整个钢锭裂为两截。内部产生裂纹时，钢锭还会发生爆破的声响。所以，要重视钢锭的缓冷制度，大锭须热送，小锭至少 4h 后方可脱模。

7.4.2 硅钢的连铸

用模注方法生产硅钢，成材率很低，从钢锭到钢材的综合成材率仅为 55% 左右。为了促进硅钢的生产，关键在于提高硅钢成材率，而成材率的提高，主要是采用连铸工艺。连铸硅钢的综合成材率比模注可提高 25% 左右。

由于硅钢含有较多硅元素和有较高的磁性要求，连铸的难度较大，其开发晚于普通钢。我国武汉钢铁公司在 20 世纪 80 年代中期实现了国内第一家硅钢生产的全连铸化。以武钢公司的高磁感应取向硅钢为例，简要介绍硅钢的连铸工艺。

① 工艺流程 高磁感取向硅钢即 Hi-B 硅钢，是以 AlN 和 MnS 作为抑制剂，通过热轧和一次大压下率冷轧后，具有磁感 $B_{10}>1.88T$ 的取向硅钢片。其成分如表 7-9 所示。

表 7-9 **Hi-B 硅钢冶炼成分要求**（质量分数） 单位：%

C	Si	Mn	P	S	Al	N	Cu
0.048~0.061	2.80~3.05	0.07~0.12	≤0.015	0.023~0.029	0.022~0.032	0.0062~0.0092	≤0.25

经过 KR 预处理的铁水，兑入 50t 顶底复合吹炼转炉冶炼，出钢后钢水再经过 RH 真空循环处理，在弧形板坯连铸机上浇注成 $210mm\times1050mm\times4750mm$ 的板坯，用保温车热送轧钢厂加热炉。

② 过程温度控制 由于钢水须经 RH 真空循环处理和连铸，过程温降较大，因此出钢温度高于模铸硅钢 $50\sim80℃$。各工序钢水温度要求见表 7-10。

表 7-10 **连铸高磁感取向硅钢时各工序对钢水温度的要求**

工序	设定温度/℃	备注
出钢	1670~1690	
到 RH	1690~1670	不小于 1625℃
RH 始	1620~1640	
RH 终	1580~1590	
到连铸平台	1555~1585	不小于 1540℃
中间包	1525~1545	不大于 1555℃

③ 拉坯速度和冷却制度　拉坯速度与冷却制度必须保证夹杂物能够上浮，减少柱状晶及内裂等缺陷。硅钢导热性差，因此采用的拉速和二冷给水量均较碳钢低，否则会产生内裂。一般而言，变压器硅钢在300℃以下有一个脆性区，铸坯冷却经过这一温度范围时应缓慢，如果此时冷却速度大于13～20℃/h会引起冷裂。钢坯进行火焰清理时也应在较高温度下进行。武钢的硅钢连铸已经实现热装工艺（HCR），连铸坯送去热轧厂的温度为700～760℃。

拉坯速度和冷却制度见表7-11。

表7-11　硅钢连铸拉坯速度和冷却制度

注温/℃	拉速/(m/min)	注水比/(L/kg)	结晶器冷却水量	
			项　目	设　定
1556～1565	0.45	1.15	宽面一侧	2000L/min
1546～1555	0.5	1.17	窄面一侧	300L/min
1521～1535	0.6	1.21	结晶器振动	
1505～1520	0.7	1.13	频率	70次/min
1525	0.8	1.11	振幅	10mm

④ 保护浇注　硅钢钢液很容易发生二次氧化，出现渣膜和硬壳，卷入铸坯中成为结疤、皮下气泡等缺陷。因此，大包至中间包应采用长水口保护浇注，中间包和结晶器液面均应采用不同类型的保护渣。

浇注高牌号硅钢时采用的保护渣成分都选择在低熔点的硅灰石（CaO、SiO$_2$）区域，见表7-12和表7-13，浇注过程中性能稳定，有良好的铺展性和保温性。

表7-12　中间包用保护渣化学成分

成分	质量分数/%					R
	CaO	SiO$_2$	Al$_2$O$_3$	Fe$_2$O$_3$	MgO	
H-1	39.5～45.5	43.5～50.5	0.66～2.60	<0.5	—	0.79～0.92
HP	15.5～17.5	37.0～39.5	<20	<18	>7.0	0.42～0.45

表7-13　结晶器用保护渣成分

钢种	质量分数/%						熔点/℃	黏度(1400℃)/Pa·s	熔化速度(1250℃)/(kg/s)
	CaO	SiO$_2$	Al$_2$O$_3$	F	Na$_2$O	C			
无取向硅钢用	32～33.5	31.5～33	5.5～6.5	4.0～5.0	8.0～9.0	5.0～5.5	1100±15	1.77	40±10
取向硅钢用	32～33.5	31～32.5	9.0～10.0	4.7～5.7	3.5～4.5	5.2～5.7	1140±15	2.06	50±10

硅钢片的生产流程比较复杂，由冶炼、浇注、热轧、冷轧、酸洗、涂层及热处理等工序组成，每一工序都会对成品硅钢片的电磁性能带来影响。因此，必须了解硅钢片生产的全过程，综合考虑各种因素对硅钢片电磁性能的影响，才能生产出优质的硅钢片。

目前冷轧单取向硅钢片的典型生产流程是：

冶炼→铸锭→开坯→热轧成2.2mm厚的板卷→黑退火（700～800℃）→酸洗→第一次冷轧成0.7mm厚的板卷→中间退火（800～900℃）→第二次冷轧成0.35mm厚的板卷→脱碳退火（湿H$_2$、800℃）→涂MgO粉→高温退火（1150～1200℃）→涂绝缘层→拉伸回火→剪切→检验。

① 热轧 硅钢在 700℃ 以下导热性和塑性差，所以开始加热（＜700℃）时升温速度要缓慢，不宜超过 30～40℃/h，否则会产生内裂。从 700℃ 到 1250℃ 范围内，由于硅钢导热性大为改善，故加热速度可以提高。在 950℃ 以上时，硅钢塑性很高。因此初轧采用大压下率时应防止倒钢和扭曲。板坯热剪温度不宜低于 800℃，否则会剪裂。板坯经表面精磨后，在 1250℃ 左右加热 1.5～2h，热轧成 2.2mm 厚的板卷，热轧后快冷。

② 冷轧和热处理 硅钢热轧成卷后，在静止的空气中进行黑退火，温度为 800℃，目的是消除残余应力和脱碳，可将碳降至 0.015% 以下。

为了保证成品板的表面质量，在冷轧前要去除氧化铁皮，然后进行酸洗。

第一次冷轧的第 1、2 道都要采用大压下率，可以减少断带，轧至 0.65～0.7mm。由于加工硬化作用，钢带脆性增大，因此需要在保护气氛的连续退火炉中，进行 800～900℃ 中间退火（软化处理），以便第二次冷轧，同时使钢再结晶产生一部分高斯织构。

第二次冷轧是将 0.65～0.70mm 厚的板卷轧成 0.35mm 厚的硅钢带，压下率稍低于第一次冷轧，为 50%。第二次冷轧后在连铸退火炉中进行第二次中间脱碳退火，然后在钢带表面涂氧化镁或氧化铝粉，以防高温退火时黏结。

高温退火的目的是使铁素体晶粒发生二次再结晶，择优长大形成完善的高斯织构，同时降低钢中夹杂含量和少量的碳。高温退火一般都在电热罩式炉中氢保护下进行。

最后一道工序是涂绝缘层和拉伸退火。涂料主要成分为磷酸盐。涂层烘干后，在 700～750℃ 进行热平整，即拉伸回火，目的是去除高温退火和涂层时引起的硅钢带变形残余应力，可使成品硅钢片铁损降低 6%～16%，磁感应强度提高 2.5%。

7.5　硅钢的轧制

7.5.1　热轧

热轧工艺是硅钢生产从冶炼工艺到冷轧加工生产工艺的一个重要转折环节。硅钢的热轧工艺对冷轧硅钢产品的最终磁性起着十分重要的作用。硅钢的热轧不仅是单纯的热变形过程，更重要的是有利夹杂物的固溶和析出的热处理过程。也就是说主要是控制 MnS、AlN 有利夹杂物在加热炉加热时的固溶和板坯在热轧过程中夹杂物以细小、弥散、一定形状和一定数量的重新析出过程的控制。这种细小、弥散的夹杂在后续冷轧和热处理过程中能够有效地阻止初次晶粒的长大，并能够促使二次再结晶完善，获得高取向的 [110]、[001] 单一织构组织，使产品具有高磁性。

现代热连轧机的技术发展已经能够有效地控制硅钢中夹杂物的形态和分布，所以硅钢热轧工艺最重要的是要获得最佳的 MnS、AlN 有利夹杂的分布和它的相组织，以期获得高质量的冷轧硅钢片。

硅钢的加热工艺又是硅钢热轧工艺中第一个关键环节。在硅钢加热工艺中首先对热轧硅钢板坯有如下要求：①最好的板坯规格尺寸及公差；②最好的板坯表面。

硅钢板坯的尺寸规格和公差以及其表面缺陷的清理质量都影响后续冷轧硅钢片的质量。不同用途的硅钢片，硅钢板坯的加热工艺制度不同。

铸坯或板坯热装在加热炉中加热到 1100～1200℃，保温 3～4h。加热温度高，热轧塑性好，但产品磁性降低。加热温度低，塑性差，但磁性高。因此在轧机能力允许条件下，加热温度应尽量低，最好为 1050～1150℃，以防止钢中 MnS 和 AlN 解析物固溶，因为它们固溶后在热轧过程中由于固溶度随钢板温度降低而下降，又以细小弥散状析出而阻碍退火时晶粒长大，{111} 组分增多，磁性变坏。铝量提高，因为 AlN 固溶温度提高，加热温度对磁性的影响减弱。MnS 固溶温度高（不低于 1300℃），危害性较小；AlN 在 1200～1300℃ 已大部分固溶，危害性大。碳量低时，AlN 固溶温度提高，低于 1200℃ 加热 AlN 粗化。

合适的加热温度范围为 （1023＋67[Si]）℃～（1117＋83[Si]）℃ 或者 $\{1195＋12.716×([Si]＋2[Al])\}$℃。

高于 1200℃ 加热也使氧化铁皮熔化 （$2FeO \cdot SiO_2$ 熔点为 1170℃），热轧时不易脱落，热轧带表面缺陷增多，以后冷轧时易产生脱皮现象。

采用热连轧机轧成带卷。开轧温度为 1050～1150℃，即在 $\gamma＋\alpha$ 两相区热轧，终轧温度低于此相变点，一般为 800～880℃，合适的终轧温度范围为 800～（880＋50[Si]）℃，或者 790℃～40×([Si]＋2[Al])℃。卷取温度为 600～700℃，合适的卷取温度范围为 （580＋50[Si]）～（650＋63[Si]）℃。以后热轧板不经常化时，希望终轧温度高，卷取温度也高（700～750℃），热轧板晶粒大，磁性好；反之，经常化时，希望终轧温度和卷取温度低，常化后晶粒更大。通用的热轧工艺制度是粗轧机轧 4～6 道，每道压下率相近，为 20%～40%。精轧机轧 5～7 道，第一道压下率约为 40%，以后每道压下率逐渐减小，最后一道为 10%～20%。热轧板一般为均匀再结晶晶粒。

7.5.2 冷轧

冷轧前经喷丸或反复弯曲和酸洗去除表面氧化铁皮。高温卷取或预退火的热轧板必须经喷丸处理疏松氧化铁皮，否则需要浓酸、高温和长时间酸洗，易引起过酸洗和形成坑状表面，成品表面质量变坏，产量降低和废酸处理困难。一般在 70～90℃ 的 2%～4%HCl 水溶液中酸洗 20～60s。未经喷丸处理的热轧板在 70～80℃ 时约 20%HCl 中酸洗 1～3min。酸洗后喷水清除表面酸液和污垢，经中和槽用 70～90℃ 的 Na_2CO_3 等碱性水溶液中和，再经清洗槽用水清洗并吹干。

一般经冷连轧机冷轧，也可在可逆式四辊或六辊轧机冷轧。2.0～2.5mm 厚冷轧到 0.5mm 厚，总压下率为 75%～80%。一般经 5 道轧成，每道尽可能采用 25%～30% 大压下率冷轧，最后一道经约 10% 压下率冷轧以保证板形良好。第一道用较低速度轧制，防止因热轧带厚度波动大而发生不均匀变形引起断带和成品厚度公差增大。从第二道开始，轧制速度逐渐提高；为提高产量，轧制速度应尽量高，因此最好采用冷连轧机；冷轧过程中控制好张力是保证顺利冷轧，获得良好板形、厚度公差以及降低单位轧制压力的重要措施。单位张力值一般控制在相当于钢带屈服强度 35%～60% 范围内。冷轧带厚度公差为 （0.5＋0.02）mm 和 （0.5－0.04）mm，厚度每增加 0.0254mm。冷轧总压下率高和 70～150℃ 冷轧对改善织构提高磁性有利。

7.5.3 退火

退火目的是冷轧带通过再结晶消除冷轧产生的应变和促使晶粒长大，将钢中碳脱到 0.005% 以下 （最好在 0.003% 以下），以保证磁性、硬度和磁时效符合要求条件。退火时减小张力以保证钢带更平整。

冷轧钢带在退火前先用 70～80℃ 碱液去除表面上轧制油和污垢（喷洗、刷洗或电解清洗），防止带入炉内破坏保护气氛组分，影响脱碳效率，甚至引起增碳现象。油污也使钢带表面质量变坏和引起炉底辊结瘤造成钢带划伤等缺陷。清洗剂成分之一为 66% 水玻璃（30% 浓度），33% 苛性钠（48% 浓度）和 1% 表面活性剂。清洗液中碱浓度为 2.5%～3.0% NaOH 水溶液。碱洗后经热水刷洗并吹干。

一般采用卧式连续退火炉。为了尽快地发生再结晶和晶粒长大，要快速升到规定的退火温度，这可使晶粒粗化，改善织构和磁性。因此连续炉前段有一高温加热区（煤气明火焰加热区），炉温为 1100～1200℃，将进入炉中的钢带迅速加热到退火温度，再通过辐射管加热区、电加热保温区、冷却区和喷氮气的强制冷却区。连续炉入口和出口处用氮气密封。退火温度必须在相变点以下，因为相变可产生大小混合晶粒，破坏有利织构组分和使脱碳速度减慢，磁性变坏。在 α 相区内退火温度增高和退火时间延长，晶粒尺寸增大，铁损降低，而磁感应强度和硬度也略为降低。为了提高产量和磁性，一般选用高温短时间退火方法。通用的退火制度为 800～850℃×3、5min，晶粒直径为 0.02～0.04mm。$w(C) < 0.005\%$ 的冷轧带一般不进行脱碳，在干的（露点低于 0℃）20%H_2+80%N_2 保护气氛中进行光亮退火，钢带运行速度可加快。气氛中含一定量的氢气是为了保证钢带表面光亮。

碳含量为 0.005%～0.015% 的冷轧带退火时需要脱碳，20%H_2+80%N_2 气体通过 50℃±5℃ 水温的加湿器带入 5%～15% 水蒸气入炉，露点控制在 35～45℃。在这种弱氧化性气氛中利用水蒸气快速脱碳。碳在高温下扩散到表面与水蒸气发生以下可逆反应：

$$H_2O + C \Longrightarrow CO + H_2$$

当反应达到平衡时，

$$\frac{p_{CO} p_{H_2}}{p_{H_2O}} = K$$

式中，K 为脱碳反应平衡常数；p_{CO}、p_{H_2} 和 p_{H_2O} 分别为 CO、H_2 和 H_2O 的分压。

p_{H_2O}/p_{H_2} 比是由气氛中氢量和露点决定的，代表保护气氛的氧化性。在脱碳情况下，p_{H_2O}/p_{H_2} 控制在 0.20～0.28 范围内（弱氧化性气氛）。因为炉内气体流动方向与钢带运行方向相反，很容易将脱碳反应生成的 CO 气体排出，使上述反应式往右方脱碳反应方向不断进行。

弱氧化性脱碳气氛也使钢带氧化，表面形成的氧化膜有阻碍脱碳的作用，因此必须控制好退火温度、时间和气氛（p_{H_2O}/p_{H_2} 比和露点）这三个因素，使脱碳反应在氧化反应之前进行。

7.6 硅钢连铸薄板（带）坯生产

薄板坯连铸连轧技术是 20 世纪 90 年代初开发成功的生产热连轧板卷的一项短流程工艺，是继氧气转炉炼钢、连续铸钢之后钢铁工业重要的革命性技术之一，对产品的组织结构产生了显著影响，进而导致了产品性能的优化。例如，薄板坯连铸连轧技术由于快速冷却，铸坯的偏析程度减小，组织更均匀，碳的偏析程度极大降低；薄板坯原始的铸态组织晶粒比传统板坯更细、更均匀。在生产工艺流程方面，薄板坯连铸铸坯经均热炉均热后直接进入精轧机组，与传统流程相比既节约了二次加热的能源，又可以简化工序、提高生产效率。总的来讲，薄板坯连铸连轧工艺具有铸态组织好、热轧组织均匀细小、温度均匀、节约能源及成材率高等一系列特点，薄板坯连铸连轧技术也因此获得了快速发展。近些年国内外投产了多条薄板坯连铸连轧机组，已经能够稳定生产普通商用级及部分结构用、冲压用冷轧和镀锌等产品。据资料报道，国内外利用薄板坯连铸连轧生产硅钢的厂家有美国的 Nucor Crawfordsville、意大利的 AST、德国的 TKS、墨西哥的 Hylsa、西班牙的 ACB 以及中国的本钢、武钢、马钢等，其中只有 TKS 和 AST 实现了薄板坯连铸连轧批量生产电工钢产品，生产的主要是中低牌号的无取向硅钢。

7.6.1 薄板坯连铸连轧工艺

薄板坯连铸连轧工艺包括连铸、均热、热轧、层流冷却和卷取。典型的薄板坯连铸连轧工艺有：CSP（Compact Strip Production）；ISP（Inline Strip Production）；FTSRQ（Flexible Thin Slab Rolling for Quality）；TSP（Tippins Samsung Process）。薄板坯连铸连轧工艺的技术特征是：最大限度的短流程、最有效的节能和最均匀的薄板坯温度，其主要技术特点如下：

① 流程短，设备少，投资小，工艺简单，不设粗轧机；

② 生产周期短，从炼钢到生产出钢卷大约 1.5h，实现低成本生产；

③ 成材率较高，与普通生产工艺相比，成材率提高约 10% 以上；

④ 产品质量高，由于薄板坯的冷却速度远大于普通厚板坯的冷却速度，因此可降低二次枝晶的间距，减少枝晶间的偏析。冷却速度越大，铸态晶粒越小，可有效地改善枝晶组织、微观偏析和析出相。

铸造出的薄板坯不需再加热而直接进入 4 机架以上的精轧机进行精轧，生产成热轧板。通过全工序精确的工艺控制，加快运行节奏，可得到最佳温度状态，实现节能。

CSP 的主要工艺流程大致为转炉-钢包精炼炉-薄板坯连铸机-均热炉-热连轧机-层流冷却-卷取。从连铸机拉出的板坯厚度为 50～90mm，经过多机架精轧机，可轧成厚度为 0.8～18mm 的热轧板。图 7-15 所示为 CSP 装置示意图。

图 7-15 中，Ⅰ为第一次轧制变形与第二次轧制变形的时间周期，在此期间形成初次再结晶，在此期间的温度 T 要高于该钢所测定的 T_R 温度；Ⅱ为第二次轧制变形与第三次轧制变形的时间周期，在此期间形成二次再结晶，在此期间的温度 T 要高于该钢所测定的 T_R 温度；Ⅲ为第三次轧制变形与奥氏体固化的时间周期，在此期间的温度要控制在小于 T_R 温度，但大于 A_{r_3} 温度；Ⅳ为最终变形之后的冷却与多晶形转变之间的时间周期，在此期间的温度 T 要控制在小于 A_{r_3} 温度，但大于 B_m 温度。

CSP 工艺流程生产无取向硅钢具有如下优势：

① 节能、成材率高。薄板坯连铸后的板料在 1000℃ 左右，采用热送热装，装入加热炉，省略了板坯冷却下来再加热的过程，减少了切边量，提高了成材率。

② 温度均匀。CSP 在轧制过程中温度均匀，出炉后的薄板坯与空气接触时间短，不容易被氧化，产生的氧化铁皮少。并且，CSP 在连轧前采用辊底式隧道炉，坯头、坯尾温差小，最终切头、切尾也少。

③ 热轧组织均匀。由于冷却速度大，CSP 铸坯组织微观偏析小，热轧板的组织均匀。

此外，CSP 铸态组织好，尤其是在高硅和低碳的硅钢中，连轧几乎不发生铁素体→奥

氏体相变。硅的质量分数在 2%~4% 上部的铁素体在 1380~1270℃ 变化；最左侧的单一奥

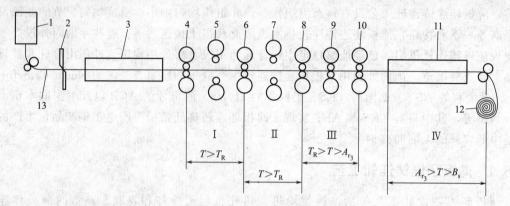

图 7-15　CSP 装置示意图

1—连铸机；2—板坯剪切机；3—均热炉；4—对板坯变形的第一机架轧机，压下率为 50%，
变形温度为 1080℃；5—第二机架轧机，也是传动轧机；6—第三机架轧机，是对板坯
变形的第二轧机，压下率为 40%，变形温度为 1030℃；7—第四机架轧机，也是传动
轧机；8—第五机架轧机，是对板坯变形的第三轧机，压下率为 30%，变形温度为 900℃；
9—第六机架轧机，是对板坯变形的第四轧机，压下率为 25%，变形温度为 840℃；
10—第七机架轧机，是对板坯变形的第五轧机，压下率为 15%，变形温度为 800℃；
11—层流冷却，冷却到 600℃，即刻卷取；12—地下卷取机；13—板坯

氏体在 890~1440℃ 变化，中间部分是奥氏体+铁素体双相区域，温度在 740~1450℃ 变化，超过 6%Si-Fe 为单一铁素体区域。

通过快速冷却，钢液的快凝增加了形核的过冷度，使临界晶核尺寸减小，形核率和生长速度随着过冷度的增大而增大，因此细化了晶粒组织。CSP 生产无取向硅钢的热轧板组织为等轴晶铁素体，等轴晶尺寸为 $30\mu m$ 左右，热轧板中有大量的链条状夹杂物。

连铸薄板坯与传统板坯的磁性能比较见表 7-14。

总之，CSP 方法生产硅钢具有省时、省力、缩短工艺流程、提高质量的优点，它可减少板坯加热和板坯粗轧、降低原燃料消耗、缩短厂房距离。目前，马钢和武钢已经采用 CSP 方法生产冷轧硅钢。

表 7-14　连铸薄板坯与传统板坯的磁性能比较

成品厚度/mm	连铸薄板坯		传统板坯	
	$P_{17/50}$/(W/kg)	B_8/T	$P_{17/50}$/(W/kg)	B_8/T
0.23	0.90	1.935	1.85	1.604
0.27	1.01	1.930	2.00	1.598
0.30	1.09	1.928	2.50	1.570

7.6.2　双辊连铸硅钢薄带

冶炼合格的钢水直接浇铸成目标厚度的钢带，钢带经过温轧和消除应力退火，生产出成品硅钢薄带。双辊铸造薄带示意图如图 7-16 所示。铸造薄带表面细小再结晶层的形成状态（宏观组织）如图 7-17 所示。

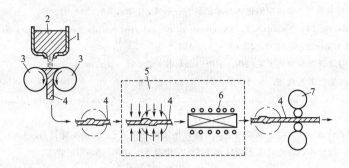

图 7-16 双辊铸造薄带示意图

1—钢包；2—钢水；3—铸造双辊；4—铸造薄带；5—喷丸；6—钢带退火装置；7—冷轧辊

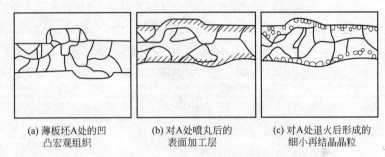

(a) 薄板坯A处的凹
凸宏观组织

(b) 对A处喷丸后的
表面加工层

(c) 对A处退火后形成的
细小再结晶粒

图 7-17 铸造薄带表面细小再结晶层的形成状态（宏观组织）

参考文献

[1] 何忠治. 电工钢. 北京：冶金工业出版社，1997.

[2] 卢凤喜，王浩，刘国权. 国外冷轧硅钢生产技术. 北京：冶金工业出版社，2013.

[3] 周丽军. 我国硅钢生产现状及发展趋势. 冶金经济与管理，2001 (2)：34-36.

[4] 韩丕兰. 我国硅钢发展现状及发展趋势. 本钢技术，2011 (3)：35-39.

[5] 吴开明. 无取向电工钢的生产工艺及发展. 中国冶金，2012，22 (1)：1-5.

[6] 李志超，唐荻，党宁等. 2000 年以来取向硅钢的研究进展. 金属热处理，2012，37 (3)：5-9.

[7] 储双杰，瞿标，戴元远等. 合金元素对硅钢性能的影响. 特殊钢，1998，19 (1)：7-12.

[8] 储双杰，瞿标，戴元远. 某些元素对硅钢性能的影响. 钢铁，1998，33 (11)：68-72.

[9] Mishra S, Darmann C, Lucke K. On the development of the Goss Texture in Iron-3% silicon. Acta Metallurgica，1984，32 (12)：2185-2201.

[10] 阎江玲. 热轧硅钢冶炼化学成分与电磁性能. 山西机械，2002 (1)：59-61.

[11] 夏兆所. 太钢冷轧硅钢的现状与发展. 特殊钢，2003，24 (4)：37-38.

[12] 刘曙光，杨晓江，兰艳梅，等. 无取向硅钢的冶炼与生产实践. 金属世界，2009 (3)：27-29.

[13] 焦金华. 半工艺硅钢的生产与实践. 本钢技术，2006 (2)：20-26.

[14] 陈军. 硅钢生产技术及其发展. 鞍钢技术，2001 (2)：28-30.

[15] Shimizu R，Harase J. Coincidence grain boundary and texture evolution in Fe-3%Si. Acta Metallurgica，1989，37 (2)：1241-1249.

[16] 唐明民，章荣德. 硅钢生产发展的探讨. 武钢技术，1999，37 (5)：43-47.

[17] 仇勇. 冷轧无取向硅钢冶炼过程炉渣分析. 鞍钢技术，2013 (3)：20-24.

[18] 吴明，李应江. 120t 转炉冶炼无取向硅钢脱硫技术研究. 钢铁，2011，46 (2)：30-34.

[19] 刘平，成国光. 新钢硅钢冶炼工艺及质量分析. 江西冶金，2007，27 (1)：32-36.

[20] 王业涛，那立秋. 硅钢连铸生产新工艺的开发. 黑龙江冶金，2008 (3)：51-52.

[21] 殷皓. 硅钢连铸生产中的问题与改善. 江苏冶金，2000 (1)：36-38.

[22] 蔡朗，张家宏，马秉荣等. 取向硅钢连铸技术的研究. 钢铁，1983，18 (11)：12-17.

[23] Masahashi N，Matsuo M，Watanabe K. Development of preferred orientation in annealing of Fe-3. 25% Si in high magnetic field. J Mater Res，1998，13 (2)：457-463.

[24] 徐宗梅. 硅钢的用途分类和加热工艺浅析. 中国西部科技，2010，9 (25)：8-9.

[25] 荣光. 冷轧硅钢的生产工艺概述. 本钢技术，2008 (3)：25-28.

[26] Molodov D A，Bollmann Chr，Gottstein G. Impact of a magnetic field on the annealing behavior of cold rolled titanium. Mater Sci Eng A，2007，467 (1-2)：71-77.

[27] 于永梅，李长生，许云波等. 电工钢板的生产与薄板坯连铸连轧工艺. 金属功能材料，2008，15 (2)：9-12.

[28] 李永全，孙焕德. 薄板坯连铸连轧工艺与硅钢生产. 宝钢技术，2004 (6)：60-62.

8

高锰钢

8.1 高锰钢的分类及性能

8.1.1 高锰钢的分类

高锰钢又叫哈德菲尔德钢，是英国人 Hadfield 于 1882 年发明的。高锰钢是指含锰量在 10% 以上的合金钢。高锰钢的铸态组织通常由奥氏体、碳化物和珠光体所组成，有时含有少量的磷共晶。奥氏体组织的高锰钢受到冲击载荷时，金属表面发生塑性变形。形变强化的结果，在变形层内有明显的加工硬化现象，表层硬度大幅度提高。低冲击载荷时，可以达到 HB 300～400，高冲击载荷时，可以达到 HB 500～800。随着冲击载荷的不同，表面硬化层深度可达 10～20mm。高硬度的硬化层可以抵抗冲击磨料磨损。高锰钢在强磨料磨损的条件下，有优异的抗磨性能，故常用于矿山、建材、火电等机械设备中，制作耐磨件。在低冲击工况条件下，因加工硬化效果不明显，高锰钢不能发挥材料的特性。高锰钢极易加工硬化，因而很难加工，绝大多数属于铸件，极少量用锻压方法加工。高锰钢的铸造性能较好。高锰钢的线膨胀系数为纯铁的 1.5 倍，为碳素钢的 2 倍，故铸造时体积收缩和线收缩率均较大，容易出现应力和裂纹。为提高高锰钢的性能进行过很多合金化、微合金化、碳锰含量调整和沉淀强化处理等方面的研究，并在生产实践中得到应用。

高锰钢根据用途不同可分为两大类。

（1）耐磨钢

耐磨钢含锰 10%～15%，碳含量较高，一般为 0.9%～1.5%，大部分在 1.0% 以上。其化学成分为：C 0.9%～1.5%，Mn 10.0%～15.0%；Si 0.3%～1.0%，S≤0.05%，P≤0.1%。这类钢用量很大，主要用来制作挖掘机的铲齿、圆锥式破碎机的轧面壁和破碎壁、颚式破碎机岔板、球磨机衬板、铁路撤叉、板锤、锤头等。

（2）无磁钢

无磁钢含锰量大于 17%，碳含量一般均在 1.0% 以下，主要用于电机工业中的护环。无磁钢的密度为 $7.87 \sim 7.98 \text{g/cm}^3$。由于碳、锰含量均高，导热能力较差。热导率为 12.979W/(m·℃)，约为碳素钢的 1/3。无磁钢为奥氏体组织，无磁性，其磁导率为 1.003～1.03H/m。

8.1.2 高锰钢的性能

8.1.2.1 物理性能

（1）密度

高锰钢液态密度大约为 7.05g/cm^3，15℃ 时的固态密度大约为 7.98g/m^3。不同的研究

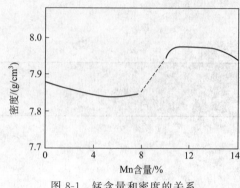

图 8-1 锰含量和密度的关系

报告可能有不同的测量结果，这主要与钢的化学成分有关。钢中锰含量不同时，钢的密度有很大的差别，如图 8-1 所示。

（2）熔点

一般情况下，高锰钢液相线温度为 1400℃，固相线温度为 1350℃。液相线温度和固相线温度随高锰钢的碳含量增加而降低。液相线与固相线温度之差表示凝固温度区间的大小，反映了糊状凝固的程度。该区间越大，钢水的流动性越差，越有可能产生疏松、热裂和冷裂。

（3）热导率

表 8-1 是不同温度时高锰钢的热导率。高锰钢是一种碳含量和锰含量较高的钢种，碳和锰均降低钢的导热能力，其热导率比碳素钢、耐热钢、不锈钢等的低。低的导热能力使高温铸件整体内温度梯度加大，增加了铸件冷却收缩过程的热应力，易导致冷裂和热裂。

表 8-1　高锰钢的热导率

温度/℃	0	200	400	600	800	1000
热导率/[W/(m·K)]	12.98	16.33	19.26	21.77	23.45	25.54

（4）电阻率

高锰钢的电阻率见表 8-2 所示。高锰钢的电阻率比铁大近 3 倍。

表 8-2　高锰钢的电阻率

温度/℃	−183	0	100	200	400	600	800
电阻率/$\mu\Omega\cdot cm$	53	66	76	84	99	110	121

（5）线膨胀系数

表 8-3 给出了高锰钢在不同温度变化条件下的线膨胀系数。高锰钢的线膨胀系数大约是碳素钢的 2 倍，其线膨胀系数越大，铸件在冷却收缩时就越容易产生热裂和冷裂，在铸型尺寸设计时要充分考虑这一因素。

表 8-3　高锰钢的线膨胀系数

温度范围/℃	0~100	0~200	0~400	0~600	0~800	0~1000
线膨胀系数/$10^{-6}K^{-1}$	18.0	19.4	21.7	19.9	21.9	23.1

（6）热容

表 8-4 给出了高锰钢在不同温度下的质量热容，热容随温度升高而增加。

表 8-4　高锰钢的质量热容

温度范围/℃	50~100	150~200	350~440	550~600	750~800	950~1000
平均质量热容/[J/(kg·K)]	519	565	607	703	649	674

8.1.2.2 力学性能

高锰钢铸态组织是由奥氏体、碳化物、珠光体和少量磷共晶等组成。铸态高锰钢的塑性和韧性很低，几乎无法使用。通常高锰钢都是经过固溶处理（即水韧处理）后使用。经过水韧处理后钢的力学性能可以达到很高的数值。表 8-5 为高锰钢铸态、水韧处理后的力学性能。

表 8-5 高锰钢铸态、水韧处理后的力学性能

类别	σ_b/MPa	$\sigma_{0.2}$/MPa	δ/%	ψ/%	α_k/(J/cm^2)	HB
铸态性能	343～392	294～490	0.5～5	0～2	9.8～29.4	200～300
水韧性能	617～1275	343～471	15～85	15～45	196～294	180～225

（1）硬度

高锰钢的硬度有三种，一是铸态硬度，二是水韧处理后硬度，三是加工硬化层硬度。

铸态组织中有大量的碳化物和共析分解的珠光体组织，钢的硬度较高，约为 HB200～230。铸态组织的硬度高低与钢中碳含量及其他合金含量有关。比如，碳含量增加，组织中碳化物的数量就增多，使钢的硬度增加。

水韧处理后，钢的硬度与合金成分的关系由固溶强化的程度决定，固溶强化的作用不及碳化物的作用，水韧处理后奥氏体的硬度约为 HB 170～230。

铸态硬度和水韧处理后的硬度对高锰钢的使用意义不大，高锰钢的实际使用硬度是表层的加工硬化硬度。高锰钢的表层加工硬化硬度可达 HB 600。

（2）塑性

高锰钢的拉伸变形曲线如图 8-2 所示。从图中可以看出，高锰钢的伸长率可以达到很高，甚至在 50% 以上，且没有明显的屈服点和颈缩现象，应力应变曲线比较平直，断裂发生在局部缺陷部位或由成分偏析所引起的组织不均匀部位。

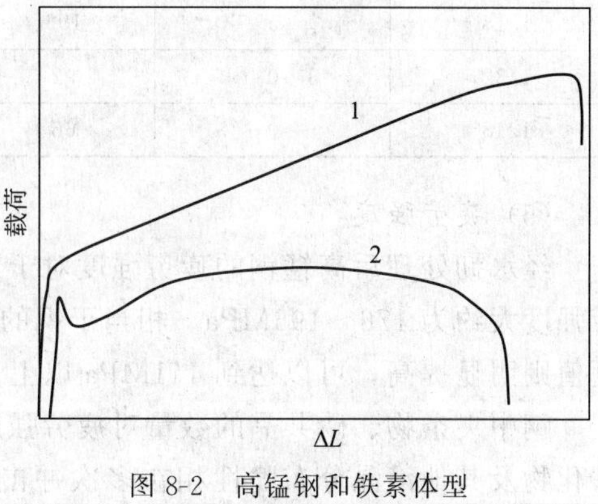

高锰钢塑性变形时主要是沿原子密排面 [111] 进行滑移。锰钢奥氏体受到外力作用时，由位错源开动产生滑移。在金相试样表面可以看到一组平行滑移线或交叉的两组平行滑移线。滑移进行的方式取决于材料在外力作用下的应力状况。当应力较高时往往是多系滑移。滑移线数量逐渐增加，滑移线间距逐渐减小。

图 8-2 高锰钢和铁素体型
钢的拉伸变形曲线
1—高锰钢；2—低碳钢

（3）强度

钢的抗拉强度由锰、碳的含量不同而发生复杂变化。不同的锰、碳含量决定钢的不同的组分，其抗拉强度也不一样。表 8-6 表明高锰钢的抗拉强度还与加载方式有关。钢在拉伸过程中出现形变强化，使得加载速度快慢影响到钢的性能。快速加载时，钢的抗拉强度较高。高锰钢的形变强化能力比珠光体钢和铁素体钢要高得多。另外，其抗拉强度和伸长率可以同时提高，即在塑性提高的同时强度也提高，这是高锰钢不同于一般结构材料的特点。高锰钢断裂时的应力值受许多因素影响，因此用于其他钢的强度、硬度计算公式不适用于高锰钢。

表 8-6 不同变形速度时的性能

变形速度/(cm/s)	力 学 性 能		
	σ_b/MPa	$\sigma_{0.2}$/MPa	δ/%
0.508	417.76	1229.75	69.6
1.106×10^{-6}	525.44	1064.02	34.8

（4）韧性

高锰钢的冲击韧性较高，有时其冲击韧性高达 294.2J/cm²。表 8-7 是不同碳含量的奥氏体高锰钢水淬处理前后的冲击功（试样成分 Mn 含量为 11.66%，Si 含量为 0.58%，S 含量为 0.032%，P 含量为 0.096%）。从表中可以看出，其在低温条件下也有较好的冲击韧性，在 −60℃时，冲击功为 5～151J/cm²。根据资料，当温度降到 −196℃时，高锰钢才变脆，此时高锰钢的破坏由韧性破坏变为脆性破坏。沿晶脆性破坏与化学成分偏析、晶界缺陷及夹杂物等因素有关，这些因素导致晶界上出现磷共晶、锰铁氧化物和碳化物；同时晶界附近奥氏体出现贫锰和贫碳，使低温下发生相变析出脆性相。

表 8-7 不同碳含量的奥氏体高锰钢水淬处理前后的冲击功   单位：J/cm²

C/%	铸态	1000℃水淬后				
		20℃	0℃	−20℃	−40℃	−60℃
0.63	227	240	240	233	182	151
0.74	214	231	224	212	164	120
0.81	114	194	188	166	130	77
1.06	18	183	170	144	114	63
1.18	5	156	138	90	69	38
1.32	0	92	82	54	34	15
1.48	0	66	54	29	22	5

（5）疲劳强度

经水韧处理后高锰钢的疲劳强度对于经受反复载荷作用的工件是很重要的。高锰钢的疲劳强度大约为 176～196MPa。相当于钢的抗拉强度的 25%～30%。锻造试样作出的疲劳强度值则明显提高，可以达到 441MPa 以上，即可以达到抗拉强度的 40%～50%。

钢中夹杂物、磷共晶的数量对疲劳强度的影响很大。晶内和晶界上的夹杂物、磷共晶、碳化物及其他沿晶分布脆性相在多次冲击载荷的作用下可以成为裂纹源，使钢发生晶间脆断。在裂纹已经形成时晶界存在上述种种缺陷会促使裂纹沿晶界扩展，使疲劳强度明显降低。

8.2 高锰钢的化学成分

8.2.1 高锰钢的成分及组织结构

碳含量为 0.9%～1.3%、锰含量为 11%～14% 的高锰钢，经水韧处理后可获得单一的奥氏体织织。该组织在较大冲击或接触应力作用下，其表面将迅速产生加工硬化，并有高密度位错和形变孪晶形成，从而产生具有高耐磨性的表面层。

高锰钢的化学成分标准如表 8-8 所示。

表 8-8　高锰钢的化学成分　　　　　　　单位：%

牌号	C	Si	Mn	P	S	Cr	Ni	Mo
ZGMn13-1	1.10～1.50	0.30～1.00	11.00～14.00	≤0.09	≤0.05	—	—	—
ZGMn13-2	1.00～1.40	0.30～1.00	11.00～14.00	≤0.09	≤0.05	—	—	—
ZGMn13-3	0.90～1.30	0.30～0.80	11.00～14.00	≤0.08	≤0.05	—	—	—
ZGMn13-4	0.90～1.20	0.30～0.80	11.00～14.00	≤0.07	≤0.05	—	—	—
ZGMn13Cr	1.05～1.35	0.30～1.00	11.00～14.00	≤0.07	≤0.05	0.30～0.75	—	—
ZGMn13Cr2	1.05～1.35	0.30～1.00	11.00～14.00	≤0.07	≤0.05	1.50～2.50	—	—
ZGMn13Ni4	0.70～1.30	≤1.00	11.50～14.00	≤0.07	—	—	3.00～4.00	—
ZGMn13Mo	0.70～1.30	≤1.00	11.50～14.00	≤0.07	—	—	3.00～4.00	0.90～1.20
ZGMn13Mo2	1.05～1.45	≤1.00	11.50～14.00	≤0.07	—	—	—	1.80～2.10

为了在较宽的成分范围内形成稳定的奥氏体组织，需要加入一些合金元素。添加合金元素应满足下列条件：

① 合金元素应具有面心立方晶格结构；

② 原子半径应和铁原子的半径相近；

③ 合金元素原子与铁原子之间应有较强的金属键作用。

Fe-Mn 二元合金相图如图 8-3 所示。从图中可以看出，在常温下，锰含量超过 30% 时才能获得单相奥氏体组织。Fe-Mn 二元合金的奥氏体稳定性较低，没有实际的使用价值。

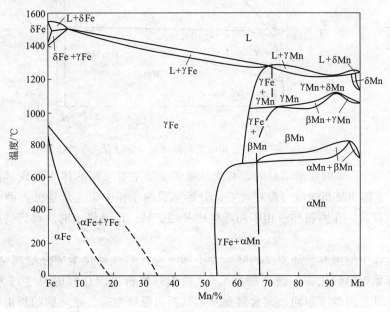

图 8-3　Fe-Mn 二元合金相图

Fe-Mn-C 三元合金相图如图 8-4 所示。在 Mn<20%、C<2.0% 成分范围内，高锰钢存在 γ、α、ε 及碳化物相。碳化物的类型是 $(Fe,Mn)_3C$，$(Fe,Mn)_3C$，形成温度主要根据合金中锰、碳的含量决定。当锰含量为 13%、碳含量为 1% 左右时，其形成温度在 800℃ 以上。

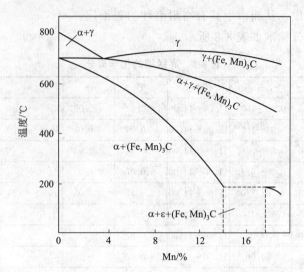

图 8-4　Fe-Mn-C 三元合金相图（含碳量为 1%）

Fe-Mn-C 三元相图的截面图（Mn13%）如图 8-5 所示。从图中可以看出，碳的加入明显扩大了 γ 相区。当碳含量为 1.0%～1.3% 时，锰含量只需 9.0%～15.0%，就可以得到单相奥氏体。

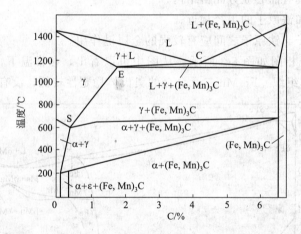

图 8-5　Fe-Mn-C 三元相图的截面图（含锰量为 13%）

当碳含量为 1.3% 的锰钢结晶时，首先从液体金属中有 γ 相的核心形成。伴随着奥氏体枝晶的长大，γ 相和液相的成分都在改变。开始形成的 γ 相中碳含量较低，而与之相邻的液相中碳的含量较高。在固相和液相中均产生成分的扩散。结晶终了时所得到的是单相的奥氏体组织。

碳在奥氏体中的溶解度随温度的降低而不断下降。当该种化学成分的高锰钢冷却到 ES 线时，钢中开始析出碳化物。碳含量为 1.3% 的钢开始析出碳化物的温度约为 960℃ 左右。碳含量不同，其析出温度不同。碳含量愈高，其析出温度愈高。碳化物的析出使组织中出现第二相。当冷却速度较快时，碳化物的析出温度可能降低。析出的数量也和冷却速度有关，冷却速度越慢，越接近平衡状态，碳化物析出数量越多。随着温度的降低，奥氏体中不断析出碳化物，奥氏体的碳含量不断下降。当达到 A_1 时发生共析分解。奥氏体的分解产物是 α 和碳化物 $(Fe,Mn)_3C$。Fe-Mn-C 三元合金的共析分解过程是在一个较宽的温度范围内进行的，也就是存在一个 γ＋α＋(Fe,Mn)₃C 的三相区。在碳含量一定时，此温度间隔将随锰含量的增加而扩大。在锰含量一定时，此温度间隔将随碳含量的增加而减小。

8.2.2 合金元素对组织及性能的影响

高锰钢中的元素包括基本元素和在合金化时添加的合金元素。习惯上称 C、Mn、Si 为基本元素，P、S 为有害元素。

（1）碳

碳对高锰钢的力学性能有显著的影响，含碳量过低时加工硬化后达不到要求的硬度，过高时铸态组织中出现大量粗大碳化物，在随后的固溶处理时很难完全溶于奥氏体中。粗大碳化物对抗磨性和冲击韧性危害大，应根据铸件的使用条件和结构特征来控制碳含量。一般情况下，高锰钢的碳含量应在 0.9%～1.5% 范围内，碳在高锰钢中的作用有两个：一是促使形成单相奥氏体组织；二是固溶强化，以保证高的力学性能。

表 8-9 为不同碳含量对铸态高锰钢（Mn 含量为 11.6%、Si 含量为 0.58%、P 含量为 0.096%、S 含量为 0.032%）的力学性能影响。从表中可以看出，铸态时随钢中碳含量的增加，钢的强度在一定的范围内是增加的。硬度则随碳含量的增加而不断提高。钢的塑性和韧性则明显降低。碳含量达到 1.3% 左右时，铸态钢的韧性即降低到零，这是由于随碳含量的增加，铸态组织中碳化物数量增加，甚至在晶界上形成连续网状碳化物，大大削弱了晶间的强度和钢的塑性和韧性。经过固溶处理后钢的性能有很大变化。1050℃水淬后得到奥氏体组织。即使碳含量提高到 1.48%，冲击韧性仍可达到 81.395J/cm²。

表 8-9　碳含量对铸态高锰钢力学性能的影响

碳含量/%	铸态力学性能					热处理后力学性能(1050℃，水淬)				
	α_k /(J/cm²)	σ_b /MPa	δ /%	ψ /%	HRC	α_k /(J/cm²)	σ_b /MPa	δ /%	ψ /%	HRC
0.63	284	420	32.0	36.2	15	300	589	42.2	48.0	—
0.74	268	458	30.7	33.0	15	289	593	41.7	46.5	15
0.81	143	484	22.4	26.5	15	242	607	38.5	32.0	15
1.06	23	526	10.0	2.7	15	229	693	27.2	30.1	15
1.18	6	553	2.2	0	19	195	760	23.4	24.0	16
1.32	0	598	0	0	21	115	823	18.5	16.3	18
1.48	0	612	0	0	24	83	855	12.3	7.4	20

碳含量和强度性能及塑性性能之间的关系是与碳作为溶质原子与位错的交互作用有关的。碳的原子半径小于铁和锰的原子半径，因此它必然在位错周围的压应力区域内富集，构成了柯氏气团。碳原子和位错之间的交互作用力使位错运动的阻力增加。

高锰钢的碳含量应在 0.9%～1.5% 范围内。碳在高锰钢中有两个作用：一是促使形成单相奥氏体组织；二是固溶强化，以保证高的力学性能。

碳、锰含量不同时钢中形成不同的组织，如图 8-6 所示。碳含量低时形成马氏体组织。图 8-6 中 A 表示奥氏体的相区，此区的成分范围变化很大。碳、锰含量低，则力学性能较差。希望在此区中将碳的含量尽可能选择高些。这样虽然铸态组织中有较多碳化物，同时有少量珠光体组织，但经固溶处理后可以得到单相奥氏体组织。当然碳含量也不可过高，否则

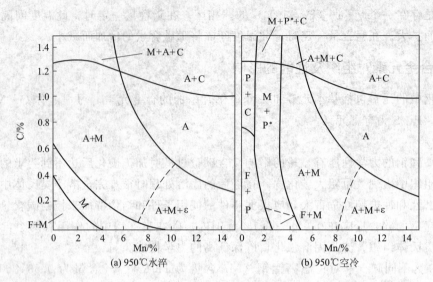

图 8-6 不同碳、锰含量的钢组织

A—奥氏体；M—马氏体；C—渗碳体；F—铁素体；P—珠光体；P*—极细珠光体；ε—马氏体

热处理后不能全部消除碳化物。

虽然固溶处理可以使碳化物溶解，但是碳含量高时必须提高固溶处理的温度，或是延长热处理的时间才能使碳化物充分溶解。当碳化物数量多时，虽然可经过固溶处理消除，但不能保证金属微观组织的致密度。碳化物和奥氏体由于比容的差别造成碳化物熔解后在奥氏体中存在超显微的缺陷。因此，碳含量愈高，碳化物数量愈多，热处理后金属的致密度愈差，韧性愈低。

碳含量高，碳化物数量多。用常规的固溶处理方法（即水韧处理）不能全部消除碳化物，这时会在热处理后的钢中出现残余碳化物。

高锰钢的碳含量，应根据具体的工况条件、工件结构、铸造工艺方法等要求来选择。比如，厚壁铸件由于冷却速度慢，应选较低的碳含量；薄壁铸件相反可选较高的碳含量。砂型铸造比金属型铸造冷却速度慢，铸件碳含量可以较低些。复杂工件内热应力、组织应力、机械应力状况复杂，易产生应力集中，为保证工件强度、塑性和韧性，碳含量应选低些、高锰钢受压应力较小，接触物料硬度低时，碳含量可适当提高。为了适应以上各种工作条件要求，高锰钢的碳含量可在较宽的范围内调整。这也是造成国内、国外标准中出现许多牌号的原因。其中高碳含量牌号是针对弱冲击、低接触应力、软接触物料的工况条件，如拖拉机履带板、小型挖掘机斗齿和料仓衬板等就属于这一类。另一种碳含量为 0.9%～1.2% 的高锰钢则是针对强冲击、高接触应力、硬接触物料的工况条件（如铁路辙叉）以及针对硬物料的粗、中破碎机械的磨损件的工作条件的。

（2）锰

锰是稳定奥氏体的主要元素，在钢中有扩大 γ 相区的作用。锰和碳都能使奥氏体的稳定性提高。在钢中碳含量一定时，随着锰含量的增加，钢的组织由珠光体型逐渐变为马氏体型并进一步转为奥氏体型，锰在钢中大部分固溶于奥氏体中，形成代位式固溶体，使基体得到强化。但是由于锰原子半径和铁原子半径差别不大，因此强化作用较小。钢中锰除固溶于奥氏体中以外，另一部分则存在于 $(Fe,Mn)_3C$ 型碳化物中。锰含量在 14% 以内时，随锰量增加，强塑性提高；但锰不利于加工硬化，锰含量提高对耐磨性有所损害，同时在锰含量大于 12% 时，树枝晶发展，有粗晶和裂纹倾向，在高锰钢中锰的含量通常为 10%～14%，有时也可高达 15%。表 8-10 是锰含量对高锰钢力学性能的影响。

表 8-10　锰含量对高锰钢力学性能的影响

化学成分/%			力学性能			
C	Mn	Si	$\sigma_{0.2}$/MPa	σ_b/MPa	δ/%	ψ/%
1.30	8.7	0.46	362.85	436.40	6.0	17.0
1.16	12.40	0.44	402.07	465.82	6.0	13.5
1.24	13.90	0.63	405.98	470.72	6.5	15.0
1.20	14.30	0.52	426.59	490.33	5.0	16.0

表 8-11 是锰对高锰钢冲击韧性的影响。从表中可以看出，随着锰含量增加，强度性能提高，冲击韧性提高，这主要与锰能够增加晶间结合力有关。另外，在低温时随着锰含量增加，冲击韧性提高得更快些。

表 8-11　锰对高锰钢冲击韧性的影响

锰含量/%		7.2	8.6	9.5	11.0	12.2	13.8
$w(Mn)/w(C)$		7.5	9.1	10.0	11.5	12.8	14.5
$\alpha_k/(J/cm^2)$	20℃	62.76	95.12	130.43	185.35	225.55	272.62
	−40℃	19.61	37.27	64.72	116.70	142.20	176.52
$\dfrac{\alpha_{k20℃}-\alpha_{k-40℃}}{\alpha_{k20℃}}\times100\%$		31.2	39.2	50.0	62.4	63.1	64.7

锰含量降低，有利于提高钢的加工硬化能力。当锰含量从 13% 降低到 8% 或 6% 时，钢的加工硬化能力有明显提高。

锰能促进奥氏体枝晶生长，使得液态高锰钢趋于糊状凝固，在冷却收缩过程中，薄壁铸件由于温度梯度高，极易产生热裂。因此，锰含量不能过高。

钢中锰含量的选择和碳含量的选择一样，主要决定于工况条件、铸件结构的复杂程度、壁厚等几个方面的因素。厚壁铸件为保证热处理时不致析出碳化物，一般希望锰含量高些。结构复杂、受力状况复杂的铸件也希望锰含量高些，以保证材料的塑性和韧性，使工件在使用过程中不致断裂，同时也是为了防止在铸造过程中出现裂纹。在强冲击的工况条件下工作的高锰钢铸件也要求锰含量高些。这是材料受力条件所决定的。在上述几种条件下，锰的含量一般要求不低于 12%～12.5%。反之，在非强冲击条件下薄壁铸件及简单铸件可适当降低锰含量。

锰碳比的含量对高锰钢的组织结构和力学性能也会产生影响。$w(Mn)/w(C)>10$ 可避免冷却时产生珠光体转变，保证奥氏体锰钢的韧性 $w(Mn)/w(C)=10$ 可得到较好的强韧性配合；$w(Mn)/w(C)<10$ 有利于耐磨性的提高。当锰、碳含量同时降低时，硬化速度增加，并易诱发形变马氏体形成。

图 8-7 表示锰、碳含量变化对高锰钢伸长率的影响。

图 8-8 表示碳、锰含量变化对钢的抗拉强度的影响。

图 8-9 表示 $w(Mn)/w(C)$ 比对奥氏体锰钢力学性能的影响。

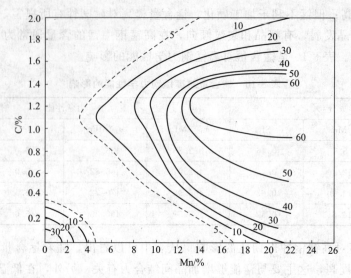

图 8-7 不同锰、碳含量钢的伸长率（％）（经 1000℃水韧处理）

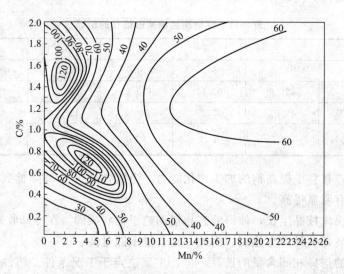

图 8-8 不同锰、碳含量钢的抗拉强度（MPa）（经 1000℃水韧处理）

（3）硅

硅通常不作为合金元素加入，在常规含量范围内起辅助脱氧作用，其含量小于 1％时对力学性能无明显影响。在铸件冷凝过程中，硅有排挤磷、碳的固溶，促使偏析的作用。含量在 0.19％～0.76％范围内，随硅含量增加，铸态晶界碳化物量增多变粗，碳化物溶解后，晶界残存显微疏松，容易形成显微裂纹源。

硅在高锰钢中可以固溶于奥氏体，起固溶强化的作用。同时，硅又改变碳在奥氏体中的溶解度。因此硅对钢的力学性能和耐磨性的影响比较复杂。

锰、碳含量不变，硅的含量改变对力学性能的影响如表 8-12 所示。当硅含量增加时，对固溶强化作用反应较灵敏，屈服强度有明显提高，抗拉强度变化不多，塑性有明显降低。

（4）磷

磷在高锰钢中是有害元素。由于磷在奥氏体中溶解度很小，易偏析形成磷共晶，呈低熔点共晶形态分布在晶界和枝晶间。其中，所形成的二元磷共晶（Fe＋Fe₃P）熔点为 1005℃，

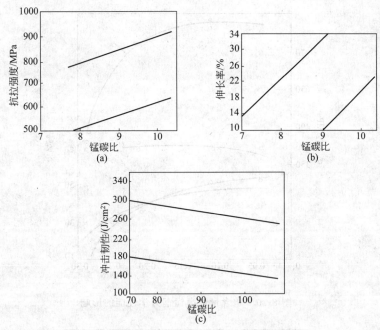

图 8-9　锰碳比对奥氏体锰钢力学性能的影响

表 8-12　硅含量对力学性能的影响

Si%	$\sigma_{0.2}$/MPa	σ_b/MPa	δ/%	ψ/%	$\alpha_k(20℃)/(J/cm^2)$
0.20	353.04	441.30	8.0	15.5	85.32
0.45	—		—	—	112.78
0.56	362.85	441.30	4.5	11.0	98.07
0.83	382.46	441.30	3.0	5.0	91.20
0.90	—	—		—	81.39
1.08	411.88	509.95	2.5	4.5	72.57

所形成的三元磷共晶（Fe＋Fe$_3$C＋Fe$_3$P）熔点仅为 950℃。由于磷共晶成分熔点很低，在结晶凝固、冷却收缩过程中又分布在枝晶之间和初晶晶界上，极易产生热脆，即仅在热处理的温度条件下磷共晶就能熔化，从而在晶界和枝晶间产生裂纹。另外，磷还能溶于奥氏体晶格中增加奥氏体的脆性。图 8-10 是含磷量对高锰钢力学性能的影响。从图 8-10 中可以看出，随着磷含量的增加，高锰钢的塑性和强度明显降低，磷由于有固溶强化作用，所以屈服极限不变，甚至有所增加。图 8-11 是高锰钢在 1150℃测得的拉伸实验结果。图 8-11 表明，磷含量超过 0.04％以后，塑性急剧下降。表 8-13 是磷含量对铸件裂纹废品率的影响。随着磷含量的增大，铸件裂纹废品率急剧上升。

表 8-13　磷含量对铸件裂纹废品率的影响

炉数	化学成分平均值/%					裂纹废品率/%
	C	Mn	Si	S	P	
100	1.17	12.28	0.66	0.0085	0.067	0
100	1.23	11.58	0.506	0.014	0.0783	4
100	1.20	10.87	0.83	0.022	0.090	70
47	1.24	12.90	0.81	0.021	0.106	68

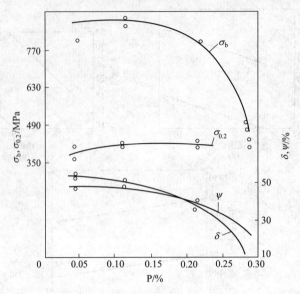

图 8-10　磷含量对高锰钢力学性能的影响

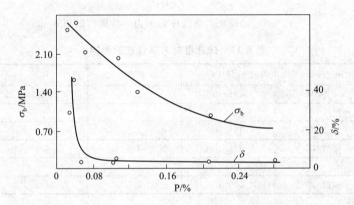

图 8-11　1150℃磷对高锰钢抗拉强度和伸长率的影响

　　表 8-14 反映了磷含量和温度对冲击韧性的影响。不同的磷含量冲击韧性的差别是较大的，随着温度的降低这种差别逐渐加大。有人认为，常温下磷含量每增加 0.01％，冲击韧性降低 49～58.8J/cm²。

表 8-14　磷含量和温度对冲击韧性的影响　　　　　　　　单位：J/cm²

实验温度/℃	200	100	20	—20	—60	—100
P 0.09％	161.81	163.77	158.87	87.28	35.30	22.56
P 0.034％	295.18	293.22	281.45	280.47	205.94	189.27

　　磷在高锰钢中为有害元素，容易造成偏析，这与低熔点磷共晶对奥氏体枝晶有较强的润湿能力有关。其偏析磷共晶具有以下两个特点：①熔点很低；②在晶界上呈连续状，而不是聚集态。

　　这两个特点决定了高锰钢由于磷的存在极易产生热脆裂纹。高锰钢中磷偏析比碳、锰要严重得多，尽管钢中含磷量不一定很高，甚至平均成分是合格的，但由于偏析使磷共晶中的磷含量比平均成分高 100～200 倍，这就给高锰钢含磷量控制带来极大的困难。

磷的偏析和钢中的碳含量有关。奥氏体中的碳含量愈高，磷的溶解度愈低，愈容易在凝固后期以磷共晶的形式析出。钢中碳含量和磷含量相互间存在一定的数量之间的关系。根据长期积累的经验，矿山破碎机械设备中高锰钢铸件中适宜的磷含量和碳含量之间有以下关系。

$$C=1.25-2.5P$$

式中，C、P分别为钢中碳含量和磷含量。

如钢中磷含量为0.1%，则碳的最高含量只能是1.0%。如果超出关系式所限制的数量，铸件就会出现裂纹。也有人提出类似的关系式：

$$C=1.27-2.7P$$

降低钢中的磷含量是较困难的，因为冶炼用的锰铁的磷含量较高，可达0.3%～0.4%，甚至更高。虽然在氧化期可以将磷含量降到很低的数值，但是还原期中会回磷，合金化时加入的锰铁带入大量的磷，这在还原期中是无法去除的。尤其是炼钢用的原材料条件差时降磷更困难。国内外都是根据铸件的用途、重要性、工件的结构特点等来确定其磷含量的范围。

8.3 高锰钢的冶金工艺特点

高锰钢可以用电弧炉、感应炉等冶炼，也可以用双联法混合炼钢。

感应炉冶炼高锰钢是以无锈的低碳废钢和锰铁为原料，一般采用不氧化法吹炼，没有脱碳沸腾去气去夹杂物的作用，炉渣温度较低，脱磷硫能力差。由于对原料要求严格，冶炼成本高，因而不常采用感应炉。

混合冶炼常以电弧炉为主要熔炼设备，先炼出合格的低碳钢液，然后再在另一种炉子（如感应炉等）中熔化好锰铁液，按一定比例混兑而成高锰钢。这种方法简便、经济，但质量波动性较大，生产中并不常用。

冶炼高锰钢主要用电弧炉，采用碱性炉衬冶炼，因为在冶炼过程中，渣中（MnO）含量较高，若是酸性炉衬，必然导致严重侵蚀，而且钢中Si无法准确控制，更不能脱磷、硫。

碱性电弧炉冶炼高锰钢可分为氧化法和不氧化法。氧化法是以碳素废钢和锰铁为原料，即废钢熔化后氧化精炼，在还原期加入锰铁，直至钢液成分温度合格后出钢。这种方法去磷、去硫、去气体及夹杂物条件好，对炉料要求不十分苛刻，因此，在高锰钢的生产中占有较大的比例（约占60%以上）。不氧化法是以高锰钢的废钢料，如废铸件、浇口、冒口、注余等为原料（或以无锈的低碳钢配锰铁）。炉料熔化后不进行氧化操作而直接还原精炼，并补加少量合金成分至合格。这种方法由于大量使用了高锰钢的返回料，故亦称返回法。不氧化法对炉料要求严格；但可以大量节约锰铁和其他辅助材料（如电极、石灰、矿石、镁砂等），缩短时间30～60min，节约电能20%～30%，提高生产率25%～30%。

8.3.1 碱性电炉氧化法工艺

由于高锰钢冶炼过程中会生成大量的MnO，为了防止炉衬的侵蚀，保证脱磷和准确控制硅含量，一般采用碱性电弧炉进行冶炼。

碱性电弧炉氧化法工艺过程包括补炉、装料、熔化、氧化、还原、出钢及浇注等几个阶段。

（1）补炉

每次出钢后必须进行补炉。在冶炼过程中，炉衬一直处于高温状态，电弧的强烈热冲击、钢液和炉渣的冲刷及侵蚀、装料时钢料的机械撞击等作用使炉衬材料不断被侵蚀剥落进入钢液和炉渣中。当炉体状况不好时，这种侵蚀和剥落更严重，因此出钢后必须及时地修补炉衬。

高锰钢冶炼过程中会生成大量的 MnO 及 SiO_2，对碱性炉衬会产生较强的侵蚀，导致耐火材料的剥落及损坏，影响炉衬的寿命。同时剥落的耐材进入钢液和炉渣会影响钢液的质量。一般要求，新砌的炉子或大修的炉子使用 3～5 炉后才可以冶炼高锰钢，以免钢液带入外来夹杂物。

（2）配料

严格按照高锰钢的规格成分进行配料，方便生产，减少不必要的消耗。炉料主要由碳素废钢组成，炉料熔清后的碳量要保证氧化期脱碳量并考虑还原期加入锰铁带入的大量碳。一般应保证熔毕碳在 0.30%～0.60% 之间，这是氧化期得以顺利进行的基本条件。

碳的配料可按下面公式计算：

成品含碳量＝熔清碳量（%）＋还原期带入碳量（%）－氧化期脱碳量（%）

还原期带入碳量（%）＝加入锰铁量×锰铁含碳量（%）/钢水重

还原期锰铁加入量用下式计算：

锰铁的加入量＝钢水含锰的总重量/锰铁的含锰量（%）

钢水含锰的总重量＝钢水重×控制含锰量（%）

一般情况下，冶炼高锰钢还原期配锰应是高、中、低碳三种锰铁配合使用。

高锰钢氧化期的脱碳量应小于 0.3%，以 1t 钢水为例：

还原期带入碳量＝(120＋50)×5%/1000×100%＝0.85%

熔清碳量＝1%＋0.3%－0.85%＝0.45%

即炉料的熔清碳量应不小于 0.45%。

炉料废钢中的磷、硫含量尽可能低，最好不超过 0.04%。

炉料中的 Mn、Si 含量也应有适度的限制，熔清时钢液中 Mn、Si 都不宜过高（Mn 0.50%，Si＜0.20%），不然影响氧化期钢液的氧化性，并在氧化过程中使渣中（MnO）、（SiO_2）含量增加，不仅影响炉衬寿命，而且降低渣中有效的 CaO 含量，对脱磷不利。但过低会造成铁的大量损失。

（3）装料

通常装料要求迅速、密实以及合理布料，以达到多装和快熔的目的。尤其是当废钢来源复杂，质量较差的情况下，要十分重视废钢的管理和使用，尽可能减少脏物入炉量和装炉次数。装料前，先在炉底铺一层占料重 1.5% 左右的石灰或碎铁矿石，作为保护炉底和熔化初期成渣之用。

（4）熔化期

装好炉料，盖好炉盖，下降电极，开始熔化废钢。炉料熔清后提前脱磷，以减轻氧化期的任务。从脱磷热力学条件可知，在较低温度下，只要选好具有一定碱度的、流动性良好的、氧化性强的炉渣，就可以有效地脱磷。熔化期钢液温度较低（约 1500～1540℃），能否提前大幅度脱磷关键在于能否造好这种熔化渣。选具有较强脱磷能力的熔化渣，需要在熔化中后期不断补加渣料，使炉渣性能和数量满足大量脱磷的要求。在脱磷条件下，渣量较大时脱磷量较多。当炉料中磷含量在 0.08% 以上时，要想把磷脱到 0.03%，需要渣量约 4%，若想继续脱磷则必须增加渣量。但渣量过大操作困难，只能流渣或换渣，利用这些机会把磷进一步降低。炉内渣量一般控制在 4%~5% 为宜。

为了把含磷量降到最低点，在熔化期要注意做好早期脱磷的工作，以避免因磷高而延长氧化时间。

① 装料前，在炉底加入料重 2%~3% 的石灰和适量的矿石，熔化 60%~70% 后，随时补加石灰和矿石，以造成高碱度，强氧化性炉渣为宜，以利于熔化期低温脱磷。

② 熔化末期可采取自动流渣，随时造渣的方法，降低渣中含 P 量以利于钢液中的磷向渣中扩散。

③ 熔清后，取样分析 P、S，根据含磷情况决定扒渣。

④ 熔化期其他操作与碳钢相同。

生产实践表明，在吹氧助熔时氧和碳并未激烈反应，渣中 FeO 含量可达到 15%~20%，只要及时补加石灰，保证一定的碱度（2.0~2.5），并酌情补加适量的碎矿石和萤石，就可以使废钢中的磷脱除 50%~70%。熔清后扒出或自动流出一部分渣，补加渣料造新渣进入氧化期，再经进一步脱磷之后，氧化末期钢中磷含量就很低了。

（5）氧化期

氧化期的脱磷任务提前到熔化期完成一部分，使熔清时钢中 [P] ≤ 0.03%，这样可以减轻氧化期脱磷负担。

采用所谓的熔氧合并操作减轻了氧化期脱磷任务。因此进入氧化期后可以优先造渣及吹氧快速脱碳，在脱碳过程中继续脱磷、去气、去夹杂。但应注意的是，要充分利用吹氧沸腾的机会自动流渣，及时调整炉渣成分、渣量和流动性，这样就能保证氧化末期 [P] ≤ 0.01%，同时也能减少或防止后期回磷。

矿石和吹氧联合脱碳能灵活地调节熔池温度，兼顾脱磷脱碳两个方面，因此是冶炼高锰钢最常用的方法。当氧化初期钢液中磷含量较高时，可以采用这种方式，先用矿石把磷脱到 0.015% 以下，再吹氧快速脱碳。

当钢水温度达到 1560℃ 以上，炉渣流动性良好时，开始加入矿石氧化。矿石要分批加入，第一批矿石重量 ≤ 15kg/t，后一批矿石重不超过 10kg/t。沸腾要均匀激烈地进行，加每批矿石要根据炉渣情况加入适量石灰、萤石等渣料，以保证炉渣呈泡沫状有良好的流动性。氧化中平均脱碳速度不小于 0.5%/h，脱碳时间要 ≥ 25min，最后一批矿石加入 5min 后，搅拌取样，分析碳、磷含量，当碳为 0.15% 左右，P ≤ 0.015%，温度在 1600℃ 左右时，开始扒渣。

联合脱碳法总的脱碳量 ≥ 0.20%~0.30%，其中吹氧脱碳量要求 0.10% 以上，沸腾时间不少于 10min。由于吹氧脱碳加强了熔池的搅拌，改善了去气体去夹杂物以及均匀温度和成分的条件。许多研究成果证实，氧化期熔池强烈沸腾能加速脱磷过程。这是因为强烈的沸腾增大了钢渣反应界面，提高了界面反应通量。

强烈沸腾对改善熔池内部的传质传热条件、加快反应速度、提高热效率、去气、去夹杂以及均匀温度和成分等都十分有利，但是沸腾并不是越强烈越好，时间越长越好，而是有一个合适范围。这就需要根据具体生产条件，通过控制脱碳速度和脱碳量来调节熔池沸腾强度和沸腾时间。

吹氧脱碳速度在很大程度上主要决定于供氧速度。供氧速度与吹氧管根数、内径和吹氧压力等有关。当供氧速度一定时，脱碳速度随钢液中碳含量降低而减小。在同等条件下随着吹氧压力的增加脱碳速度增大。这是由于吹氧压力增大后更加改善了脱碳反应的动力学条件。供氧量与吹氧压力有一定的比例关系，它对脱碳速度的影响相似于吹氧压力。

吹氧脱碳时氧气消耗量与氧化终了时钢中 C 含量有关，$[C]_{终}$ 越高，氧气消耗量越少。钢液中氧含量和碳含量之间满足以下关系：

$$[O] = -\frac{0.0028}{[C]} + 0.011$$

随着碳含量的降低，氧的浓度提高。这会给还原期脱氧和合金化带来困难。因此一般在氧化末期钢中碳含量应保持在 $C \geqslant 0.15\% \sim 0.20\%$。

氧化末期将钢中 Mn 调整到 0.2% 左右，以防钢液过氧化并起预脱氧作用。锰的这种预脱氧作用比其他强脱氧剂优越，因为 $[Mn] \approx 0.25\%$ 时，在钢液中不能单独形成 MnO 和 MnO-FeO 一类夹杂物，也基本上不影响炉渣的脱磷能力，也就是说不会产生炉渣的回磷。

冶炼高锰钢时，氧化期为了去磷，要求炉渣的流动性好、碱度合适、炉渣量大。炉渣的碱度应该在 2.5 左右。氧化期加矿石时，由于温度降低有利于磷的氧化及 P_2O_5 和 FeO 的结合。因为这些反应都是放热反应，其反应式为

$$5(FeO) + 2[P] = (P_2O_5) + 5[Fe] \qquad \Delta H = -200338.38J$$
$$(P_2O_5) + 3(FeO) = 3FeO \cdot P_2O_5 \qquad \Delta H = -128116.08J$$

当渣中有自由的 CaO 时，$3FeO \cdot P_2O_5$ 进一步转变为 $4CaO \cdot P_2O_5$。脱磷反应可表示为

$$2[P] + 5(FeO) + 4(CaO) = 5[Fe] + (4CaO \cdot P_2O_5) \qquad \Delta H = -886973.58J$$

上述脱磷反应是在钢-渣界面上进行的。由于是放热反应，在高温条件下不易进行。在低温时钢渣之间的反应达到平衡，在温度增高时平衡被破坏，钢液中磷含量反而会增加。冶炼中不注意操作就容易产生此种返磷现象。氧化期的脱磷反应前期就达到了平衡。所以前期除渣是非常重要的。

氧化期脱磷反应的三个主要影响因素是炉渣碱度、温度和渣的氧化性。脱磷反应时渣中有足够量的 FeO 和 CaO，它是脱磷的必要条件。在相同碱度条件下，炉渣的氧化性高有利于脱磷，在相同炉渣的氧化性时，碱度高有利于脱磷，因此要不断加入矿石和石灰。加入的石灰和 SiO_2 结合，保证炉渣碱度和用于脱磷。

氧化期脱碳反应使熔池产生强烈沸腾，这有利于熔渣中的扩散过程。有利于形成高碱度的有强反应能力的熔渣，促进钢渣界面上多相反应的进行。但是要注意控制温度，因低温有利于脱磷反应。

氧化末期钢水中含磷量应尽量降低。这是因为还原期进行合金化时要加入大量锰铁。锰铁中，尤其是高碳锰铁中有较多的磷。所以氧化末期磷含量应降到 0.02% ~ 0.025% 以下。这样才能保证出钢时磷含量不超出规定范围。

氧化期结束时应将氧化渣全部扒掉，因为进入还原期后造渣材料中有硅铁粉和铝粉。扩散脱氧的结果形成 SiO_2 和 Al_2O_3。这些产物在渣中和 FeO 及 CaO 结合成 $2FeO \cdot SiO_2$、$3CaO \cdot Al_2O_3$、$2CaO \cdot SiO_2$ 等，使磷从渣中还原到钢水中。此外，还原期钢水温度远高于氧化初期，有利于磷从渣中向钢液中还原这一吸热反应的进行。所以氧化末期渣必须扒除干净。

（6）还原期

扒除氧化渣后进入还原期，首先按石灰：萤石 = 3.5 : 1 加入造稀薄渣，稀薄渣形成后，

补加石灰、萤石或碎耐火砖块，迅速形成高碱度和流动性良好的还原渣，以便使预脱氧剂快速均匀的熔解在钢渣内，促进各种形式的脱氧。

脱氧剂种类、加入量、加入顺序都对钢质量有重要影响。冶炼高锰钢常采用综合脱氧方法，即还原初期沉淀脱氧，随后同时进行钢渣界面脱氧和渣中脱氧，最后在出钢前再沉淀脱氧。

为了避免合金化时加入锰铁的大量氧化，减少钢中氧化物夹杂，进行预脱氧是很必要的。锰铁、硅铁及硅锰合金和铝等是常用的经济有效的预脱氧剂。锰的脱氧能力很低，但钢液中含有 0.5% 的 Mn 时，Si 的脱氧能力提高 30%～50%。利用 Mn、Si 脱氧时，先加 FeMn 后加 FeSi 形成的夹杂物颗粒大，易排除。不仅如此，钢液中 [Si] 及 [Mn]/[Si] 值对脱氧产物的形态也有关系。为了得到低熔点的、以液态形式存在的夹杂物，较为理想的方法是，先加锰铁将钢中 Mn 调到 0.4%～0.5%，然后加 Mn/Si＝4.5 左右的硅锰合金，或按这个比例同时加入 FeMn、FeSi，最后加 FeSi 调整钢中 Si 含量至 0.2%～0.3%。这样脱氧效果好，脱氧产物排除干净，钢中氧能降至 0.010%～0.015%。

当钢中 Mn/Si 比值较大时，加入少量的 Al 后，钢中的氧下降极快。这是因为加入少量 Al 后，使脱氧产物黏度下降，Al_2O_3 含量高的夹杂物易于聚集长大，加快了排除速度。另外，由于脱氧产物是复杂的氧化物（如硅酸铝、硅酸铝锰等），因此降低了 Al_2O_3 在脱氧产物中的活度，使 Al 的脱氧能力增大。如 [Mn]0.66%，[Si]0.27%，残余 [Al]0.04% 时，钢液中溶解的氧约为 0.001%。很明显，与上述 Si、Mn 联合脱氧效果相比，提高了十几倍。

还原渣基本形成后，加粉状脱氧剂进行炉渣脱氧。高锰钢脱氧可采用白渣法或电石渣法进行炉渣脱氧。白渣法用 C 粉（1.5～3kg/t）和硅铁粉（4～6kg/t）为还原剂，白渣时间保持 20～30min，渣中（FeO＋MnO）<1.5%。电石渣法以 C 粉（用量比白渣法多，约为3～4kg/t）或电石块（3～5kg/t）作还原剂，其脱氧能力强，但出钢前必须破坏电石渣，使（CaC_2）<0.5%，否则，增加钢中氧化物夹杂。

还原期的时间主要取决于合金化锰铁熔化快慢和渣中不稳定性氧化物（FeO、Fe_2O_3、MnO 等）降低的速度。为了使锰铁快速熔化，降低电耗，不少厂采取稀薄渣下加入第一批（占加入总量的1/3）烤红的高碳锰铁。也有的厂在白渣（或电石渣）下加锰铁。这两种加入方法冶炼的高锰钢在出钢前试样中的夹杂物数量、机械性能和耐磨性均无大的差异。为了迅速降低渣中不稳定氧化物，要密切注视炉内的温度、控制好炉渣的强度（一般为 3～4）、流动性和渣量（最终总渣量为 4%～6%），保护炉内强还原气氛，勤推渣搅拌，促进熔池温度和成分均匀，扩大粉剂与炉渣的接触面积，适当使用 Al 粉、石灰 Al 粉、CaSi 粉等有利加快炉渣的脱氧。还原过程中经常在渣面上撒上少许 C 粉，可以降低炉内氧的分压，减少炉气对炉渣的氧化，同时有利于界面脱氧和沉淀脱氧过程。这是由于在电弧的高温下，C 还原（SiO_2）所产生的 Si 溶于钢液的缘故。向炉内加入粉剂后配合吹 Ar 或 N_2 气搅拌，或直接采用渣中喷粉是提高炉渣脱氧速度的有效办法。

高锰钢的终脱氧一般是在出钢前炉内插 Al，用量为 1～1.5kg/t。使用复合脱氧剂（如 Al-Ti，Al-RE、Al-RE-Ca-Si 等）终脱氧效果更好，可以提高钢的力学性能、尤其是塑性和韧性，也可以提高耐磨性。

钛也可以作为脱氧剂，其脱氧能力很强。钛可以消除钢中氮的有害作用，所形成的 TiN 可以成为结晶核心，细化结晶组织。硅钙、稀土元素有使夹杂物趋向球形的能力对性能有利。国外有的工厂完全使用扩散脱氧而不用沉淀脱氧剂，这虽可以使钢中夹杂物减少，但脱氧的时间过长。

（7）出钢

高锰钢出钢时，应尽量减少出钢过程中钢水二次氧化，缩短时间并减少外来夹杂物对钢液的污染。对出钢的要求如下：

① 出钢温度。一些资料表明，高锰钢流动性好，出钢温度不宜过高，一般为 1470～1490℃。

② 终脱氧，向炉内插铝进行终脱氧，插入量为 0.7kg/t，插入要深，并搅拌，以免在出钢或包内翻花。

③ 出钢过程要求，大出钢口、快速出钢，做到钢、渣混出，防止氧化。

8.3.2 不氧化法

电弧炉冶炼高锰钢常用氧化法和不氧化（返回法）。氧化法需用大量价格高的低磷锰铁，成本较高。不氧化法可用大量的高锰钢返回料（30%～100%），其余可用碳素废钢补充，可缩短冶炼时间，节约电能，降低生产成本，但返回法无法去磷，钢液含磷高，多次返回重熔后钢中磷愈来愈高，对铸件的性能也有较大影响。

配料时应控制含磷量小于 0.07%，锰、碳在下限。炉料中可加入 2%左右的石灰石，以加强熔池的沸腾，有利于去除气体和夹杂。有的厂采用低压吹氧沸腾（吹氧压力≤0.4MPa，耗氧量为 2～4m³/t）代替石灰石的作用，效果也很好。

炉料应干燥、无锈、无油污、无泥砂，块度合适，布料合理，保证料堆密度高。将配好的炉料一次装入熔化，熔清后取样分析 C、Mn、P、Si 等元素，不扒渣直接进行还原操作。用于炉渣脱氧的粉剂主要是碳粉，也可以加入一部分硅铁粉或硅钙粉。炉渣脱氧开始时，加入碳粉 2～3kg/t，还原 10min 后推渣搅拌取样分析 C、Mn、Si。扒渣 50%左右另换新渣（石灰 10～15kg/t，萤石 3～5kg/t），待炉渣熔化后即加入碳粉 3～4kg/t、硅铁粉 2～3kg/t（或电石粒 3.5～5.5kg/t）进行还原，使其形成流动性良好、碱度合适的弱电石渣或白渣。在白渣下取样分析，根据分析的结果补加合金调整成分，还原期（FeO＋MnO）＜1.5%，温度符合要求后用铝终脱氧出钢。

不氧化法冶炼渣中（SiO₂）较高，而 MnO、FeO 和 SiO₂ 容易结合成复杂的氧化物，影响还原的顺利进行，因此常常在熔清后或者经过一段脱氧后，将 MnO 含量较高的炉渣扒除一部分再造新渣。前者可能使 Mn 的氧化损失高些。实践证明，扒除一部分氧化性炉渣可使钢中氧化物夹杂量减少，提高钢的力学性能，见表 8-15。

表 8-15 操作方式对高锰钢力学性能的影响

操作方式	炉渣化学成分/%				炉渣碱度	硬度(HB)	弯曲角度/(°)	冲击韧性/(J/cm²)
	CaO	SiO₂	FeO	MnO				
不扒渣	31.2	27.2	2.6	18.0	1.3	192	55	143
	36.0	27.6	2.6	5.9	1.3	197	57	120
	42.0	26.8	2.6	4.9	1.6	192	55	117
扒渣	56.0	23.2	2.1	2.5	2.4	197	180	165
	56.0	28.0	1.5	1.8	2.0	187	123	198
	56.2	25.6	1.8	2.0	2.2	179	180	180

氧化法和不氧化法冶炼的高锰钢质量问题，长期以来一直有争论，多数人认为氧化法冶炼的高锰钢的力学性能高些，冷脆性好些，耐磨性也高些。不氧化法冶炼的钢中氢、氮含量高些，性能低些。但是也有少数不同的看法，认为虽然不氧化法冶炼的高锰钢中磷含量高些，却对性能影响不明显。国内曾对19个工厂用这两种方法生产的374炉高锰钢的性能和成分进行过统计分析，其结果表明不氧化法钢的磷含量偏高，抗拉强度、延伸率和冲击韧性值都稍低一些。

不氧化法冶炼高锰钢时，由于钢液中含有大量比磷更容易氧化的锰元素，用氧化性脱磷的方法简直是不可能的，因为在一定氧势下，钢液中的锰优先氧化，不但使钢中锰大量损失，而且磷得到了保护。为了解决高锰钢钢液脱磷的困难，近几年来提出了在还原条件下脱磷的问题，以期在高锰钢返回料冶炼中达到脱磷保锰的目的。

8.3.3 高锰钢的炉外精炼

炉外精炼技术是20世纪70年代开始应用于高锰钢生产的，其中钢包底部部吹 Ar 搅拌方法应用较多。经过吹 Ar 处理，钢液中的夹杂物，尤其是较大的夹杂物（>20μm）明显减少。氧化物夹杂可减少20%以上，钢中残余的非金属夹杂物的分布状况也得到很大程度的改善，因而提高了钢的力学性能。

由于 Ar 气泡在钢液中的搅动使温度均匀化。因此可以将浇注温度降低20℃左右，相应地降低了出钢温度，这对提高高锰钢铸件质量有重要意义。根据实验的结果，仅由于吹 Ar 使钢液净化、提高性能、降低浇注温度和改善铸件质量，就可以明显地提高钢的耐磨性。经炉外 Ar 气精炼的钢液用于 ϕ1000mm×700mm 反击式破碎机板锤，破碎硅质灰岩时耐磨寿命提高30%。

向高锰钢液中吹 N_2 气也可以起到类似的作用。N_2 气成本低，吹 N_2 时高锰钢钢液吸收的少量 N_2 气有合金化作用，如细化结晶组织。由于工业 N_2 气中常含有一定数量的氧，因此吹入 N_2 气后虽然氧化物夹杂有所减少，但同时钢中又增加一些其他类型的夹杂物，如硅酸盐、铝尖晶石类的夹杂物，吹 N_2 效果不如吹 Ar。另外，N_2 气的吸收量过多使钢中溶解的 N_2 在随后浇注和冷却及凝固过程中析出，会造成一系列的问题。如浇注时钢液在浇口内上涨，使钢水补缩困难，铸件上形成析出气孔等。

8.3.4 冶炼因素对高锰钢质量的影响

高锰钢冶炼过程中锰的含量，渣中 FeO 和 MnO 的含量以及熔渣制度等因素，对高锰钢的性能有重要影响。这些冶炼工艺因素控制得当，可以得到含夹杂物和含气体少的纯净钢液，缩短冶炼时间，减少合金材料的消耗。

（1）还原期锰的含量

还原末期渣中 MnO 的含量对钢的性能有很大影响。末期渣中 MnO 的含量反映了钢的脱氧程度。钢中氧含量、锰含量和渣中 MnO 含量之间有以下关系：

$$\lg[O]=\lg\frac{(MnO)}{[Mn]}-\frac{10487}{T}+4.592$$

式中　[O]——钢中氧含量，%；

　　　[Mn]——钢中锰含量，%；

　　（MnO）——渣中 MnO 的物质的量；

T——温度，K。

钢中氧含量的大小决定了（MnO）/[Mn]的比值。在还原期中加入合金化锰铁之后，锰的变化对钢的质量有很大影响，根据冶炼时钢水中锰含量的变化将冶炼过程分为以下两种情况。

① 钢水中锰含量逐渐降低　如果还原期中钢的脱氧情况不好，钢液和渣中均含有较多的FeO，而且钢液温度较低，当短时间内加入大量冷的锰铁时，则会发生锰的大量氧化。钢液内的反应为：

$$[FeO]+[Mn]=(MnO)+[Fe]$$

在渣-钢界面上的反应：

$$(FeO)+[Mn]=[Fe]+(MnO)$$

$$\lg K_{Mn}=\frac{6600}{T}-31.6$$

其平衡常数：

$$K_{Mn}=\frac{a_{(MnO)}a_{[Fe]}}{a_{(FeO)}a_{[Mn]}}$$

式中　a——活度。

例如，当温度为1620℃时，反应的平衡常数 $K_{Mn}=1.91$，1540℃时 $K_{Mn}=3.02$。可以看出，温度较低时有利于锰的氧化。炉渣碱度低也有利于锰的氧化反应的进行。钢液中锰的变化趋势一直是下降的。冶炼过程中锰的氧化导致钢中非金属夹杂物的数量增加，使钢的性能变差。

② 钢液中锰含量逐渐增加　在渣和钢的界面上有以下反应：

$$(MnO)+[C]=[Mn]+CO \qquad \Delta H=279468.9 J$$

此反应在高温下容易进行。另外还有反应：

$$[Mn]+(FeO)=(MnO)+[Fe]$$

其平衡常数 K_{Mn} 随温度的升高而减少。说明温度高时锰将从渣中还原，渣中 MnO 逐渐减少。

此外，熔渣碱度对 MnO 的还原也有影响。SiO_2 含量高时，MnO 与 SiO_2 结合，降低了 MnO 的活度，使还原难以进行。所以脱氧良好、分批加入预热锰铁保持较高的温度、及时调整炉渣碱度，可以做到使锰逐渐还原，钢液中锰含量逐渐增加。

（2）熔渣制度

渣中 MnO、FeO 含量会对高锰钢性能产生一定的影响，如何降低渣中 MnO 和 FeO 含量成为熔渣控制的关键因素。

① 氧化期末扒除氧化渣　氧化期结束后尽量扒除氧化渣并造新渣。由于钢中碳含量高，[FeO] 值低，渣中（FeO）也必然较低。

② 保证较高的温度　要保证较高的温度，使渣中 MnO 得以被还原，锰还原到钢液中。其反应为：

$$(MnO)+[C]=CO+[Mn]$$

高温可以使这个吸热反应有条件进行。但渣中 MnO 也不能全部被还原。因为氧化渣中的 MnO 不可避免地有一部分残留下来，而且在进行合金化时因加入锰铁，局部降温区域的钢液中锰必然有一部分被氧化，形成 MnO。

③ 脱碳时不能碳降得很低 氧化期脱碳时不能将碳降得很低。而应在保持一定的脱碳量的同时，将碳降到一定的数值。如果合金化时使用高碳锰铁，则碳含量不应降到 0.2% 以下。如果是部分使用中碳锰铁，则碳含量应该保持更高些。这是因为在氧化沸腾阶段，钢中氧含量不决定于渣中的 FeO 和 MnO 的量，而取决于钢中的碳含量。

根据计算，当碳含量为 0.1% 时，与之平衡的钢中含氧量为

$$[O] = \frac{0.0028\%}{0.1\%} + 0.011\% = 0.039\%$$

当碳含量为 0.2% 和 0.4% 时，相应的氧含量为 0.025% 和 0.018%。氧含量低可以大量减少合金化锰铁在加入钢中后的氧化损失。

④ 保持炉渣有较高的碱度 碱度高可以使 MnO 有较大的活度。用 FeO+MnO 人工合成的熔渣和钢液达到平衡时有以下关系：

$$\lg \frac{[Mn][O]}{\gamma_{MnO}(MnO)} = -\frac{12760}{T} + 5.684 \tag{8-1}$$

式中　γ_{MnO}——MnO 在渣中的活度系数；

$[O]$——平衡时钢中氧的浓度。

在酸性渣［50%SiO$_2$、50%（FeO+MnO）］条件下有以下关系：

$$\lg \frac{[Mn][O]}{(MnO)} = -\frac{14591}{T} + 6.045 \tag{8-2}$$

由式(8-1) 和式(8-2) 可以得出：

$$\lg \gamma_{MnO} = -\frac{1831}{T} + 0.361$$

当 $T=1873K$ 时，$\gamma_{MnO}=0.25$，即在酸性渣中只有 25% 的 MnO 处于自由态。在碱性炉渣中，当钢液和炉渣之间达到平衡时有以下关系：

$$\lg \frac{[Mn][O]}{(MnO)} = -\frac{10487}{T} + 4.592 \tag{8-3}$$

由式(8-1) 和式(8-3) 可以得出：

$$\lg \gamma_{MnO} = \frac{2273}{T} - 1.092$$

当 $T=1873K$ 时，$\gamma_{MnO}=1.25$。

因此，碱性炉渣中 MnO 的活度高，而且炉渣的碱度愈高，活度愈高，愈有利于锰的还原。

炉渣碱度和其中 MnO 及 FeO 的含量有图 8-12 所示的关系。在碱度较低时，随碱度的提高，渣中（MnO+FeO）含量值急剧下降。一般认为适宜的碱度在 2.5~2.7 左右。

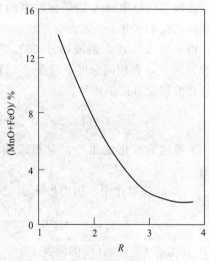

图 8-12 炉渣碱度（R）
对（MnO+FeO）含量的影响

⑤ 使用还原能力强的脱氧剂 还原期使用铝石灰和碳质材料进行扩散脱氧。铝粉可使还原反应剧烈进行。用铝石灰粉可以得到高碱度的炉渣。渣中 MnO、FeO 降低可使钢中氧含量降到 0.0006% 左右。

（3）脱氧方法

高锰钢的质量和脱氧剂种类、加入量、加入顺序都有重要关系。高锰钢冶炼的脱氧是由钢液的预脱氧、还原期的扩散脱氧和最终的脱氧所组成的。

在一般碳素钢中锰含量小于 1%，根本不能起脱氧的作用。在高锰钢中，由于锰含量高，特别是加入合金化锰铁后在其周围钢液中锰含量很高，加以温度低，锰和氧结合形成 MnO 的趋势增加。但是这只会造成钢中 MnO 夹杂物的增加和合金化锰铁的烧损。所以在加入合金化锰铁之前，钢中氧含量必须降到足够低，以防止加入的锰铁氧化。这样即使钢液温度降低，也不致形成大量的 MnO。因而预脱氧是一个非常重要的环节。

高锰钢的冶炼可以使用铝、硅钙、硅铁、稀土金属元素等作为预脱氧剂。它们可以单独使用也可以综合加入，在有其他脱氧剂配合时也可以加入部分锰铁。比较各种脱氧剂的作用，则以铝、硅钙和稀土元素的作用较强。

① 硅的脱氧作用　当钢液中加入 0.5% 的硅预脱氧时，与其相平衡的氧的浓度可计算如下

$$\lg \frac{[Si][O]^2}{a_{SiO_2}} = \frac{-31300}{T} + 12.152$$

脱氧产物中 SiO_2 约占 90%，$T = 1823K$ 时取 $a_{SiO_2} = 0.9$ 带入上式

$$\frac{[Si][O]^2}{a_{SiO_2}} = 9.6 \times 10^{-6}$$

$$[O] = \sqrt{\frac{9.6 \times 10^{-6} \times 0.9}{0.5}} = 4.157 \times 10^{-3}$$

此数值和钢中加入 12% 锰时钢的含氧量相比较，已高于和锰相平衡的氧的浓度。因此不能防止锰的氧化。

由于加入锰铁，钢液由 1550℃ 降至 1450℃，根据化学反应平衡常数计算氧含量为 1.32×10^{-3}，和相同温度下与 12% 的锰相平衡的氧的浓度比较差 7 倍，必然发生锰的氧化。其氧化的数量可按下式计算

$$(1.32 \times 10^{-3} - 0.81 \times 10^{-3}) \times \frac{54.93}{16} = 0.00175$$

虽然锰的氧化量很少，但形成的 MnO 不能排出钢液时形成的夹杂物的数量则是巨大的。

② 铝的脱氧作用　钢中加入 0.5% 的铝时，钢液中残余氧量可以按下式计算：

$$\lg \frac{[Al]^2[O]^3}{a_{Al_2O_3}} = \frac{-57460}{T} + 20.48$$

式中　$a_{Al_2O_3}$——Al_2O_3 的活度。

当 $T = 1823K$ 时，

$$\frac{[Al]^2[O]^3}{a_{Al_2O_3}} = 9.1 \times 10^{-12}$$

$[Al] = 0.5$　$a_{Al_2O_3} = 1$，代入上式

$$[O] = \sqrt[3]{\frac{9.1 \times 10^{-12} \times 1}{0.5^2}} = 3.31 \times 10^{-4}$$

钢液中含有的 12% 的锰和与之相平衡的氧的浓度在 $T = 1823K$ 时根据实验数据有以下关系：

$$\frac{[MnO][O]}{a_{MnO}} = 4.87 \times 10^{-2}$$

实验得到 $a_{MnO}=0.51$，代入上式

$$[O]=\frac{4.87\times10^{-2}\times0.51}{12}=2.07\times10^{-3}$$

从计算结果可知，用 0.5% 的铝脱氧后，钢液中含有的氧量远低于含锰 12% 的钢液中和锰相平衡的氧的数量。在此温度条件下加入合金化锰铁不会造成锰的氧化。

由于锰的氧化是放热反应，同时加入大量锰铁使熔池温度降低，平衡条件将改变。例如加入锰铁后若钢水温度下降 100℃，残氧量 $[O]=2.92\times10^{-4}$，对于含锰 12% 的钢水与锰相平衡的氧浓度为 $[O]=8.1\times10^{-4}$，二者之间已经很接近。若考虑到锰铁块加入熔池后需要一段时间才能熔化，则加入的锰铁块周围钢液中锰含量必然高于平均值。若锰的浓度再高，则必然发生锰的氧化。

③ 高碳锰铁的脱氧作用 高碳锰铁中有很高的碳含量，熔池中因碳的氧化可使氧降到较低的浓度，从而减少 MnO 夹杂。

如果以高碳锰铁的形式加入 2% 的锰，则可增碳 0.15% 左右；若在氧化末期钢中碳含量降到 0.1%，则钢中氧含量应为 3.9×10^{-4}；由于锰铁向钢中带入 0.15% 的碳，钢中碳含量为 0.25%，则与之相平衡的氧的量应为 2.22×10^{-4}。钢中锰含量为 2%，1640℃ 时与之相平衡的氧的浓度应为 5.01×10^{-4}。二者相比较相差 1 倍。这说明由于碳的保护作用，锰不致被氧化。但由于加入锰铁时温度降低以及锰铁熔化时局部区域锰的含量高，仍会有部分锰发生氧化反应。

各种脱氧剂的脱氧产物都是高熔点的氧化物。在钢液中成为固态的颗粒，难以上浮排出。如果能使各种脱氧产物之间结合成低熔点的物质，在钢液中以液态存在，则彼此之间可以聚合成大的颗粒，有利于上浮排除。

脱氧剂加入顺序对所形成的脱氧产物的化学成分和熔点有影响。钢中先加入锰铁后加入硅铁时，形成的夹杂物颗粒大，易排除。反之则颗粒小，不易排除。

为了形成尺寸较大的低熔点夹杂，还应该注意预脱氧时，钢中 Si 含量值和 Mn/Si 值。图 8-13 给出这些值和夹杂物存在的状态关系。

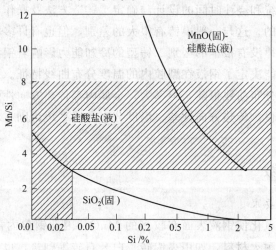

图 8-13 1600℃ 时 Mn 和 Si 的脱氧产物区域图

为了得到低熔点的、以液态形式存在的夹杂物，预脱氧时可以考虑采取以下步骤：先加入锰铁，使钢中锰含量为 0.4%～0.5%，并使钢中 Mn/Si=4～5 左右，此时最容易形成低

熔点的硅酸锰，然后加入硅铁，调整硅的含量达到 $0.2\% \sim 0.3\%$。此时预脱氧效果较好，形成的脱氧产物排除得干净。

（4）高锰钢的精炼

在钢包中用惰性气体处理可以大大减少钢中非金属夹杂物的数量、减少钢中气体数量，从而提高钢水的质量，

在钢水包底部吹入惰性气体氩气，钢水中的夹杂物，尤其是大的（大于 $20\mu m$）夹杂物明显减少。氧化物夹杂可减少 20% 以上，钢中残余的非金属夹杂物的分布状况也得到明显的改善，分布均匀。这样就减少了它在钢中的危害。

向高锰钢中吹氮气也可以起类似的作用。但由于工业氮气中常含有一定数量的氧，因此吹入氮气后虽然氧化物夹杂有所减少，但同时钢中又增加了一些其他类型的夹杂物，如硅酸盐、铝尖晶石类的夹杂物，吹氮效果不如吹氩。氮气成本低是其优点。吹氮时钢水会吸收一部分氮气，氮在高锰钢中有合金化作用，例如可以细化结晶组织。但氮气的吸收量过多使钢中溶解的氮在随后浇注和冷却及凝固过程中析出，会形成析出气孔。

由于炉外惰性气体的处理过程是钢水净化过程，原钢液质量愈差者性能提高幅度也愈大。

惰性气体在钢液中起精炼作用的同时，因气泡在钢液中的搅动，使钢液温度均匀化。因此可以将浇注温度降低 20℃ 左右，相应地降低了出钢温度，这对提高高锰钢铸件质量有重要意义。

8.4 高锰钢的浇注

由于高锰钢 C、Mn 含量高，化学成分范围宽，给钢的铸造性能和铸造工艺带来了某些特殊性问题。因而在确定铸造工艺时，应采取相应的工艺措施，选择合理的工艺参数，以保证铸件质量。当然，影响铸件质量的因素有许多，例如铸件尺寸大小、重量、结构复杂程度、造型材料、浇注系统和浇注时间的设计与确定、铸造方法及操作、钢液条件等。

高锰钢是铸造成型的，这与一般模铸有很大的差别，但也有许多相似之处。在成型过程中钢液的冷却和凝固规律没有根本的区别。铸型的冷却能力影响着钢液的冷却和凝固，即铸型的蓄热能力和导热性能决定了钢液在型腔内的温度分布曲线特征。当冷却速度很大时，钢液内温度梯度大，温度分布曲线很陡，斜率大，金属内部传热方向性强，这有利于柱状晶的形成。反之，传热速度慢，传热方向性差，温度分布曲线平缓，则有利于体积结晶过程，有利于形成等轴晶。

8.4.1 浇注工艺参数

（1）对浇注钢包的要求

高锰钢出钢时二次氧化使钢液表面有较多的 MnO，因此钢包内衬尤其是包底浇口材料应尽量采用碱性或中性耐火材料，如用高铝砖、白云石砖等砌筑，也可用铝镁料捣打。保持包内清洁无残渣，重视烘烤，不使用新包或损坏严重的钢包等对提高钢的纯洁度和铸件质量都是有好处的。要认真安装塞杆塞头（或滑板），保证开启关闭系统灵活，做到不影响正常浇注，不出现漏钢事故。

（2）镇静时间

高锰钢熔点较低，流动性好，在保证浇注温度和耐火材料许可的情况下，保持足够的镇静时间，是提高钢纯洁度的有效途径。在一定的浇注温度下，稍许提高出钢温度（1530～1565℃），或出钢前钢包衬温度，适当延长镇静时间，有利于改善钢的质量。因为钢液温度较高时，黏度较低，有利于夹杂物上浮。但不可过分提高过热度，否则钢液吸气和氧化倾向加重。

确定镇静时间要全面考虑出钢温度、铸件主要壁厚，铸型冷却能力及钢包容量大小等因素。通常镇静时间控制在 7min 以上。

（3）浇注温度

浇注温度与铸件的纯洁度、铸态组织及表面质量等有密切的关系。若浇注温度过高，则这些质量指标全都会恶化。因此合理控制浇注温度是保证铸件质量的重要措施之一。

根据生产经验，浇注温度可以用下式估算。

$$t = 1485 - 0.3\delta$$

式中　t——浇注温度，℃；

　　　δ——铸件中绝大部分的壁厚，mm。

此式对铸件壁厚 10～20mm，钢包浇口直径为 $\phi40～55mm$ 的条件最适用。铸件壁厚时，相应地降低浇注温度，有利于细化结晶组织，避免严重的碳化物聚集和成分偏析，减少热裂、粘砂等铸造缺陷。

（4）浇注速度

保持足够的浇注速度以减少高锰钢浇注过程中的二次氧化。但浇注速度过大，对铸件内部质量和表面质量都不利。合理的浇注速度应按铸件大小、壁厚薄以及钢液温度、铸型条件等具体情况确定。例如，像颚板这样厚壁大面铸件，低温快注有利于消除表面缺陷，减少裂纹、减少对铸型的高温辐射和钢液吸气倾向，同时也有利于改善铸件内部的结构和组织。

（5）铸件的补缩

高锰钢铸件的体积收缩值较大，钢液注入铸型后，若凝固时得不到补缩，便产生缩孔和疏松。为了加强补缩，应设置冒口。但是高锰钢铸件冒口的切割很困难，因而不能像一般铸件那样使用大冒口改善铸件的补缩。为此不得不采取各种工艺措施改善补缩条件，如使用发热剂、绝热冒口、冒口和冷铁配合、浇注时补浇冒口等。

8.4.2　高锰钢铸件的主要冶金质量问题

常见的高锰钢铸件铸造缺陷和组织缺陷有裂纹、晶粒度粗大，非金属夹杂物不均匀以及表层脱碳严重等。这些缺陷不仅影响铸件力学性能和耐磨性能的提高，严重者成为废品。

（1）裂纹

裂纹是高锰钢主要的铸造缺陷。据一些厂统计，裂纹引起的废品占全部废品的 70%，甚至更多。因此，重视对裂纹的研究，寻求防止裂纹出现的途径是生产中迫切要解决的问题。

高锰钢既易热裂也易冷裂。热裂是在高温凝固阶段产生的。钢液浇入铸型后即开始凝固并伴随体积收缩。当铸件的收缩受到铸型、型芯或它本身引起的阻碍时，则在它最薄弱部位，例如热节点、厚薄交接处或低熔点物质集中区等就可能形成裂纹。热裂总是带有沿晶界断裂的特征，热裂纹不规则、断断续续、内表面常被氧化失去金属光泽，裂纹附近并有脱碳现象。在凝固后期，枝晶间残存有较多的尚未凝固的液膜，破坏了已凝固部分的完整性，当收缩受阻时更易沿这些残存的液膜出现裂纹。

冷裂是在较低温度下形成的。铸件完全凝固后，在继续冷却进入弹性状态（约 600～700℃）时，若铸造应力（它是热应力、相变应力和收缩应力等残余应力的总和）超过钢的强度极限时，则产生冷裂。冷裂总是出现在有拉应力的部位。冷裂纹呈直线或圆滑状，无分叉，内表面光洁，显金属光泽。冷裂多见于铸件表面，有时贯穿整个铸件，对于壁厚不均、形状复杂而又有内部缺陷的大型铸件更容易产生冷裂。

钢的化学成分和组织是产生裂纹的内因，而铸件结构、铸造工艺和热处理制度等则是外因。

高锰钢化学成分中，C 和 P 对裂纹的影响最明显。热裂纹的宽度是随钢中，C 和 P 的含量增高而扩大。钢中高碳含量，使结晶间隔加宽而得到粗大的枝晶组织。粗大的枝晶组织扩大形成热裂的温度范围，造成凝固后期枝晶间的液膜不均匀，并随着低熔点物质和夹杂物富集量的增加液膜变厚，液膜存在的时间延长，致使钢的高温强度和塑性等性能更加恶化。同时，随着极大的枝晶组织的形成必然伴随有较严重的枝晶偏析和显微疏松，这些都是促使热裂容易形成的重要原因。

钢中磷含量高（＞0.06％）时，在枝晶间析出的磷共晶较多，降低了晶间强度而容易热裂。磷的这种有害作用又随 C 的含量增加而加剧，当钢中碳含量＞1.3％、P＞0.09％时，钢的热裂倾向就更严重了。

C 和 P 也促进冷裂，因为 C、P 含量高时使铸态性能变脆。

浇注温度对热裂和冷裂也有明显影响。随着浇注温度的提高热裂倾向增加。这是由于浇注温度高时得到的一次结晶组织粗大，因而带来一系列有利热裂的可能性。不仅如此，粗大的初晶组织也会使常温下的力学性能恶化而出现冷裂纹。

脱氧不良和气体及夹杂物多时，钢的强度和塑性降低，必然促使裂纹的产生。

为了防止热裂和冷裂，须注意以下两个方面：

① 在冶炼和浇注过程中，应根据铸件要求合理选择和控制钢的化学成分，充分进行脱氧、除气和排除夹杂物，尽可能降低钢中 P、S 以及采用能细化晶粒的措施等。

② 在铸造工艺方面应采取措施，减少铸件内的残余应力，提高钢的强度和塑性。如合理设计铸件，尽量减少壁厚差；正确安置帽口和浇注系统调节铸件各部分温度分布；严格掌握开箱和出砂时间以及选择恰当的冷却方式，减小铸件内外温差；采取具有良好退让性的选型和造芯材料，以减小收缩阻碍等。

对于在水韧处理过程中，由于铸件入炉温度和加热速度控制不当，引起更大的内应力而使铸件在加热时开裂；或由于水淬前铸件温度过低，组织中析出的碳化物过多，在激冷的收缩应力作用下于晶界处出现的淬火裂纹等，则应根据具体情况，从热处理方面采取措施，改进工艺、装备和操作水平，提高热处理成功率。

（2）晶粒粗大

高锰钢铸件的一次结晶组织的特点是容易产生粗大的柱状晶。

产生粗大柱状晶的主要原因是由于钢中 Mn 和 C 含量高，导热性能差，钢中 Mn、P 等元素促使奥氏体晶粒长大，而且结晶生长速度快。当然，还与冶炼和浇注工艺中的许多因素有密切关系，如钢水过热度、浇注温度、浇注速度及铸型冷却能力等都会影响粗大的柱状晶组织。

粗大的柱状晶组织必然造成枝晶之间的严重偏析，出现较多的显微缺陷，枝晶之间低熔点杂质富集，晶界上夹杂物数量增多，晶界的纯洁度降低。所有这些都会使钢的力学性能、工艺性能和耐磨性能降低，还可能导致裂纹废品。为此，生产中规定若铸件出现严重的柱状晶便划为不合格。

一次结晶组织的粗大和不均匀性，使固溶处理后的二次结晶组织也常常粗大和不均匀。严重时，奥氏体的晶粒度比最粗的 1 级（奥氏体晶粒由大到小共分 8 级，1 级最粗，8 级最细）还粗，晶粒度很不均匀，在同一铸件截面上不同部位的晶粒度相差 1～2 级。这样的二次结晶组织的铸件各种性能必然很差。

为了防止铸件晶粒粗大，在生产中必须注意：

① 在冶炼和浇注过程中应采用合理的脱氧方法，一次结晶和二次结晶组织都将细化；要最大限度地去除钢中的磷，温度和适当降低浇注温度等。

② 在铸造工艺方面要合理设计铸件和浇注、帽口系统，改善铸型的散热条件等。

此外，在有特殊要求的情况下，可进行变质处理，如添加 Ti、V、W、Mo 和稀土元素，以增加外来晶核数或阻止晶粒长大，能显著地细化钢的晶粒。

还可以采用新的固溶处理方法改变高锰钢二次结晶组织，即进行细化晶粒的热处理。其原理是使珠光体型组织在加热进行奥氏体重结晶的过程中晶粒得到细化。经过细化晶粒处理可以使奥氏体晶粒度细化 2 级左右。

（3）非金属夹杂物、磷共晶和碳化物

高锰钢中的非金属夹杂物、磷共晶和碳化物不均匀破坏了钢的连续性和致密度，降低了钢的力学性能，恶化了钢的主要使用性能，或者耐磨性差，或者在较低载荷的条件下，工件过早地出现裂纹和断裂。

高锰钢铸件中的非金属夹杂物主要是氧化物和各类硅酸盐夹杂等，其中最常见的氧化物夹杂有 MnO 及铁锰氧化物（mFeO·MnO）等，硅酸盐夹杂有 MnO·SiO_2、（FeO·MnO)SiO_2 等。这些夹杂物究其来源不外乎内生和外来两个方面，外来夹杂物尺寸较内生夹杂物大，常常在 $20\mu m\sim2mm$ 之间，其中尺寸大者甚至在铸件的断口上用肉眼可以看见。

非金属夹杂物对钢性能的有害作用与其数量、颗粒大小、形状和分布有关。

铸件中 MnO 夹杂物数量往往很多，达到 $0.01\%\sim0.15\%$。因而对高锰钢性能影响很大。表 8-16 列出水韧处理后 MnO 夹杂物的数量对力学性能的影响情况。不仅如此，随着 MnO 夹杂物数量的增加，钢的耐磨性也更加恶化。由磨损试验得到钢中 MnO 含量与铸件相对磨损率的关系式：

$$\eta=735[x]+71.87$$

式中　η——相对磨损率，%；

　　　x——钢中 MnO 含量，%。

表 8-16　高锰钢中 MnO 夹杂物数量对力学性能的影响

MnO/%	力学性能				
	σ_b/MPa	$\sigma_{0.2}$/MPa	ψ/%	δ/%	α_k/(J/cm²)
0.06	600	430	17	13	120
0.05	635	415	21.5	16	140
0.04	970	405	24	20	160
0.03	710	390	28	23.5	190
0.02	740	370	31	25	225

　　根据这个关系可以估算，如果钢中 MnO 夹杂含量从 0.15％降到 0.01％时，铸件相对磨损率可降低 83％。

　　高锰钢中有一些低熔点的夹杂物，如 $m\mathrm{FeO \cdot nMnO}$、$\mathrm{MnO \cdot SiO_2}$、$\mathrm{2MnO \cdot SiO_2}$ 等不能成为结晶核心，并且对钢具有很强的润湿能力，因而在凝固后期容易以链状或薄膜状分布在晶界上。虽然它们的数量比 MnO 夹杂少，但对性能的危害却比 MnO 夹杂大得多。例如，弯曲试验时发现裂纹总是在晶界处首先形成，并且与晶界处夹杂物分布形态有关。在晶界夹杂物呈簇状时，变形量达 15％～20％出现了裂纹。而以薄膜状存在时，10％～15％的变形量便没有裂纹。可是钢中弥散有一些较大圆状的 MnO 夹杂物，即使试样变形量达到 25％～30％也未发现裂纹。

　　减少钢中非金属夹杂物的根本办法是提高冶炼质量。要尽可能减少从炉料、耐火材料和铸型等带进夹杂；正确进行造渣、脱氧和浇注；利用必要的手段最大限度地去除夹杂物。

　　高锰钢中的磷共晶虽然在数量上比氧化物夹杂少得多，但也是因为它以薄膜状存在于晶界而给铸件造成很大的危害，特别是当钢中磷含量高时这种危害非常突出。

　　磷共晶主要是在钢凝固时，由于磷的偏析和磷在奥氏体中的溶解度随温度降低而减少的原因形成的。它与钢中碳含量及凝固时冷却速度有关。碳降低磷在奥氏体中的溶解度，碳高时磷的偏析加剧。因而在奥氏体枝晶生长过程中，碳磷共同偏析并富集于枝晶间有利于三元磷共晶的形成。在碳磷共同偏析的过程中，冷却速度越缓慢，偏析程度越大，越有利于磷共晶的形成。

　　磷共晶也可能在水韧处理过程中形成。如果热处理时加热温度过高（＞1200℃），枝晶间碳磷偏析严重的区域会局部熔化，这种浓缩有碳和磷的液体随着水淬急冷过程析出磷共晶。

　　防止或减少磷共晶的主要办法是：①尽可能地去除钢中的磷；②在允许的条件下快速凝固；③合理控制固溶处理温度。一般控制在 1050～1100℃，使二元和三元磷共晶熔化，促使碳和磷向奥氏体中扩散，并通过水淬急冷消除或减少磷共晶。

　　当钢中磷含量较高时，适当提高钢中铝的残留量（＜0.24％），有利于形成高熔点（1800℃）的 AlP，结晶时 AlP 作为结晶核心位于奥氏体晶内，从而减少晶界的磷共晶。但是铝的这种有利作用，只是在脱氧良好并且磷含量较高的钢液中才能体现出来。钢中磷含量与加铝量的关系见表 8-17。

表 8-17　钢中磷含量与加铝量的关系

P/%	＜0.07	0.07～0.10	0.10～0.12	0.12～0.13
Al/(kg/t)	0.5～0.8	1.2～1.6	1.8～2.5	3.0～3.5

　　一般认为高锰钢中的碳化物类型是 $\mathrm{(Fe,Mn)_3C}$。也有人认为还有 $\mathrm{Mn_3C}$、$\mathrm{Mn_2C}$、$\mathrm{Mn_7C}$、$\mathrm{Mn_{23}C}$ 等一类碳化物。但 $\mathrm{Mn_3C}$ 是个不稳定相，只有在 950～1050℃温度范围内才存在。$\mathrm{(Fe,Mn)_3C}$ 的形成温度与钢中 Mn、C 含量有关，当 Mn 含量为 13％，C 含量为 1％左右时，形成温度为 800℃以上。

　　我国高锰钢铸件技术条件（GB 5680—2010）中规定，高锰钢经热处理后，允许奥氏体晶内残留少量分散的碳化物，晶界存在断续网状碳化物。若超过规定时，可在产品上取样复查或重新水韧处理后复查，但复查不得多于一次，晶界析出的碳化物不能构成完整的封闭状。标准中还规定晶界、晶内未溶碳化物在放大倍数为 500 倍的视场下，每个视场最多有三块，任一视场下超过三块者为不合格。造成碳化物不合格的原因通常是：

① 铸态组织中碳化物过多（甚至在铸态晶界上呈网状），而且颗粒过大，假若再遇上固溶温度和时间不够，使碳化物不能完全溶解，尤其是颗粒大者会残留下来；

② 热处理时，升温速度过慢，低温均热时间过长，使铸态的奥氏体组织中碳脱溶析出碳化物和奥氏体分解出现的珠光体中碳化物数量过多，颗粒过大，造成固溶处理后不能充分溶解而残留下来；

③ 高温固溶处理后，冷却速度过慢而析出碳化物过多。

由前两种情况残留下来的未溶碳化物可能在晶内，也可能在晶界上。它们是在长时间的溶解过程个残留下来的，故形貌上多呈光滑的球状、块状或粒状，严重时还能在晶界上呈现网状。未溶的珠光体型组织，由于碳化物的部分溶解，所以外形常呈簇状或棒状。最后一种情况所析出的碳化物，首先出现在晶界，随后在晶内。它是在较快冷却过程中析出并残留下来的，所以形貌上常是细条状或针状，一般不会成为块状。

在相同碳化物数量的条件下，析出型碳化物对高锰钢性能影响较未溶碳化物的影响更严重些，因为它的形貌和分布更不利，它首先是在晶界上以针状析出，这比散在的粒状碳化物危害大。目前，对碳化物数量的评级还没有统一的标准，但是严格限制钢中残留的碳化物的允许数量是很必要的，尤其对某些受强冲击或反复载荷的作用条件下工作的复杂铸件更应如此。否则过多的碳化物往往会造成工件的破坏，使耐磨性降低，甚至成为裂纹源。

消除或改善碳化物的主要办法是：

① 从根本上减少铸态的碳化物数量和颗粒大小。在冶炼工序中要特别重视碳化物的聚集。适当降低浇注温度或加快凝固速度，对减弱偏析程度、改善碳化物聚集有一定的效果。

② 提高热处理质量，减少未溶碳化物的数量。改善析出型碳化物的外貌和分布状态。残留碳化物的多少主要决定于钢中碳含量和热处理时加热速度、低温和高温保温阶段的温度和时间。钢中碳含量愈高，则铸态组织中碳化物愈多，颗粒愈粗大。低温的均热阶段是铸态组织奥氏体分解阶段，在此温度下保持时间愈长，奥氏体中碳脱溶析出碳化物和奥氏体分解量均会增加。因此，合理控制钢中碳含量、低温均热阶段的保持时间以及适当提高高温固溶处理后的冷却制度，对消除或改善碳化物也起到重要作用。

③ 加入稀土元素能减少晶界上的碳化物数量并改变碳化物的形貌和分布。实践证明，加入稀土元素后。晶界上的碳化物数量减少，并使连续的网状转变为不连续的团块状。晶内针状碳化物减少而分散的粒状碳化物增加。这是因为稀土元素能阻碍碳的扩散，对晶界上碳化物形成不利，对针状碳化物的生长不利。另外，稀土元素的氧化物和硫化物熔点高，它们在钢中分散存在，可以成为碳化物析出的核心，起到分散碳化物的作用。但是稀土元素含量过高时，会增加 REC、REC_2、RE_2C_3 型的稀土碳化物。

（4）表层脱碳

高锰钢铸件在浇注后的冷却及热处理过程中，由于长时间在高温或强氧化性气氛下，铸件表层发生氧化和脱碳。脱碳的结果，使表层中的碳含量低于平均含量而形成所谓的脱碳层。严重时，脱碳层深度可达几毫米，碳降到 $0.1\% \sim 0.2\%$。

铸件表层发生氧化和脱碳与周围介质有关。如果环境中氧化性气体（O_2 和 CO_2）浓度高，就会增大氧化和脱碳程度。脱碳层形成的过程是碳在铸件内扩散的过程，因而凡是有利碳扩散的因素（如长期处于高温下等）都能加剧脱碳过程。在高温下，保温时间越长，氧化和脱碳越严重；越是趋近表面，脱碳越是严重。

由于表层的氧化和脱碳，水淬时得到的组织不是奥氏体而是马氏体，因而表层脆而塑性差，使之与内层奥氏体组织的结合强度大为降低，导致钢的力学性能和耐磨性能恶化。另外在表层发生马氏体转变时伴随体积膨胀，引起组织应力，并在随后的冷却过程中两种组织的线收缩率不相同，容易发生变形和裂纹。脱碳的同时，还发生铸件的氧化，在铸件表面形成氧化皮层，影响光洁度和尺寸精度。

一般来说，产生脱碳层后的铸件，是较难纠正的，因此要防患于未然。在热处理加热和保温时，在保证组织的前提下，应尽量减少在高温下的搁置时间；还应尽量减弱炉内的氧化性气氛或设法维持中性气氛。在浇注后的冷却过程中也可以用还原性气体（如 CO 等）保护。

参考文献

[1] 陈希杰. 高锰钢. 北京：冶金工业出版社，1989.

[2] 张增志. 耐磨高锰钢. 北京：冶金工业出版社，2002.

[3] 曹菊艳，李志翔，蔺亚琳. 高锰钢冶炼主要工艺的控制. 铸造技术，2008（9）：1231-1233.

[4] 靳晋贵. 论高锰钢现状及今后发展. 机械管理开发，2011（2）：21-22.

[5] 杨芳，丁志敏，耐磨高锰钢的发展现状. 机车车辆工艺，2006（6）：6-9.

[6] 鲁志武，董必义. 耐磨高锰钢的生产技术. 铸造设备与工艺，2011（3）：48-51.

[7] 黄海棠. 高锰钢冶炼工艺实践. 铸造技术，2009（5）：694-695.

[8] 魏东，史鉴开，刘安福等，高锰钢熔炼工艺对夹杂物的影响. 新技术新工艺，2003（3）：37-38.

[9] 包瑞斌. 高锰钢浇注温度对性能的影响及其控制方法. 铸造技术，2011（4）：579-580.

[10] 李萍，李星月. 高锰钢铸件生产中常见问题与对策. 铸造设备研究，2002（4）：33-35.

[11] 赵培峰，国秀花，宋克兴. 高锰钢的研究与应用进展. 材料开发与应用，2008，23（4）：85-89.

9

高温合金钢

9.1 高温合金概述

9.1.1 高温合金的发展

　　高温合金是指以铁、镍、钴为基，能在 600℃ 以上的高温及一定应力作用下长期工作的一类金属材料。高温合金具有较高的高温强度，良好的抗氧化和抗热腐蚀性能，良好的疲劳性能、断裂韧性、塑性等综合性能。高温合金为单一奥氏体基体组织，在各种温度下具有良好的组织稳定性和使用的可靠性，基于上述性能特点，且高温合金的合金化程度很高，故在英美称之为超合金 Superalloy。

　　高温合金从一开始就主要用于航空发动机，在现代先进的航空发动机中，高温合金材料用量占发动机总量的 40%～60%，可以说，高温合金与航空喷气发动机是一对孪生兄弟，没有航空发动机就不会有高温合金的今天，而没有高温合金，也就没有今天的先进航空工业。在航空发动机中，高温合金主要用于四大热端部件，即：导向器、涡轮叶片、涡轮盘和燃烧室。

　　除航空发动机外，高温合金还是火箭发动机及燃气轮机高温热端部件不可替代的材料。鉴于高温合金用途的重要性，现今对高温合金质量把控之严、检测项目之多是其他金属材料所没有的。高温合金外部质量要求有外部轮廓形状、尺寸精度、表面缺陷清理方法等。如锻制圆饼应呈鼓形且不能有明显歪扭；锻制或轧制棒材不圆度不能大于直径偏差的 70%，其弯曲度每米长度不能大于 6mm；热轧板材的不平度每米长度不能大于 10mm 等等。高温合金内部质量要求有：化学成分、合金组织、物理和化学性能等。高温合金的化学成分除主元素外，对气体氧、氢、氮及杂质微量元素铅、铋、锡、锑、银、砷等的含量都有一定的要求。一般高温合金分析元素达 20 多种，单晶高温合金分析元素达 35 种之多。如铋、硒、碲、铊等微量有害元素的含量要求在 10^{-6} 以下。合金组织有低倍和高倍要求外，还要提供其高温下的组织稳定性的数据，其检测项目有晶粒度、断口分层、疏松、晶界状态、夹杂物的大小和分布、纯洁度等等。高温合金力学性能检测项目有：室温及高温拉伸性能和冲击韧性、高温持久及蠕变性能、硬度、高周和低周疲劳性能、蠕变与疲劳交互作用下的力学性能、抗氧化和抗热腐蚀性能。为了说明合金的组织稳定性，不仅对合金铸态、加工态或热处理状态进行上述力学性能测定，而且合金经高温长期时效后仍需进行相应的力学性能测定。高温合金物理常数的测定通常包括：密度、熔化温度、比热、热膨胀系数和热导率等。

　　为了保证高温合金生产质量和性能稳定可靠，除上述材料检验和考核外，用户还必须对生产过程进行控制，即对生产中的原材料、生产工艺、生产设备和测量仪表、操作工序和操作人员素质，生产和质量管理水平等进行考核和"冻结"。合金钢厂生产除具备考核条件外，经有关航空生产工程来源批准后，生产出的合金必须检验三炉批全面性能，并检查主要生产工序中半成品质量。新研制的合金还需经地面台架试车和空中试飞，作出能否应用的鉴定结论。

20 世纪 70 年代以来，高温合金在原子能、能源动力、交通运输、石油化工、冶金矿山和玻璃建材等诸多民用工业部门得到推广应用，这类高温合金中一部分主要仍然利用高温合金的高温高强度特性，而另有一大部分则主要是开发和应用高温合金的高温耐磨和耐腐蚀性能。据资料报导，目前美国高温合金总产量约为每年 2.3 万～3.6 万吨，大约 1/2～1/3 应用于耐蚀的材料。高温耐磨耐蚀的高温合金，由于主要目标不是高温下的强度，因此这些合金成分上的特点是以镍、铁或钴为基，并含有大约 20％～35％的铬，大量的钨、钼等固溶强化元素，而铝、钛等 γ 形成元素则要求其含量甚少或者根本不加入。

高温下对金属材料的基本要求。实践中，对高温下工作的工程结构材料的要求十分苛刻，主要包括以下几个方面：

① 优异的、综合性的高温力学性能。也就是说要求材料具有优良的抗蠕变性能，足够的高温持久强度，良好的高温疲劳性能，适当的高温塑性等，以保证金属材料在服役期间内安全工作，具备应有的使用寿命。

② 在相应的工作环境中具有良好的耐高温腐蚀性能。也就是说，在受力或不受力的高温工作环境中，能耐高温氧化或耐高温硫化或耐混合气氛中的高温腐蚀等性能。能达到设计要求的使用寿命，保证不因高温腐蚀而使材料遭受破坏。

③ 高温下使用的材料应具有足够好的冶炼加工等工艺性能。高温下工作部件的形状往往是十分复杂的，对所使用材料化学成分的要求也是十分严格的。因此，要求这些材料要具有良好的冶炼工艺性以及足够好的铸造、锻造、焊接、机加工性能等以保证能获得实际工程中所需要的工程部件和设备。

④ 适宜的经济可行性。即在选材时，除应注意到材料的寿命外，还必须兼顾到材料的成本、加工制造部件或设备的成本、部件的可更换性、安全可靠性等因素。全面地衡量经济的可行性。

上述对高温下使用材料的基本要求在具体工程中必须进行综合考虑，特别是在设计选材时要全面考虑。

9.1.2　高温合金的分类

根据高温合金的成分、组织和成型工艺不同，有不同分类方法。

按合金基体元素的种类来分，可分为铁-镍基高温合金、镍基高温合金和钴基高温合金三类。

以铁为主，加入一定合金元素的铁基合金称为铁基高温合金；以镍为主或以钴为主的合金分别称为镍基或钴基高温合金。

（1）铁-镍基高温合金

铁-镍基高温合金的成分特点是以铁为主，含有大量镍和铬，又称铁基高温合金或铁-镍-铬基高温合金。根据不同的合金化强化类型又可分成如下三种：

固溶强化型合金：其成分特点是含有约 25％～40％的 Ni，以便稳定其奥氏体组织，同时加入 20％以上的铬以便获得良好的抗氧化能力。为强化固溶体还添加钨、钼、铌和少量铝、钛、氮等元素。一般来说，（W+Mo+Nb）约占2%～11%。这种合金加工性能良好，加工成板材制作高温部件，于800～900℃使用。

碳化物时效硬化型合金：其成分特点是含有一定量的碳和氮，并含有钨、钼和铌等元素，它们不但起强化固溶体作用，而且形成碳化物起时效强化作用。一般来说，合金含有约13%～20%的Cr，8%～25%的Ni，0～10%的C，6%～10%的Mn，3%～7%的（W+Mo+Nb），0.2%～0.3%的（C+N）。这种合金加工性能好，可制作涡轮盘和其他高温受力部件，在600～650℃范围使用。

金属间化合物时效硬化型合金：其成分特点是含有铝、钛或铌等元素，形成γ'-Ni，(Al、Ti) 或γ''-Ni$_3$Nb 时效强化。一般来说，含有10%～16%的Cr，25%～45%的Ni，1.8%～3.5%的Ti，0.2%～2.8%的Al，3%～5%的Nb，1%～3%的W，1%～5%的Mo，0.06%～0.08%的C，这种合金主要用作涡轮盘和其他高温部件，在650～800℃范围使用。

铁-镍基高温合金主要以变形合金为主，它具有足够高的高温强度及良好的加工性能，可作为类似的镍基高温合金的代用材料制作涡轮、环及叶片。因为铁-镍基高温合金含有大量铁，节约了大量镍，降低了合金成本。

（2）镍基高温合金

镍基高温合金主要以镍为基，一般含有约6%～20%的Cr，5%～20%的Co。根据成分不同，人们又把其称作镍-铬基高温合金或镍-铬-钴基高温合金。和上述的铁-镍基高温合金一样，根据不同强化类型又可分成固溶强化型合金和γ'强化型合金。

固溶强化型镍基高温合金：它含有大量的钨和钼强化固溶体，一般来说，钨和钼可达13%～20%。此外，还添加微量硼、铈和锆，以便强化晶界。合金的含碳量在0.05%～0.10%范围内，它和相应的铁-镍基合金有同样的用途，而使用温度可在900～1000℃范围之内。这类合金主要以变形合金为主。

金属间化合物强化的时效硬化型镍基合金：γ'-Ni$_3$Al 强化型合金，它含有大量的铝、钛、铌和钽，其总含量最多可达16%。钨、钼之和在3%～20%之间。此外还含有硼、铈、锆和铪等元素强化晶界和枝晶间。大部分铸造镍基高温合金是以γ'强化的，有部分变形镍基高温合金亦属此类。这类合金多用于涡轮叶片、导向叶片、涡轮盘和其他高温部件，可在较高的温度（750～1100℃）范围使用。

（3）钴基高温合金

钴基高温合金是以钴为主，含有10%～20%的Ni，20%～30%的Cr，也称钴-镍-铬系合金。通常含有约4%～15%W，强化固溶体。钴基合金含碳量较高，一般在0.1%～0.85%。碳与钛、锆、铌和钽等元素形成碳化物，强化合金。

钴基合金具有良好的抗热腐蚀性能和抗热疲劳性能，因此它被广泛用来制造导向叶片和其他热端部件。

按强化方式类型来分，可分为固溶强化型、沉淀强化型、氧化物弥散强化型和纤维强化型等。

按制备工艺来分，可分为变形高温合金、铸造高温合金和粉末冶金高温合金。变形合金的生产品种有饼材、棒材、板材、环形件、管材、带材和丝材等。铸造合金有普通精密铸造合金、定向凝固合金和单晶合金之分。粉末冶金有普通粉末冶金高温合金和氧化物弥散强化高温合金之分。

此外，按使用特性，高温合金又可分为高强度合金、高屈服强度合金、抗松弛合金、低膨胀合金、抗热腐蚀合金等。

我国高温合金牌号的命名考虑到合金成形方式、强化类型与基体组元不同，采用汉语拼音字母符号作前缀。变形高温合金以 GH 表示，G、H 分别为"高""合"汉语拼音的第一个字母，后接 4 位阿拉伯数字，前缀 GH 后的第一位数字表示分类号，1 和 2 表示铁基或铁镍基高温合金，3 和 4 表示镍基合金，5 和 6 表示钴基合金，其中单数 1、3 和 5 为固溶强化型合金，双数 2、4 和 6 为时效沉淀强化型合金。GH 后的第 2、3、4 位数字则表示合金的编号。如 GH4169，表明为时效沉淀强化型的镍基高温合金，合金编号为 169。

铸造高温合金则采用 K 作前缀，后接 3 位阿拉伯数字。K 后第 1 位数字表示分类号，其含义与变形合金相同，第 2、3 位数字表示合金编号。如 K418，为时效沉淀强化型镍基铸造高温合金，合金编号为 18。

粉末高温合金牌号则以 FGH 前缀后跟阿拉伯数字表示，而焊接用的高温合金丝的牌号表示则用前缀 HGH 后跟阿拉伯数字。近些年来，成形工艺的发展，新的高温合金大量涌现，在技术文献中常常可见到"MGH""DK"和"DD"等作前缀的合金牌号，它们分别表示为机械合金化粉末高温合金、定向凝固高温合金和单晶铸造高温合金。

9.1.3 高温合金元素及强化相的作用

高温合金中含有多种合金元素，常见的有铝、钛、铌、碳、钨、钼、钽、钴、锆、硼、铈、镧、铪等。合金强化是将多种合金元素添加到基体中，产生强化相应。对高温合金来说，强化效应包括有固溶强化、沉淀强化、弥散相强化及晶界强化。可能是单一强化、两种强化方式结合或以三种强化方式来综合提高合金的高温性能。

高温合金中所涉及的合金元素有 20 多种，可根据元素在合金中的基本作用归纳为 6 个主要方面：

① 形成面心立方元素——镍、铁、钴和锰构成高温合金的奥氏体基体 γ。

② 表面稳定元素——铬、铝、钛、钽。铬和铝主要提高合金抗氧化能力，钛和钽有利于抗热腐蚀。

③ 固溶强化元素——钨、钼、铬、铌、钽和铝，溶解于 γ 基体强化固溶体。

④ 金属间化合物强化元素——铝、钛、铌、钽、铪和钨，这些元素形成金属间化合物 Ni_3Al、Ni_3Nb、Ni_3Ti 等强化合金。

⑤ 碳化物、硼化物强化元素——碳、硼、铬、钨、钼、钒、铌、钽、铪、锆和氮，主要形成初生和次生的各种类型碳化物和硼化物，强化合金。

⑥ 晶界和枝晶间强化元素——硼、铈、钇、锆和铪，这些元素以间隙原子或第二相形式强化晶界或枝晶间。

高温合金的基体元素不同，合金强化的特点也不同，合金的特性也不同，主要有以下几点。

① 镍为面心立方结构，没有同素异构转变，而铁、钴室温下分别为体心立方和密排六方结构，高温下为面心立方奥氏体结构（表 9-1）。目前，几乎全部高温合金的基体都是具有面心立方结构的奥氏体，因为奥氏体比体心立方的铁素体有更高的高温强度。随着含镍量增加，组织从纯铁素体逐步转变为纯奥氏体，其 600℃ 和 700℃ 的蠕变强度逐渐提高，奥氏体的高温强度较高的原因是它的原子扩散能力较小，即自扩散激活能较高。α-Fe（bcc）和

γ-Fe(fcc) 的自扩散激活能分别为 249952J/mol 和 284702J/mol。因此，为了得到直到低温仍然稳定的奥氏体结构，铁基和钴基合金中必须加入扩大奥氏体的合金元素，此外，锰也有一定的扩大奥氏体的能力。

表 9-1 镍、铁、钴的某些物理性能

元素	晶体结构 （低温-高温）	熔点 /℃	密度 /(g/cm³)	线膨胀系数 /℃⁻¹	热导率 /[W/(cm・℃)]	相稳定性的次序
Ni	fcc	1453	8.9	$13.3×10^{-6}$	0.88	最稳定
Fe	bcc→fcc→bcc	1538	7.87	$12.1×10^{-6}$	0.71	最不稳定
Co	Hcp-fcc	1492	8.9	$12.5×10^{-6}$	0.69	居中

② 镍具有较高的化学稳定性，在 500℃ 以下几乎不氧化，常温下不易受潮气、水及某些盐类水溶液的侵蚀。钴和铁的抗氧化性能都比镍差，但钴的抗热腐蚀能力比镍强（由于钴的硫化物熔点较高及硫在钴中的扩散较慢）。无论镍基、铁基或钴基高温合金均需加入铬以改善其抗氧化耐蚀性，但由于镍、铁、钴基体元素特性的差别，一般镍基合金的抗氧性最佳，而钴基合金却有更好的抗热腐蚀性。

③ 镍、铁、钴的合金化能力不同，镍具有最好的相稳定性，铁最差（表 9-1），这是最重要的特性。镍或镍铬基体可以固溶更多的合金元素而不生成有害的相，而铁或铁铬镍基体却只能固溶较少的合金元素，有强烈的析出各种有害相的倾向。这一特性为改善镍的各种性能提供了潜在的可能性，而铁和钴则受到一定限制。镍、铁、钴的这种特性与其各自的电子结构有关，并且可以从对比它们的二元及多元相图，例如 Ni-Cr-Me、Fe-Cr-Ni-Me 及 Co-Cr-Me 相图的差别中得到证实。

④ 镍铁钴的某些物理性能略有差别，铁的密度最小，但膨胀系数最大（γ-Fe），导热能力较好。钴与镍比较，其导热性较好，膨胀系数较低，所以其热疲劳性能较优。

镍、铁与钴的上述基本特性不同，因而它们的合金强化的特点也不同，合金的基本特性也有差异。镍是一种最佳的基体金属，使得镍基高温合金成为最佳的高温合金系列。在某些使用条件下，钴基合金可以发挥其优势，例如在耐热腐蚀及耐热疲劳性方面。此外，钴基合金具有比较平坦的应力-断裂时间（温度）曲线，也就是有较长的使用寿命，所以高温低应力下长期使用的静态部件往往用钴基合金，易析出有害相，使铁基合金的发展受到限制。铁基合金的使用温度范围较镍基和钴基低。

高温合金的强化方式有固溶强化、金属间化合物强化、碳化物和硼化物强化、晶界和枝晶间强化四种。

（1）固溶强化

高温合金的固溶强化是通过提高原子间结合力，产生晶格畸变，降低层错能，降低固溶体中元素的扩散能力和提高再结晶温度来实现。概括起来说，溶解度适当、尺寸效应大和高熔点的元素能起固溶强化作用。

高温合金基体 γ 是合金元素在铁、钴或镍中的固溶体。虽然，在工业合金中不能预计合金元素的总和在固溶体中的溶解度，但是研究单个元素的溶解度能得出固溶度范围的一些概念，表 9-2 给出了常用的合金元素在镍中的最大溶解度。

合金元素溶解在固溶体里的一个重要作用就是改变它的点阵常数。所有置换式的合金元素都增大镍的点阵常数，其中溶质元素铌、钨和钼使点阵常数增加最多；铁、铬和钴影响最小。因此可以看出，难熔金属铌、钨和钼是最有效的固溶强化元素，因为这两种元素对镍的点阵常数影响最大。高温合金的发展实践证实了铌、钨和钼是十分有效的固溶强化元素。镍基高温合金的近期发展更进一步证实了上述论点。

表 9-2 常用合金元素在镍中的最大溶解度

合金元素	固溶度/%		最大固溶度的温度/℃
	质量分数	原子百分数	
C	0.55	2.7	1318
Cr	47	50	1345
Co	全部	全部	—
Mo	37.5	27	1315
W	40	17.5	1500
Nb	20.5	14	1270
Fe	全部	全部	>910
Ti	12.5	15	1287
Al	11	21	1385
Ta	36	15.4	1360
V	39.6	43	1200

早期发展的镍基高温合金中，合金含量中，Cr＞W＋Mo。而近几年发展起来的先进的铸造镍基高温合金与此相反，W＋Mo＞Cr，其中钨在 10％以上。美国的 Mar-M200 合金含钨量为 12.5％，合金 Mar-M002 为 10％。西德发展的 FIS145 合金含有 13％W。我国于 20世纪 70 年代初就研制成 6％Cr-10％W-3％Nb 系统铸造镍基高温合金，这些合金都具有较高的高温强度。由此可见，钨是很有效的固溶强化元素，它比铬的强化效果要大得多。

随着高温合金和分析技术的发展，人们已能够较精确地分析出工业合金中基体 γ 的合金元素，测量或者计算基体 γ 的点阵常数。Restall 和 Toulson 分析和计算了一系列不同成分合金的 γ 相成分和点阵常数，这些含有大量钨、钼、钽或铌的 γ 基体的点阵常数比纯镍的点阵常数（$a_0 = 3.5240$Å）要高。钨、钼、钽和铌等高熔点元素不仅仅通过晶格畸变促进固溶强化，而且对碳化物强化和金属间化合物强化也起作用，因此，无论是镍基高温合金还是钴基高温合金，都添加大量高熔点金属。

(2) 金属间化合物强化

这里所指的金属间化合物是几何密排相-GCP 相，而不是拓扑密排相 TCP 相。几何密排相即面心立方 γ'-Ni$_3$(Al,Ti)，体心四方 γ''-Ni$_3$Nb 和密排六方有序相 η-Ni$_3$Ti。对于镍基和铁-镍基合金的 γ' 金属间化合物强化主要取决于：基体 γ 强度，γ' 的质点大小，γ-γ' 错配度；γ' 体积分数；γ' 的成分和强度，γ' 的反相界和层错能。

① γ' 质点大小　γ' 相的质点大小与合金的 γ' 形成因子有关，对于 γ' 形成因子低的合金来说，质点通常形成 50～2500Å 的球形质点。这种情况下，当 γ' 的体积分数一定时，质点大小和合金强度之间没有明确的关系。对于 γ' 形成因子较高的合金来说，γ' 质点形成立方形，其尺寸也明显增大。可以说，强化是 γ' 质点大小的函数，强度随质点尺寸增大而提高。

研究 γ' 质点大小时应注意其沉淀析出的不均匀性。在一定的温度和时间条件下，γ' 可在位错上成核，形成不均匀的分布。在不同的区域-枝晶干和枝晶间，γ' 的分布不均匀性更加明显，这种不均匀性与区域偏析及合金的饱和度有关。

除了上述的球状和立方的 γ' 外，还存在细小的 γ'。这种细小 γ' 是由于高温固溶处理使较大的铸态 γ' 溶解，在随后冷却时重新析出的。它们均匀、弥散地分布在 γ 基体里。获得细小 γ' 相可使高温（980℃）持久寿命提高 3 倍。

也有人指出，第二阶段蠕变速率随细小 γ' 相的尺寸 a、中心距 L 和体积分数 V_f 而变化。有些情况下，这种细小 γ' 是在中温（870℃）处理或者热处理后冷却过程中产生的，它对合金的中温持久强度是有利的。这种情况下，立方 γ' 和细小 γ' 同时存在，使合金兼备高温和中温强度。

在讨论 γ' 质点大小时，还必须考虑到铸造镍基高温合金中出现的共晶 γ'。在这些合金中出现共晶 γ' 是不可避免的，少者含有体积的 1%～3%，多者可达 15%～20%。虽然对共晶 γ' 持有不同的见解，但是，越来越多的人认为，它对合金的中温强化是有利的。近些年 BC 系（低碳和高硼）合金和含铪铸造合金的发展，进一步证明了共晶 γ' 对中温强度和塑性的贡献。

② γ-γ' 的错配度 γ' 的形状不仅和 γ' 的形成因子有关，而且和 γ-γ' 的错配度（Mismatch）有关。有人认为，点阵错配度在 0%～0.12% 之间时，γ' 是球形；错配度约为 0.5%～1.0% 时，γ' 为立方形。而错配度大于 1.25% 时，变为片状。γ 和 γ' 的错配度取决于合金元素在 γ/γ' 里的分配关系，因此这就决定于加入的元素位 γ 和 γ' 的晶格是膨胀或是缩小。γ-γ' 的错配度可用 $(\alpha_{\gamma'}'-\alpha_\gamma)/\alpha_\gamma$ 来估计，其中 α_γ 是 γ' 的点阵常数，α_γ 是基体 γ 的点阵常数，这两个值可用实验测得，也可用计算得出。

一般来说，铌和钽增加错配度，钨和钼减少错配度。为提高 γ' 的稳定性，得到有效的强化，其错配度要保持在 1.0% 以下。在低 Cr 含量时，$\Delta\alpha = \alpha_{\gamma'}' - \alpha_\gamma > 0$，能对 γ 和 γ' 同时进行固溶强化。因此 γ 的强化元素钨和钼能使其晶格膨胀，可以加入相当量。同时，γ' 强化元素钛、铌、钽和钨对其晶格也有影响，在 Cr 含量高时，$\Delta\alpha < 0$，进一步强化 γ 和 γ' 的可能性较小。

我们知道，由于沉淀相和基体 γ' 之间存在共格及错配，因而产生共格应变。它在中温有很好的强化效果，涡轮盘合金的共格应变强化可获得高的屈服强度，在实用上有重要意义。合金在高温下使用时，高的共格应变能使 γ' 不稳定，对高温蠕变和持久性能不利，所以许多涡轮叶片合金都希望 $\Delta\alpha$ 趋近于零。

③ γ' 的体积分数 γ' 的体积分数取决于合金的 γ' 形成因子。γ' 体积分数在 30% 以上为获得金属间相的有效强化的必要条件之一。随着 γ' 体积分数的增加，合金强度提高。一些高合金化的铸造镍基高温合金，γ' 体积分数由变形合金的 10% 左右增加到铸造合金的 60%～64%；一些金属间相强化的铁-镍基高温合金里，γ' 的数量由 3% 左右增加到 20% 左右。而钴基合金则不存在 γ' 相强化的问题。

④ γ' 相的成分 γ' 相本身具有较高的强度，而且在一定温度范围内随温度升高而强度提高，具有一定塑性。这一特点使其能成为高温合金的主要强化相。γ' 相的成分对其强化能力有很大影响，在某种意义上来说，γ' 的强化作用取决于它的"质量"和"数量"。

从 Ni_3Al-X 三元合金相图中可看出，许多元素可以溶解于 Ni_3Al 中。其中钴、铁、铬和钼可以置换镍，后三者也可置换铝。钛、钒、铌、钽和铪可置换 Ni_3Al 中的铝。因此，Ni_3Al 中，除铝和钛外，钨、钽、铌和铪进入 γ'，改善 γ' 的质量，提高它的强度水平。

⑤ γ' 的反相畴界能 处在 $\{111\}$ 面上的反相畴界能可表达为

$$E = \frac{1.41KT_e}{a^2}S^2$$

式中 E——反相畴界能；

K——玻尔兹曼常数；

T_e——有序无序转变温度；

a——晶格常数；

S——长程有序度。

由此可见，γ' 反相畴界能 E 取决于 γ' 相的长程有序度 S 及有序无序转变温度 T_e。反相畴界能越高，强化作用越显著，增加反相畴界能可提高蠕变和屈服强度。这是由于 γ' 相的反相畴界能高，使位错产生阻力。

除上述最重要的 γ' 强化外，对高铌的铁-镍基合金来说还采用 γ''-Ni_3Nb 金属间化合物来强化。γ'' 强化的特点是能够使合金得到较高的屈服强度。这是由于 γ-γ'' 之间的点阵错配度较大，共格应变强化作用显著。但是 γ'' 是亚稳定的过度相，在高温长期作用下，γ'' 易于聚集和长大，并且发生 γ''-δ-Ni_3Nb 转变。这就限制了这类合金在较高温度使用。

（3）碳化物和硼化物强化

碳化物和硼化物是高温合金中很重要的强化相。在高温合金中，虽然碳化物和硼化物只占总质量的1%左右，但是它们在提高蠕变、持久性能和稳定高温抗蠕变组织等方面的作用是不可忽略的。

① 碳化物强化 碳化物具有硬而脆的特点，在使用或热暴露时具有选择性析出特征。碳化物的强化作用与其类型、数量、尺寸、形态和分布有关。高温合金中常出现的碳化物有 MC、M_7C_3、$M_{13}C_6$ 和 M_6C 4 种主要类型碳化物。

MC 型碳化物的成分范围很宽，不但金属原子可以相互取代，而且可以由碳、氮、硼等非金属原子取代一部分。在高温合金中最常见的有 TiC、NbC、TaC、VC、ZrC 和 HfC，在 MC 中还溶解着钨、钼和铬等元素。在高温合金中，MC 碳化物是较稳定的。对镍基和钴基合金来说，初生 MC 碳化物是最重要的强化相之一，初生 MC 碳化物主要起骨架强化作用。此外，MC 碳化物是合金中形成 M_6C 和 $M_{13}C_6$ 碳化物中碳的主要来源之一。在使用或热处理过程中易发生碳化物反应。

$$MC + \gamma = M_6C + \gamma'$$
$$MC + \gamma = M_{23}C_6 + \gamma'$$

在晶界和晶内沉淀 M_6C 和 $M_{23}C_6$ 对合金性能有很大的影响，这是 MC 碳化物在合金中的间接作用。

在铁-镍基、镍基和钴基高温合金中都可能析出二次 MC 碳化物。在使用和热暴露过程中，含有铪、锆和铌的镍基高温合金可通过基体和金属间相的反应沉淀二次 MC。

$$\gamma'(Hf, Zr, Nb) + \gamma(C) \longrightarrow MC + \gamma$$
$$Ni_5Hf + \gamma(C) \longrightarrow HfC + \gamma$$
$$Ni_5Zr + \gamma(C) \longrightarrow ZrC + \gamma$$

二次析出的 MC 碳化物比较细小，呈粒状。它通常在晶内层错或位错线处析出，在铸造高温合金中于晶内枝晶间和共晶 γ' 内析出。这种细小弥散而稳定的 MC 碳化物有很大的时效强化作用，它的存在可抑制其他相在时效和使用过程中的过量析出，避免合金在使用时变脆。

$M_{23}C_6$ 型碳化物是高温合金中最常见的碳化物。$M_{23}C_6$ 中的 M 主要是铬，在复杂合金中，可以部分地被钼、镍、钴、铁、钨等元素代替。在一些合金中，也可根据不同时效温度改变其成分。例如，在 9Cr-10W-10Co 系铸造镍基高温合金里，在 $850 \sim 1050$℃ 范围时效 1000h，$M_{23}C_6$ 金属原子团中 Cr/W 比值发生很大变化。在 850℃ 时，M 中主要是铬；在 1050℃ 时，M 中的钨占一半以上。图 9-1 为在不同温度时效后析出的 $M_{23}C_6$ 碳化物中铬、钨和镍的变化。

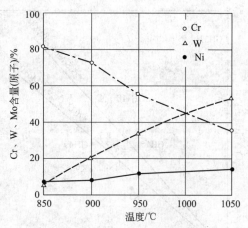

图 9-1　9Cr-10W-10Co 系铸造镍基高温合金经不同温度时效析出的 MC 中的铬、钨和镍的变化

$M_{23}C_6$ 在晶界和晶内沉淀对合金性能有强烈的影响，晶界 $M_{23}C_6$ 起阻碍晶界滑移作用，提高持久强度。$M_{23}C_6$ 碳化物的强化作用还往往与析出形态有关。以分散的质点分布在晶界和晶内时，合金的蠕变强度和塑性较好。若以片状形式析出，有脆化作用，尤其降低蠕变塑性。在有些合金中，$M_{23}C_6$ 碳化物以胞状形式析出，胞状 $M_{23}C_6$ 析出常常使塑性下降。如果 $M_{23}C_6$ 在晶界形成薄膜，反而会使合金性能剧烈下降，它提供了破断的通道。

另外，如果没有 $M_{23}C_6$ 沉淀将导致合金强度、持久性能和疲劳性能降低，使合金被过早破坏。因此只有适量的、合理的碳化物分布才能达到较好的强度和塑性的配合。

高温合金中另一种常见的碳化物是 M_6C 型碳化物，又称 η 碳化物，它比 $M_{23}C_6$ 要稳定些。M_6C 碳化物中的 M 主要是钼、钨、铬、镍、钴和铁。在含有硅的合金中，硅也被划入 M_6C。

碳化物的稳定温度比 $M_{23}C_6$ 碳化物高 50℃ 以上，在高钨类型高温合金中，它在 1200℃ 以上都是稳定的，所以 M_6C 型碳化物是 1000℃ 以上使用的合金的重要强化相。一般来说，M_6C 有三种形态：粒状、片状和晶界膜状。它以粒状形式在晶界和晶内析出，能提高持久强度。如果在晶界和晶内析出片状（针状）M_6C 将会使合金塑性降低。热暴露或使用过程中在晶界析出 M_6C 膜，将会降低合金的持久性能。

M_6C 和 $M_{23}C_6$ 有许多共同之处，M_6C 的强化作用与 $M_{23}C_6$ 相同。一种高温合金析出 M_6C 还是 $M_{23}C_6$，主要取决于合金成分。更确切地说是取决于铬、钨和钼的含量。高铬合金倾向于形成 $M_{23}C_6$；高钨（钼）合金倾向于形成 M_6C。此外，还与时效或使用温度有关，温度高有利于 M_6C 形成。为区分时效或使用时析出 M_6C 或者 $M_{23}C_6$，可以根据如下经验公式：

$$870℃，Cr（原子）=3.5[Mo（原子）+0.4W（原子）]$$
$$1038℃，Cr（原子）=4.5[Mo（原子）+0.4W（原子）]$$

绘制成 Cr（原子）-（Mo+0.4W）（原子）关系曲线。该曲线分成三个相区，$M_{23}C_6$ 相区、$M_{23}C_6+M_6C$ 相区和 M_6C 相区（图 9-2）。根据某一合金的 Cr 含量（原子）和（Mo+0.4W）含量（原子）的关系可确定析出类型。

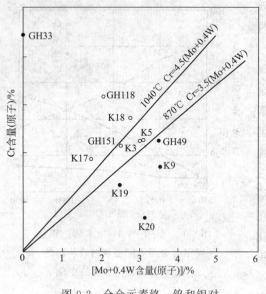

图 9-2 合金元素铬、钨和钼对
碳化物类型的影响

② 硼化物强化 高温合金中的硼化物主要是 M_3B_2 和 M_{12}，其中 M 主要是铬、钼、钨、钛、铁等。当合金中加入一定量硼，就会形成硼化物，它可分成初生硼化物和二次硼化物。一般来说，初生硼化物呈骨架状。在添加一定量锆或铪的合金里，硼化物呈块状。初生硼化物和初生 MC 碳化物一样起骨架强化作用。例如，在低碳高硼合金（BC 系合金）里主要靠硼化物骨架代替碳化物骨架来强化。两者的区别是，MC 碳化物在使用或热暴露时发生转变和分解，而硼化物非常稳定。高合金化的高温合金里添加大量钨、钼、铬、铌和钽等元素来固溶强化和 γ' 强化，因此合金基体的饱和度很高。在使用或热暴露过程中在枝晶间容易析出 TCP 相。当合金中有一定量的硼化物存在时，它固结一定数量的铬、钨、钼、铌等元素，使剩余基体的平均电子空位数 N_v 值降低，使合金组织更加稳定。

（4）晶界和枝晶间强化

晶界和枝晶间强化可以分成可见的强化效应和不可见的强化效应。合金中加入一定数量的晶界或枝晶间强化元素，并形成合理分布的、显微尺度可见的第二相，这种强化叫做可见强化效应；另一种是合金加入少量硼或锆等元素，不形成第二相，起完善晶界和枝晶间、提高晶界和枝晶间的结合强度的作用，称为不可见的强化效应。众所周知，晶界和枝晶间在高温下是薄弱环节，在高温和应力长时间作用下，裂纹往往在晶界或枝晶间产生。因此提高晶界或枝晶间强度具有重要意义。锆和硼是强烈的晶界和枝晶间偏析元素，高温合金中普遍加入微量硼和锆以便降低晶界的扩散，降低形成晶界裂纹的倾向，减少杂质的有害作用，从而强化晶界，提高它的强度和塑性。对变形高温合金来说，主要是强化晶界，对于铸造高温合金来说，不仅强化晶界，更重要的是强化枝晶。

9.1.4 高温合金的组织

高温合金组织的特征概括如下：铁基和镍基高温合金中常见的析出相有金属间化合物、碳化物、硼化物。金属间化合物又分为几何密排相（GCP 相），如 γ'、γ''、η、δ 等和拓扑密排相（TCP 相），如 σ 相、μ 相、Laves 相、η 相、γ 相等。其中，γ'、γ'' 是主要强化相，而 σ、μ、Laves、η 等相能降低合金的塑性或强度，必须加以适当控制。碳化物也是合金中重要的一种强化相。常见的碳化物有 MC，$M_{23}C_6$，M_7C_3，M_6C，所有这些碳化物都可以通过热处理进行调节和控制。虽然，某些元素倾向于形成一种或多种碳化物，然而它们的成分也是可变的，如铬易形成 $Cr_{23}C_6$ 和 Cr_7C_3，仅少量溶于 M_6C 和 MC 中。钛优先形成 TiC。钨和钼优先形成 M_6C。在含硼的合金中有少量的硼化物析出，如 M_5B_4、M_4B_3、M_3B_2。在高硼低碳合金中还有可能形成 MB_{12}，M 中含有镍、铬、钨、铝等元素，并且铬、钼是主要组成元素。在大多数合金中，M_3B_2 是最常见的硼化物相。在铸造合金中，硼化物呈骨架状，经变形破碎后沿加工流向方向分布。时效析出的硼化物主要分布于晶界。此外，合金中还含有氮化物，如 TiN、NbN、ZrN 等，它们的稳定性较高，一般不受热处理影响，作为夹杂物存在。

铁基高温合金广义地来讲是指那些用于 600～850℃ 的以铁为基的奥氏体型耐热钢和高温合金。以铁为基的奥氏体型耐热钢和高温合金在 600～850℃ 条件下具有一定强度、抗氧化性和抗燃气腐蚀能力。

如前所述，奥氏体耐热合金钢是由碳化物强化的。由于碳化物强化受到一定的限制，也就是说，强化相的数量不多，颗粒比较大，稳定性也较差，容易在高温下聚集长大或向其他相转变，所以合金的强化效果较差，使用温度不高，一般使用在 600～700℃，最高不过 750℃ 左右。

铁镍基高温合金是从奥氏体不锈耐热钢发展起来的。20 世纪 40 年代，美国在 18-8 型不锈钢中加入铌、钼、钛等元素，提高了它在 500～700℃ 温度下的持久强度，其代表钢种是 16-25-6（Fe-25Ni-16Cr-6Mo）加工硬化型奥氏体耐热钢。随着航空工业的不断发展和对高温材料的需要，在 50 年代发现金属间化合物 $\gamma'Ni9$（Al，Ti）能使合金获得强化，其使用温度超过 750℃。由此开发了一系列面心立方金属间化合物沉淀强化型 Fe-Ni-Cr 系，Fe-Ni-Co-Cr 系高温合金；一些燃气涡轮发动机做涡轮盘的 A-286 合金；制造燃气轮机部件的 AF-71 合金（Fe-Cr-Mn 系）；用于制造汽车燃气涡轮的 CRM-6D，CRM-15D 和 CRM-18D 合金。我国开发出一系列 Fe-Ni-Cr 系固溶强化型，沉淀硬化型的高温合金。如 GH140、GH130、GH135、K13、K14 等。

9.2 高温合金的性能

高温合金性能主要取决于成分和合金的组织结构。

9.2.1 高温合金的力学性能

高温合金的力学性能主要包括材料的蠕变性能、持久强度、疲劳性能、松弛性能、韧性等性能。

（1）蠕变性能

在工程上，材料的蠕变是指温度高于 $0.5T_{熔点}$ 下，材料所承受的应力远低于屈服强度的应力时，随着加载时间的持续增加而产生的缓慢塑性变形现象。通常用蠕变曲线来描述材料的蠕变规律。

蠕变曲线不仅与应力有关，也与温度和材料的成分、组织结构有着密切的关系，蠕变曲线与温度的关系如图 9-3 所示。

图 9-4 中列出了三种不同材料的蠕变曲线。由图 9-4 可见，材料 1 显示出了高的稳态蠕变速率和极短的蠕变断裂时间，其蠕变性能极低。材料 2 具有很小的蠕变速率，蠕变的第二阶段时间长且蠕变的第三阶段不明显时就发生低塑性的蠕变断裂，它具有很好的蠕变性能和塑性低的特征；材料 3 居于材料 1 与材料 2 之间，在强度和塑性配合好的情况下，既具有不高的蠕变速率，又具有良好的塑性，还具有长时间的蠕变断裂寿命，这就是实践中希望获得的一种强韧性材料。

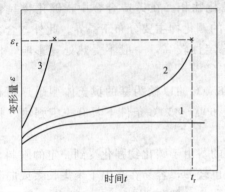

图 9-3　温度和应力对蠕变曲线的影响

1—温度低于 $0.3T_{熔}$；2—适宜的温度；

3—温度高于 $0.8T_{熔}$

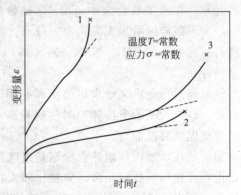

图 9-4　在温度和压力一定的条件下，

三种不同材料的蠕变曲线

（2）持久强度

材料的持久强度是指在给定温度下和限定时间内断裂时的强度，要求给出的只是此时所能承受的最大应力。持久强度试验不仅反映了材料在高温长期应力作用下的断裂应力，而且还能表明断裂时的塑性，即持久塑性。试验表明，有些材料在高温短期试验时可能具有良好的塑性，但经高温长期试验后，其塑性可能明显降低，有的持久塑性仅为 1% 左右。由此可见，对工程材料而言，不仅需要进行蠕变性能试验，还需要进行持久强度试验。持久强度是材料另一重要的高温力学性能。

鉴于零部件在高温下工作的时间长达几百小时、几千小时甚至几万小时，而持久强度试验不可能进行那么长的时间，一般只做一些应力较高而时间较短的试验，然后根据这些试验数据进行外推，从而得出更长时间的持久强度值。

目前求持久强度的外推法有时间与断裂应力的图解法及参数法两种。国内外广泛采用断裂时间与应力间的幂指数关系式。在一定温度下断裂时间与应力间的经验公式：

$$\tau = A\sigma^{-B}$$

式中　A，B——与材料和温度有关的常数；

σ——应力，MPa；

τ——断裂时间，h。

如果两边取对数，则 $\lg\tau = \lg A - B\lg\sigma$，即该公式在双对数坐标上 τ 与 σ 成直线关系，这就有可能用几个高应力较短时间试验的数据在双对数坐标纸上作出直线，然后将此直线延长到所需要的服役时间来估算持久断裂应力值（图 9-5）。实践中，为了使所得的直线较为准确，应用最小二乘法计算出直线方程来进行外推。

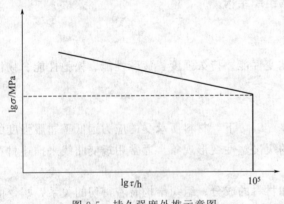

图 9-5　持久强度外推示意图

应该指出，当外推时间很长时，$\lg\sigma$-$\lg\tau$ 不总是保持直线关系，一般均有折点出现，因此使外推出来的结果可能偏高。持久强度曲线折点的位置与试验温度和材料有关，温度升高折点向左移。有时直线上不只有一个折点，可能有几个。这种方法于附加精确化后，迄今仍在广泛应用。

（3）疲劳性能

疲劳性能是工程材料的重要力学性能之一，但对高温下工作材料来讲，除机械疲劳之外，热疲劳性能也是一项重要指标。由热疲劳引起的破坏特征是脆性的，在断裂点附近仅有少量的或不明显的塑性变形。这一点与机械疲劳引起的断裂类似。但是热疲劳所引起的损伤过程要比机械疲劳的复杂得多。这与在冷热过程中，材料内部组织结构变化复杂性有关。

迄今尚无热疲劳的标准试验方法，因此难以定性地估算热疲劳破裂寿命，但由于热疲劳裂纹的形成是塑性形变逐渐积累损伤的结果，因此，塑性变形幅度可作为热疲劳过程受载特性，建立起塑性变形幅度与热循环次数间的关系作为耐热材料的热疲劳强度。据此，可以提出塑性变形与破裂寿命间的关系式：

$$\Delta\varepsilon_p M^K = C$$

式中　K，C——与材料性质和试验条件有关的常数；

　　　$\Delta\varepsilon_p$——在一次循环中的塑性变形；

　　　M——破裂前的循环次数。

（4）松弛性能

零部件所受的应力随时间的增长而自发的逐渐降低的现象称为应力松弛。在高温下工作的弹簧、锅炉汽轮的紧固件等都是在承受应力松弛情况下工作的。因此选用时必须考虑钢的松弛稳定性。

应力自行降低是零部件中弹性变形自发减小并转变为塑性变形所致，可用下式表示：

$$\varepsilon_0 = \varepsilon_y + \varepsilon_p$$

式中　ε_0——总变形量；

　　　ε_y——弹性变形；

　　　ε_p——塑性变形。

一般用松弛曲线（图9-6）表示钢在松弛过程中应力随时间增长而逐渐降低的关系。由图可见，一般松弛过程可分为两个阶段：①在较短的时间内应力迅速下降；②在较长的持续时间内应力降低较为缓慢。在 $\lg\sigma$-τ 的单对数坐标中，当试验温度小于临界温度时应力松弛曲线的第二部分为一直线。第一部分应力松弛降低程度可用松弛稳定系数 $S_0 = \sigma_1/\sigma_0$ 表示。S_0 代表晶界抵抗松弛的应力，当 σ_1 接近于 σ_0 时，S_0 值较大。即表示第一部分的应力降低的较小。第二部分应力松弛可用直线 AB 与横坐标轴形成倾角 α 的正切表示，即 $\tau_0 = 1/\mathrm{tg}\alpha$ 代表第二部分松弛进行的速度。α 夹角愈小，则 τ_0 愈大，表明第二部分松弛进行的速度愈小，也就是应力降低得愈为缓慢。

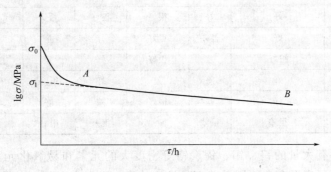

图9-6　松弛曲线

9.2.2 高温合金的腐蚀性能

高温合金除了要求具有足够的综合力学性能外，还常处于高温复杂的腐蚀性环境中工作。因此，研究高温腐蚀是一个极为重要的问题，影响高温腐蚀的主要因素有：

① 温度　高温是指使用温度，它是一个相对的概念，这里所说的高温一般对各类材料也有所不同，常以材料的 $0.6T_{熔点}$ 视为高温。

② 环境　是指气体环境，如燃气、各类燃料的燃烧物质与气氛、高温液态盐、金属、蒸气等。高温腐蚀环境十分复杂，条件变化多样。

③ 时间　根据各类设备、零部件使用条件不同，使用时间从火箭导弹的数分钟、航空发动机使用的几百小时、几千小时到原子能反应塔的几十万小时（要求安全运行 40 年）。

④ 材料　在高温下，根据具体工作条件使用着各种不同的材料，从简单的一般碳钢、低合金钢、高合金钢、高温合金直到各类陶瓷材料。门类繁多，品种复杂。

高温腐蚀是材料在高温下与各类气体环境发生的反应。从气体的环境中所含组分的不同，材料与气体环境发生的反应也不同，因此就产生了不同的高温腐蚀形式。目前认为主要高温气体腐蚀形式有：高温氧化、硫化、氮化、碳化等形态。还另外有高温熔盐腐蚀，高温液态金属腐蚀等在液态环境中的高温腐蚀以及热腐蚀、钒蚀等沉积盐引起高温腐蚀形态。

9.3　高温合金的冶炼

高温合金的成分和杂质含量与其性能有密切的关系，而它们的成分与杂质含量又与其冶炼工艺息息相关。因此，选择正确的冶炼工艺是保证耐热钢和高温合金具有高性能的重要手段。

20 世纪 40 年代，高温合金是在大气下采用电弧炉或感应炉熔炼的。但在大气下存在元素容易烧损；很难准确控制合金的成分；气体、有害杂质及非金属夹杂物含量高等缺点，所以从 50 年代开始采用真空熔炼。

高温合金目前主要采用电弧炉、感应炉、真空感应炉、真空电弧炉和电渣炉进行冶炼，此外还有电子束炉和等离子电弧炉等方法。几种冶炼工艺特点的比较如表 9-3 所示。

表 9-3　几种冶炼工艺特点的比较

工艺特点	电弧炉	电弧炉+真空精炼	感应炉	真空感应炉	等离子炉	电渣重熔	真空自耗炉
合金适应性	差	好	好	很好	很好	好	很好
炉渣处理	好	好	差	差	好	很好	差
成分控制	好	好	好	很好	很好	好	好
除气	很差	好	很差	很好	好	差	很好
碳脱氧	差	很好	好	很好	好	差	很好
去硫	很好	好	差	差	好	很好	差
杂质挥发	很差	好	差	很好	差	好	很好
凝固控制	很差	很差	很差	很差	很差	很好	很好

高温合金中含有大量的钨、钼、铌、铬等密度大的元素和易氧化元素铝、钛、硼、铈等。这些特点决定了高温合金不同于普钢的熔炼技术，通常合金化程度低的高温合金多采用

大气下电弧炉及感应炉熔炼，或经大气下一次熔炼后再经电渣炉或真空电弧炉重熔。合金化程度高的高温合金，则采用真空感应炉熔炼，或真空感应炉熔炼后再经真空电弧炉或电渣炉重熔。

高温合金熔炼技术的发展方向：

① 传统冶金的某些具体过程适宜真空冶金技术的可以用真空冶金技术代替；

② 新型真空冶金设备的研制；

③ 对某些材料研究新的真空冶金方法、新设备及新流程；

④ 真空冶金用新材料的研制；

⑤ 有熔渣存在条件下的真空熔炼（包括重熔）技术的开发；

⑥ 新型特种熔炼技术的发展或同一特种熔炼技术应用领域的拓宽；

⑦ 特种冶炼过程及冶金质量控制的数值模拟和计算机控制；

⑧ 熔炼出零夹杂物超纯高温合金。

9.3.1 电弧炉冶炼

电弧炉冶炼是高温合金最主要的冶炼方法。但由于高温合金中合金元素种类多，而且多为易氧化元素，此外高温合金对杂质元素和气体的含量要求严格，这就使得高温合金在冶炼过程中具有一系列的特点。

① 为了减少贵重元素的氧化烧损，提高收得率，在冶炼方法上基本采用不氧化法，铝、钛元素多以中间合金形式加入。

钛的氧化物在高温下可被铝还原生成金属钛，即

$$3TiO_2 + 4Al \longrightarrow 3Ti + 2Al_2O_3$$

生成的钛可进入钢液，而 Al_2O_3 则进入炉渣。在电弧炉中将不同配比的 TiO_2 粉和铝粉混合物加在钢液面上，在高温下通过反应可获得不同钛铝含量的中间合金。

② 原材料要求精，即原材料中 P、S、Pb、Sb、Sn、As、Bi 等低熔点有害杂质元素和气体含量要求低，所使用的原料和辅助材料都要经过烘烤，保证干燥，水分要低。

磷的熔点很低，在铁和镍中溶解度很小，容易形成一些低熔点化合物。合金凝固结晶时，低熔点的磷和磷的化合物被推到枝晶间最后凝固的部位，导致合金的可塑性和高温强度大大降低。

硫在钢中以 FeS 形式存在，并与铁形成共晶体，其熔点为 985℃。硫在镍中以 NiS 形式存在，能与镍形成共晶体，熔点为 645℃。这些晶界析出物对合金的高温强度与塑性有很坏的影响，故应尽量使合金的硫含量降低，一些优质合金如 GH4169 合金要求硫含量不大于 0.002%。

高温合金对低熔点五害元素铅、锡、锑、铋、砷极为敏感，它们的熔点很低（Pb 327℃；Sn 231℃；Sb 630℃；Bi 271℃；As 817℃）。当合金凝固时，它们分布在晶界上，使合金在热加工塑性和热强性降低。

③ 一般采用扩散脱氧与沉淀脱氧的综合脱氧方法，而且脱氧剂多是脱氧能力强的材料。用于扩散脱氧的脱氧剂主要是铝粉、硅钙粉；用于沉淀脱氧的脱氧剂有硅钙块、金属钙、铝钡合金、铝块等。

图 9-7 为 GH3030 合金电弧炉熔炼过程中脱氧剂加入量和氧含量的变化，从图中可以看出来，随着精炼过程硅钙粉和硅钙块不断加入，钢液中的氧含量不断下降，[O] 可降到

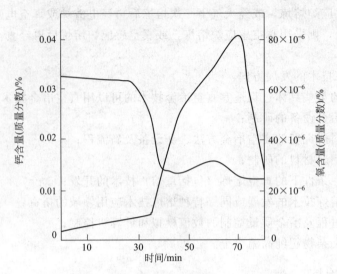

图 9-7　GH3030 合金电弧炉熔炼过程中脱氧剂加入量和氧含量的变化

30×10^{-6} 以下；但硅钙的加入，钢液中残余钙量会不断增加，应予以控制，因为过量都会使合金热加工塑性变坏。

对于含有 Al、Ti 的高温合金，则采用铝粉进行扩散脱氧，并可适当配以沉淀脱氧。GH2140 合金在精炼过程中随着铝粉的加入，钢液中 [O] 含量逐渐降低，出钢时 [O] 含量可降至 20×10^{-6} 以下。

9.3.2　感应炉熔炼

感应炉与电弧炉相比较，具有以下特点：

① 感应炉采用电磁感应加热来熔化金属，在冶炼过程中不会增碳，因而可以冶炼在电弧炉中难以冶炼的含碳量很低的合金；

② 由于没有电弧炉那样的弧光高温区，金属吸气的可能性小，熔炼出的合金气体含量低；

③ 感应炉电磁搅拌作用，使冶炼过程中化学成分和温度均匀，并且能精确地调整和控制温度，保证操作的稳定性；

④ 由于感应炉单位质量金属的液面面积较电弧炉小，而且没有电弧的局部高温区，为减少 Al、Ti 等易氧化元素的烧损创造了有利的条件。

由于感应炉炉渣不能被感应加热，其加热和熔化完全依靠钢液对它的热传导，因此炉渣温度低，不利于脱硫、脱氧等冶金反应的进行。

感应炉冶炼对原材料要求如下：①各种原材料应准确控制化学成分；②原材料的 S、P 及低熔点有害杂质含量要低；③气体含量要少；④原材料要清洁、无锈、无油污；⑤根据炉子容量大小和电源频率，决定所用原料的块度大小，过大或粉状材料不宜使用；⑥造渣材料及脱氧剂应特别选择，并控制有害元素含量。

感应炉熔炼过程包括装料、熔化、精炼及出钢浇注等环节。

（1）装料

根据金属材料的物理化学性质决定装料顺序，不易氧化的炉料可直接装入坩埚，易氧化的炉料在冶炼过程中陆续加入。

根据金属料的熔点及坩埚内温度分布合理布料。炉底部位装一些熔点低的小块炉料，使其尽快形成熔池，以利于整个炉料的熔化；难熔的炉料应装在高温区，为了防止"架桥"，装料应下紧上松；为了早期成渣，覆盖钢液，在装料前可在坩埚底部加入少许造渣材料。

（2）熔化

熔化期要大功率快速熔化，以减少钢液的氧化、吸气和提高效率。熔化期应及时往炉内加入造渣材料，时刻注意不要露出钢液。

（3）精炼

精炼期的主要任务是脱氧、合金化和调整钢液温度。

① 脱氧感应炉冶炼高温合金采用扩散脱氧和沉淀脱氧相结合的综合脱氧法。

不含 Al、Ti 的高温合金多采用 Si-Ca 粉作为扩散脱氧剂；而含 Al、Ti 的高温合金多采用铝石灰剂。

沉淀脱氧剂有 Al 块、Al-Mg、Ni-Mg、Al-Ba、Si-Ca、Ca、Ce 等。用 Si-Ca 或金属 Ca 沉淀脱氧，一般均采用过钙法，以达到较好的脱氧效果。

② 合金化高温合金中 Al、Ti 多以 Ni-Al-Ti 或 Fe-Al-Ti 中间合金的形式在装料时装入炉中。Fe-W，Fe-Mo 可直接装入坩埚。使用金属钨条、钼条时，会生成挥发性氧化物，应在熔池形成后插入。

③ 温度控制为正常进行脱氧反应，保证夹杂物的排除和化学成分均匀，应控制钢液的温度。温度过高，金属会大量吸气，氧化加剧，在浇注时，耐火材料被严重冲刷，并使金属二次氧化，降低合金质量；而温度过低，不利于成分均匀，浇注时会造成疏松、结疤等缺陷。精炼温度应根据钢种和冶炼条件而定，一般控制在 1500℃ 左右，出钢浇注温度一般控制在高出合金凝固点 50～100℃。

9.3.3　真空感应熔炼

真空感应熔炼是高温合金生产的重要工艺：特别是对于含活泼元素较多的合金，必须采用真空感应熔炼。真空感应熔炼可以精确控制合金的化学成分和降低气体及夹杂含量，使有色杂质元素铅、锌、锑等得到挥发，还可以消除二次氧化，提高合金的纯洁度。真空感应熔炼过程中，影响合金熔炼效果的因素除真空度、漏气率外，熔炼工艺也是十分重要的。熔炼过程中除了要使杂质元素的脱除能充分进行之外，还要防止坩埚耐火材料与金属液体的反应。

9.3.3.1　熔炼设备

熔炼设备采用真空感应熔炼炉，主要包括炉体、变频机组和真空系统三部分，其结构如图 9-8 所示。

炉体部分的炉壳是水冷双重壁正立的圆筒，炉壳的右侧是抽气口，测温的热电偶装在炉壳的上面，用来补充炉料的加料器和观察窗也在炉体的上面，感应器及坩埚位于炉壳的内部，感应器用两个连接螺母固定在电极上。

变频机组包括三相交流电动机及启动器、中颁发电机、激磁机、补偿电炉功率因数的电容器组以及电源控制柜和开关屏等。

真空系统是直接连接在炉身抽气口上的一个真空机组。机组内包括捕集器、各种控制阀门、机械泵、罗茨泵以及油增压泵等。

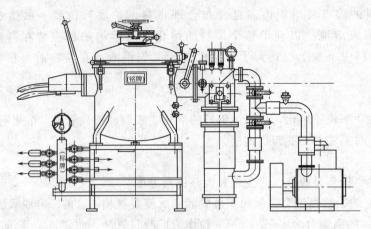

图 9-8 真空感应炉示意图

9.3.3.2 高温合金中杂质的来源、炉料的选择及处理

（1）杂质的来源

高温合金中的杂质来源于以下几个方面：

① 熔炼前已混于炉料中；

② 冶炼过程中坩埚耐火材料污染；

③ 环境气体的污染；

④ 常规的精炼技术难以去除的杂质元素；

⑤ 服役期间来源于操作环境。

（2）炉料的选择及杂质元素含量的分析

所熔炼高温合金的化学成分见表 9-4。

表 9-4　熔炼高温合金的化学成分（质量分数）　　单位：%

Cr	W	Mo	Co	Ni
5.8~6.2	5.9~6.3	1.9~2.3	4.8~5.2	余量

在真空感应熔炼中 N、Sn、Sb 和 As 等杂质难以除去，应该在原料中加以严格限制。炉料中杂质元素的含量对最终母合金中的杂质元素含量具有决定性的影响，所以选择原材料的原则是在成本允许的前提下，尽可能选用高纯度的原料。

为了准确有效地将母合金中的氧、氮、硫含量去除至小于 10×10^{-6}，应对原料中杂质元素的含量进行分析。原料中杂质元素的含量见表 9-5。

表 9-5　原料中杂质元素的含量

原料	杂质元素含量（质量分数）/%			
	C	N	O	S
Ni	20	2.6	80	5
Cr	30	36	130	120
Mo	50	15	380	8
W	17	10	12	8
Co	31	2	140	39

根据表 9-4 和表 9-5 的数据，可以计算出炉料中碳、氮、氧及硫的含量，如表 9-6 所示。

表 9-6　炉料中的碳、氮、氧及硫的含量

元素	C	N	O	S
含量(质量分数)/%	137×10^{-6}	6×10^{-6}	239×10^{-6}	16×10^{-6}

（3）炉料的预处理及装料

在加料以前应对炉料进行预处理。加料前炉料要经过喷砂、酸洗或碱洗以洁净表面。炉料必须干燥，装料前要进行适当的烘烤。通常只能一次加料，因此为获得精确的合金成分，必须对炉料进行精确的计算与称量。炉料的大小及搭配，应使在装料时紧密接触，而在熔化时又不发生"架桥"现象。

装料前，要将坩埚内壁清理干净，否则合金中的夹杂物会增加很多。装料量应按一次铸满铸锭为宜。装料次序原则上为熔点高的、难挥发或蒸发的原料，如镍、钨、钴、钼、铬等先加。活性元素可作为添加料安放在加料器内，在熔化过程中加入。

为了加速炉料的熔化，大块料通常放在坩埚壁的附近，而在坩埚的中央放小块的料。大块料间应适当充填小块的料，炉料应下紧上松，炉料不要高过感应器。

9.3.3.3　坩埚使用前的预处理

由于氧化钙坩埚易水化，即使放到真空罐或加入防水化剂的干燥箱中，也不可避免地会有少量的水化。所以在使用前，要对坩埚进行顶处理，即加热处理；具体的处理工艺如图 9-9 所示。

9.3.3.4　熔炼工艺中各阶段的确定

在熔炼铝、钛等活泼金属元素含量较高的镍基高温合金时，其冶炼工艺的制定，应以脱氮为主，但不能忽略脱氧和脱硫。根据这一原则，把整个的熔炼过程分为熔化期、精炼前期、精炼后期、高温脱氮期、调整成分期和浇注期。熔炼过程中的功率随时间的变化如图 9-10 所示。

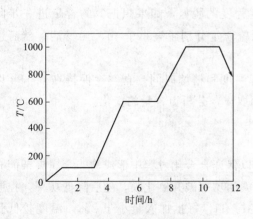

图 9-9　氧化钙坩埚的预处理工艺

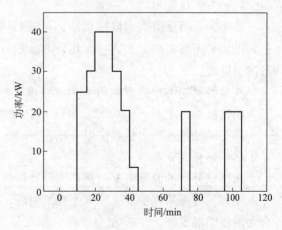

图 9-10　熔炼过程中功率与时间的关系

（1）熔化期

熔化期的任务是熔化原料、均匀成分、去除吸附的气体，并使合金液体有适当的温度和真空度，为精炼创造条件。

在熔化前应先抽真空，使炉内的真空度达到小于 1Pa 的水平，以减少炉料在加热时的吸气。在冷炉时，应使熔化功率逐渐增加，以保证炉料和坩埚附近的气体逐渐放出时，炉内仍有足够高的真空度。在连续熔炼时，开始以较低的功率加热炉料全发红，然后保证在一定真空度的情况下，用最大的功率尽快加热熔化炉料。

由于炉料中含有大量的气体，在炉料开始熔化后，真空度往往大幅度下降，但时间很短，在熔清后真空度又能迅速提高。熔清后继续用高的功率，使合金液体达到要求的温度，然后降低功率，转入精炼前期。

（2）精炼前期

精炼前期的任务是利用高温和高真空条件，进一步利用碳氧反应脱氧、脱氮和脱易挥发的低熔点杂质。

精炼前期的脱氧主要是通过碳氧反应进行的。采用碳氧反应脱氧，炉料必须充分地熔化和熔解。在精炼前期，碳氧反应是很强烈的。此时碳氧的浓度高，反应速度很快，会由于一氧化碳的大量放出出现沸腾现象。为了防止碳氧反应过于猛烈而使合金液体飞溅，应暂时降低真空度一段时间，待反应平稳后，再提高真空度并保持一段时间，便于氧和氮的排除。

精炼前期考虑的影响因素为真空度、精炼温度和精炼时间。真空度的提高，对熔池内的反应、气体和杂质的去除都是有利的，因此应当尽可能将真空度保持在较高的水平。真空度低时，挥发现象一般很少，液面杂质也难以去除；真空度提高后，挥发大大增加，真空度越高挥发越大。精炼前期每隔一定的时间进行取样，分析碳、氮、氧及硫的含量。

（3）精炼后期

精炼后期的任务主要是加 Al 脱氧与脱硫，并少量脱氮；精炼前期冷冻处理后，以大功率破开氧化膜，随后降低温度，精炼后期的温度不能过高，成分要均匀，使精炼过程中形成的非金属夹杂能充分上浮和保持高真空。

精炼后期所考虑的影响因素是精炼温度、精炼时间和脱氧剂的加入量。精炼温度选择 1500℃，每隔一定的时间取样，分析碳、氮、氧及硫的含量。

（4）高温脱氮期

熔化期、精炼前期和精炼后期都可进行一定程度的脱氮，如果想把氮的含量进一步降低，则要采用高温脱氮。通过前几个阶段把氧和硫含量分别脱至小于 10×10^{-6} 后，然后进行高温脱氮。

高温脱氮期考虑的影响因素为真空度、精炼温度和精炼时间。真空度保持在 0.1Pa 以下，脱氮温度为 $1650 \sim 1700℃$，每隔一定的时间取样，分析氮含量的变化。

高温脱氮精炼后仍然要停电冷冻。

（5）调整成分期

调整成分期的温度不要过高，成分要均匀，以保证合金化过程中形成的非金属夹杂能充分上浮和保持高的真空度。冷冻处理结束后，以大的功率破开氧化膜，随后降低功率，控制合金液体的温度在 1500℃ 左右。然后分批加入 Al、Ti，每批加入量小于 2%。温度较低是为了便于控制铝和钛的成分，同时不致由于部分铝和钛的加入脱氧放出的热量使合金液体过热。加入铝和钛后保持一定的时间，使它们能充分熔化，随后加大功率，强烈搅拌一定时间，使铝和钛含量均匀，接着停电静置合适的时间，降低温度并使合金元素带入的夹杂物和反应产物有足够的时间上浮，以利去除。

·（6）浇注期

浇注是合金熔炼的最后一道程序，为获得高质量的母合金锭，浇注前要以大的功率搅拌熔融金属一定的时间，之后倾动坩埚，借助于电磁搅拌把浮在合金液表面的杂质推向坩埚壁。选择合适的较低的浇铸温度以保证母合金锭表面光洁及内部无缩孔。

9.3.4 电渣重熔

电渣重熔作为一种新的冶炼方法，在 20 世纪 60 年代就已经应用于 GH37 高温合金的冶炼。到目前为止，电渣重熔工艺已成为我国生产高温合金的一种主要工艺路线，有近一半钢种采用了这种工艺。此外在设备、生产规模、重熔工艺及理论研究等方面都取得了很大的发展。

高温合金的电渣重熔多采用单相单极水冷结晶器电渣炉，结晶器最大直径可达 610mm，重熔锭最大可达 3t。电渣重熔的工艺参数主要包括渣系、渣池深度、工作电压、工作电流以及结晶器直径和金属自耗电极的直径。

渣系直接影响到电渣过程的稳定和电渣重熔产品的质量，它应满足以下条件：①有适当的导电性，保证电渣过程的稳定和提供重熔所需热量；②比较低的熔点和黏度，保证钢锭表面质量；③熔渣中不稳定氧化物要少，能够对钢锭成分特别是铝、钛进行严格控制（不论是主元素，还是微量元素）；④透气性小，防止大气进入金属熔池。

高温合金电渣重熔常用的渣系组分有 CaF_2、Al_2O_3、CaO、MgO、TiO_2 等，见表 9-7。

表 9-7 高温合金电渣重熔常用的渣系组分

渣系	成分(质量分数)/%				熔点/℃
	CaF_2	CaO	MgO	Al_2O_3	
1	70	0	0	30	1320~1340
2	80	0	0	20	1320~1340
3	60	20	0	20	1240~1260
4	70	15	0	15	1240~1260
5	84	0	7	19	1280
6	77	0	1	26	1250

渣量的多少决定了渣池的深度。渣量越多，维持渣池所消耗的热量就多，而维持金属熔池的热量就相应少了，使金属熔池的深度变浅和温度降低，恶化去气和去除非金属夹杂的条件，造成锭表面成型不良。实践表明，比较合适的渣池深度（h）为

$$h = \left(\frac{1}{2} \sim \frac{1}{3}\right) D$$

式中 D——结晶器的平均直径。

工作电流（I）为

$$I = \frac{\pi}{4} d^2 i$$

式中 d——电极直径，mm；

i——电流密度，A/mm^2。

工作电压（U）为

$$U=(a\sqrt{D}+b)$$

式中　D——结晶器直径；

　　　a——与渣系有关的常数，高温合金常用渣系的 $a\approx3$；

　　　b——与 d/D 有关的常数，当 d/D 为 0.4、0.5、0.6 时，b 相应为 4、2、0。

在电渣重熔温度下，Al、Ti 等元素很容易同渣中易被还原的氧化物（主要是 SiO_2）或熔渣从大气中所吸收的氧起反应，造成这些元素的烧损和不稳定。

电渣重熔高温合金 GH4037 时，使用未经提纯的渣料（渣料配比为 CaF_2：$Al_2O_3=70$：30），结果出现合金锭中成分分布不均，造成了合金组织与性能的波动。

通过渣料的成分分析，发现铝的氧化烧损与渣中的 SiO_2 含量有关。SiO_2 主要来自萤石，为了降低渣料中的不稳定氧化物，目前比较普遍采用对萤石提纯的方法，即在结晶器中用含铝量为 5％的 Fe-Al 自耗电极对渣料进行精炼、提纯。用此方法可使萤石中的 SiO_2 含量降至 0.15％以下。

重熔过程中，如果熔速控制不当会产生宏观偏析，主要是点状偏析。点状偏析是一种宏观低倍冶金缺陷。在钢材的横断面上为暗灰色的斑点，其大小因偏析程度和变形比不同而异。经金相、电子探针及 X 射线结构分析确定，点状偏析主要是由 MC 型碳化物组成。而点状偏析的产生与钢锭凝固结晶的条件及结晶性质有关。就目前我国高温合金电渣重熔常用锭型来看，高熔速则易出现点状偏析，因此应通过调整渣系、渣量、熔速等因素避免点状偏析的出现。

电渣重熔的效果介绍如下。

（1）改善钢锭质量

经电渣重熔的合金，钢锭质量显著提高。电渣重熔锭基本没有缩孔、疏松、偏析、内裂等冶金缺陷。与常规浇注的钢锭相比，柱状晶与钢锭轴向呈 20°～30°夹角，有利于去除夹杂，改善了夹杂物分布状态。锭表面光滑，不用扒皮，可直接进行热加工。

（2）改善合金热加工塑性

采用电弧炉工艺试制 GH4037 合金时，浇出的 500kg 锭，热加工塑性极差，无法铸造成材。改用电渣重熔工艺后，显著地改善了热加工塑性，铸造收得率可达 80％以上。此外，它比真空电弧炉重熔的合金有着更宽的锻造温度范围和允许较大的变形量。

（3）提高合金的性能

经电渣重熔后，合金的性能都会得到不同程度的提高，尤其是合金的中温拉伸塑性和高温持久寿命改善的特别明显，表 9-8 列出了采用不同冶炼工艺生产的 GH4037 合金的性能对比数据。

表 9-8　各种冶炼工艺的 GH4037 合金力学性能

冶炼工艺	800℃拉伸			850℃，$\sigma=196MPa$ 持久寿命/h
	$\delta_{0.2}$/MPa	δ_b/MPa	ψ/％	
电渣重熔	720～820	5～20	9～25	70～170
电弧炉	740～800	4～15	8～18	60～80
非真空感应炉	690～780	4～8	8～10	50～120
技术条件要求指标	≥680	≥3	≥8	≥40

9.4　粉末高温合金

随着现代航空、航天事业的迅速发展，对高温合金的工作温度和性能提出了更高的要求。为了满足这些新的要求，高温合金中强化元素含量不断增加，成分也越来越复杂，使热加工性变得很差，以致很难进行热加工变形，只能在铸态下使用。由于铸造合金存在严重的偏析，导致了显微组织的不均匀和性能的不稳定。

20 世纪 60 年代初，人们就开始研究用粉末冶金工艺制备高性能的高温合金。当时的主要目标是制造涡轮叶片、涡轮盘及其他高温承载的结构件。由于采用粉末冶金工艺生产高温合金，可以得到几乎无偏析、组织均匀、热加工性良好的高温合金材料，并可使材料的屈服强度和抗疲劳性能大大提高，所以粉末高温合金得以迅速发展。粉末高温合金归纳起来有如下优点：

① 粉末颗粒细小，其凝固速度较快，消除了合金元素的偏析，改善了合金的热加工性；

② 冶金的组织均匀，性能稳定，使材料的使用可靠性大大提高；

③ 粉末高温合金具有细小的晶粒组织，显著提高了中低温强度和抗疲劳性能；

④ 粉末高温合金可以进行超塑性加工，提高了材料的利用率，节约原材料。

经过近 40 年的努力，粉末高温合金的生产工艺已相当成熟，质量控制也在不断完善和严格。目前，已有多个牌号的粉末高温合金得到了实际应用，主要用于生产高性能航空发动机的压气机盘、涡轮盘、涡轮轴、涡轮挡板等高温部件。表 9-9 为几种应用较广的粉末高温合金的化学成分。

表 9-9　几种应用较广的粉末高温合金的化学成分

合金牌号	合金成分(质量分数)/%												
	C	Cr	Co	W	Mo	Al	Ti	Nb	V	Hf	Zr	B	Ni
IN100	<0.1	10	14	—	3.5	5.5	4.5	—	1.0		0.05	0.01	余量
Rene95	<0.1	14	8	3.5	3.5	3.5	2.5	5.5			0.05	0.01	余量
MERL76	0.025	12.5	18.5	—	3.0	5.0	4.3	1.4		0.4	0.06	0.02	余量
Rene88DT	0.03	16	13	4	4	2.1	3.7	0.7			0.03	0.015	余量
эп741Hn	0.05	9.0	16	5.3	3.7	5.0	1.8	2.6			<0.015	<0.015	余量

9.4.1　粉末的制备

粉末的质量严重影响着粉末高温合金的性能。通常要求粉末的气体含量及夹杂物含量低、粒度分布及形状合适。高温合金粉末的制备方法有多种，但普遍采用的主要有气体雾化法、旋转电极法和真空雾化法，如图 9-11 所示。

(1) 气体雾化法

气体雾化法是应用较广泛的一种粉末生产工艺，所用的设备如图 9-11(a) 所示。经真空精炼的母合金，在雾化设备的真空室中重熔，熔液经漏嘴流下，在高压惰性气体流中雾化成粉末，所用的气体一般为氮气。粉末颗粒的冷却速率约 100℃/s。粉末形状主要是球状，但也有一些空心颗粒、串状颗粒或片状颗粒，粉末的粒度分布范围较宽。因钢液与耐火材料接触，粉末中夹杂含量较高。

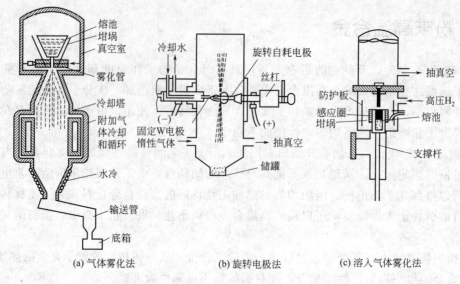

图 9-11 制粉设备示意图

（2）旋转电极法

旋转电极法制粉设备如图 9-11（b）所示。用合金料作为旋转自耗电极，用固定的钨电极产生的电弧或等离子电弧连续熔化高速旋转的电极，旋转电极端部被熔化的金属液滴，在离心力作用下飞出，形成细小的球状颗粒。粉末颗粒的冷却速率可高达 $10^5℃/s$。该法制备粉末的特点是：合金料不与坩埚耐火材料接触，所以粉末的耐材夹杂少，气体含量低。粉末颗粒绝大部分为球状，空心颗粒和片状颗粒极少，粒度分布比较窄，粉末的收得率高。用该方法制粉需要考虑的问题是：在粉末生产过程中始终存在的电极偏析和高温电弧所引起的挥发。

（3）真空雾化法

图 9-11（c）为该制粉设备的示意图。在下部的熔炼室中，合金先在真空下熔化并过热，然后通入高压可溶性气体氢，使其在金属液中溶解并达到饱和状态，此后，将金属液通过导管引入上部膨胀室中，溶解的氢在真空室中突然逸出，将液体金属雾化成粉末。粉末颗粒的冷却速率约为 $10^3℃/s$。用此法生产的粉末粒度较大，小于 $100\mu m$ 的颗粒趋于球状，大颗粒主要呈片状。该法生产的批量小，粉末中氢含量高而且易引起爆炸。由于粉末高温合金对粉末的质量要求十分严格，气体含量要低，其中氧含量小于 $10×10^{-5}$，氮含量小于 $5.0×10^{-4}$，氢含量小于 $10×10^{-6}$。粉末粒度控制在 $50\sim150\mu m$ 范围内，夹杂物含量小于 20 粒/kg 粉，所以用各种工艺制备出的粉末都必须经过系列处理才能使用。这些处理主要包括粉末的筛分和混料、夹杂物的去除及表面吸附气体的去除等。必须注意的是，要防止在处理过程中造成粉末的二次污染。

ODS 高温合金粉末的制备方法与上述的制粉方法有着本质的差异，其关键是将超细的氧化物质点均匀分散于合金粉末中。采用普通的粉末冶金工艺或熔炼工艺几乎是不可能的，下面介绍三种常用方法。

① 内氧化法 利用合金中含量较少，并且对氧有很强亲和力的合金元素与氧反应，生成氧化物质点作为弥散相。此方法对于某些特殊金属或成分简单的合金是可行的，对于大多数合金来说，内氧化法受到很大限制，因为很难保证其他合金元素不被氧化，此外也较难控

制氧化进行的程度。

② 化学共沉淀法 将合金组成元素的水溶性盐溶液混合,然后与沉淀剂反应生成共沉淀物,经过洗涤、干燥、分解还原成金属粉末,不能被还原的氧化物均匀分散在金属粉末中,作为弥散相质点。TD-Ni、TD-NiCr、TD-NiCrMo 都是用此法制备的,该方法也有很大的局限性,对于那些不能被还原的金属元素就无法使其成为合金化元素,如高温合金中常用的 Al、Ti,它们的氧化物在合金的熔点以下很难被 H_2 还原。

③ 机械合金化(MA)法 MA 工艺的发明,是 ODS 高温合金发展史上的一个里程碑。机械合金化是在高能球磨机内完成的,常用的高能球磨机有搅拌式、振动式和滚筒式,如图 9-12 所示。

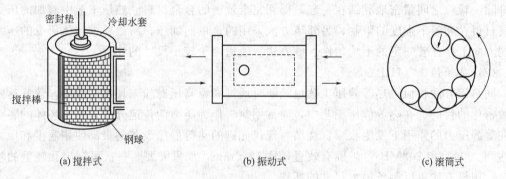

(a) 搅拌式　　　　　　　　　(b) 振动式　　　　　　　　　(c) 滚筒式

图 9-12　高能球磨机示意图

将合金成分所要求的各种金属元素的粉末、中间合金粉末、超细氧化物粉末(一般小于50nm)装入球磨筒内,按照一定的球料比装入钢球,在惰性气体保护下进行长时间的干式球磨。在球磨过程中,由于钢球高能量的碰撞和碾压,金属粉末会发生塑性变形并产生冷焊现象。氧化物颗粒被镶嵌在冷焊界面上。随着球磨时间的延长,金属粉末因严重的加工硬化而破碎,新鲜的破断表面又会产生新的冷焊并发生原子扩散,如此反复地冷焊-破碎-再冷焊-再破碎过程,使合金元素粉末完全固溶于基体粉末颗粒之中,氧化物颗粒也均匀地分散在基体粉末颗粒内,最终得到含有均匀分布的氧化物质点,成分与合金成分完全相同的合金化粉末。几种典型的机械合金化合金的牌号及成分如表 9-10 所示。

表 9-10　几种典型的机械合金化合金的牌号及成分

合金	成分(质量分数)/%											
	C	Cr	Al	Ti	W	Mo	Ta	Zr	B	Fe	Ni	Y_2O_3
MA753	0.05	20	1.5	2.5	—	—	—	0.07	0.007	—	余	1.3
MA754	0.05	20	0.3	0.5	—	—	—	—	—	—	余	0.6
MA6000	0.05	15	4.5	2.5	4.0	2.0	2.0	0.15	0.01	4.5	余	1.1
MAZ-D	0.05	—	7.3	—	16.6	—	—	0.60	—	4.5	余	2.0
MA956	0.03	19	4.5	0.5	—	—	—	—	—	余		0.5

MA 工艺是目前最常用,也是最适合于生产使用的方法,美国最大的高能球磨机一次可处理 2t 重的粉末。

MA 工艺除了用于制备加高温合金外,还有更广泛的应用,如用于研制非晶、纳米晶、过饱和固溶体、液相不相溶合金、金属间化合物、复合材料等。

9.4.2 粉末的固实

松散的高温合金粉末只有通过固实工艺处理，才能得到完全致密化的材料。通过固实工艺不仅要获得具有一定形状的部件或预成型坯，而且还要控制固实工艺参数以得到所希望的组织。固实的主要方法有：真空热压、热等静压、热挤压和锻造等。

（1）真空热压（HP）

真空热压是人们较早采用的一种固实方法，有时也称为加压烧结。该法是将预合金化的高温合金粉末装在模具内（模具材料最好用铝基合金），在真空下升到足够高的温度，然后加压。粉末颗粒在高温高压的作用下，会发生塑性流动或扩散蠕变，使粉末坯体内的孔隙逐渐排除，颗粒之间紧密地黏结在一起，得到完全致密的合金材料。热压工艺中施加的压力受模具材料在高温下强度的限制，另外该方法采用的是单向加压，所以粉末坯体所受的压力在不同方向上存在着一定的不均匀性。该方法一般适用于较小尺寸的坯件。

（2）热等静压（HIP）

同热压方法相似，热等静压工艺也是同时通过高温高压对粉末坯体的作用，使其达到完全致密化的目的。在热等静压工艺中，通常用氩气作为压力的传递介质，粉末坯体的各个方向在等静压力的作用下发生收缩、烧结。现代先进的热等静压设备的最高使用温度和压力可以达到2000℃和202MPa，炉膛有效直径达1250mm，如果需要，一次可制出几吨重的坯体合金。用该方法可以制备出大尺寸的坯件。

用热等静压工艺固实粉末高温合金坯件的一般步骤是：将处理好的高温合金粉末装入洁净的碳钢或不锈钢包套中，在500~600℃抽真空除去包套内的气体和颗粒表面的吸附气体，包套密封后进行热等静压处理。根据产品所要求的晶粒度或后续工艺的需要，热等静压温度可以选择高于或低于γ相的固溶温度。

热等静压后的坯料可以继续进行热挤压或锻造，并配合以适当的热处理，以改善合金的组织和性能。例如，FGH95粉末高温合金，在1280℃热等静压固实后，在1050~1150℃温度范围内锻造，将锻坯于1080℃固溶处理和650℃时效处理，合金具有高的持久强度和好的综合性能。

（3）热挤压和锻造

热挤压是一种较好的固实化工艺，它综合了热压缩和热加工变形的特点，由此可以获得完全致密的变形材料。热挤压时产生一个剪切效应，颗粒的切变破碎了原始颗粒边界（PPB）。增强了颗粒间的结合。粉末热挤压可以直接热挤压包套粉末，也可以热挤压预成型坯料。在热挤压包套粉末之前，需将粉末装套、除气和密封，然后将包套粉末加热到合适的温度以合适的挤压比进行挤压，如U700和IN100的挤压温度为1040~1170℃，挤压比为（4:1）~（10.6:1）。

热挤压是用得较多的一种固实化工艺，热挤压后的材料可以继续进行锻造或轧制。

包套粉末加热后直接锻造是另一种简单的固实化工艺。用此方法可以获得尺寸较大的、具有一定形状的部件。但锻造过程中，材料的变形不太均匀，因此一般是将热挤压或热等静压后的材料通过锻造制成最终的部件。

ODS高温合金固实的主要方法是热挤压。挤压温度、挤压比和挤压速度是三个重要的工艺参数。通过热挤压，既要达到固实的目的，又要在合金内建立足够高的储能，以便在随后的热处理过程中，得到粗大的柱状晶组织。一般要求尽量低的挤压温度、高的挤压比和高的挤压速度。如果挤压工艺参数选择不当，则会明显降低合金的高温性能。挤压温度一般选择 1000~1200℃，挤压比在 (10∶1)~(20∶1) 之间，挤压速度随挤压温度和挤压比而变。如 MA753 合金，在 1260℃ 以 16∶1 挤压比挤压，挤压速度为 35.6cm/s，经再结晶处理后，有相当数量的细小晶粒残留下来；在 1066℃ 以 16∶1 挤压比挤压，挤压速度为 15.2cm/s，经再结晶处理后，晶粒完全长大成粗大的柱状晶，合金具有最高的高温持久性能。

9.4.3 粉末高温合金的组织与性能

粉末高温合金的组织特征之一是无偏析、均匀、细小的晶粒组织。夹杂物、原始颗粒边界、热诱导孔洞等是由粉末冶金工艺带来的另一组织特征。所以粉末高温合金的组织与性能强烈地受制粉、固实化和热机械处理等工艺的影响。

粉末高温合金的制粉工艺和固实化工艺对拉伸性能的影响示于表 9-11 和图 9-13。从中可以看出，热挤压合金具有最高的强度和塑性。制粉工艺的影响在热等静压合金中能表现出来，不同制粉工艺的粒度分布差异对合金的晶粒和性能有一定影响，但在热挤压合金中，由于破碎完全，已显示不出粒度分布等的影响了。

表 9-11　制粉工艺和固实工艺对拉伸性能的影响

压实工艺	制粉工艺	σ_a/MPa	σ_b/MPa	δ/%	ψ/%
热等静压	氩雾化	943.7	1123.1	8	10
挤压	氩雾化	1205.4	1680.7	20	16
挤压	旋转电极	1176	1633.7	21	17
铸态	—	936.9	984.9	4	8

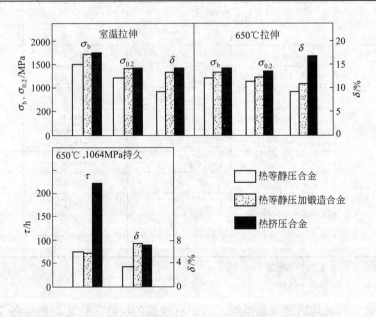

图 9-13　不同固实工艺对 FGH95 合金性能的影响

粉末高温合金的中低温持久性能高于普通铸造或变形合金，但随着温度的提高，粉末高温合金的持久性能下降较快，如粉末高温合金 IN100 在 732℃，68.6MPa 应力下的持久寿命为 161h，而铸造合金的持久寿命只有 50h；在 760℃ 时，两者的持久寿命相差不大；982℃ 时粉末 IN100 的持久性能比铸造 IN100 的持久性能低得多。这是因为粉末高温合金的晶粒细小，在中低温度范围内蠕变不起主要作用，因而具有较高的强度，而高温时，由于晶界的滑动使细晶对持久等性能产生了不利的影响。如果通过适当的热机械处理，便可使晶粒粗化，持久性能会大大提高。不同的制粉工艺和固实化工艺对合金的持久性能也有一定影响，如表 9-12、表 9-13 所示。

表 9-12　不同制粉工艺对 IN100 持久性能的影响

工艺	732℃，686MPa		
	τ/h	$\delta/\%$	$\varphi/\%$
氩雾化法	96.7	8.0	6.3
	90.4	5.3	9.3
溶入气体法	111.6	6.0	7.1
	97.2	5.0	5.5
旋转电极法	104.7	6.0	8.9
	106.0	5.0	8.0
铸造＋变形	81.0	6.0	11.8
	72.0	3.0	3.0
铸态	41.6	1.8	5.6
	72.7	2.7	6.3

注：所有试样除铸态外，经下列热处理：1177℃×4h 油淬＋649℃×24h 空冷＋760℃×8h 空冷。

表 9-13　不同固实化工艺对 Astroloy 持久性能的影响

固实化工艺	760℃，549MPa[①]		704℃，755MPa[②]	
	τ/h	$\delta/\%$	τ/h	$\delta/\%$
热等静压（1232℃）	40.5	12.3	110.1	27.8
	31.1	10.9	124.9	24.2
热等静压（1288℃）	44.9	21.4	127.5	27.1
	37.8	20.7	138.7	9.6
挤压	23.1	17.2	112.7	20.0
	18.1	21.4	125.3	21.4
锻造	52.9	19.3	130.4	15.1
	37.1	19.3	116.1	27.8
真空自耗重熔	37.3	33.3	91.5	30.5
	40.6	33.3	87.1	17.2

① 热处理：1127℃×4h 油淬＋时效。
② 热处理：1080℃×4h 油淬＋时效。

粉末高温合金具有均匀的细晶组织，因而有较高的抗疲劳性能，但是各工艺过程中如果带来了缺陷，就会严重影响合金的低周疲劳性能（LCF），适当的热机械处理（TMP）可以改善粉末高温合金的低周疲劳性能比，因为变形过程中缺陷被破碎并更加弥散；晶粒则进一步细化。通过适当控制的热机械处理工艺，特别是最有害的 PPB 缺陷的影响也会被大大减少或完全消除。

弥散强化（ODS）高温合金的组织有三个显著的特点：①均匀分布的超细氧化物颗粒，其直径一般为 15～50nm、间距为 100nm 左右，实验结果表明，如此细小、弥散的氧化物颗粒，并不会影响合金的塑性；②粗大的柱状晶粒，对于不同的合金和采用不同的热机械处理工艺，柱状晶的尺寸会有所变化，其长径比一般为 5～10 或更大；③具有强烈的织构特征，织构的形成受热机械处理（TMP）工艺和弥散相的影响，但其机制尚不完全清楚。如 MA6000 具有 [110] 型织构，MA754 有 [100] 织构，MA956 有 [125] 织构等。

弥散强化高温合金的组织决定了其性能的各向异性，即沿纵向（平行于加工方向）具有很高的强度和塑性，而横向（垂直于加工方向）性能相对较低。合金的各向异性有时可以加以利用，如 MA754 导向叶片，其纵向平行于加工方向且具有 [100] 类型的织构，面心立方金属的 [100] 方向的弹性模量较小，在一定的热变形量下，产生较小的热应力，有利于合金的抗热疲劳性能。

目前得到广泛应用的弥散强化高温合金主要有三类：①含有 γ' 沉淀强化相的 ODS 镍基高温合金，如 MA6000，其中 γ' 相的体积含量为 50%～55%，保证了合金在中温具有较高的强度，而在高温下，虽然 γ' 的强化作用消失，但 Y_2O_3 弥散相的强化作用使合金的强度远远高于普通的铸造或变形高温合金；②不含 γ' 沉淀强化相的 ODS 镍基高温合金，如 MA754，它是一个单相奥氏体合金，在 1000℃ 以上，其强度高于普通高温合金，但中低温强度不如某些铸造或变形高温合金；③铁基 ODS 高温合金，如 MA956，其特点是熔点高，密度小，较高的高温强度，优良的抗氧化、耐腐蚀性等，被称为抗氧化高温合金之王，其抗氧化温度可高达 1350℃

图 9-14 是 MA6000 与几个高强度的铸造高温合金的持久强度比较，图 9-15～图 9-17 为几个典型 ODS 高温合金的屈服强度、持久强度和伸长率随温度变化的曲线。可见，ODS 高温合金具有非常优越的高温强度。除此以外，大量的实验数据也证明，ODS 高温合金还有很好的抗疲劳性能，抗氧化、耐腐蚀等性能。

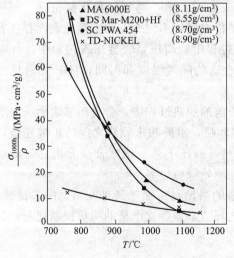

图 9-14　MA6000 与几种定向凝固铸造
合金 1000h 持久强度的比较

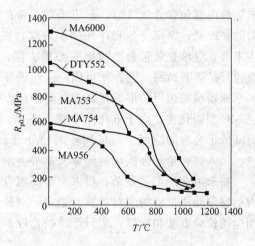

图 9-15　几种 ODS 高温合金的
屈服强度与温度的关系

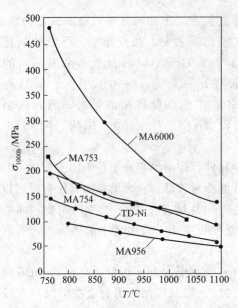

图 9-16 几种 ODS 高温合金 1000h 持久
强度与温度的关系

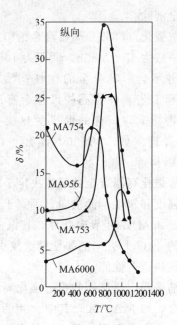

图 9-17 几种 ODS 高温合金的
伸长率与温度的关系

9.4.4 粉末高温合金的缺陷及其控制

粉末高温合金的缺陷与传统的铸-锻高温合金的缺陷有所不同，它主要是由粉末冶金工艺带来的，其类型主要有：陶瓷夹杂、异金属夹杂、热诱导孔洞和原始颗粒边界等。

陶瓷夹杂主要来源于耐火材料坩埚、中间包、喷嘴等，在制粉的各个工艺过程中应严格控制母合金的清洁度。

热诱导孔洞是由不溶于合金的氩气、氮气引起的，在热成型和热处理过程中，这些残留气体在粉末颗粒间膨胀，致使合金中产生不连续的孔洞，它会使合金的性能下降，尤其是降低 LCF 合金中存在的氩、氮等惰性气体的来源有三方面：第一是氩气雾化制粉时，一些粉末颗粒内部包含着氩气池，形成了空心粉；第二是粉末脱气不完全，粉末颗粒表面存在着吸附的氩或氮；第三是包套存在细小裂纹，在 HIP 过程中，高压氩气会压入包套中。针对上述来源，应该在装包套之前把空心粉去除；选择合适的除气温度和时间；HIP 之前仔细检查包套是否有微漏，这样便可以消除热诱导孔洞。

原始颗粒边界的形成，是在热等静压或热挤压前的加热过程中，合金粉末表面析出了一层 MC 型碳化物，由于氧化而形成了碳-氮-氧化物薄膜，阻碍粉末颗粒之间的扩散连接，从而降低了合金的性能。可采用粉末预处理、调整热等静压工艺、调整合金元素、降低碳含量、加入铌、铪等强碳化物形成元素等措施来消除原始颗粒边界。

粉末冶金的工艺复杂，粉末冶金高温合金制造的涡轮盘、轴等又是发动机的关键部件，为确保发动机部件的绝对可靠和稳定，对每个工艺环节必须建立严格的质量控制规范，制订相应的检验方法和标准，实行严格的监控。

参考文献

[1] 黄乾尧. 高温合金. 北京：冶金工业出版社，2000.

[2] 牛建平. 纯净钢及高温合金制备技术. 北京：冶金工业出版社，2009.

[3] 朱日彰. 耐热钢和高温合金. 北京：化学工业出版社，1996.

[4] 许昌淦. 合金钢与高温合金. 北京：北京航空航天大学出版社，1993.

[5] 陈国良. 高温合金学. 北京：冶金工业出版社，1988.

[6] 蔡玉林，郑运荣. 高温合金的金相研究. 北京：国防工业出版社，1986.

[7] 王剑志，刘华康，刘新文等. 耐热钢及高温合金的开发与研究. 四川冶金，2000（1）：13-18.

[8] 师昌绪，仲增墉. 我国高温合金的发展与创新. 金属学报，2011，46（11）：1281-1288.

[9] 郭建亭，周兰章，秦学智. 铁基和镍基高温合金的相变规律与机理. 中国有色金属学报，2011，21（3）：476-486.

[10] 王晓峰，周晓明，穆松林等. 高温合金熔炼工艺讨论. 材料导报，2012，26（4）：108-114.

[11] 牛建平，孙晓峰，金涛等. 高温合金的 VIM 超纯净熔炼. 有色金属，2001，53（2）：62-64.

[12] 张义文，杨士仲，李力等. 我国粉末高温合金的研究现状. 材料导报，2002，16（5）：1-4.

[13] 贾成厂，田高峰. 粉末高温合金. 金属世界，2011（2）：19-25.

[14] 张义文，刘建涛. 粉末高温合金研究进展. 中国材料进展，2013，32（1）：1-12.